AF533579

Schlutter

Einstieg in die Spritzgießsimulation

Ruben Schlutter

Einstieg in die Spritzgießsimulation

HANSER

Print-ISBN: 978-3-446-47710-0
E-Book-ISBN: 978-3-446-47814-5

Bibliografische Information der Deutschen Nationalbibliothek:
Die Deutsche Nationalbibliothek verzeichnet diese Publikation in der Deutschen Nationalbibliografie; detaillierte bibliografische Daten sind im Internet unter http://dnb.d-nb.de abrufbar.

www.hanser-fachbuch.de
Lektorat: Mark Smith
Herstellung: Cornelia Speckmaier
Coverkonzept: Marc Müller-Bremer, *www.rebranding.de*, München
Coverbild: © Ruben Schlutter; Kunststoff-Institut für die mittelständische Wirtschaft NRW GmbH
Covergestaltung: Max Kostopoulos
Satz: Eberl & Koesel Studio, Kempten
Druck und Bindung: CPI books GmbH, Leck
Printed in Germany

Inhalt

Vorwort

Durch die kürzer werdenden Entwicklungszeiten von Kunststoffformteilen und das immer weitere Ausreizen der Grenzen bei der Fertigung etsprechender Formteile nimmt der Anteil der Simulationen während der Formteil- und Werkzeugentwicklung zu. Die Formteile und Fertigungsprozesse werden von vornherein weiter optimiert, sodass weniger Interationsschleifen in der Fertigung durchgeführt werden müssen, bevor verkaufsfähige Formteile produziert werden können.

Das vorliegende Buch bietet einen Leitfaden und begleitet Produktentwickler und Werkzeugkonstrukteure. Dafür gibt es einen Einblick in die Hintergründe der Spritzgießsimulation im Allgemeinen. Die simulationsseitigen Hintergründe und Einschränkungen werden weitestgehend softwareunabhängig vorgestellt.In Anschluss werden unterschiedliche Programme anhand verschiedener Formteile vorgestellt und miteinander verglichen, um die Möglichkeiten der jeweiligen Programme vorzustellen und um auf Problemstellungen hinzuweisen, die während der Durchführung einer Spritzgießsimulation und der für den Anwender extrem wichtigen Interpretation der Ergtebnisse auftreten können.

Der im Buch beschriebene Deckel kann auf der Webseite des Hanser-Verlags (Hanser-PLUS) als STL- und STP-Datei heruntergeladen werden. Zusätzlich werden Anleitungen für die Programme Autodesk Moldflow Insight, Moldex3D und CADMOULD angeboten, um einen ersten Einstieg in die jeweiligen Programme zu bieten und erste Simulationen eigenständig durchführen und interpretieren zu können. Für den Link zum Download-Portal sowie den Zugangs-Code siehe auf Seite I.

Ich möchte mich herzlich bei allen Personen bedanken, die an der Entstehung dieses Buches mitgewirkt haben, im Speziellen beim Carl Hanser Verlag für die Übernahme der Verlegung des Buches, bei der Firma SimpaTec Simulation & Technology Consulting GmbH für die anregenden Gespräche und die Testlizenz der Software, bei der SIMCON kunststofftechnische Software GmbH ebenfalls für die anregenden Gespräche und die Testlizenz der Software und beim das Kunststoff-Institut für die mittelständische Wirtschaft für die Bereitstellung der CAD-Daten des Relaisgehäuses.

Lüdenscheid, 2023 *Ruben Schlutter*

Über den Autor

Dr. Ruben Schlutter ist als selbstständiger Dozent in der Aus- und Weiterbildung im Bereich der Kunststofftechnik und Simulation tätig. Er lehrt vorrangig die Fächer Spitzgießsimulation, strukturmechanische Simulation und Konstruieren mit Kunststoffen Formteilauslegung. Nach seinem Maschinenbaustudium mit dem Schwerpunkt Produktentwicklung und Konstruktion an der Hochschule Schmalkalden promovierte er in einer kooperativen Promotion zwischen der Technischen Universität Chemnitz und der Hochschule Schmalkalden bei Prof. Dr. Michael Gehde und Prof. Dr. Thomas Seul im Themengebiet der Druckverlustanalyse in der Spritzgießsimulation. Nach der Promotion wechselte er an das Kunststoff-Institut für die mittelständische Wirtschaft in Lüdenscheid. Dort hat er verschiedene Forschungs- und Entwicklungsprojekte, wie die Internationalisierung des bestehenden Netzwerkes oder Spritzgießen im Umfeld der Industrie 4.0 (MONSOON) betreut. Im Jahr 2018 wechselte er in die gemeinnützige Forschungs-GmbH und betreute Projekte über die Herstellung und Verwendung biozider Nanopartikel und die Entwicklung eines zerstörungsfreien Prüfverfahrens zur qualitativen Beurteilung der Schaumstruktur von Kunststoffformteilen. Parallel engagierte sich Dr. Schlutter in den Weiterbildungsangeboten des Kunststoff-Instituts für die mittelständische Wirtschaft in den Schwerpunkten Form- und Lagetoleranzen, kunststoffgerechte Formteilauslegung und Kunststofftolerierung nach ISO 20457. Seit 2022 ist er selbstständiger Dozent und Mitglied des Verbands deutscher Werkzeug- und Formenbauer (VDWF).

1 Einführung in die Methode der Finiten Elemente

1.1 Einleitung

Die verschiedenen Anwendungsgebiete wachsen durch den breiten Einsatz von CAx-Systemen mehr und mehr zusammen. So werden die Formgebung (Industriedesign) und das eigentliche Produkt zunehmend parallel entwickelt. Das spätere Nutzungsverhalten, die Wartungsfähigkeit und die Recyclingfähigkeit des Produktes stehen im Blickfeld der heute zunehmenden Diskussion um die Nachhaltigkeit von Produkten und werden zunehmend in Simulationen abgebildet. In der Mechatronik werden mechanische Elemente mit elektrischen, elektronischen und informationstechnischen Effekten und Objekten verbunden. Die Vielfalt und Anzahl mechatronischer Produkte nimmt stark zu, wie der Zuwachs an Produkten der Unterhaltungs- und der Kommunikationsindustrie eindrucksvoll zeigt.

Das Ziel bei der Verwendung der CAx-Technologien ist dabei immer, relevante Entscheidungen während der Entstehung eines Produktes zu einem möglichst späten Zeitpunkt und unter Berücksichtigung möglichst vieler Einflussfaktoren zu treffen. Erkenntnisse aus anderen Bereichen als der Produktentwicklung fließen dabei in den Entscheidungsprozess mit ein. Verschiedene Alternativen werden möglichst realitätsnah simuliert und bewertet (vgl. Bild 1.1). Durch den Einsatz von CAx-Technologien können wesentlich mehr potenzielle Fehlentwicklungen während der Produktentstehung früher erkannt werden. Die Behebung der Fehler ist mit geringerem Aufwand möglich als ohne den Einsatz von CAx-Technologien. Bild 1.1 verdeutlicht diesen Effekt [VWZ+18].

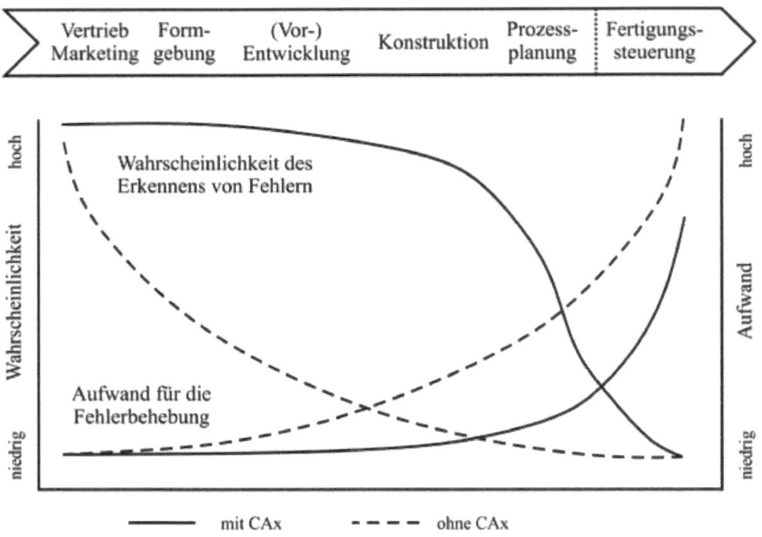

Bild 1.1 Fehlererkennung und Fehlerbehebung (eigene Abbildung in Anlehnung an [VWZ+18])

1.2 Anwendungsfelder der Finiten-Elemente-Methode

Grundsätzlich kann jede physikalische oder chemische Problemstellung durch eine Finite-Elemente-Methode betrachtet und gelöst werden, welche sich durch zeit- und ortsabhängige Differenzialgleichungen oder ein äquivalentes Variationsprinzip beschreiben lässt. Nachfolgend werden verschiedene bekannte Anwendungen zusammengestellt. Der Schwerpunkt der meisten Simulationen mittels FEM liegt dabei auf Festigkeitsproblemen, Potenzialanalysen und Multiphysikproblemen [Kle07]:

- lineare Elastostatik: Hooke'sches Materialverhalten ($\sigma = E \cdot \varepsilon$)
- nichtlineare Elastostatik: nichtlineares Materialverhalten (Plastizität)
  geometrisch nichtlineare Probleme (Instabilitätsprobleme, große Verschiebungen bei kleinen Dehnungen)
  impulsartige große Verformungen (Crash)
  Umformprozesse
- lineare Elastodynamik: Eigenschwingungen
  freie und erzwungene Schwingungen
  zufallserregte Schwingungen

- nichtlineare Elastodynamik: zeit- und verschiebungsabhängige Kräfte
Stabilität, Kreiselbewegung
- Starrkörperdynamik: Mehrkörpersysteme (MKS)
elastische Mehrkörpersysteme (EMKS)
- Elastohydrodynamik: Schmierfilm
- Ermüdungsfestigkeit: Schädigung, Lebensdauer, Rissbruch
- Aeroelastizität: elastisches Strukturverhalten unter Anströmung
- Wärmeübertragung: stationäre und instationäre Wärmeleitung
- Thermoelastizität: mechanische Beanspruchung unter hohen Temperaturen
- Flüssigkeitsströmungen: Sickerströmung, Geschwindigkeits-, Druck- und Temperaturfelder
- Elektrotechnik: elektrisches Strömungsfeld, Magnet- und Wellenfelder
- Akustik: Schalldruckverteilung, Druckstöße
- Gießtechnologie: Spritz- und Druckgießen, Schwerkraftgießen
- Multiphysik: gekoppelte Strömung, Temperatur mit Elastik

Im Bereich der Elastostatik und der Elastodynamik werden entweder die Differenzialgleichung des Gleichgewichts oder ersatzweise die Gleichheit der inneren und äußeren virtuellen Arbeit als Berechnungsgrundlage der Simulation gelöst und berechnet. Die analytische Lösung beider Gleichungen ist bei hinreichend komplexer Geometrie nicht mehr möglich. Die näherungsweise Lösung der Differenzialgleichungen durch geeignete Ansätze ist jedoch möglich. Allerdings sind die Ergebnisse nicht mehr exakt. Sie stellen Näherungen an das exakte Ergebnis dar.

Die Verschiebungsgrößen-Methode wird in der Regel verwendet, wenn elastostatische und elastodynamische Probleme betrachtet werden. Die wirkenden Kräfte auf eine Struktur sind dabei bekannt. Unbekannt sind die daraus resultierenden Verschiebungen und Verformungen der Struktur. Das Verschiebungsverhalten der Elemente wird vorgegeben und das entstehende Gleichungssystem wird numerisch gelöst.

Möglich, aber unüblich ist ebenfalls die Anwendung der Kraftgrößen-Methode. Hier sind die Kräfte, die auf eine Struktur wirken, unbekannt. Häufig ist es einfacher, die wirkenden Kräfte zu ermitteln und zu beschreiben als die Verschiebungen, sodass sich die Verschiebungsgrößen-Methode weitestgehend in der Praxis durchgesetzt hat.

Die Finite-Elemente-Methode wird immer weiter entwickelt. Parallel steigt die Leistungsfähigkeit der Computersysteme, wodurch komplexere Systemmodellierungen, die Feldprobleme oder multiphysikalische Probleme behandeln, einen immer größeren Stellenwert einnehmen und zunehmend breitere Anwendungsfelder erschlossen werden. So werden dynamische und elastodynamische Systeme zunehmend durch Mehrkörpersysteme und elastische Mehrkörpersysteme abgebildet. Feldprobleme stellen vor allem Probleme der Wärmeleitung, der Potenzialströmung und des Magnetismus dar. Diese lassen sich durch einen identischen Typ von Differenzialgleichungen beschreiben. Wärmeleitungsprobleme werden durch die Fourier'sche Wärmeleitungsgleichung abgebildet. Bei Potenzialströmungen erfolgt die Verwendung der Poisson'schen Gleichung für Potenzialströmungen. Die Simulation magnetischer Kraftwirkungen ist mithilfe der Maxwell'schen Gleichung möglich. CFD-Programme (Computational Fluid Dynamics) können Strömungsprobleme in der Luft oder im Wasser oder in zähflüssigen Medien, wie Kunststoffen, abbilden [Kle07].

■ 1.3 Grundlagen der Modellbildung

Ein wesentliches Prinzip des Systemdenkens besteht darin, Systeme und komplexe Zusammenhänge durch modellhafte Abbildungen zu veranschaulichen. Modelle sind Vereinfachungen und Abstraktionen der Realität. Sie zeigen deshalb auch nur notwendige Teilaspekte auf. Daher ist es wichtig, dass die Modelle genügend aussagefähig sind, was die Situation und die Problemstellung betrifft. Bei allen Überlegungen muss die Frage nach der Zweckmäßigkeit und der Problemrelevanz gestellt werden [DH02].

Die Modellbildung wird gezielt zur Lösung von Problemen genutzt. Dabei wird der Problemlösungsprozess von der Ausgangsebene (z. B. der Realitätsebene) auf eine abstrakte Ebene verlagert, sodass die Lösungsfindung in der Regel leichter ist. Auf der abstrakten Modellebene werden Lösungen mithilfe abstrahierter Modelle gesucht und erarbeitet. Dabei ist das Ziel, dass die Lösung bzw. Interpretation des Modells eine möglichst hohe Relevanz (Validität, Gültigkeit) für die Lösung des ursprünglichen (originalen, z. B. realen) Problems hat. Die Modellbildung stellt also eine wichtige Problemlösungstechnik im Sinne einer zielgerichteten Vereinfachung dar, indem ein (nicht notwendigerweise reales) Original durch Abstraktion auf das Notwendige reduziert wird (vgl. Bild 1.2) [VWZ+18].

Im technischen und naturwissenschaftlichen Umfeld ist ein Realitätsbegriff notwendig, der die Möglichkeit zulässt, dass technische Gebilde real existieren und mindestens ein Teil der Wahrheit über deren Realität durch Messergebnisse repräsentiert werden kann. Ansonsten sind die Beobachtung von Regelmäßigkeiten und die Erstellung von Prognosen an diesen Gebilden nicht möglich. Die Wissenschaft übersetzt die durch Wahrnehmungen, Hypothesen und Modellierung beobachtete

Wirklichkeit in Symbole einer Theoriesprache, wie beispielsweise eine mathematische Formalisierung.

Im Zusammenhang mit Theorien aus den Hypothesen und Modellen entstehen wissenschaftliche Daten über diese Wirklichkeit. Die Daten erlangen ihre Bedeutung bzw. Interpretation jedoch erst in Verbindung mit den jeweiligen Hypothesen und Modellen [DH02].

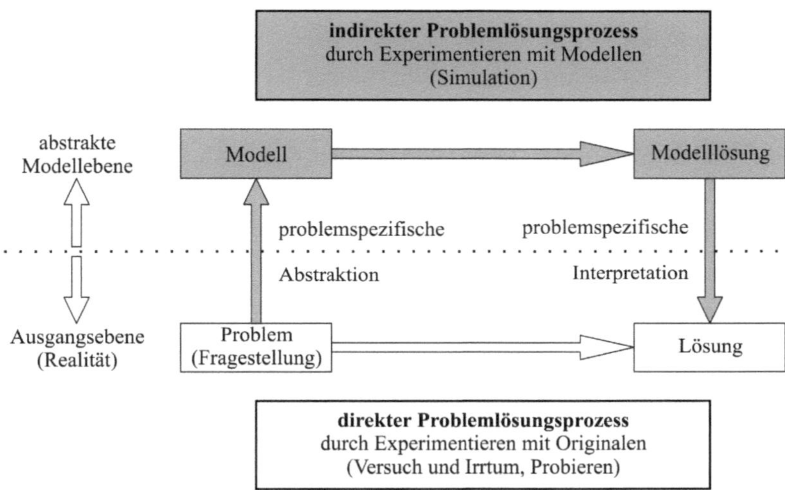

Bild 1.2 Direkte und indirekte Problemlösung durch problemspezifische Abstraktion (eigene Abbildung in Anlehnung an [VWZ+18])

1.3.1 Anforderungen an Modelle

Modelle müssen nah am Ausgangsobjekt oder der Ausgangssituation sein. Sie müssen die charakteristischen Eigenschaften enthalten, die den Untersuchungszweck beschreiben. Dabei sind vorgegebene Fehler in der Regel tolerierbar oder werden bewusst in Kauf genommen. In der Produktentwicklung ist der Modellzweck stark abhängig von der jeweiligen Lebensphase des Produkts, auf die sich die Untersuchung bezieht. Ein angemessenes Aufwand-/Nutzen-Verhältnis ist anzustreben. Der Detaillierungsgrad des Modells ist dabei eng verbunden mit dem Aufwand für die Modellierung und die nachfolgende Analyse. In vielen Fällen nicht nötig ist eine sehr „genaue" Modellierung, da die Unsicherheiten des detaillierten Modells so groß sein können, dass dessen Nutzen im Vergleich zu einem einfacheren Modell infrage gestellt werden muss. Ein Modell muss klar definiert, eindeutig beschreibbar, in sich widerspruchsfrei, redundanzfrei und handhabbar sein, um es für die Lösung einer bestimmten Aufgabe leicht einsetzen zu können [Rod06].

In einem gegebenen Gültigkeitsbereich muss das Verhalten eines Modells dem realen Systemverhalten entsprechen (Modellgültigkeit). Dieses Verhalten ist das Resultat aus den charakteristischen Eigenschaften der Modellelemente sowie deren Verknüpfungen untereinander. Wenn verschiedene Möglichkeiten zur Modellierung eines Systems existieren, die den oben genannten Forderungen genügen, so sollte der einfachsten Möglichkeit der Vorzug gegeben werden (Modelleffizienz). Für die Erstellung eines einfachen, effizienten und gültigen Modells gibt es keine allgemeingültigen Regeln. Die Erfahrung und das Vorwissen des Modellbildners spielen daher eine große Rolle [VWZ+18].

1.3.2 Verfahren der Modellbildung

In der praktischen Anwendung von Modellen haben sich verschiedene Methoden der Modellbildung etabliert und durchgesetzt [Ise99, Rod06, HGP07].

Rechnerische Verfahren

Für rechnerische Verfahren werden mathematische Modelle benötigt, die durch algebraische Gleichungen, Differenzialgleichungen oder Ähnliches beschrieben werden. Für die Lösung der mathematischen Modelle stehen heute neben den traditionellen analytischen Verfahren leistungsfähige numerische und symbolische Softwareprogramme zur Verfügung. Der Vorteil der rechnerischen Verfahren besteht darin, dass weder reale Strukturen noch physikalische Modelle notwendig sind. Modellvarianten, beispielsweise durch konstruktive Veränderungen, können mit geringem Aufwand untersucht werden. Die Durchführung von Parameterstudien und Optimierungen ist vergleichsweise einfach. Die Idealisierungen und Vereinfachungen, die für die Modellbildung notwendig sind, wirken sich stark auf die Qualität der Ergebnisse aus.

Die rechnerischen Verfahren sind heute sehr weit entwickelt. Dennoch kann zur Absicherung der Gültigkeit der mathematischen Modelle nicht vollständig auf physikalische Experimente verzichtet werden. Die Optimierung von Produkten, Parameterstudien und das Aufstellen allgemeiner Zusammenhänge (Näherungslösungen) sind typische Anwendungsgebiete. Zur Anwendung werden CAx-Systeme wie FEM-Systeme, MKS-Simulationswerkzeuge, CAD-Systeme oder Computeralgebra-Werkzeuge verwendet.

Experimentelle bzw. messtechnische Verfahren

Experimentelle oder messtechnische Verfahren benötigen physikalische, gestalthafte Modelle für Experimente. An diesen können Versuche, Messungen und Auswertungen durchgeführt werden. Typischerweise sind dies Prototypen, Testobjekte, Versuchsanordnungen oder maßstäbliche Modelle, die häufig im Maschinenbau verwendet werden. Durch den Einsatz physikalischer Modelle ist die messtechnische Erfassung aller wesentlichen Einflüsse möglich.

Messungen werden an der realen Struktur durchgeführt. Die aufgenommenen Signale werden nur durch eventuelle Messfehler beeinflusst. Es können nur direkt messbare Größen erfasst werden. Innere bzw. der Messtechnik unzugängliche Zustandsgrößen können bei Anwendung ausschließlich dieser Methode nicht erfasst werden. Sie bleiben verborgen, wodurch das Problem entsteht, dass das Gesamtsystem nur teilweise erfasst und beschrieben werden kann. Zum Erfassen von Zusammenhängen werden Parameterstudien durchgeführt. Diese erfordern einen großen Aufwand. Experimentelle oder messtechnische Verfahren werden vor allem bei Motorprüfständen, der Analyse von Prototypen, der Schwingungsüberwachung, der Schadensfrüherkennung und der Diagnose und der Verifikation rechnerischer Ergebnisse (Stichproben) angewendet.

Hybride Verfahren (Kombination von Berechnung und Experiment bzw. Messung)

Diese Verfahren nutzen sowohl mathematische Modelle als auch Messgrößen. Bei rechnerischen Verfahren treten Fehler vor allem aufgrund von Modellierungsungenauigkeiten auf. Bei experimentellen Verfahren können mehr oder weniger große Messfehler nicht vermieden werden. Wenn Ergebnisse aus den mathematischen Verfahren und den experimentellen bzw. messtechnischen Verfahren vorliegen, so können Hypothesen über die Art der Fehler aufgestellt werden. Das Modell kann dann so verbessert werden, dass sich eine bessere Übereinstimmung von Rechnung und Experiment ergibt. Die daraus resultierenden hybriden Verfahren werden den Identifikationsverfahren zugeordnet und werden in Parameteridentifikation und Modellidentifikation unterschieden. Bei der Parameteridentifikation werden lediglich die Parameter eines bestehenden mathematischen Modells aus Messdaten rekonstruiert, während bei der Modellidentifikation die Messdaten (auch) zum Aufstellen eines mathematischen Modells selbst - einschließlich seiner Struktur - dienen. Diese Verfahren finden breite Anwendung in der Regelungstechnik und auch in der Qualitätskontrolle [VWZ+18].

Der Ablauf zur Entstehung eines rechnerinternen Modells für die Modellanalyse wird in Bild 1.3 zusammengefasst. Zuerst entwickelt der Modellbildner eine gedankliche Vorstellung des zu untersuchenden Originals. Dabei kann es sich um ein reales technisches Objekt oder ein neues Produkt handeln. Das Ergebnis ist das mentale Modell (Gedankenmodell). Dieses wird durch Informationselemente und -strukturen formalisiert, um es datentechnisch erfassen zu können. Dieses „Informationsmodell“ wird am Rechner implementiert (rechnerinternes Modell, vgl. [PBF+07, DA95]). Eine zentrale Bedeutung kommt dabei dem mentalen Modell zu. Es enthält bereits die notwendigen Abstraktionen und stellt den Ausgangspunkt für eine effiziente Formalisierung dar. Die Formalisierung ist entscheidend für die erfolgreiche Implementierung des Modells auf einem Rechner. In der Regel werden Modelle in mehreren Iterationsschleifen optimiert. Abhängig von der Modellgenauigkeit können einige Iterationsschleifen notwendig sein. Die Weiterentwicklung von Software, Hardware und Methoden bietet dabei immer mehr Möglichkeiten. So ergeben sich wichtige Rückkopplungen auf den gesamten Modellbildungsprozess, die sogar das Original selbst beeinflussen und verändern können. Dieser Trend wird eindrucksvoll durch die Entwicklungen rund um Cyber-physische Systeme oder Industrie 4.0 bestätigt [VWZ+18].

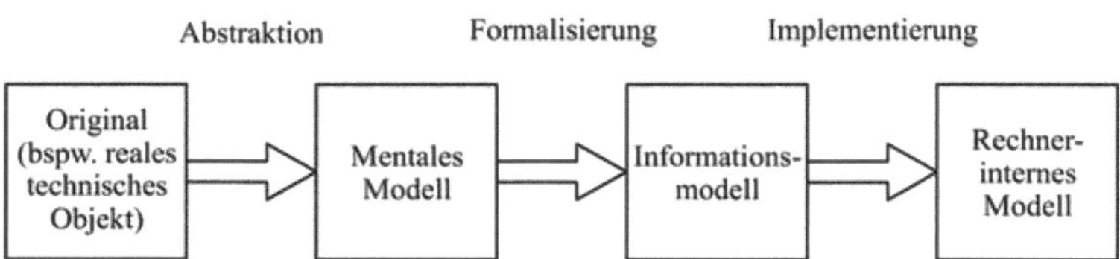

Bild 1.3 Entstehung eines rechnerinternen Modells (eigene Abbildung in Anlehnung an [VWZ+18])

1.3.3 Anforderungen an den Modellbildner

Der Modellbildner ist die Person, die das Modell erstellt. Sie benötigt also Kenntnisse und Erfahrungen sowohl über die zu untersuchende Fragestellung als auch über die Modellbildung/Simulation oder Versuchs- und Messtechnik. Ihre Arbeitsweise sollte systematisch und methodenunterstützt sein, um die Anforderungsspezifikationen erfolgreich durchzuführen. Gute Modellbildung bedeutet immer: „Das Richtige weglassen."

Der Modellbildner sollte folgende Basisqualifikationen haben:

- Tiefgreifende Kenntnisse über das zu untersuchende System. Der Modellbildner muss entscheiden, was vernachlässigt werden kann und daher in den Untersuchungen nicht weiter berücksichtigt wird.
- Weiterführende Kenntnisse und die Beherrschung der vorhandenen Werkzeuge und zur Verfügung stehenden Methoden für die Modellierung und Simulation oder die Versuchs- und Messtechnik.
- Erfahrungen bei der Auswahl geeigneter Modelle unter Berücksichtigung der Kosten, der Zeit und der Aussagefähigkeit der Modellergebnisse.
- Kreativität bei der Erstellung, der Abgrenzung und der Definition des Modells.
- Übung in der Interpretation von Ergebnissen: Die Ergebnisse müssen „richtig" interpretiert werden. Dabei muss unter anderem zwischen physikalischen Effekten und Artefakten (Messfehlern oder numerischen Effekten) unterschieden werden können.

Die Auswahl der Hilfsmittel zur Modellbildung ist abhängig von der Aufgabenstellung, vom Anwendungsbereich und vom Nutzen/Aufwand-Verhältnis. Es stehen viele rechnergestützte Hilfsmittel zur Verfügung. Die Klassifikation von Simulationen ist abhängig vom verwendeten Modell. Dabei kann es sich um physikalische, numerisch-analytische oder grafische Modelle handeln. Eine scharfe Abgrenzung zwischen den verschiedenen Simulationsarten ist in der Praxis kaum möglich. Je nach Zugänglichkeit der Berechnungsaufgabe kommen verschiedene Methoden zum Einsatz. Verschiedene Methoden ergänzen sich oftmals synergetisch. So können Messungen an realen Objekten zur Identifikation von Modellparametern durchgeführt werden oder numerische Modelle durch bekannte analytische Lösungen überprüft werden. Unter einer Berechnung kann entsprechend dieser Systematik eine Simulation mit analytischen bzw. numerischen Modellen verstanden werden [VWZ+18].

Simulationen werden zur Beantwortung unterschiedlichster Fragestellungen durchgeführt. Die folgende Aufstellung erhebt dabei keinen Anspruch auf Vollständigkeit:

- Es ist kein reales System verfügbar (z. B. in der Entwurfsphase).
- Das Experiment am realen System dauert zu lange.
- Das Experiment am realen System ist zu teuer (z. B. bei einem Crashtest).
- Das Experiment am realen System ist zu gefährlich (z. B. bei Flugzeugen, Kraftwerken).
- Die Zeitkonstanten des realen Systems sind zu groß (z. B. Klimamodelle).
- Die Testszenarien („Lastfälle“) können nicht gesteuert werden.

Bild 1.4 zeigt den Zusammenhang zwischen Simulation und Modellbildung. Neben den entsprechenden Modellen werden Lösungsverfahren und Darstellungsmodelle zur Durchführung einer Simulation benötigt. Die gängigen Simulationssysteme bieten erweiterbare Bibliotheken und Schnittstellen zum Import und Export von Daten. Die Eingabe und Erstellung von Modellen erfolgt grafisch und Funktionen können visualisiert werden.

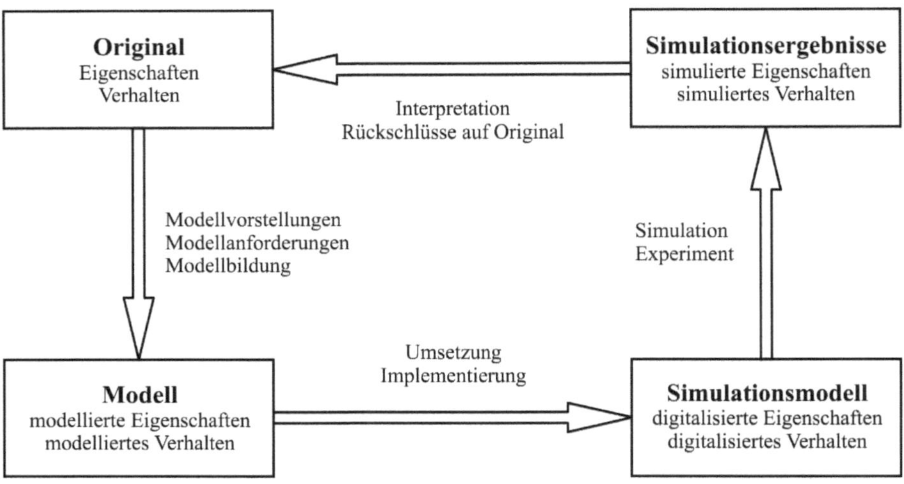

Bild 1.4 Simulationskreislauf mit Modellen (eigene Abbildung in Anlehnung an [VWZ+18])

1.3.4 Modellvalidierung und Modellverifikation

Die Begriffe Verifikation und Validierung können wie folgt beschrieben werden. Sie dürfen nicht verwechselt werden [VDI99, VDI03]. Die Einordnung der Verifikation und Validierung in den Modellierungs- und Simulationsprozess wird in Bild 1.5 gezeigt.

Verifikation

Während der Verifikation wird kontrolliert, ob die spezifizierten Anforderungen durch das Modell erfüllt werden. Auch die Implementierung des Modells in die Simulationssoftware wird überprüft. Mithilfe einfacher Berechnungen wird das Modell verifiziert. Als Basis für die Verifikation dienen eigene oder fremde Erfahrungen. Durch Testrechnungen, wie systematische Experimente oder Konsistenzprüfungen, wird geprüft, ob sich das Modell grundsätzlich plausibel verhält. Es wird auf interne Konsistenz geprüft. Fallen hier Ungereimtheiten auf, so muss untersucht werden, ob das Modell fehlerhaft ist oder ob der Fehler in der Erwartungshaltung über das Verhalten des realen Systems begründet liegt. Die Verifikation erfolgt also nur für das Modellverhalten und ist unabhängig von Vergleichen mit dem originalen System. Häufig erfolgt die Verifikation durch Sensitivitätsanalysen. Dabei werden einzelne Randbedingungen, wie aufgebrachte Lasten, geometrische Parameter oder Werkstoffparameter, geändert und das Verhalten des Modells auf Plausibilität geprüft. Wenn geringe Änderungen der beschriebenen Parameter zu unplausiblen Änderungen der Ergebnisse führen, muss das Modell kritisch hinterfragt werden.

Validierung

Während die Verifikation auf die Güte des Modells bezogen ist, überprüft die Validierung, ob das reale System durch das erstellte Modell zufriedenstellend nachgebildet wird. Auch die Grenzen des Modells, also in welchem Bereich das Modell eine Gültigkeit besitzt, werden bei der Validierung bestimmt. So muss sichergestellt sein, dass das Verhalten des realen Systems im Hinblick auf die Untersuchungsziele genau genug und fehlerfrei durch das Modell abgebildet werden kann. Es wird die Frage beantwortet, ob das Richtige gemacht wurde. Besonderes Augenmerk ist dabei auf die ersten Simulationsläufe zu richten. Diese dienen der Validierung des Simulationsmodells. Die vollständige Übereinstimmung des Simulationsmodells mit dem abzubildenden realen System ist unmöglich. Das ist aber auch nicht erforderlich. Wie auch die Verifikation kann die Validierung ebenso durch eine Sensitivitätsanalyse durchgeführt werden. Das Verhalten des Modells wird bei Änderung der Lastfälle oder einzelner Parameter des Modells untersucht. Im Gegensatz zur Verifikation erfolgt bei der Validierung der Vergleich mit dem Verhalten des realen Systems. Neben der Sensitivitätsanalyse werden Plausibilitätsprüfungen durchgeführt. Dabei werden die Wertebereiche von Eingabe- und Ergebnisdaten und die Konsistenz der physikalischen Einheiten im Hinblick auf die zu untersuchenden realen Systeme untersucht. Der Vergleich mit Messungen am realen Objekt oder an einem Prototyp zählt ebenfalls dazu [VWZ+18].

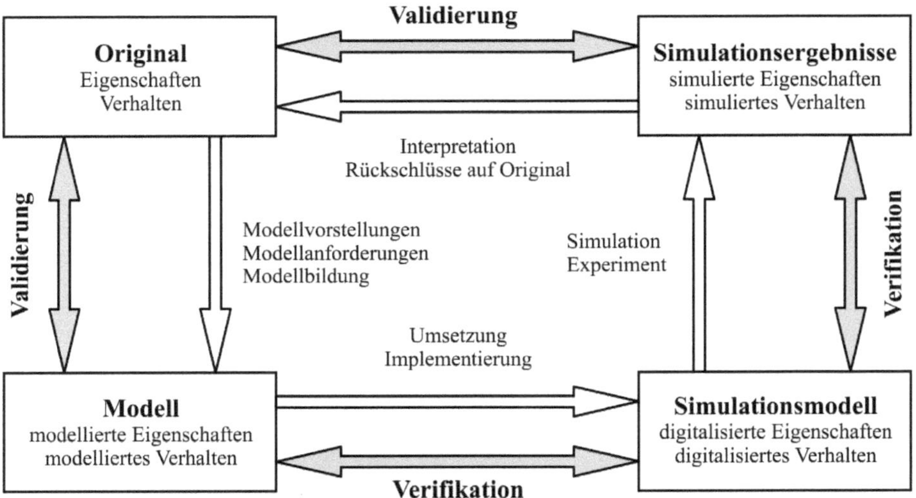

Bild 1.5 Simulationskreislauf mit Modellen (eigene Abbildung in Anlehnung an [VWZ+18])

1.4 Finite-Elemente-Modellierung

Die Methode der finiten Elemente zählt zu den wichtigsten numerischen Rechenverfahren und wird im Ingenieurwesen mit am häufigsten eingesetzt. Erste Verwendungsmöglichkeiten gab es bei physikalisch basierten, mathematischen Modellen im Bereich der Spannungs- und Verformungsprobleme in der Strukturmechanik. Darauf aufbauend wurde die Finite-Elemente-Methode auf das Gebiet der Kontinuumsmechanik erweitert.

Sie ist ein Näherungsverfahren und wird zur Lösung von Problemen des Ingenieurwesens und der Physik verwendet. Zur Näherung werden mathematische Modelle eingesetzt, bei denen feste oder flüssige Körper in Elemente endlicher Größe („finite Elemente") zerlegt werden. An den Elementgrenzen müssen geeignete Bedingungen für die Übergänge zwischen den einzelnen Elementen definiert werden. Dabei ist es wichtig, dass die Summe aller Elemente in Verbindung mit den Übergangsbedingungen dem Gesamtmodell entspricht. Durch das Zerlegen eines Körpers in finite Elemente ist es möglich, komplexe Geometrien „beliebig genau" zu approximieren. Das für die Berechnung gewählte Extremalprinzip (z. B. Minimum der potenziellen Energie) gilt dabei sowohl für das globale Modell als auch für die einzelnen finiten Elemente. Zur Lösung des Berechnungsproblems wird zunächst ein adäquates mathematisches Modell ausgewählt. Dieses wird durch algebraische Gleichungen, gewöhnliche oder partielle Differenzialgleichungen oder durch eine Kombination daraus beschrieben. Die Gleichungen können dabei jede Form aufweisen und linear oder nichtlinear sein. Als Problemstellungen kommen sowohl stationäre (zeitlich unveränderliche, insbesondere auch statische) als auch transiente (zeitlich veränderliche, instationäre, dynamische) Vorgänge bzw. Systeme infrage [VWZ+18].

Mit zunehmender Leistungsfähigkeit der Rechnersysteme in den letzten Jahrzehnten ist auch die Nutzung der FEM in vielen verschiedenen Ingenieurdisziplinen angestiegen. Anwendungen sind beispielsweise bei der Festigkeitsrechnung, bei der Dimensionierung von Maschinenelementen oder bei der Berechnung von Magnetfeldern zu finden. Die Simulation mittels FEM stellt dabei ein numerisches Experiment dar und bietet einige Vorteile gegenüber physikalischen Experimenten [VWZ+18]:

- Zeit- und Kostenersparnis (Reduzierung des mit dem Prototypenbau verbundenen Aufwands für Planung, Durchführung und Auswertung von Versuchen)
- Berechnungsnachweise werden immer öfter als Qualitätsnachweise gefordert
- Möglichkeit, kostengünstige und schnelle Variantenstudien und Parametervariationen am rechnerinternen Modell durchzuführen

- Analyse von Bereichen, die für Messungen nur schwer oder gar nicht zugänglich sind (z. B. Motorbrennraum, Hochofen, Dampfturbine, Werkstücke bei Gieß-, Umform- oder spanenden Fertigungsverfahren, Strukturelemente bei Crashuntersuchungen)
- Analyse von Systemen, an denen Versuche nicht möglich, zu gefährlich oder zu teuer sind (z. B. Erdbebenbelastung großer Strukturen)
- Ermittlung und Analyse vollständiger zwei- bzw. dreidimensionaler Verteilungen physikalischer Größen (Spannungen, Verschiebungen, Auflagerreaktionen etc.)

Die FEM-Simulation kann jedoch nicht alle Fragestellungen beantworten, sodass Experimente nach wie vor nötig sind. Berechnungsergebnisse müssen an realen Modellen überprüft werden. Die Berechnungsverfahren unterliegen einer fortlaufenden Verbesserung. Gegenwärtig werden FEM-Systeme überwiegend in den ingenieurwissenschaftlichen Disziplinen eingesetzt. Dabei werden unterschiedlichste Fragestellungen analysiert und beantwortet [VWZ+18].

FEM-Systeme werden heute in nahezu allen Branchen intensiv eingesetzt, vor allem in der Luft- und Raumfahrt, der Automobilindustrie und dem allgemeinen Maschinenbau (Werkzeugmaschinen-, Stahlbau, Schiffsbau usw.). Außerdem werden FEM-Systeme in der Kunststoff-, der Konsumgüter-, der Elektro- und Elektronikindustrie angewendet.

Trotz der weiten Verbreitung von FEM-Systemen in der praktischen Anwendung ist die korrekte Nutzung dieser Systeme eine qualifizierte Ingenieurarbeit. Sie bedarf üblicherweise eines Spezialisten. Früher wurde deshalb zwischen CAD-Konstrukteuren und FEM-Analytikern unterschieden, wobei beide Tätigkeitsfelder heute zunehmend ineinander übergehen. Trotz aller Vereinfachungen werden die FEM-Probleme nicht automatisch durch Rechner gelöst. Tabelle 1.1 fasst eine Tätigkeitsanalyse zusammen, die zeigt, dass der Rechner nur das zentrale Hilfsmittel ist, ohne dessen Leistungsfähigkeit die Methode generell nicht wirtschaftlich nutzbar wäre.

Tabelle 1.1 Tätigkeitsanalyse zur Bearbeitung von FEM-Problemen (Quelle: [Kle07])

Anfallende Bearbeitungsschritte	Geschätzter zeitlicher Arbeitsaufwand	Geschätzte Rechenzeit
methodengerechte Aufbereitung des Problems	10 %	
Generierung eines FE-Modells im Pre-Prozessor	50 %	20 %
Rechenlauf		70 %
Ergebnisauswertung im Post-Prozessor und Dokumentation	30 %	10 %
Plausibilitätsprüfung	10 %	

1.5 Grundregeln zur korrekten Anwendung der FEM

Zum Abschluss der Einführung in die Methode der finiten Elemente werden einige Grundprinzipien der Anwendung diskutiert. Diese sollten bei der Erstellung von Simulationsstudien berücksichtigt werden, da deren Nichtbeachtung entweder zu Fehlern oder unnötigem Nachbesserungsaufwand führt. In der Praxis sind die Anwendungen und damit die auftretenden Probleme naturgemäß sehr vielschichtig, sodass im Folgenden nur die wichtigsten Fehlerquellen betrachtet werden können [Kle07].

1.5.1 Fehlerquellen

Die Methode der finiten Elemente ist ein ingenieurmäßiges Werkzeug und damit fehlerbehaftet. Auch durch den Einfluss des Modellbildners und des Berechnungsingenieurs können sich Fehler in der Simulation einstellen. Neben der Durchführung der Simulation und der Interpretation der Ergebnisse ist es eine der wichtigsten Aufgaben des Modellbildners und des Berechnungsingenieurs, sich dieser Unwägbarkeit bewusst zu sein und eine Sensibilität gegenüber möglichen Fehlerquellen zu entwickeln. Tabelle 1.2 fasst die wichtigsten Fehlerquellen zusammen. Der Berechnungsingenieur ist dafür verantwortlich, dass die notwendigen Schritte mit der erforderlichen Sorgfalt durchgeführt werden [Deg02].

Tabelle 1.2 Fehlerquellen bei einer Analyse mittels der Finite-Elemente-Methode (Quelle: [Kle07, Deg02])

	Anwender	Programm-Handhabung
Pre-Processing	▪ falsche Idealisierung ▪ schlechte Elemente ▪ verletzte Kompatibilität ▪ ungenaue Materialdaten	▪ schlechte Vernetzung ▪ schlechte Elementformulierung ▪ keine Warnungen (Element-Check)
Lösungsverfahren	▪ falsche Randbedingungen ▪ schlechtes Lösungsverfahren ▪ zu grobes Konvergenzkriterium	▪ zu ungenauer Gleichungslöser ▪ ungenaue Rückrechnung ▪ keine Warnungen
Post-Processing	▪ falsche Selektion	▪ falsche Mittelung ▪ falsche Darstellung ▪ keine Warnungen

Trotz der verschiedenen genannten Fehlerquellen ist die Methode der finiten Elemente mit ca. 7–10 % Abweichung vom realen Verhalten, wenn die exakte Lösung bekannt ist, eines der genauesten Berechnungsverfahren [HP85]. Der große Vorteil der FEM liegt dabei in der flexiblen Anpassbarkeit an reale Gegebenheiten und der Variabilität bezüglich Änderungen [Kle07].

1.5.2 Netzaufbau

Der Netzaufbau bietet ebenfalls einige Möglichkeiten für Fehlerquellen, die zu einer schlechten Vernetzung führen und damit das Ergebnis der Simulation negativ beeinflussen können [NN94]:

- die Element-Teilungsregel
- die Partnerregel der Knotenpunkte
- Erfahrungsergebnisse über das Konvergenzverhalten der Elemente
- mögliche Fehlerquellen bei allzu starker Entartung von der Elementgrundgeometrie

Der Einfluss jedes einzelnen aufgeführten Punktes auf die Netzqualität ist erheblich [NN94]. Im Allgemeinen gilt die Regel, dass das Netz an vermuteten Spannungskonzentrationsstellen engmaschig sein sollte. Die Elementteilung sollte entsprechend fein gestaltet werden. In Bereichen, in denen die Spannungskonzentration gleichmäßiger erwartet wird, kann die Elementteilung gröber gewählt werden. Eine weitere Möglichkeit der Netzverfeinerung bietet die jeweilige Ansatzfunktion der gewählten Elemente. Die Ansatzfunktion kann linear, quadratisch, kubisch oder höher-polynomisch sein, sodass die Genauigkeit der Vernetzung durch die notwendigen Zwischenknoten steigt. Die Zwischenknoten verringern den Abstand zwischen den Knoten, wodurch die Knotenverschiebungen an zusätzlichen Stellen berechnet werden. Es muss weniger zwischen den Knoten interpoliert werden. In der Praxis werden häufig Dreieckelemente mit einer quadratischen Ansatzfunktion und „free meshing" verwendet. Das free meshing hat den Vorteil, dass es bei jeder beliebigen Geometrie angewendet werden kann. Nachteilhaft ist, dass die Qualität der Vernetzung schlechter ist als beim „mapped meshing", sodass mit höher-polynomischen Ansatzfunktionen gearbeitet werden muss. Ebenso häufig werden Viereckelemente mit linearen Ansatzfunktionen und mapped meshing verwendet. Eine Vernetzung mittels mapped meshing erfordert, dass eine Fläche durch drei oder vier reguläre Linien umschlossen wird oder dass ein Volumen durch vier bis sechs reguläre Flächen umschlossen wird [NN10]. Die Elemente werden gleichmäßiger auf der zu untersuchenden Struktur verteilt, sodass die Ergebnisqualität steigt, da Verschiebungen und Spannungen gleichmäßiger berechnet werden. Eine klassische Anwendung für Netzverdichtungen sind Kerbprobleme.

Im Bereich der Kerbe wird eine Spannungskonzentration erwartet, sodass dieser Bereich feiner vernetzt werden muss.

Die meisten Pre-Prozessoren verfügen über automatische Vernetzungsgeneratoren mit free-mesh-Algorithmen. Bei 2D-Strukturen erzeugt dieser Algorithmus Netze aus ebenen Dreieckelementen. Bei 3D-Strukturen werden Netze aus volumetrischen Tetraeder-elementen generiert. Die Größe der Elemente kann vorgegeben werden, womit die Qualität der Vernetzung gesteuert werden kann. In einigen Anwendungsfällen ist diese Art der Vernetzung ausreichend. Bei komplexen Geometrien, wie Spritzgießformteilen oder Stahlgussteilen, kann eine Vernetzung nur durch das free meshing erfolgen. Die Anwendung des free meshing ist vor allem dann sinnvoll, wenn keine Abschätzungen über Spannungskonzentrationen möglich sind. Dann wird ein free meshing verwendet, um einen Überblick über die Spannungsverteilung zu erhalten. In den Bereichen, in denen ein hoher Spannungsgradient vorliegt, wird dann feiner vernetzt oder ein mapped meshing verwendet.

Die Partnerregel für die Knotenpunkte ist ein weiteres allgemeines Prinzip. Sie besagt, dass jeder Knoten eines Elements einen Knotenpartner im anschließenden Element finden muss. Ein Knoten darf nicht auf die Seite eines anderen Elements stoßen, da das zu einem ungewollten Klaffen der Struktur führt.

Das mithilfe des Vernetzungsalgorithmus erstellte Netz ist selten so gut, dass Berechnungen direkt mit diesem Netz möglich oder sinnvoll sind. Es müssen Netzreparaturen durchgeführt werden. Dabei werden Knoten verschoben, eingefügt oder gelöscht, um die Qualität der Elemente zu verbessern (vgl. Tabelle 1.3). Durch das Verändern des bestehenden Netzes werden neue Knotennummern und Elementnummern vergeben. Am Ende der Vernetzung muss deshalb immer überprüft werden, ob Knoten oder Elemente doppelt nummeriert worden sind oder ob Elemente ausgelassen worden sind. Außerdem muss geprüft werden, ob Elemente entartet oder verzerrt sind

Elementverzerrungen sind in der Regel am schwierigsten zu korrigieren, da sie größere Eingriffe in das bestehende Netz erfordern, die manuell durchgeführt werden müssen. Tabelle 1.3 fasst die häufigsten Anomalien von Elementen zusammen, die entweder zu Berechnungsfehlern führen oder die Ergebnisqualität deutlich absenken.

Der Berechnungsingenieur hat die Aufgabe diese verzerrten Elemente zu finden und zu erkennen. Häufig werden derartige Elemente bereits durch die Selbstprüfung des Netzgenerators erkannt und angezeigt. Durch geschickte Eingriffe in die Netztopologie werden die verzerrten Elemente beseitigt [Kle07].

Tabelle 1.3 Auftretende Elementanomalien [Kle07])

Elementanomalie	Bemerkung
Verzerrungsprüfung d	Diagonalverhältnis $\frac{d_{\text{min}}}{d_{\text{max}}} \approx 0{,}4\ldots1{,}0$
Prüfung des Seitenverhältnisses s_{max} s_{min}	Seitenverhältnis $\frac{s_{\text{min}}}{s_{\text{max}}} \approx 0{,}5\ldots1{,}0$
Prüfung auf Spitzwinkligkeit α_{min}	Winkelrestriktion $\alpha_{\text{min}} \geq 10°$

1.5.3 Genauigkeit der Ergebnisse

Die Methode der finiten Elemente zählt heute zu den leistungsfähigsten numerischen Verfahren des Ingenieurwesens. Bei korrekter Modellbildung und abgestimmten Randbedingungen kann eine sehr gute Übereinstimmung der theoretischen Ergebnisse mit überprüfenden Experimenten erzielt werden. Im Bereich der Verformungsanalyse statisch belasteter Strukturen liegt die Abweichung bei ca. 7 % im Vergleich zu praktisch durchgeführten Messungen mit Dehnungsmessstreifen. Bei Analysen des Eigenfrequenzspektrums können Abweichungen im Bereich von 5 % im Vergleich mit entsprechenden Resonanzprüfungen beobachtet werden. Die Grundlage für eine derart hohe Ergebnisqualität ist neben einer sorgfältigen Arbeitsweise eine optimale Vorbereitung des Simulationsmodells hinsichtlich der Feinheit des Netzes, der gewählten Elementtypen, der Abbildung des Werkstoffverhaltens und des Vorliegens exakter Werkstoffdaten und der numerischen Genauigkeit der Rechnung.

Die notwendige Netzfeinheit kann durch Konvergenzbetrachtungen ermittelt werden. Bei einer numerischen Berechnung kann davon ausgegangen werden, dass das exakte Ergebnis unbekannt ist. Daher ist auch der Abstand des Ergebnisses aus einer Simulation zum exakten Ergebnis unbekannt. Verschiedene FEM-Systeme bieten die Möglichkeit, die Netzfeinheit ohne großen Aufwand zu erhöhen.

Wenn die Ergebnisse, die aus der feineren Vernetzung resultieren, nur eine geringe Abweichung zu den Ergebnissen, die aus der gröberen Vernetzung resultieren, aufweisen, kann das Ergebnis, das mit der gröberen Vernetzung berechnet wurde, als ausreichende Näherung angesehen werden. Durch die zunehmende Leistungsfähigkeit der Rechensysteme ist ein derartiges Vorgehen praktizierbar. FEM-Systeme, die diese Möglichkeiten der Netzverfeinerung bieten, werden als *h*-Versionen bezeichnet. Der Parameter *h* steht dabei für den relevanten Elementdurchmesser. Die Ergebnisgüte ist dabei eine Funktion des Parameters *h*.

Daneben kann der Polynomgrad der Ansatzfunktionen der Elemente erhöht werden, um die Netzfeinheit zu erhöhen und die Ergebnisqualität zu verbessern. FEM-Systeme, die den Polynomgrad als variabel ansehen, werden als *p*-Versionen bezeichnet. Die Elementteilung wird dabei nicht verändert. Durch die Erhöhung des Polynomgrades können aber mehr Freiheitsgrade in einem Element untergebracht werden, wodurch die Ergebnisqualität steigt [NN94].

Der Einfluss, der aus der Anwendung der Finite-Elemente-Methoden selbst resultiert, ist ebenfalls nicht zu vernachlässigen. Teilweise bieten die FEM-Systeme nur eingeschränkte Möglichkeiten bei der Modellbildung. So ist die Modellierung von plastischem Materialverhalten oder reibungsbehafteten Kontakten nicht immer möglich. Auch die Implementierung nichtlinearer Geometrien ist nicht immer gegeben. Durch das Definieren von Annahmen, Vereinfachungen und Vernachlässigungen wird die Gültigkeit des FEM-Modells eingeschränkt und die Ergebnisqualität der FEM-Simulation nimmt ab. Diese Idealisierungen müssen bei der Ergebnisinterpretation immer berücksichtigt werden. Grundlegende Idealisierungen im Bereich der Füllsimulation werden fast immer getroffen. Die wichtigsten werden im Folgenden kurz aufgelistet:

- Durch Annahme eines Kontinuums wird die molekulare Struktur vernachlässigt.
- Physikalische Parameter, wie Dichte oder Steifigkeit, werden approximiert. Die Temperatur- oder Druckabhängigkeit verschiedener Parameter wird vernachlässigt.
- Die Bauteilgeometrie wird vereinfacht, indem Toleranzen oder Oberflächenrauheiten vernachlässigt werden.
- Randbedingungen werden vereinfacht. Lagerungen werden durch die Annahme von starren Einspannungen oder Reibungskontakten idealisiert.
- Belastungen werden durch Ersatzgrößen für verteilte Belastungen idealisiert.

Da die für die FEM-Simulation verwendeten Differenzialgleichungen nicht exakt gelöst werden können, werden diese numerisch, also näherungsweise, gelöst, wodurch zusätzliche Vereinfachungen getroffen werden müssen:

- Die Geometrie des realen Systems wird vereinfacht, indem Rundungen durch Geradenstücke approximiert werden oder kleine Radien entfernt werden.
- Der Verschiebungs-, der Verzerrungs- und der Spannungszustand werden durch Interpolation approximiert.
- Die Ausgabe der Simulationsergebnisse erfolgt nur in den Knoten- oder Integrationspunkten.
- Die Elementsteifigkeiten werden durch reduzierte numerische Integration der Elemente approximiert.
- Die Masse oder das Volumen des zu analysierenden realen Objekts kann sich durch FEM-Vernetzung ändern.

Die Summe der genannten Näherungen und Vereinfachungen führt dazu, dass der Berechnungsingenieur und der Produktentwickler die Ergebnisse aus einer FEM-Simulation immer kritisch hinterfragen müssen.

Neben den methodischen und numerischen Verbesserungsmöglichkeiten spielen auch noch die Werkstoffdaten eine nicht zu unterschätzende Rolle. Sie sind maßgeblich für die Steifigkeit des Bauteils verantwortlich. Bei linear elastischen Rechnungen werden der Elastizitätsmodul E und die Querkontraktionszahl v als Eingangsgrößen benötigt. Nichtlineare Rechnungen erfordern zusätzlich die Vorgabe einer Fließgrenze R_e. Bei dynamischen Simulationen muss die Dichte ρ als Eingangsgröße definiert werden.

Hier besteht die Möglichkeit, dass Tabellenwerte aus Tafelwerken verwendet werden. Diese sind leicht beschaffbar, haben aber den Nachteil, dass sie für eine Werkstoffgruppe gelten und daher statistische Größen sind, was einen Einfluss auf die Qualität der Rechenergebnisse hat. Werden exaktere Ergebnisse gefordert, die auch mit einem Experiment in Einklang gebracht werden sollen, so ist es zwingend erforderlich, abgesicherte Materialdaten zu verwenden.

Es lässt sich resümieren, dass FEM-Ergebnisabweichungen auf systematischen Fehlern (numerischen Fehlern und Approximationsfehlern) und auf stochastischen Abweichungen (Abmessungsschwankungen, streuenden Materialdaten) beruhen können [Kle07].

2 Simulation des Füllprozesses

2.1 Einleitung

Heute werden vielfältige Anforderungen an Kunststoffformteile gestellt. Sie haben immer eine Funktion zu erfüllen. Ein Beispiel dafür ist das Gehäuse einer Fernbedienung. Es muss die elektronischen Bauteile aufnehmen und diese von der Umgebung isolieren, sodass keine Schäden an der Elektronik entstehen. Außerdem darf der Benutzer nicht durch die Elektronik verletzt werden. Die Fernbedienung ist aber auch ein Designteil, das eine hohe Wertigkeit ausstrahlt und an das daher hohe Anforderungen an die Qualität gestellt werden, wie z. B. an die Oberflächengüte, die Lage und Sichtbarkeit von Bindenähten, daran, dass keine sichtbaren Einfallstellen auftreten, oder an den Verzug. Weiterhin müssen die beiden Formschalen des Gehäuses exakt zusammenpassen, um ein qualitativ hochwertiges Erzeugnis zu erhalten und um keine Probleme in der Fertigung zu bekommen. Daher müssen bei diesen Kunststoffformteilen die allgemeinen Konstruktionsregeln (15 goldene Regeln der Kunststoffkonstruktion) eingehalten werden. Gerade bei einer Fernbedienung oder noch extremer bei Handys werden die Endprodukte und damit die Bauräume für die Elektronik und das Gehäuse immer kleiner. Daher muss eine immer größere Funktionsintegration in das Gehäuse erfolgen. Die Konstruktionsregeln können aus bauraumtechnischen Gründen nicht immer eingehalten werden.

Während des Konstruktionsprozesses bekommt der Konstrukteur meistens die Designflächen als Außenhülle und die Elektronikkomponenten im Inneren vorgegeben. Dazwischen liegt der Bauraum, in dem der Konstrukteur das Gehäuse konstruieren muss. Halterippen, Anschraubpunkte und z. B. Schnappverbindungen zwischen Oberteil und Unterteil des Gehäuses müssen ebenfalls integriert werden. Aufgrund des beengten Platzes muss häufig ein Kompromiss zwischen der Funktionsanforderung und der kunststoffgerechten Gestaltung gefunden werden.

Während des Konstruktionsprozesses gibt es in der Regel noch einigen gestalterischen Freiraum. Es kann zum Teil auf die Größe des Formteils oder die Platzierung von Elementen Einfluss genommen werden. Je weiter der Entwicklungsprozess vorangeschritten ist, umso kleiner wird dieser Freiraum. Wird erst nach der Fertigstellung des Werkzeuges bei der ersten Abmusterung festgestellt, dass sich das Formteil nicht füllen lässt oder dass Bindenähte oder Lufteinschlüsse entstehen, so kann aus Gründen des geringen Bauraums meist nichts mehr an der Geometrie der Formteile verändert werden. Um daher den Konstruktionsprozess abzusichern, empfiehlt es sich schon in der ersten Konzeptphase eine Füllsimulation durchzuführen.

Die Füllsimulation ist eine numerische Berechnung, bei der das Füllen im Werkzeug nachgebildet wird. Hierbei wird aus den CAD-Daten ein Berechnungsmodell erstellt und die Simulation basierend auf den Materialdaten und den Prozessparametern durchgeführt. Als Ergebnis erhält man ein Füllbild, in dem die Füllung des Formteils sowie die Lage der Bindenähte oder von Lufteinschlüssen zu sehen ist. Weiterhin können unter anderem der Druckbedarf, die Fließfronttemperatur und das qualitative Schwindungs- und Verzugsverhalten ausgewertet werden.

Der Konstrukteur kann, basierend auf den Ergebnissen der Füllsimulation, eine Optimierung seines Formteils noch während der Konzeptphase durchführen. Hierbei sei erwähnt, dass der Konstrukteur einen Großteil der Qualität und des Verzuges eines Formteils über seine Konstruktion festgelegt hat.

Füllsimulationen werden häufig aber erst zum Start des Werkzeugbaus durchgeführt. In diesem Stadium des Entwicklungsprozesses kann meistens kein Einfluss mehr auf die Konstruktion genommen werden. Es gibt kaum Möglichkeiten, um eventuell auftretende Probleme zu lösen.

2.2 Zeitpunkte für Füllsimulationen

Im Produktentwicklungsprozess (Bild 2.1) gibt es im Allgemeinen drei Zeitpunkte, an denen Füllsimulationen durchgeführt werden:

- während der Konstruktionsphase des Formteils,
- kurz vor dem Start des Werkzeugbaus,
- bei Problemen in der Fertigung.

Üblicherweise werden Füllsimulationen kurz vor dem Start des Werkzeugbaus durchgeführt. Dieser Zeitpunkt befindet sich nach der Entwicklung/Ausarbeitung in Bild 2.1. Das Ziel dieser Füllsimulation ist die Festlegung des Anspritzpunktes und die Auslegung des Verteilersystems. Beide sind von entscheidender Bedeutung für das erfolgreiche Füllen des Formteils, dessen Qualität und Verzug. Diese Füllsimulation wird heute bei fast allen komplexeren Formteilen durchgeführt, da ansonsten bei Problemen in der Fertigung hohe Kosten und Zeitverluste auftreten können. Wenn bei dieser Füllsimulation Probleme auftreten, die nicht durch eine Anpassung der Werkzeugtechnik gelöst werden können, so muss in die Entwicklung zurückgesprungen werden, um die Konstruktion anzupassen. Ein Beispiel für ein solches Problem ist eine zu dünne Wanddicke, die sich nicht füllen lässt. Häufig ist dies mit hohem Aufwand verbunden, da in der Regel der Bauraum geändert werden muss, was tiefe Einschnitte in die Gesamtkonstruktion erfordert. Anpassungen weiterer Formteile an die neuen Gegebenheiten können notwendig werden, die dann mit hohen Kosten und Zeitaufwand verbunden sind.

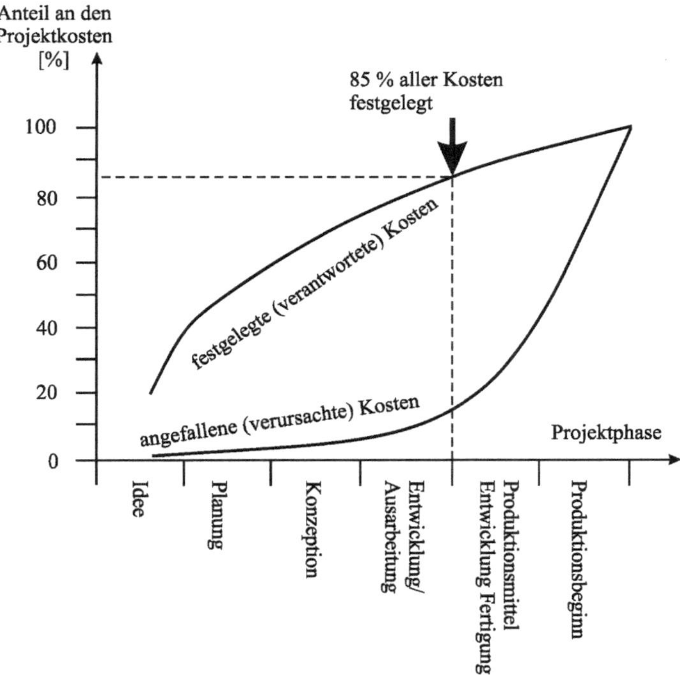

Bild 2.1 Vergleich der festgelegten und der verursachten Kosten in der Produktentwicklung (eigene Abbildung in Anlehnung an [Con08])

Die Ursachenforschung bei Problemen in der Fertigung ist der zweite und ungünstigste Zeitpunkt, an dem Füllsimulationen durchgeführt werden können. Mögliche Probleme, die auftreten können, sind:

- unvollständige Füllung des Formteils,
- zu hoher Druckaufwand,
- zu hohe Schließkraft,
- großer Verzug.

Mithilfe der Füllsimulation kann untersucht werden, warum es zu den Problemen kommt. In verschiedenen Varianten können Änderungen in der Prozessführung und der Geometrie simuliert werden, ohne dass unmittelbar Änderungen am Werkzeug vorgenommen werden müssen. Nachdem eine Lösung gefunden wurde, können die Änderungen zielgerichtet im Werkzeug eingebracht werden. Dieser Zeitpunkt für Füllsimulationen ist am ungünstigsten, da die Änderungsmöglichkeiten extrem eingeschränkt und mit hohen Kosten verbunden sind.

Weiterhin kann eine Füllsimulation nur bei systematisch auftretenden, also reproduzierbaren Fehlern zur Lösung des Problems beitragen. Wenn die Fehler nur sporadisch oder zufällig auftreten, kann das Problem meistens nicht über die Füllsimulation gefunden werden, da die Fehler hier meistens in sich ändernden Randbedingungen des Spritzgießprozesses liegen. Sich ändernde Randbedingungen können schwankende Materialeigenschaften, eine sich ändernde Werkzeug- oder Kühlmitteltemperatur, aber auch unterschiedliche Einspritzgeschwindigkeiten sein. Diese Werte sind aber alles Eingangsgrößen für die Füllsimulation und daher bei jeder Füllsimulation per Definition identisch. Somit ist es unmöglich, zufällige Effekte, die sich durch schwankende Prozessparameter ergeben, in der Simulation zu sehen. Die einzige Möglichkeit, zufällige Schwankungen zu erkennen, besteht in der Durchführung mehrerer Füllsimulationen mit Variationen der Prozessparameter. Die Ergebnisse werden miteinander verglichen. Wenn sich durch kleine Änderungen im Prozess große Auswirkungen auf die Formteilqualität ergeben, so ist das Prozessfenster sehr klein. Durch Änderungen am Simulationsmodell kann das Prozessfenster vergrößert werden. Allerdings ist das mit Änderungen am Werkzeug und somit weiteren Kosten und Zeitaufwand verbunden.

Der günstigste Zeitpunkt zur Durchführung von Füllsimulationen ist während der Konzeption und der Entwicklung/Ausarbeitung (Bild 2.1). Bild 2.2 zeigt den prinzipiellen Iterationsablauf in der Formteilauslegung, der Auslegung des Spritzgießwerkzeuges und der Definition des Spritzgießprozesses unter Nutzung der Potenziale der Füllsimulation.

Hier wird das Formteil grundlegend konstruiert und die prinzipielle Füllbarkeit validiert. Dabei kann Einfluss auf die Gestalt des Formteils genommen werden. Die Simulation sollte dabei so früh wie möglich in der Entwicklung eingesetzt werden, um ihr volles Potenzial nutzen zu können. So ist es möglich, unterschiedliche Formteilkonzepte auf ihre Fertigbarkeit und mögliche Schwachstellen zu überprüfen und diese zu beseitigen. Aufbauend auf die Formteilgeometrie können der Anguss und das Kühlsystem mithilfe der Simulation ausgelegt werden. Bereits zu diesem Zeitpunkt kann eine erste Abschätzung der späteren Prozessrobustheit getroffen werden, indem verschiedene Spritzgießparameter in der Simulation variiert werden, um ihren Einfluss auf den Spritzgießprozess abzuschätzen. Falls an dieser Stelle ermittelt wird, dass entweder gar kein Prozessfenster oder nur ein sehr enges Prozessfenster vorhanden ist, um das Formteil innerhalb der Spezifikationen zu fertigen, kann die Geometrie noch vergleichsweise einfach geändert werden. Das Formteil existiert zu diesem Zeitpunkt ausschließlich als CAD-Modell. Falls Geometrieänderungen nicht oder nicht ausreichend möglich sind, muss eine Vorhaltung im Werkzeug berücksichtigt werden, um das Formteil später durch Werkzeugänderungen optimieren zu können. Dieses Vorgehen sollte allerdings immer die letzte Lösung sein, da Änderungen am Werkzeug zeitaufwendig und teuer sind.

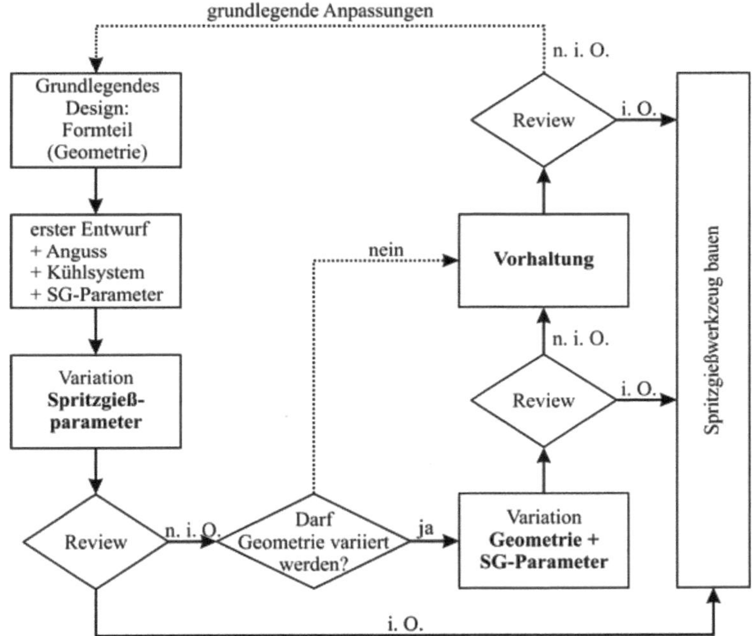

Bild 2.2 Variantenanalyse bei der Werkzeugkonstruktion (eigene Abbildung in Anlehnung an [Sim22])

Nachteilig an dieser Vorgehensweise ist, dass höhere Kosten in der Produktentwicklung auftreten. Diese Mehrkosten zahlen sich meistens aus, da später beim Werkzeugbau gesicherte Konzepte vorliegen und meistens kein Rücksprung mehr in die Konstruktionsphase erfolgen muss. Dadurch werden Iterationsschleifen und damit Zeit und Kosten eingespart und eine höhere Sicherheit für die nachfolgenden Prozesse geschaffen.

Allerdings wird in der Entwicklung häufig keine Füllsimulation durchgeführt, da die Mehrkosten in der Produktentwicklung auftreten und erst beim Bau des Werkzeugs und der Verarbeitung sichtbar werden. Durch das Budgetdenken wird ein Großteil des Potenzials verschenkt, dass durch Füllsimulationen vorhanden ist. Die Werkzeugkosten sind in der Regel höher. Tabelle 2.1 gibt Orientierungswerte, was eine Korrekturschleife im Werkzeugbau kostet. Grundsätzlich zeigt sich, dass ungefähr drei bis fünf Korrekturschleifen notwendig sind, wenn gar keine Füllsimulation durchgeführt wird. Wenn Füllsimulationen während der Formteil- und Werkzeugentwicklung durchgeführt werden, verringert sich die Anzahl der Korrekturschleifen bereits auf eine bis drei. Bei konsequenter Umsetzung der Variantenanalyse nach Bild 2.2 ist es möglich, die Anzahl der Korrekturschleifen auf unter eins zu senken, das bedeutet, dass direkt bei der ersten Musterung verkaufsfähige Formteile gefertigt werden [u.a. 0022].

Tabelle 2.1 Orientierungswerte für Kosten von Änderungsschleifen im Werkzeugbau (Quelle: [0022])

Werkzeuggröße	Kosten/Änderungsschleife
kleine Werkzeuge	2000€
mittlere Werkzeuge (Formteillänge ca. 200 mm–300 mm)	4000€–5000€
große Werkzeuge (beispielsweise Stoßfänger)	> 10000€

2.3 Ablauf einer Füllsimulation

Bei einer Füllsimulation werden die rheologischen Vorgänge beim Spritzgießen berechnet. Dabei unterteilt sich die Füllsimulation in die drei klassischen Schritte einer FEM-Simulation, den Pre-Prozessor, den Solver und den Post-Prozessor (Bild 2.3).

Jedem Schritt sind dabei spezifische Punkte zugeordnet:

- Pre-Prozessor
  - Vorgabe der Berechnungsart (z.B. Kompaktspritzgießen)
  - Einlesen der Geometrie
  - Erstellen eines Verteilersystems mit Linienelementen
  - Erstellen eines Kühlkanalsystems mit Linienelementen
  - Vorgabe des Berechnungsumfanges (Füllen + Nachdruck ...)
  - Auswahl des Materials
  - Vorgabe der Prozessdaten
- Solver
  - Vernetzung der Formteilgeometrie
  - Vernetzung des Verteiler- und des Kühlkanalsystems

- Post-Prozessor
  - Ausgabe der aufbereiteten Ergebnisse
  - Auswertung und Interpretation der Ergebnisse

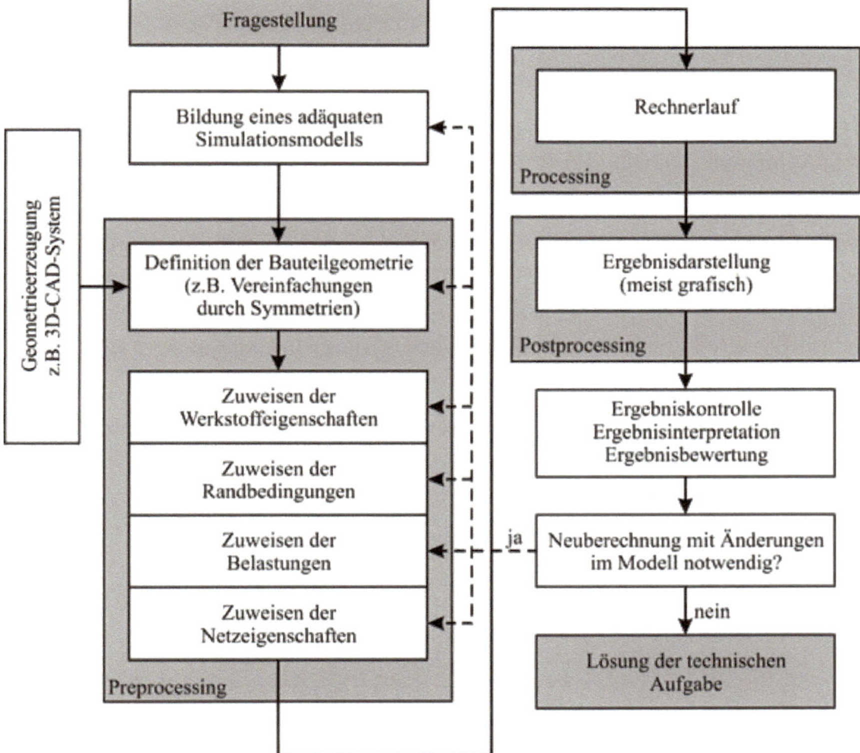

Bild 2.3 Ablauf einer Simulation mittels FEM (eigene Abbildung in Anlehnung an [VWZ+18])

Bild 2.4 fasst die einzelnen Punkte, die während des Preprocessings bearbeitet und optimiert werden müssen, zusammen.

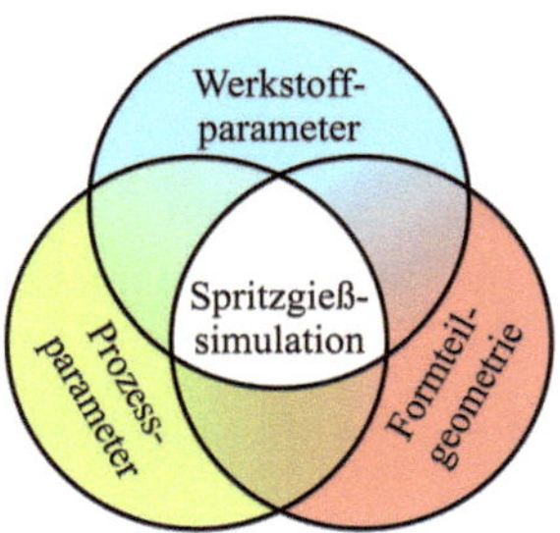

Bild 2.4
Einflüsse auf die Qualität einer numerischen Simulation

Zu Beginn wird die Berechnungsart ausgewählt. Hier wird definiert, ob das Kompaktspritzgießen oder eines der Sonderverfahren berechnet werden soll.

Das zu berechnende Formteil muss auf eine endliche Anzahl an Elementen (finite Elemente) reduziert werden. Ein reales Formteil weist unendlich viele Freiheitsgrade auf. Dazu werden über der gesamten Oberfläche Stützstellen (Knoten) definiert, die miteinander durch Elemente verbunden werden. Das Formteil wird so in viele kleine Teilbereiche zerlegt, für die dann die entsprechenden Erhaltungsgleichungen definiert werden können. Diese Netzerstellung ist die Grundlage einer jeden FEM-Simulation und erfolgt üblicherweise auf der Oberfläche der eingelesenen CAD-Geometrie.

Neben der Formteilgeometrie müssen auch Teile des Werkzeuges mit simuliert werden. Wie viel vom Werkzeug mit simuliert wird, hängt davon ab, wie genau die Simulation werden soll. Die minimale Vorgabe aus dem Werkzeug ist der Anspritzpunkt an das Formteil. Daneben können auch das Verteilersystem, die Kühlkanäle, Schieber und Einsätze sowie der gesamte Werkzeugblock nachgebildet und in die Berechnung einbezogen werden.

Im Anschluss wird der Berechnungsumfang vorgegeben. Dabei ist darauf zu achten, dass alle Ergebnisse aufeinander aufbauen. Die Kühlung des Formteils zur Bestimmung der Verteilung der Werkzeugwandtemperatur wird als Erstes berechnet. Wenn in der Simulation keine Kühlkanäle vorgesehen sind, wird direkt mit der Füllung des Formteils gestartet. Die Füllung des Formteils muss immer berechnet werden. Anschließend kann die Nachdruckphase und darauf aufbauend der Verzug des Formteils berechnet werden.

Danach erfolgt die Materialauswahl. Die Anbieter der verschiedenen Simulationsprogramme bieten dafür jeweils eine umfangreiche Materialdatenbank an. Diese enthalten gegenwärtig über 9000 verschiedene Materialien. Davon ausgehend, dass aktuell ca. 40 000 Kunststoffe auf dem Markt erhältlich sind, wird klar, dass bei Weitem nicht alle Kunststoffe in der Materialdatenbank enthalten sind. Es besteht die Möglichkeit, die Materialdaten zu messen und in die Materialdatenbank zu editieren oder ein Vergleichsmaterial auszuwählen. Dabei ist jedoch Vorsicht geboten, da sich der reale Kunststoff und das Vergleichsmaterial erheblich voneinander unterscheiden können.

Im letzten Punkt des Pre-Prozessors müssen die Prozessparameter definiert werden. Hier werden unter anderem die Schmelzetemperatur, die Werkzeugwandtemperatur, die Einspritzzeit und das Nachdruckprofil vorgegeben. In diesem Punkt müssen nicht alle Parameter vorgegeben werden. Es ist z. B. möglich, die Einspritzzeit durch die Software berechnen zu lassen.

Im Solver werden die Formteilgeometrie, die Verteiler- und die Kühlkanalgeometrien vernetzt und das entstehende Gleichungssystem gelöst.

Im Post-Prozessor werden die Ergebnisse grafisch aufbereitet und ausgegeben. Hier können dann Rückschlüsse auf die Füllbarkeit und die Qualität des Formteils gezogen werden. Die richtige Interpretation der Ergebnisse erfordert Hintergrundwissen über die Simulation und ein gewisses Maß an Erfahrung. Das Hintergrundwissen soll in den folgenden Abschnitten vermittelt werden.

2.4 Netzaufbau und Modellerstellung

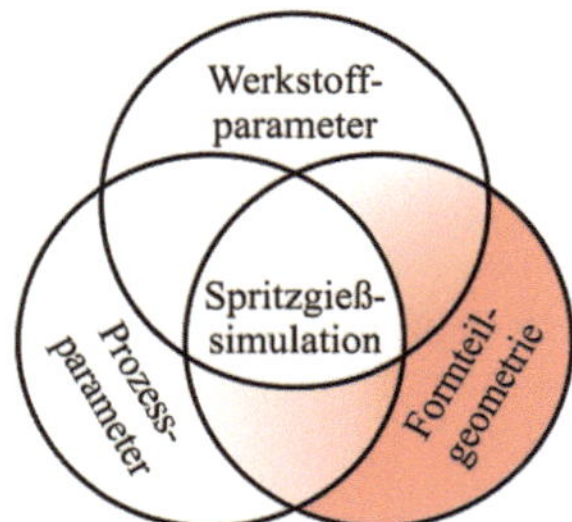

Bild 2.5
Einflüsse aus der Formteilgeometrie

2.4.1 Kunststoffgerechte Auslegung des Formteils

Die Auslegung spritzgegossener Formteile (Bild 2.5) ist in der Regel ein Kompromiss zwischen den mechanischen Anforderungen und den rheologischen Anforderungen. Einfache geometrische Elemente können dabei mit den Methoden der technischen Mechanik ausgelegt werden. Komplexere Geometrien müssen mithilfe der Finiten-Elemente-Methode mechanisch ausgelegt werden, um mechanische Schwachstellen der Konstruktion zu erkennen und zu beseitigen. In der Regel werden Formteile gegen eine Spannung ausgelegt, deren Erreichen mit einem Versagen des Formteils einhergeht. Zielstellung der Auslegung ist dann, dass diese Spannung nicht erreicht wird. Parallel muss das Formteil rheologisch ausgelegt werden, um eine einfache und robuste Fertigung zu ermöglichen. Bei der rheologischen Auslegung wird der fließtechnische Prozess der Formteilfüllung untersucht. Dabei werden die Füllung, das Auftreten und die Lage von Bindenähten und Lufteinschlüssen sowie der potenzielle Verzug bewertet [Bri11, Ehr20, Erh08, JM04, HMM+18].

Ein spritzgegossenes Formteil ist in der Regel ein vergleichsweise komplexes Großserienformteil, das in einem Arbeitsschritt gefertigt wird. Es vereinigt viele Funktionselemente, die durch Wände miteinander verbunden sind. Um eine möglichst gleichmäßige Schwindung der Formteile zu erreichen, wurden 15 Gestaltungsregeln entwickelt, die bei der Formteilauslegung beachtet werden müssen.

Diese ergeben sich aus dem Werkstoffverhalten der Kunststoffe und dem Verarbeitungsverfahren. Sie sind als Empfehlungen für ein optimal kunststoffgerecht gestaltetes Formteil zu sehen. Teilweise können nicht alle Regeln gleichzeitig eingehalten werden, sodass es die Aufgabe des Formteilkonstrukteurs ist, den besten Kompromiss zur Realisierung des jeweiligen Formteils zu finden und die daraus resultierenden Konsequenzen zu berücksichtigen [Bri11, Ehr20, Erh08, JM04, HMM+18].

Im Folgenden werden die Gestaltungsregeln als Fehlermöglichkeits- und Einflussanalyse vorgestellt. Die Fehlerursachen werden benannt und auf die Folgen der Nichteinhaltung der jeweiligen Gestaltungsregel wird eingegangen [BS11].

Regel 1: Wanddicke so dünn wie möglich auslegen

Tabelle 2.2 Regel 1: Wanddicke so dünn wie möglich wählen

Fehler	Fehlerursachen	Fehlerfolgen
zu große Wanddicke	▪ Konstruktionsfehler ▪ Die Auslegung der Wanddicke ist nicht fertigungsgerecht oder werkstoffgerecht. ▪ Die optimale Wanddicke ist immer ein Kompromiss zwischen fertigungs- und werkstoffgerechter Auslegung.	▪ hohe Werkstoffkosten ▪ Einfallstellen ▪ lange Zykluszeiten ▪ Gefahr durch Lunkerbildung

Regel 2: Gleiche Wanddicken vorsehen

Tabelle 2.3 Regel 2: Gleiche Wanddicken vorsehen

Fehler	Fehlerursachen	Fehlerfolgen
Wanddickenunterschiede am Formteil	▪ Wanddickensprünge ▪ Masseanhäufungen ▪ ungünstige Gestaltung von Rippenübergängen	▪ Eckenverzug ▪ Winkelverzug ▪ Eigenspannungen

Regel 3: Masseanhäufungen vermeiden

Tabelle 2.4 Regel 3: Masseanhäufungen vermeiden

Fehler	Fehlerursachen	Fehlerfolgen
Masseanhäufungen am Formteil	▪ Masseanhäufungen ▪ Wanddickensprünge ▪ ungünstige Rippenübergänge	▪ Lunker ▪ Einfallstellen ▪ Eigenspannungen ▪ Verzug

Regel 4: Ecken und Kanten mit Radien versehen

Tabelle 2.5 Regel 4: Ecken und Kanten mit Radien versehen

Fehler	Fehlerursachen	Fehlerfolgen
keine Radien an Ecken und Kanten	▪ scharfe Ecken und Kanten am Formteil ▪ generelle Kerbspannungsrissempfindlichkeit von Kunststoffen ▪ Masseanhäufungen an Ecken	▪ Risse ▪ Bruch ▪ Schwindungsunterschiede

Als Orientierungen bei der Auslegung können Formel 2.1 und Formel 2.2 dienen [HMM+18].

$$0{,}4 \leq \frac{r}{s} \leq 0{,}6 \qquad (2.1)$$

r Radius der Ausrundung [mm]
S Wanddicke des Formteils [mm]

$$0{,}2\,\text{mm} \leq r_{\text{min}} \leq 0{,}5\,\text{mm} \qquad (2.2)$$

r_{min} Mindestradius für Ecken [mm]

Regel 5: Rippen spritzgießgerecht gestalten

Tabelle 2.6 Regel 5: Rippen spritzgießgerecht gestalten

Fehler	Fehlerursachen	Fehlerfolgen
ungünstige Rippengestaltung	▪ Wanddicke der Rippe dicker als die Wand, an der die Rippe angebunden ist ▪ fehlende Entformungsschrägen ▪ Rippenkreuzungen sind Masseanhäufungen	▪ hohe Werkstoffkosten ▪ geringe Steifigkeit ▪ Einfallstellen ▪ schlechte Entformbarkeit

Regel 6: Ebene Flächen vermeiden

Tabelle 2.7 Regel 6: Ebene Flächen vermeiden

Fehler	Fehlerursachen	Fehlerfolgen
Verwenden ebener Flächen am Formteil	▪ schlecht herstellbar ▪ geringes Flächenträgheitsmoment von Kunststoffen	▪ Verwerfungen ▪ geringe Steifigkeit ▪ Verformungen

Regel 7: Ausreichende Konizitäten vorsehen

Tabelle 2.8 Regel 7: Ausreichende Konizitäten vorsehen

Fehler	Fehlerursachen	Fehlerfolgen
▪ schlechte Entformbarkeit	▪ hohe Entformungskräfte	▪ fehlende Entformungsschrägen

Im Allgemeinen sollten folgende Konizitäten verwendet werden [HMM+18]:

- für amorphe Thermoplaste: 1,5° bis 3°
- für teilkristalline Thermoplaste: 0,5° bis 3°

Zusätzlich muss die Strukturierung des Formteils berücksichtigt werden. Hier gilt die Empfehlung, dass der Neigungswinkel 1° pro 25 µm Strukturtiefe beträgt [HMM+18].

Regel 8: Hinterschneidungen vermeiden

Tabelle 2.9 Regel 8: Hinterschneidungen vermeiden

Fehler	Fehlerursachen	Fehlerfolgen
▪ Hinterschnitte	▪ zusätzliche Elemente am Werkzeug, wie Schieber	▪ hohe Werkzeugkosten

Im Umgang mit Hinterschneidungen empfiehlt sich folgende Vorgehensweise [BS11]:

- Hinterschneidungen vermeiden durch Umgestaltung des Formteils

Wenn Hinterschneidungen nicht umgangen werden können, sollten folgende Alternativen bezüglich Werkzeugkosten und Prozesssicherheit hinterfragt werden:

- Ist eine Zwangsentformung prozesssicher machbar?
- Ist der Einsatz einfacher kostengünstiger Entformungselemente, wie Lochstifte oder verfahrbare oder verformbare Auswerfer, möglich?
- Wie hoch ist der Aufwand für im Werkzeug integrierte Schieber?

Regel 9: Keine genauere Bearbeitung als nötig

Tabelle 2.10 Regel 9: Keine genauere Bearbeitung als nötig

Fehler	Fehlerursachen	Fehlerfolgen
zu genaue Bearbeitung	▪ feine Oberflächen sind teuer ▪ enge Toleranzen mit Kunststoffspritzguss nicht erreichbar	▪ hohe Fertigungskosten

Als Grundsatz bei der Tolerierung und den Anforderungen der Formteiloberflächen sollte gelten [HMM+18]:

Nicht so genau wie möglich, sondern nur so genau wie nötig!

Regel 10: Das Potenzial der freien Formgebung ausnutzen

Tabelle 2.11 Regel 10: Das Potenzial der freien Formgebung ausnutzen

Fehler	Fehlerursachen	Fehlerfolgen
ungünstige Formgebung	▪ unsymmetrische Formteile ▪ Funktionselemente in mehreren Einzelteilen	▪ hohe Fertigungskosten ▪ hohe Werkzeugkosten ▪ hohe Montagekosten

Das Potenzial der freien Formgebung führt häufig dazu, dass mehrere Lösungen technisch umgesetzt werden können. Dann sollten die folgenden Hinweise genutzt werden, um kostengünstige Formteile sicherzustellen [BS11]:

- identische Konstruktion der Einzelteile anstreben (Symmetrien am Formteil ausnutzen)
- runde Formen bevorzugen (rotationssymmetrische Gestaltung)
- Integration mehrerer Funktionen in einem Teil verwirklichen (Einzelteile sind zu einem Funktionselement verbunden, sodass Montagearbeitsgänge eingespart werden können, wie bei der Verwendung von Schnappverbindungen, Filmscharnieren, umspritzten Metallteilen.)

Regel 11: Position des Angusses bei der Formteilgestaltung beachten

Tabelle 2.12 Regel 11: Position des Angusses bei der Formteilgestaltung beachten

Fehler	Fehlerursachen	Fehlerfolgen
ungünstige Anschnitt-position(en)	▪ ungleichmäßige Formfüllung ▪ unterschiedliche Abkühlzeiten ▪ Angussposition an dünnen Wanddicken	▪ Einfallstellen ▪ sichtbarer Anguss am Bauteil ▪ Verzug

Richtlinien zur Positionierung des Angusssystems [BS11]:

- Aufspaltung des Schmelzestroms vermeiden
- geringe Anzahl von Anschnittpunkten vorsehen
- Position der Bindenaht günstig beeinflussen (möglichst in unbelasteten und nicht sichtbaren Bereichen)
- Anschnittposition in Zonen mit höchsten Wanddicken anbringen
- Ausbalancieren der Anschnittpositionen für eine gleichmäßige Formfüllung

Regel 12: Kunststoff-Metall-Verbunde spannungsausgleichend gestalten

Tabelle 2.13 Regel 12: Kunststoff-Metall-Verbunde spannungsausgleichend gestalten

Fehler	Fehlerursachen	Fehlerfolgen
ungünstige Gestaltung von Kunststoff-MetallVerbunden	▪ scharfe Ecken und Kanten ▪ fehlende Hinterschneidungen oder strukturierte Oberflächen ▪ „kalte" Einlegeteile ▪ ungenügende Maßgenauigkeit von Einlegeteilen ▪ Kraftschluss des Kunststoffs an der Platine ungenügend	▪ Risse ▪ Ausreißen/Verdrehen der Metalleinlegeteile ▪ undichtes Spritzgusswerkzeug ▪ Kunststoff reißt von Platine

Inserts sind Funktionsteile aus Metall, die während des Einspritzens von der Kunststoffschmelze umschlossen werden. Dabei besteht die besondere Gefahr der Rissbildung durch Eigenspannungen im Kunststoff [HMM+18].

Kunststoffeinzelteile, die auf einer Metallplatine mittels Spritzgießen befestigt werden, heißen Outserts. Die eigentliche Befestigung der Kunststoffteile an der Platine erfolgt durch Kraftschluss, indem die Kunststoffteile auf die Grundelemente der Metallplatine aufschwinden [HMM+18].

Regel 13: Löcher und Auskernungen kunststoffgerecht gestalten

Tabelle 2.14 Regel 13: Löcher und Auskernungen kunststoffgerecht gestalten

Fehler	Fehlerursachen	Fehlerfolgen
ungünstige Gestaltung von Löchern und Auskernungen	▪ ungünstiges Verhältnis von Länge und Durchmesser des Lochs ▪ zu geringer Abstand der Löcher untereinander oder zum Rand ▪ fehlende Entlastungsbohrungen bzw. verstärkte Ränder ▪ zu geringe Dicke der Abschlusswand von Sacklöchern (Minimum: 1/6 des Lochdurchmessers)	▪ Ausbrechen der Kerne unter Belastung ▪ Verzug

Als Orientierungen dienen Formel 2.3 bis Formel 2.7. Für beidseitig geführte Kerne gilt Formel 2.3 als Richtwert [HMM+18].

$$l \leq 15 \cdot d \tag{2.3}$$

l	Länge des beidseitig geführten Kerns	[mm]
d	Durchmesser des beidseitig geführten Kerns	[mm]

Für einen einseitig geführten Kern mit freiem Ende gilt Formel 2.4 als Richtwert.

$$l \leq 2 \cdot d \tag{2.4}$$

l	Länge des einseitig geführten Kerns	[mm]
d	Durchmesser des einseitig geführten Kerns	[mm]

Hinsichtlich der Positionierung von Löchern gilt Formel 2.5 bis Formel 2.7, um Rissbildung zwischen den einzelnen Löchern oder ein Ausreißen des Formteils zu vermeiden.

$$d \leq a \tag{2.5}$$

$$d \leq b \tag{2.6}$$

$$d \leq c \tag{2.7}$$

a	Abstand des Loches zum Formteilrand	[mm]
b	Abstand des Loches zum nächsten Loch	[mm]
c	Abstand des Loches zur nächsten Formteilkante	[mm]

Regel 14: Gewinde kunststoffgerecht gestalten

Tabelle 2.15 Regel 14: Gewinde kunststoffgerecht gestalten

Fehler	Fehlerursachen	Fehlerfolgen
ungünstige Gestaltung von Kunststoffgewinden	▪ fehlende Konizitäten (Entformungsschrägen) ▪ fehlende Absätze an Anfang und Ende des Gewindes ▪ fehlende Verstärkung des Kunststoffformteils bei Kunststoff-Metall-Verschraubungen	▪ schlechte Entformbarkeit ▪ Ausbrechen des Kunststoffgewindes

Für Kunststoffe ist das Rundgewinde besonders geeignet. Das metrische ISO-Gewinde sollte nur bei wenig kerbempfindlichen Kunststoffen verwendet werden [HMM+18].

Regel 15: Formteile verfahrensgerecht gestalten

Tabelle 2.16 Regel 15: Formteile verfahrensgerecht gestalten

Fehler	Fehlerursachen	Fehlerfolgen
Auslegung der Formteile nicht verfahrensgerecht	▪ ungleichmäßiger Druck im Formnest ▪ ungleichmäßige Wanddickentemperatur ▪ ungünstiger Einsatz von Fließhilfen (Rippen, Querschnittserweiterung) oder Fließbremsen (Querschnittsverengungen) ▪ ungünstige Fließwege im Werkzeug	▪ Spannungen ▪ Verzug ▪ geringe Verarbeitungsgeschwindigkeit ▪ höhere Fertigungskosten

An dieser Stelle wird nicht weiter auf die kunststoffgerechte Formteilauslegung eingegangen. Es sei auf die entsprechende Fachliteratur verwiesen, u.a. [Bri11, Ehr20, Erh08, Bon16, HMM+18, JM04].

Im Rahmen der Füllsimulation ist die simulationsgerechte Aufbereitung der Formteildaten von entscheidender Bedeutung, um ein hochwertiges Netz für die Simulation zu erhalten. Dabei wird die Geometrie des CAD-Formteils vereinfacht, indem kleine Radien, Fasen und Freistiche entfernt werden. Rundungen werden durch Geradenstücke approximiert, um eine ausreichende Berücksichtigung der Rundungen zu erhalten. Flache Features, wie Gravuren, Fertigungsstempel oder Maßskalen, sollten bei der simulationsgerechten Aufbereitung der Daten ebenfalls nicht berücksichtigt werden.

Bild 2.6 zeigt das Modell eines Relaisgehäuses. Das Modell wird in den folgenden Kapiteln weiter aufgebaut und ausgewertet.

Bild 2.6
Modell des Relaisgehäuses (Software: Moldex3D; Formteil: KIMW)

2.4.2 Auslegung des Angusses

Der Anguss und das Angusssystem dienen dazu, die Kunststoffschmelze von der Maschinendüse der Plastifiziereinheit in die Formteilkavitäten zu leiten. Die Abmessungen, die Gestalt des Angusses und die Anbindung an das Formteil über den Anschnitt beeinflussen maßgeblich die Formteilfüllung und damit die Qualität des Formteils [JM04].

Die Auslegung des Angusssystems hängt maßgeblich vom Formteil, dem zu verwendenden Kunststoff und der Spritzgießmaschine ab. Grundsätzlich werden Kaltkanäle und Heißkanäle unterschieden und unterliegen folgenden Forderungen [JM04]:

- Massefluss möglichst wenig behindern (geringer Druckbedarf)
- geringer Anteil am Gesamtgewicht des Formteils
- Aufrechterhaltung des Nachdrucks bis zum Erstarren des Formteils
- keine Freistrahlbildung
- keine Beeinflussung der Zykluszeit

Heißkanäle halten den Kunststoff bis zur Anschnittposition flüssig, sodass weitere Anforderungen an einen Heißkanal gestellt werden müssen:

- geringe Verweilzeiten der Masse
- unkritische Temperaturerhöhung der Masse
- Scherung unterhalb kritischer Werte
- ausreichende Spülung der Kanäle

Das Angusssystem ist in Bild 2.7 für einen Kaltkanal dargestellt und besteht aus der Angussstange, den Angusskanälen und Verteilern sowie dem Anschnitt. Dieser stellt die Verbindung zwischen dem Angusskanal und der Formteilkavität dar [JM04].

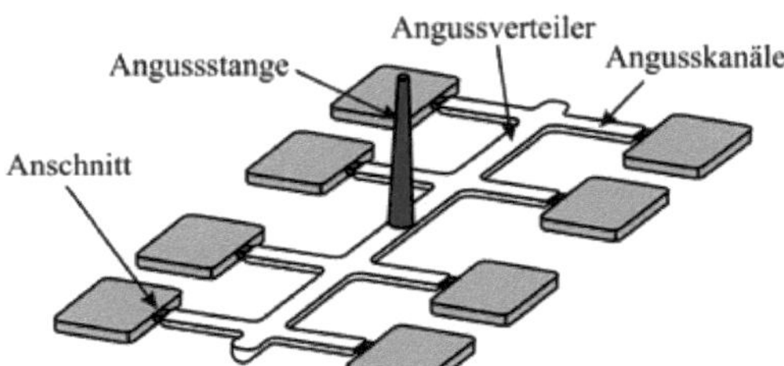

Bild 2.7
Das Angusssystem (eigene Abbildung in Anlehnung an [KM04])

Die Angussstange ist in Bild 2.8 dargestellt und sollte nach Formel 2.8 bis Formel 2.10 ausgelegt werden. Der Durchmesser der Angussstange am oberen Ende (d_A) sollte 1,5 mm größer sein als die Düsenbohrung, um die Dichtung zwischen Düse und Angussbuchse sicherzustellen und um einen Hinterschnitt zwischen Anguss und Düse zu verhindern. Der Durchmesser der Angussstange am Fuß sollte 1 mm größer sein als das Formteil bzw. der anschließende Angussverteiler, um ein vorzeitiges Einfrieren der Angussstange zu verhindern. Die Bohrung der Angussstange muss eine Konizität von 1°...4° aufweisen, damit die Angussstange beim Öffnen des Werkzeuges aus der Bohrung gezogen werden kann. Die Bohrung soll deshalb auch frei von Riefen sein. Der Radius am unteren Ende der Angussstangenbohrung dient der Wandhaftung der Kunststoffschmelze, wodurch ein Freistrahl vermieden wird [HMM+18, JM04].

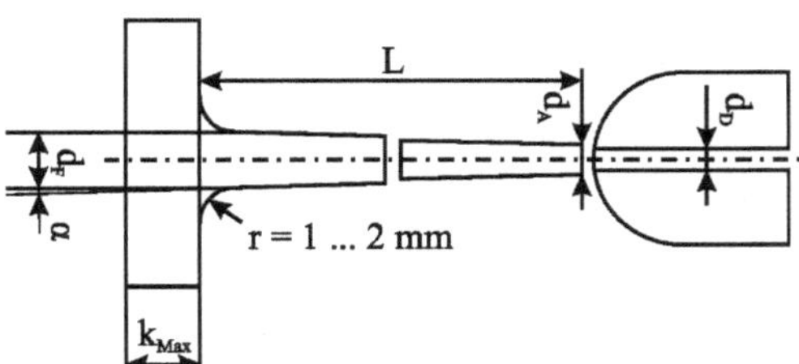

Bild 2.8
Die Angussstange (eigene Abbildung in Anlehnung an [KM04])

$$d_A = d_D + 1{,}5\,\text{mm} \tag{2.8}$$

$$d_F = k_{Max} + 1\,\text{mm} \tag{2.9}$$

$$\alpha = 1^\circ \ldots 4^\circ \tag{2.10}$$

d_A	Durchmesser der Angussstange am oberen Ende	[mm]
d_D	Durchmesser der Maschinendüse	[mm]
d_F	Durchmesser der Angussstange am Fuß	[mm]
k_{Max}	Maximale Dicke des an die Angussstange anschließenden Elements	[mm]
α	Konizität der Angussstange	[mm]

Der Angussverteiler und die Angusskanäle (Tabelle 2.17) verbinden die Angussstange mit den Anschnitten an die Kavitäten. Dabei soll die Schmelze an den Anschnitten jeweils die gleiche Temperatur und den gleichen Druck aufweisen, um eine balancierte Füllung zu gewährleisten. Aus dieser Forderung ergibt sich das Design des Angussverteilers. Das Oberflächen/Volumen-Verhältnis muss möglichst klein sein, um eine gute Kühlung zu erreichen und möglichst wenig Material im Anguss zu binden. Der Durchmesser des Angussverteilers richtet sich nach der Wanddicke des Formteils (vgl. Formel 2.11).

Tabelle 2.17 Querschnittsformen für Angusskanäle [HMM+18, JM04])

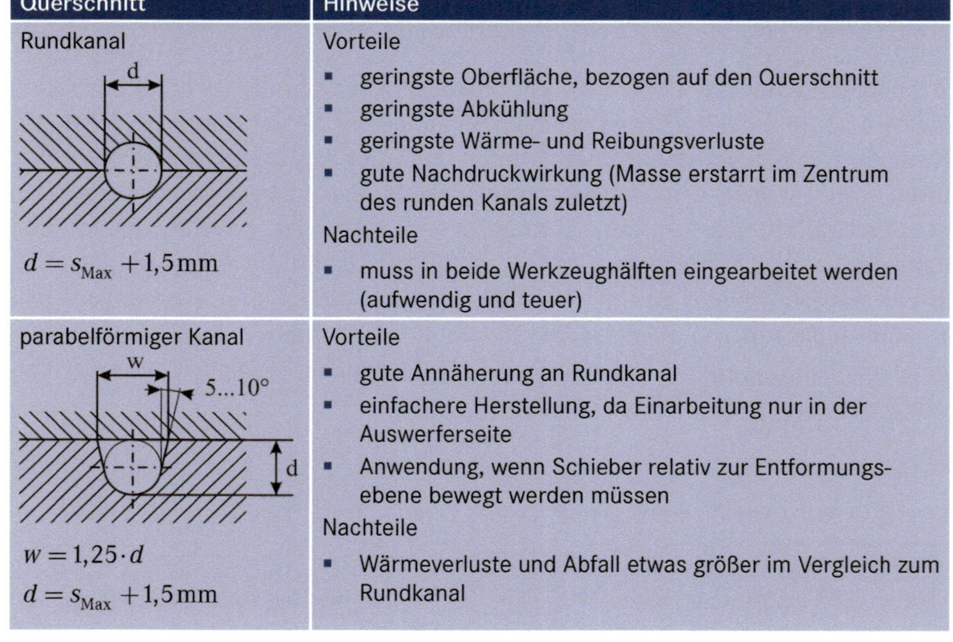

Querschnitt	Hinweise
Rundkanal d $d = s_{Max} + 1{,}5\,\text{mm}$	Vorteile ▪ geringste Oberfläche, bezogen auf den Querschnitt ▪ geringste Abkühlung ▪ geringste Wärme- und Reibungsverluste ▪ gute Nachdruckwirkung (Masse erstarrt im Zentrum des runden Kanals zuletzt) Nachteile ▪ muss in beide Werkzeughälften eingearbeitet werden (aufwendig und teuer)
parabelförmiger Kanal w 5...10° d $w = 1{,}25 \cdot d$ $d = s_{Max} + 1{,}5\,\text{mm}$	Vorteile ▪ gute Annäherung an Rundkanal ▪ einfachere Herstellung, da Einarbeitung nur in der Auswerferseite ▪ Anwendung, wenn Schieber relativ zur Entformungsebene bewegt werden müssen Nachteile ▪ Wärmeverluste und Abfall etwas größer im Vergleich zum Rundkanal

Querschnitt	Hinweise
trapezförmiger Kanal 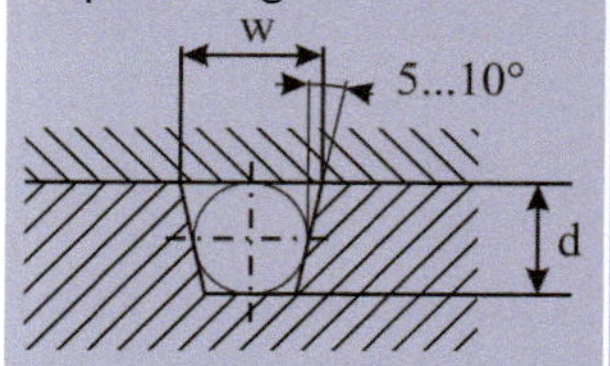 w 5...10° d $w = 1{,}25 \cdot d$ $d = s_{\text{Max}} + 1{,}5\,\text{mm}$	Alternativlösung zum parabelförmigen Kanal Nachteile ▪ Wärmeverluste und Abfall etwas größer im Vergleich zum parabelförmigen Kanal
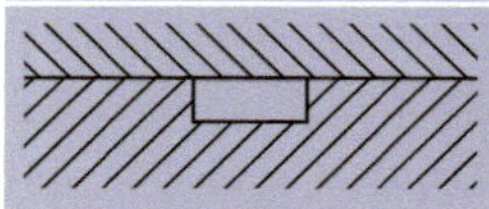 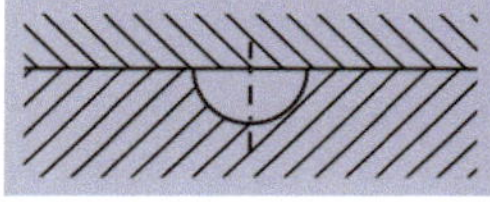	ungünstige Querschnitte sind zu vermeiden

Die Angusskanäle und der Angussverteiler sollen erst nach dem Formteil einfrieren, um eine möglichst lange Nachdruckzeit zu ermöglichen. Der Durchmesser des Angussverteilers richtet sich daher nach der Wanddicke des Formteils. Eine grobe Abschätzung des Angussdurchmessers kann nach Formel 2.11 getroffen werden [JM04].

$$d = s_{\text{Max}} + 1{,}5\,\text{mm} \tag{2.11}$$

d	Durchmesser des Angusses	[mm]
s_{Max}	maximale Wanddicke des Formteils	[mm]

Die Verbindung zwischen der Formteilkavität und dem Angusskanal bildet der Anschnitt. Hier gibt es viele Möglichkeiten, wie der Anschnitt realisiert werden kann. Am häufigsten kommen

- Punktanschnitt,
- Stangenanschnitt,
- Filmanschnitt,
- Schirmanschnitt und
- Tunnelanschnitt

zur Anwendung.

Neben dem Kaltkanal hat sich der Heißkanal im Spritzguss etabliert. Heißkanalsysteme sind die am weitesten entwickelten Angusssysteme und können als Verlängerung der Maschinendüse betrachtet werden. Der Kunststoff wird dabei im verarbeitungsfähigen Zustand gehalten, solange er sich im Heißkanal befindet. Die

Werkzeugfüllung beginnt erst am Anschnitt, was zu einer Erhöhung der Fließweglänge in der Formteilkavität führt. Das Abtrennen der Angüsse und eventuelle Nacharbeit entfallen ebenfalls. Die Verwendung eines Heißkanals führt zu einer Verkürzung der Zykluszeit, da der Anguss nicht gefüllt werden muss und die Kühlzeit nicht mehr durch die Erstarrungszeit des Angusses bestimmt wird. Die Verwendung einer kleineren Spritzgießmaschine ist möglich, da der Heißkanal keine Auftriebskräfte erzeugt. Der Öffnungshub kann ebenfalls kleiner werden, da die Angussstange nicht ausgestoßen werden muss. Der Nachdruck ist nicht mehr von der Auslegung des Angusses abhängig, sodass er länger wirken kann. Die Balancierung des Angusses kann durch eine unterschiedliche Temperierung der einzelnen Zonen durchgeführt werden [JM04, HMM+18].

Zu den Nachteilen gehört eine aufwendigere Werkzeugkonstruktion, verbunden mit höheren Kosten. Die Störanfälligkeit des Werkzeuges steigt, da Leckagen und elektrische Defekte am Heißkanalsystem auftreten können.

Zur detaillierten Auslegung der Angusssysteme und Anschnitte für Kaltkanäle und Heißkanäle wird auf die Fachliteratur [u. a. Bea20, HMM+18, JM04, Dan17] verwiesen.

In der Füllsimulation ist die Abbildung eines Angusssystems optional. Der Schmelzeeintritt in die Formteilkavität muss definiert werden. Das kann durch einen einzelnen Knoten oder eine definierte Fläche geschehen. Das Angusssystem kann mit modelliert werden. Dabei besteht die Möglichkeit sowohl einen Kaltkanal als auch einen Heißkanal zu berücksichtigen. Die Modellierung erfolgt entweder durch Linienelemente, denen die geometrischen Werte zugewiesen werden, oder durch Flächen- oder Volumenelemente, denen die Eigenschaft „Anguss“ zugewiesen wird. Durch die Berücksichtigung des Angusssystems können die Zustände im Werkzeug ab der Maschinendüse in der Füllsimulation abgebildet werden. Die Balancierung der Füllung mehrerer Bauteile kann somit optimiert werden (vgl. Bild 2.9). Ebenso kann eine Kaskadensteuerung berücksichtigt werden, indem mehrere Anschnitte an einem Heißkanal zeitlich verzögert geöffnet werden.

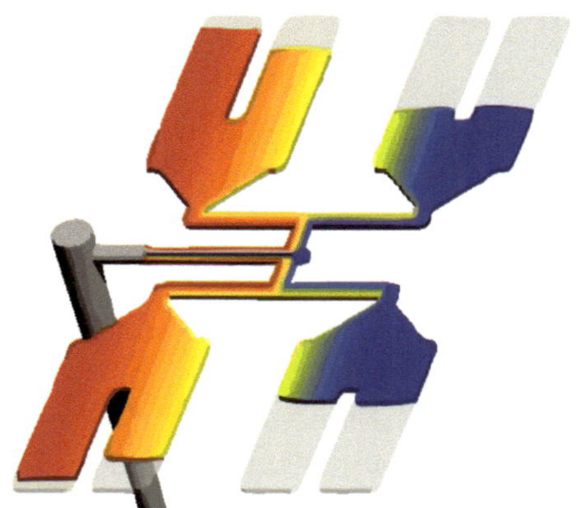

Bild 2.9
Unbalancierter Anguss trotz geometrischer Symmetrien (eigene Abbildung in Anlehnung an [Bea20])

Bild 2.10 zeigt das Relaisgehäuse mit dem vorhandenen Kaltkanalanguss. Die rote Deckfläche stellt die Anbindung dar, über die die Kunststoffschmelze in den Anguss und die Formteilkavität strömt.

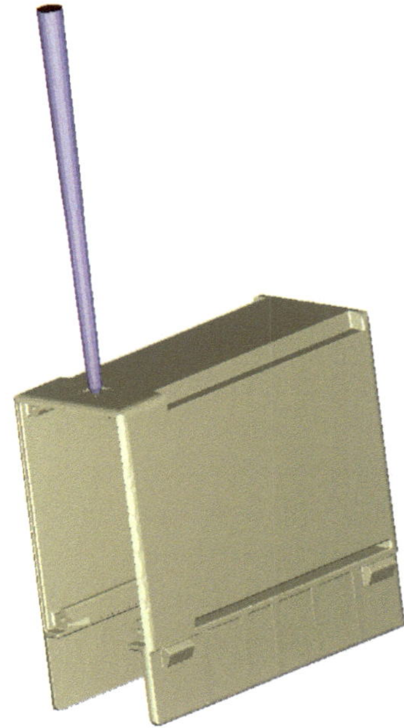

Bild 2.10
Modell des Relaisgehäuses mit Kaltkanal (Software: Moldex3D; Formteil: KIMW)

2.4.3 Auslegung des Kühlsystems

Die Kühlung dient der Temperierung des Werkzeuges und hat einen maßgeblichen Effekt auf die Zykluszeit und damit die Wirtschaftlichkeit des Spitzgießprozesses. Das Kühlsystem entzieht der Kunststoffschmelze Wärmeenergie, bis ein formstabiler Zustand des Formteils erreicht ist. Es dient als Wärmetauscher [HMM+18].

Der Kühlmediendurchsatz wird durch das Temperiergerät definiert. Dabei müssen die Druckverluste durch die Zuleitungen als Abschlag berücksichtigt werden. Der Druckverlust hängt dann nur noch vom Querschnitt der Kühlkanaldurchmesser ab, da innerhalb des Kühlsystems von einer eindimensionalen Strömung eines Newton'schen Fluids ausgegangen werden kann.

In der Regel werden Kühlkanäle gebohrt. Die Führung des Kühlmediums wird durch Stopfen realisiert. Dabei haben sich zwei Ansätze etabliert, die parallele und die serielle Konfiguration der Kühlkanäle. Beide Konfigurationen sind in Bild 2.11 dargestellt [Sho06, Dan17].

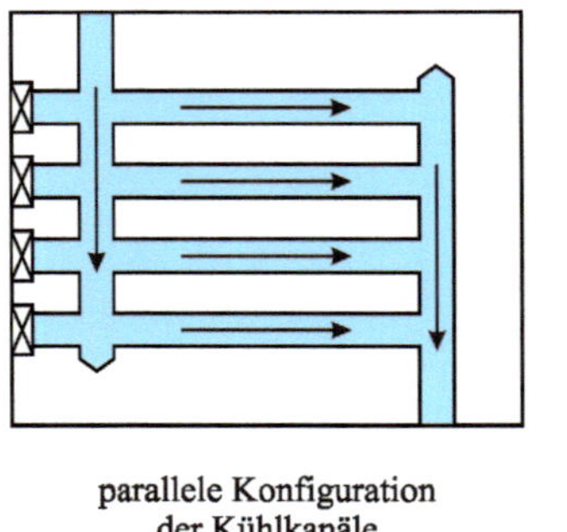

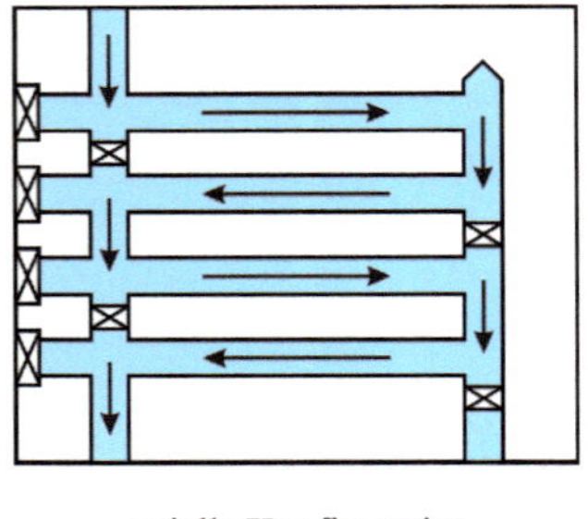

Bild 2.11 Kühlkanalkonfigurationen (eigene Abbildung in Anlehnung an [Sho06])

Wenn die einzelnen Kühlkanäle parallel verschaltet werden, besteht die Gefahr, dass die einzelnen Kühlkanäle unterschiedlich durchströmt werden. Das kann durch unterschiedliche Fließwiderstände und daraus resultierende unterschiedliche Druckverluste, aber auch durch zunehmende Verstopfungen durch Ablagerungen oder Korrosion verursacht werden. Durch die unterschiedlichen Strömungsgeschwindigkeiten ergeben sich dann unterschiedliche Werkzeugwandtemperaturen in den einzelnen Kavitäten oder Werkzeugbereichen, sodass eine einheitliche Abformung der Werkzeugwandstrukturen und eine einheitliche Kühlung nicht mehr gegeben sind [Sho06].

Die serielle Konfiguration (Bild 2.11 rechts) ist die empfohlene und meistgenutzte Schaltung der Kühlkanäle. Die Kühlkanalbohrungen haben dann in der Regel alle den gleichen Durchmesser, sodass die Strömung des Kühlmediums immer turbulent gehalten werden kann. Auch Beschädigungen, wie Verstopfungen oder Lecks, können mit der seriellen Schaltung leichter detektiert werden, da das Kühlmedium nicht durch parallel geschaltete Kühlkanäle ausweichen kann. Nachteilhaft an der seriellen Konfiguration sind der erhöhte Druckverlust und die erhöhte Erwärmung des Kühlmediums durch die längere Fließweglänge. Durch den erhöhten Druckverlust sinkt der erreichbare Volumenstrom des Temperiergerätes. Bild 2.12 und Tabelle 2.18 geben Empfehlungen zur Auslegung des Kühlsystems [Sho06, Zöl99].

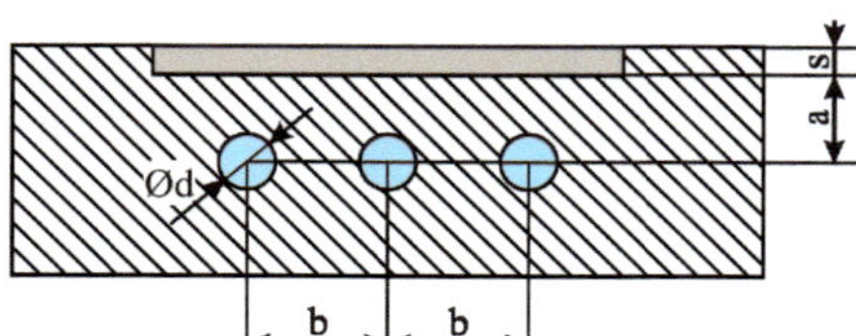

Bild 2.12
Dimensionierung der Kühlung (eigene Abbildung in Anlehnung an [Zöl99])

Tabelle 2.18 Empfehlungen zur Auslegung des Kühlsystems [Zöl99]

s [mm]	*a* [mm]	*b* [mm]	*d* [mm]
0-1	11,3-15,0	10,0-13,0	4,5-6,0
1-2	15,0-21,0	13,0-19,0	6,0-8,5
2-4	21,0-27,0	19,0-23,0	8,5-11,0
4-6	27,0-35,0	23,0-30,5	11,0-14,0
6-8	35,0-50,0	30,5-40,0	14,0-18,0

Neben den klassischen Kühlkanalbohrungen werden auch Leit- und Umlenkbleche, Sprudler oder Spiralkerne als Kühlelemente verwendet. Bild 2.13 zeigt eine Auswahl verschiedener Kühlelemente. Diese werden ebenfalls vom Temperiermedium durchströmt, weisen aber nur die Hälfte der Wärmeabfuhr auf, da sie auf der Innenseite keine Wärme aufnehmen können. Die Auslegung entsprechender Kühlelemente erfolgt in der Regel so, dass sich ein gleicher Fließwiderstand auf der Einlaufseite und der Auslaufseite einstellt [HMM+18, Sho06]. Verschiedene Normalienhersteller haben bereits entsprechende Kühlelemente als Normteile im Sortiment.

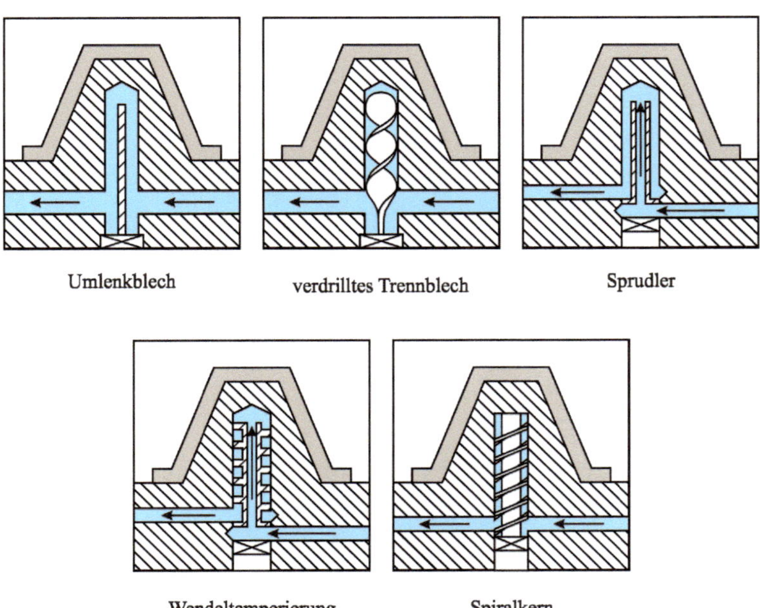

Bild 2.13 Kühlelemente (eigene Abbildung in Anlehnung an [Sho06, HMM+18])

Speziell bei schlanken Innengeometrien können auch Kühlkerne zum Einsatz kommen (vgl. Bild 2.14). Um ein Aufheizen zu verhindern, werden diese Kerne aus Werkstoffen mit einer hohen Wärmeleitfähigkeit gefertigt. Häufig kommen Kupfer-Beryllium-Legierungen oder Hochwärmeleitfähigkeitsstähle mit einer Wärmeleitfähigkeit von ca. 100 W/(m K) zum Einsatz.

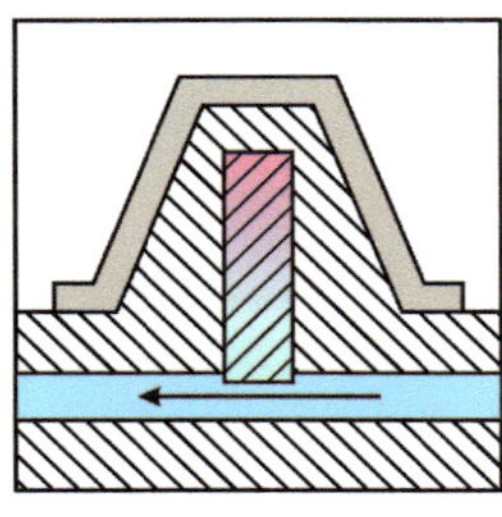

Bild 2.14
Kühlkern (eigene Abbildung in Anlehnung an [Sho06])

Zur Verzugsoptimierung ungefüllter Kunststoffe können mehrere separate Kühlkreisläufe in der Füllsimulation berücksichtigt werden. Bild 2.15 skizziert diesen Effekt am Beispiel eines Gehäuseformteils aus ABS. Wenn alle Kühlkreisläufe gleich temperiert werden, stellt sich ein deutlicher Eckenverzug ein. Durch eine Anpassung der Kühlmedientemperatur im inneren Kern kann der Formteilverzug minimiert werden, sodass diese Möglichkeit bereits während der Formteil- und der Werkzeugauslegung in Betracht gezogen werden sollte und Kühlkreisläufe voneinander getrennt werden sollten.

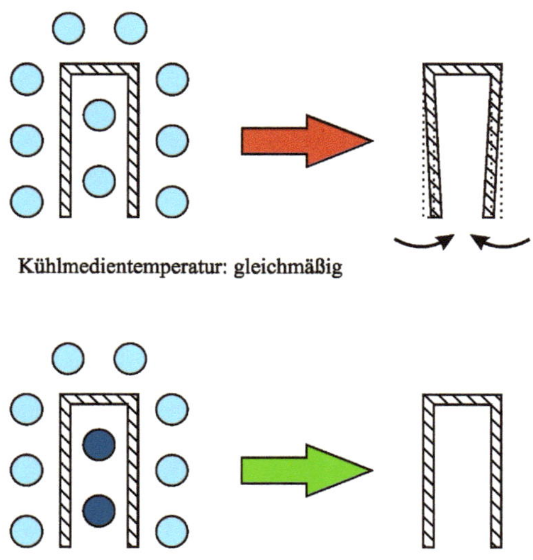

Bild 2.15
Verzugsminimierung durch separate Kühlkreisläufe

Bei der Fertigung komplexer Formteilgeometrien kommen zunehmend konturnahe Kühlungen zum Einsatz. Dabei werden mehrere Einsätze gefertigt und übereinander verbaut, um beispielsweise eine flächige Kühlung unterhalb eines flachen Formteils zu realisieren. Die Verwendung additiver Fertigungstechnologien, wie Lasercusing, Laserschmelzen, Lasersintern, Hochtemperaturlöten im Vakuum oder verschiedener Laserschweißverfahren, ist ebenfalls Stand der Technik [HMM+18].

Zur Sicherstellung einer effektiven und robusten Kühlung sollten dabei die empfohlenen Richtwerte aus Tabelle 2.19 berücksichtigt und eingehalten werden.

Tabelle 2.19 Literaturempfehlungen zur maximalen Temperaturdifferenz in Kühlsystemen

Empfohlene maximale Temperaturdifferenz	Quelle
▪ 3 K	[HMM+18]
▪ 3 K bis 5 K	[Kre85]
▪ Standardformteile: 5 K ▪ Präzisionsformteile: 3 K	[Sho06]
▪ Massenformteile: 3 K bis 5 K ▪ Präzisionsformteile: 1 K bis 3 K	[Gei10]
▪ Standardformteile: 4 K ▪ Präzisionsformteile: 2 K	[Zöl99]
▪ konventionell/einfach: 6 K ▪ technisch/hochwertig: 4 K ▪ präzise: 2 K ▪ sehr anspruchsvolle Oberfläche: 1 K	[Ste08]

Die Reynoldszahl im Kühlsystem sollte zwischen 10 000 und 20 000 liegen. Oberhalb von 20 000 wird der Wärmeübergang nur noch geringfügig verbessert. Allerdings steigt der Energieverbrauch des Temperiergerätes [PR15].

Im Falle einer sehr hohen Kühlmedientemperatur sollte das Werkzeug an den Außenflächen isoliert werden, damit das Kühlsystem nicht dauerhaft als Heizung in den Randbereichen des Werkzeuges wirkt [HMM+18].

Das gesamte Kühlsystem kann in der Füllsimulation berücksichtigt werden. Zum einen wird das Kühlsystem dabei zur Berechnung des Temperaturfeldes an der Werkzeugwand vor dem eigentlichen Einspritzen verwendet. Zum anderen wird das Kühlsystem zur Berechnung des Abkühlens verwendet, um die Homogenität der Kühlung und das Ausbilden von Hotspots oder Coldspots im Werkzeug beurteilen zu können.

Die Kühlung kann am einfachsten über Linienelemente in der Füllsimulation abgebildet werden. In diesem Fall sind der Einlass, der Auslass und der Durchmesser der Kühlkanäle zu definieren. Bei komplexen Kühlungen ist auch die Abbildung der Kühlelemente durch 3D-Elemente möglich. Dieses Vorgehen ist vor allem dann notwendig, wenn die Strömung nicht mehr als eindimensional betrachtet werden kann.

Bild 2.16 zeigt das Relaisgehäuse mit der im Spritzgießwerkzeug vorhandenen Kühlung. Die Kühlkanäle sind blau dargestellt. Die grünen Elemente stellen die Brücken dar, die unterschiedliche Kühlkreisläufe miteinander verbinden, sodass sich insgesamt vier separate Kühlkreisläufe ergeben. Diese können in der Kühlungssimulation mit verschiedenen Parametern für das Temperiermedium, dessen Temperatur und dessen Volumenstrom versehen werden, um beispielsweise den Einfluss der Kühlung auf den Verzug des Kunststoffformteils abschätzen zu können.

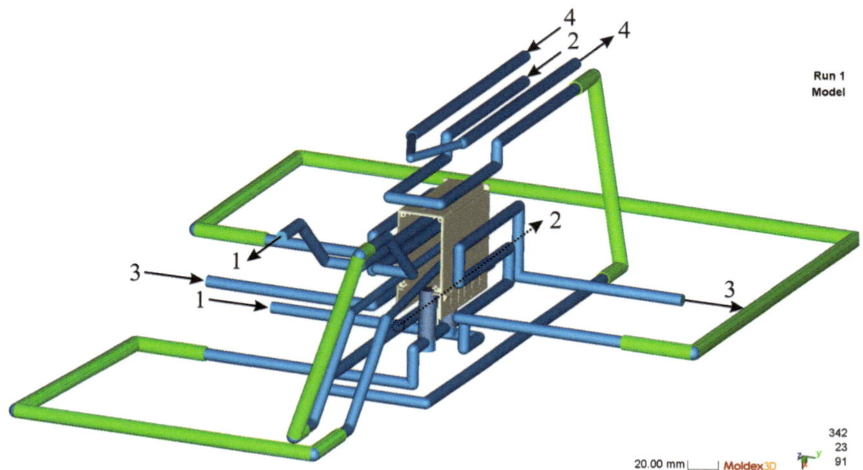

Bild 2.16 Modell des Relaisgehäuses mit Kühlung (Software: Moldex3D; Formteil: KIMW)

Die Abbildung unterschiedlicher Werkzeugwerkstoffe und Werkzeugkerne ist ebenfalls möglich. Die entsprechenden Geometrien werden mithilfe von 3D-Elementen vernetzt. Die Zuweisung der jeweiligen Werkstoffeigenschaften erfolgt dann innerhalb des Simulationsprogramms. Im einfachsten Fall wird nur der Werkzeugblock berücksichtigt. Dabei werden die Abmessungen entlang der Koordinatenachsen und der Werkzeugwerkstoff vorgegeben. Zusätzlich wird die Ausrichtung des Werkzeugblocks definiert, um die Schließkraft korrekt berechnen zu können.

Bild 2.17 zeigt das fertige unvernetzte Modell. Die Trennebene liegt in der Y-Z-Ebene, sodass das Spritzgießwerkzeug entlang der X-Achse geöffnet und geschlossen werden kann.

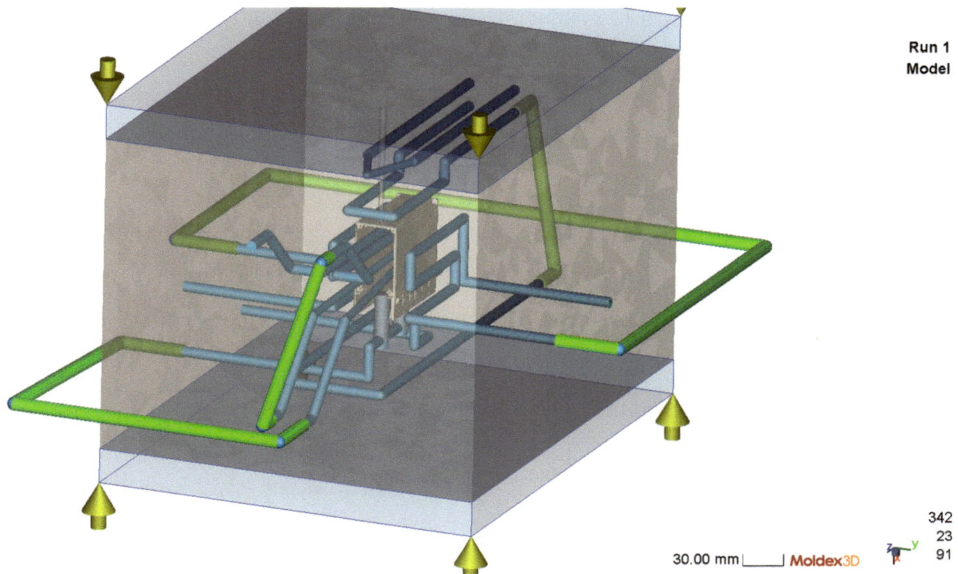

Bild 2.17 Unvernetztes fertiges Modell des Relaisgehäuses mit Werkzeugblock (Software: Moldex3D; Formteil: KIMW)

2.4.4 Grundlagen der Strömungstechnik

Während der Füllung werden die rheologischen Vorgänge im Werkzeug mithilfe der Navier-Stokes-Gleichungen, die auf dem Impulssatz basieren, berechnet. Ergänzt werden die Navier-Stokes-Gleichungen durch den Massenerhaltungssatz und den Energieerhaltungssatz. Die Gleichungen müssen für alle drei Raumrichtungen aufgestellt und gelöst werden, was bei 3D-Simulationen tatsächlich geschieht. Vor der Berechnung kann angegeben werden, ob Trägheitseffekte, wie die Gravitationskraft, berücksichtigt werden sollen. Diese Effekte sind allerdings sehr rechenintensiv und können meistens außer Acht gelassen werden, da sie nur einen geringen Einfluss haben.

Zu Beginn der Füllsimulationen konnten die kompletten Navier-Stokes-Gleichungen aufgrund fehlender Rechnerleistung nicht gelöst werden. Ein einfaches Modell wurde durch Hieber und Shen [HS80] entwickelt. Dabei müssen folgende Annahmen berücksichtigt werden [in Anlehnung an Mic09]:

- Da die Formteile in der Regel dünnwandige, räumliche Schalenkörper darstellen, lässt sich die Schmelzeströmung lokal als ebenes Fließproblem beschreiben. Dabei können Strömungen senkrecht zur Werkzeugwand vernachlässigt werden, sodass sich das Differenzialgleichungssystem auf ein im Raum angeordnetes 2D-Problem reduziert (vgl. Bild 2.18).

- Die Formteilbreite ist viel größer als die Formteildicke, sodass Randeinflüsse vernachlässigt werden können.
- Es herrscht Wandhaftung der Schmelze.
- Die Schubspannung ist linear von der aktuellen Scherrate abhängig.
- Es findet keine Wärmeleitung in Fließrichtung statt.
- Die Reynoldszahl ist klein, sodass Trägheitskräfte vernachlässigt werden.
- Die Trägheits- und Gravitationskräfte werden vernachlässigt.
- Der Einfluss von Kapillarkräften an der Fließfront wird nicht berücksichtigt.
- Viskoelastische und Normalspannungen werden vernachlässigt.
- Es stellt sich ein konstanter Druckgradient ein, sodass Normalspannungen vernachlässigt werden.
- Dichte, Wärmeleitfähigkeit und Temperaturleitfähigkeit sind konstant. Während der Füllung ändern sich diese Stoffwerte in den Elementen nur unwesentlich, sodass sie als Mittelwerte in den betrachteten Elementen angenähert werden können.

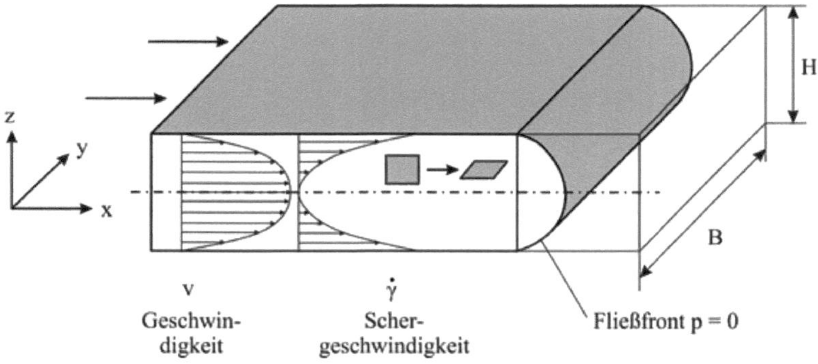

Bild 2.18 Modell der Schichtströmung

Strömungen werden in isotherme Strömungen und nichtisotherme Strömungen unterteilt. Grundsätzlich werden der Satz von der Erhaltung der Masse, also die Kontinuitätsgleichung, und der Satz von der Erhaltung des Impulses, also die Bewegungsgleichung, sowie ein rheologisches Stoffgesetz zur Beschreibung einer isothermen Strömung benötigt. Wenn die Strömung zusätzlich nichtisotherm ist, wird noch der Satz von der Erhaltung der Energie benötigt.

Bild 2.19 definiert die Komponenten des symmetrischen Reibungsspannungstensors. Der erste Index definiert die Koordinatenachse, die normal zu der Ebene steht. Der zweite Index definiert die Richtung, in die die Spannung wirkt [in Anlehnung an Mic09].

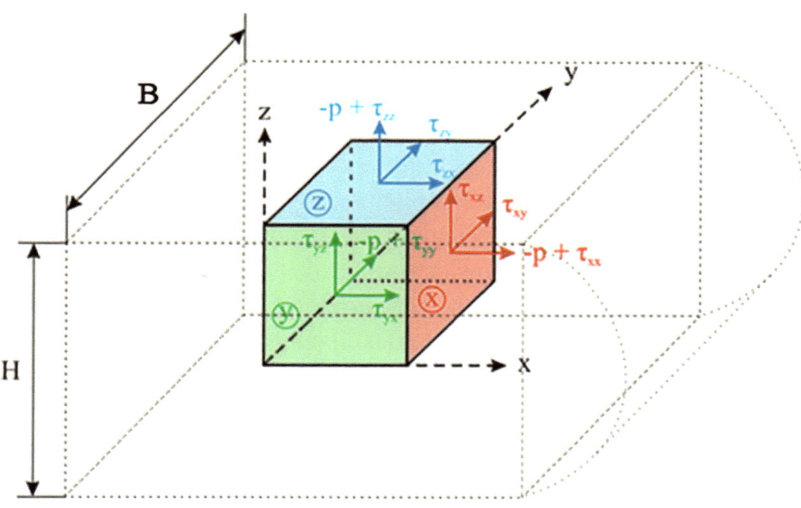

Bild 2.19 Definition der Spannungskomponenten an einem Fluidteilchen (eigene Abbildung in Anlehnung an [Mic09])

Die Kontinuitätsgleichung stellt eine Massebilanz für das betrachtete Volumenelement nach Formel 2.12 auf. Daraus ergibt sich die Kontinuitätsgleichung nach Formel 2.13. Sie stellt eine zeitliche Änderung der Dichte als Funktion des Masseflussvektors auf. Formel 2.14 zeigt die Kontinuitätsgleichung nach Anwendung der Produktregel.

$$\begin{matrix} \textit{gespeicherte} & & \textit{eintretende} & & \textit{austretende} \\ \textit{Masse pro} & = & \textit{Masse pro} & - & \textit{Masse pro} \\ \textit{Zeiteinheit} & & \textit{Zeiteinheit} & & \textit{Zeiteinheit} \end{matrix} \tag{2.12}$$

$$\frac{\partial \rho}{\partial t} = -\left(\frac{\partial}{\partial x}(\rho \cdot v_x) + \frac{\partial}{\partial y}(\rho \cdot v_y) + \frac{\partial}{\partial z}(\rho \cdot v_z) \right) \tag{2.13}$$

$$\frac{\partial \rho}{\partial t} + v_x \cdot \frac{\partial \rho}{\partial x} + v_y \cdot \frac{\partial \rho}{\partial y} + v_z \cdot \frac{\partial \rho}{\partial z} = -\rho \cdot \left(\frac{\partial v_x}{\partial x} + \frac{\partial v_y}{\partial y} + \frac{\partial v_z}{\partial z} \right) \tag{2.14}$$

ρ	Dichte	[kg m^{-3}]
v_i	Geschwindigkeit in Richtung i	[m s^{-1}]

Unter den Annahmen, dass die Dichte im betrachteten Element konstant ist und keine Strömung in z-Richtung auftritt, können die in Formel 2.15 und Formel 2.16 genannten Vereinfachungen getroffen werden.

$$\frac{\partial \rho}{\partial t} = \frac{\partial \rho}{\partial x} = \frac{\partial \rho}{\partial y} = \frac{\partial \rho}{\partial z} = 0 \tag{2.15}$$

$$v_z = 0 \tag{2.16}$$

Daraus folgt die Kontinuitätsgleichung in ihrer vereinfachten Form für ein ebenes Strömungsproblem nach Formel 2.17.

$$0=\frac{\partial v_x}{\partial x}+\frac{\partial v_y}{\partial y} \tag{2.17}$$

So wie die Kontinuitätsgleichung eine Massebilanz für ein betrachtetes Volumenelement aufstellt, definiert die Impulsgleichung die Impulsflussbilanz nach Formel 2.18 in der betrachteten Koordinatenrichtung für das betrachtete Element. In der Impulsgleichung werden sowohl die Oberflächenkräfte als Nahwirkungskräfte als auch die Impulse, die mit der Strömung in das Element transportiert werden, und die Druck- und Gravitationskräfte berücksichtigt. Dabei muss die Impulsgleichung für jede Koordinatenrichtung aufgestellt werden. In Formel 2.19 ist die Impulsgleichung für die x-Richtung, die Fließrichtung, dargestellt. Die Impulsgleichung für die y-Richtung (vgl. Bild 2.18) wird analog aufgestellt. Da Strömungen senkrecht zur Wand vernachlässigt werden, entfällt die Impulsgleichung in z-Richtung [in Anlehnung an Mic09].

$$\begin{matrix} \textit{Veränderung} \\ \textit{des Impulses} \\ \textit{pro Zeit} \end{matrix} = \begin{matrix} \textit{eintretender} \\ \textit{Impuls pro} \\ \textit{Zeiteinheit} \end{matrix} - \begin{matrix} \textit{austretender} \\ \textit{Impuls pro} \\ \textit{Zeiteinheit} \end{matrix} + \begin{matrix} \textit{auf das System} \\ \textit{wirkende Kräfte} \end{matrix} \tag{2.18}$$

$$\begin{aligned}\frac{\partial}{\partial t}(\rho\cdot v_x)=&-\left(\frac{\partial}{\partial x}(\rho\cdot v_x\cdot v_x)+\frac{\partial}{\partial y}(\rho\cdot v_x\cdot v_y)+\frac{\partial}{\partial z}(\rho\cdot v_x\cdot v_z)\right)\\&-\left(\frac{\partial\tau_{xx}}{\partial x}+\frac{\partial\tau_{xy}}{\partial y}+\frac{\partial\tau_{xz}}{\partial z}\right)-\frac{\partial p}{\partial x}+\rho\cdot g_x\end{aligned} \tag{2.19}$$

$\frac{\partial}{\partial t}(\rho\cdot v_x)$	Veränderung des Impulses pro Zeit und Volumeneinheit
$-(\nabla\rho\cdot\vec{v}\cdot\vec{v})$	Veränderung der Bewegungsgrößen pro Zeit und Volumeneinheit
$-\nabla p$	Druckkräfte auf das betrachtete Element, bezogen auf die Volumeneinheit
$-\nabla\tau$	Veränderung der Oberflächenkräfte pro Zeit und Volumeneinheit
$+\rho\cdot\vec{v}$	Gravitationskräfte auf das betrachtete Element, bezogen auf die Volumeneinheit

Formel 2.20 zeigt die Impulsgleichung in Fließrichtung nach Anwendung der Produktregel. In Formel 2.21 bis Formel 2.27 werden die aus den getroffenen Annahmen notwendigen Vereinfachungen zusammengefasst.

$$\begin{aligned}&\rho\cdot\left(\frac{\partial v_x}{\partial t}+v_x\cdot\frac{\partial v_x}{\partial x}+v_y\cdot\frac{\partial v_x}{\partial y}+v_z\cdot\frac{\partial v_x}{\partial z}\right)\\&=-\frac{\partial p}{\partial x}-\left(\frac{\partial\tau_{xx}}{\partial x}+\frac{\partial\tau_{xy}}{\partial y}+\frac{\partial\tau_{xz}}{\partial z}\right)+\rho\cdot g_x\end{aligned} \tag{2.20}$$

$$\frac{\partial v_x}{\partial t} = 0 \quad \text{stationärer Zustand} \tag{2.21}$$

$$v_x \cdot \frac{\partial v_x}{\partial x} = 0 \quad \text{da } v_x = constant \tag{2.22}$$

$$v_y \cdot \frac{\partial v_x}{\partial y} = 0 \quad \text{da } v_x = constant \tag{2.23}$$

$$v_z \cdot \frac{\partial v_x}{\partial z} = 0 \quad \text{da } v_x = constant \tag{2.24}$$

$$\frac{\partial \tau_{xy}}{\partial z} = 0 \quad \text{da } B \gg H \text{ gilt, ist der Einfluss der} \tag{2.25}$$

Schubspannungen an den begrenzenden seitlichen Kanalflächen τ_{xy} vernachlässigbar

$$\frac{\partial \tau_{xx}}{\partial x} = 0 \quad \text{verformungsbedingte Normalspannungen} \tag{2.26}$$

werden vernachlässigt

$$\rho \cdot g_x = 0 \quad \text{Gravitationskräfte werden beim Fließen von} \tag{2.27}$$

Kunststoffschmelzen im Allgemeinen vernachlässigt

Für die Impulsgleichung in y-Richtung müssen die Annahmen in Formel 2.22 bis Formel 2.24 dahingehend geändert werden, dass die Geschwindigkeit v_y konstant ist.

Daraus folgen die Impulsgleichungen in ihrer vereinfachten Form für ein ebenes Strömungsproblem in x-Richtung nach Formel 2.28 und in y-Richtung nach Formel 2.29.

$$\frac{\partial p}{\partial x} + \frac{\partial \tau_{xz}}{\partial z} = 0 \tag{2.28}$$

$$\frac{\partial p}{\partial y} + \frac{\partial \tau_{yz}}{\partial z} = 0 \tag{2.29}$$

Das Gesetz zur Erhaltung der Energie hat in einem durchströmten Element ebenfalls Gültigkeit und kann analog zur Kontinuitätsgleichung nach Formel 2.30 aufgestellt werden. Die kinetische Energie ist dabei direkt an die Bewegung des Fluids gekoppelt. Die innere Energie beschreibt die Molekülbewegungen und ihre Wechselwirkungen. Sie ist von der Temperatur und der Dichte des strömenden Fluids abhängig. In Formel 2.31 ist die Energiegleichung in kartesischen Koordinaten unter Verwendung der inneren Energie hergeleitet [in Anlehnung an Mic09].

$$\begin{array}{c}\textit{Veränderung}\\ \textit{der kinetischen}\\ \textit{und inneren}\\ \textit{Energie pro Zeit}\end{array} = \begin{array}{c}\textit{Zunahme}\\ \textit{der kinetischen}\\ \textit{und inneren}\\ \textit{Energie durch}\\ \textit{Konvektion pro Zeit}\end{array} - \begin{array}{c}\textit{Abnahme}\\ \textit{der kinetischen}\\ \textit{und inneren}\\ \textit{Energie durch}\\ \textit{Konvektion pro Zeit}\end{array}$$
$$+ \begin{array}{c}\textit{Veränderung}\\ \textit{der inneren}\\ \textit{Energie durch}\\ \textit{Leitung pro Zeit}\end{array} - \begin{array}{c}\textit{Arbeit, die das}\\ \textit{System an die}\\ \textit{Umgebung}\\ \textit{abführt}\end{array} + \begin{array}{c}\textit{Veränderung}\\ \textit{der inneren}\\ \textit{Energie durch}\\ \textit{Wärmequellen}\end{array} \tag{2.30}$$

$$\begin{aligned}\frac{\partial}{\partial t}\left(\rho\cdot u+\frac{1}{2}\cdot\rho\cdot v^2\right) =& -\left(\frac{\partial}{\partial x}v_x\cdot\left(\rho\cdot u+\frac{1}{2}\cdot\rho\cdot v^2\right)+\frac{\partial}{\partial y}v_y\cdot\left(\rho\cdot u+\frac{1}{2}\cdot\rho\cdot v^2\right)+\frac{\partial}{\partial z}v_z\cdot\left(\rho\cdot u+\frac{1}{2}\cdot\rho\cdot v^2\right)\right)\\ &-\left(\frac{\partial\dot{q}_x}{\partial x}+\frac{\partial\dot{q}_y}{\partial y}+\frac{\partial\dot{q}_z}{\partial z}\right)+\rho\cdot\left(v_x\cdot g_x+v_y\cdot g_y+v_z\cdot g_z\right)\\ &-\left(\frac{\partial}{\partial x}p\cdot v_x+\frac{\partial}{\partial y}p\cdot v_y+\frac{\partial}{\partial z}p\cdot v_z\right)\\ &-\left(\frac{\partial}{\partial x}\left(\tau_{xx}\cdot v_x+\tau_{xy}\cdot v_y+\tau_{xz}\cdot v_z\right)+\frac{\partial}{\partial y}\left(\tau_{yx}\cdot v_x+\tau_{yy}\cdot v_y+\tau_{yz}\cdot v_z\right)+\frac{\partial}{\partial z}\left(\tau_{zx}\cdot v_x+\tau_{zy}\cdot v_y+\tau_{zz}\cdot v_z\right)\right)+\phi\end{aligned} \tag{2.31}$$

$\frac{\partial}{\partial t}\left(\rho\cdot u+\frac{1}{2}\cdot\rho\cdot v^2\right)$	Veränderung der Energie pro Zeit und Volumeneinheit
$-\left[\nabla\rho\cdot\vec{v}\cdot\left(u+\frac{1}{2}\cdot v^2\right)\right]$	Veränderung der Energie durch Konvektion pro Zeit und Volumeneinheit
$-\nabla p$	Druckkräfte auf das betrachtete Element, bezogen auf die Volumeneinheit
$-\nabla\vec{q}$	Veränderung der Energie durch Wärmeleitung pro Zeit und Volumeneinheit
$+\rho\cdot\left(\vec{v}\cdot\vec{g}\right)$	Arbeit an einem Volumenelement durch Schwerkräfte pro Zeit
$-\nabla p\cdot v$	Arbeit an einem Volumenelement durch Druckkräfte pro Zeit
$-\nabla\left(\tau\cdot\vec{v}\right)$	Arbeit an einem Volumenelement durch Zähigkeitskräfte pro Zeit
ϕ	Veränderung der inneren Energie durch Wärmequellen

In der Strömungstechnik ist es sinnvoller, die Energiegleichung in Abhängigkeit von der Temperatur T und der spezifischen Wärmekapazität c_p anstelle der inneren Energie u zu formulieren. Formel 2.32 wird daher in Formel 2.31 substituiert.

$$du = c_p \cdot dT - p \cdot v_p \tag{2.32}$$

c_p spezifische Wärmekapazität bei konstantem Druck [J kg^{-1} K^{-1}]
v_p spezifisches Volumen [m^3 kg^{-1}]

Außerdem wird der Fourier-Ansatz der Wärmeleitung nach Formel 2.33 zur Umformulierung der Wärmeleitung verwendet.

$$\vec{q} = \lambda \cdot \nabla T \tag{2.33}$$

λ Wärmeleitfähigkeit [W m^{-1} K^{-1}]

Durch Anwendung des linearen Stoffgesetzes nach Formel 2.34 wird angenommen, dass das strömende Fluid nur von der Schergeschwindigkeit abhängig ist und die Viskosität als Proportionalitätsfaktor zwischen Wandschubspannung und der Schergeschwindigkeit verwendet wird, um die Wandschubspannung in Formel 2.31 zu substituieren. Zeitabhängigkeiten der Viskosität, wie Thixotropie oder Rheopexie oder ein Anlaufverhalten bei einsetzender Scherung, werden vernachlässigt.

$$\tau = \eta(\dot{\gamma}) \cdot \dot{\gamma} \tag{2.34}$$

Dabei wirkt die Scherung nur senkrecht zur Fließrichtung nach Formel 2.35 (vgl. Formel 2.18).

$$\dot{\gamma} = \frac{dv}{dz} \tag{2.35}$$

v Geschwindigkeit in x-Richtung [m s^{-1}]
z Koordinate senkrecht zur Fließrichtung

Da beim Spritzgießen zwei Strömungsanteile, der Anteil in x-Richtung und der Anteil in y-Richtung, vorliegen, muss das Stoffgesetz für beide Anteile angewendet werden, sodass die beiden Wandschubspannungen τ_{xz} und τ_{yz} durch die entsprechende Scherrate und die Viskosität substituiert werden (vgl. Formel 2.36 und Formel 2.37).

$$\tau_{xz} = \eta \cdot \dot{\gamma}_{xz} = \eta \cdot \frac{\partial v_x}{\partial z} \tag{2.36}$$

$$\tau_{yz} = \eta \cdot \dot{\gamma}_{yz} = \eta \cdot \frac{\partial v_y}{\partial z} \tag{2.37}$$

Es ergibt sich die Darstellung der Energiegleichung nach Formel 2.38. Durch die Vereinfachungen nach Formel 2.39 bis Formel 2.46 ergibt sich die vereinfachte Energiegleichung nach Formel 2.47.

$$\begin{aligned}\rho\cdot c_{\mathrm{p}}\cdot\left(\frac{\partial T}{\partial t}+v_x\cdot\frac{\partial T}{\partial x}+v_y\cdot\frac{\partial T}{\partial y}+v_z\cdot\frac{\partial T}{\partial z}\right)\\ =-\lambda\cdot\left(\frac{\partial^2 T}{\partial x^2}+\frac{\partial^2 T}{\partial y^2}+\frac{\partial^2 T}{\partial z^2}\right)-T\cdot\left(\frac{\partial p}{\partial T}\right)\\ \cdot\left(\frac{\partial v_x}{\partial x}+\frac{\partial v_y}{\partial y}+\frac{\partial v_z}{\partial z}\right)-\left(\tau_{xx}\cdot\frac{\partial v_x}{\partial x}+\tau_{yy}\cdot\frac{\partial v_y}{\partial y}+\tau_{zz}\cdot\frac{\partial v_z}{\partial z}\right)\\ -\left(\tau_{xy}\cdot\left(\frac{\partial v_x}{\partial y}+\frac{\partial v_y}{\partial x}\right)+\tau_{xz}\cdot\left(\frac{\partial v_x}{\partial z}+\frac{\partial v_z}{\partial x}\right)+\tau_{yz}\cdot\left(\frac{\partial v_y}{\partial z}+\frac{\partial v_z}{\partial y}\right)\right)+\phi\end{aligned} \quad (2.38)$$

$$v_z\cdot\frac{\partial T}{\partial z}=0 \quad \text{da } v_z=0 \quad (2.39)$$

$$\frac{\partial^2 T}{\partial x^2}=\frac{\partial^2 T}{\partial y^2}=0 \quad \text{keine Wärmeleitung quer zur Fließrichtung} \quad (2.40)$$

$$\frac{\partial v_x}{\partial x}=\frac{\partial v_y}{\partial y}=0 \quad \text{da } v_x=\mathit{constant} \text{ und } v_y=\mathit{constant} \quad (2.41)$$

$$\frac{\partial v_z}{\partial z}=0 \quad \text{da } v_z=0 \quad (2.42)$$

$\tau_{xx}=\tau_{yy}=\tau_{zz}=0$ verformungsbedingte Normalspannungen werden vernachlässigt (2.43)

$\tau_{xy}=0$ da $B \gg H$ gilt, ist der Einfluss der Schubspannungen an den begrenzenden seitlichen Kanalflächen τ_{xy} vernachlässigbar (2.44)

$v_z=0$ keine Strömung in z-Richtung (2.45)

$\phi=0$ keine innere Wärmequelle vorhanden (Dieser Term muss bei vernetzenden Kunststoffen berücksichtigt werden.) (2.46)

$$\rho\cdot c_p\cdot\left(\frac{\partial T}{\partial t}+v_x\cdot\frac{\partial T}{\partial x}+v_y\cdot\frac{\partial T}{\partial y}\right)=\lambda\cdot\left(\frac{\partial^2 T}{\partial z^2}\right)+\eta\cdot\left[\left(\frac{\partial v_x}{\partial z}\right)^2+\left(\frac{\partial v_y}{\partial z}\right)^2\right]$$

$\rho\cdot c_{\mathrm{p}}\cdot\frac{\partial T}{\partial t}$ zeitliche Änderung der Energie

$\rho\cdot c_{\mathrm{p}}\cdot\left(v_x\cdot\frac{\partial T}{\partial x}+v_y\cdot\frac{\partial T}{\partial y}\right)$ konvektiver Wärmetransport in Fließrichtung (x) und quer zur Fließrichtung (y)

$\lambda \cdot \left(\frac{\partial^2 T}{\partial z^2}\right)$	konduktiver Wärmetransport durch Wärmeleitung zur Grund- und Deckfläche (in z-Richtung)
$\eta \cdot \left[\left(\frac{\partial v_x}{\partial z}\right)^2 + \left(\frac{\partial v_y}{\partial z}\right)^2\right]$	Wärmeentwicklung aufgrund von Dissipation aufgrund des Geschwindigkeitsgradienten in Fließrichtung (x) und quer zur Fließrichtung (y)

Mithilfe dieser Annahmen können zweidimensionale vereinfachte Erhaltungsgleichungen aufgestellt werden [in Anlehnung an Mic09]:

Kontinuitätsgleichung

$$\frac{\partial v_x}{\partial x} + \frac{\partial v_y}{\partial y} = 0 \tag{2.17}$$

Impulsgleichung in X

$$\frac{\partial p}{\partial x} + \frac{\partial \tau_{xz}}{\partial z} = 0 \tag{2.28}$$

Impulsgleichung in Y

$$\frac{\partial p}{\partial y} + \frac{\partial \tau_{yz}}{\partial z} = 0 \tag{2.29}$$

Energiesatz

$$\rho \cdot c_\mathrm{p} \cdot \left(\frac{\partial T}{\partial t} + v_x \cdot \frac{\partial T}{\partial x} + v_y \cdot \frac{\partial T}{\partial y}\right) = \lambda \cdot \left(\frac{\partial^2 T}{\partial z^2}\right) + \eta \cdot \left[\left(\frac{\partial v_x}{\partial z}\right)^2 + \left(\frac{\partial v_y}{\partial z}\right)^2\right] \tag{2.47}$$

Stoffgesetz

$$\tau_{xz} = \eta \cdot \dot{\gamma}_{xz} = \eta \cdot \frac{\partial v_x}{\partial z} \tag{2.48}$$

Folgende weitere Randbedingungen müssen berücksichtigt werden, um das Gleichungssystem lösen zu können:

- An der Werkzeugwand herrscht Wandhaftung. Das bedeutet, dass die äußerste Schicht der Schmelze anhaftet, sobald sie mit der Werkzeugwand in Berührung kommt. Hieraus ergibt sich das in Bild 2.20 dargestellte parabolische Geschwindigkeitsprofil der Schmelze, das an der Werkzeugwand null ist und in der Mitte sein Maximum aufweist. Hieraus ergibt sich direkt das Schergeschwindigkeitsprofil, das an der Werkzeugwand sein Maximum und in der Mitte sein Minimum hat.
- An der Fließfront ist der Druck null.

In Bild 2.20 ist die Schichtströmung zwischen zwei ebenen Platten dargestellt.

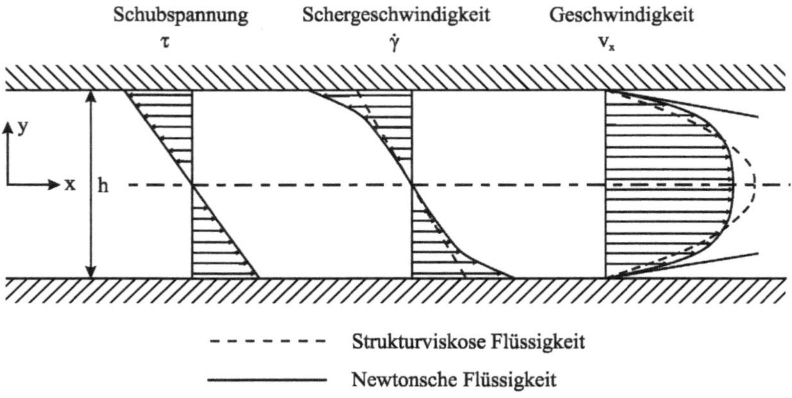

Bild 2.20 Strömung zwischen ebenen Platten (eigene Abbildung in Anlehnung an [VDI77])

Die Wandschubspannung wird dabei nach Formel 2.49 berechnet, indem die Schubspannung an der Wand nach Formel 2.50 bestimmt wird [VDI77].

$$\tau(y) = \frac{\Delta p}{l} \cdot y \qquad (2.49)$$

$$\tau_W = \tau\left(y = \frac{h}{2}\right) = \frac{\Delta p \cdot h}{2 \cdot l} \qquad (2.50)$$

τ_W	Wandschubspannung	[N mm⁻²]
h	Plattenabstand	[mm]
l	Fließweglänge	[mm]
Δp	Druckverlust entlang der Fließweglänge	[N mm⁻²]

Um die Scherrate zu berechnen, muss zuerst die Annahme getroffen werden, dass ein Newton'sches Fluid vorliegt. Das Ergebnis ist die scheinbare Scherrate nach Formel 2.51 [VDI77].

$$\dot{\gamma}_S(y) = \frac{\Delta p}{\eta \cdot l} \cdot y \qquad (2.51)$$

$\dot{\gamma}_S$	scheinbare Scherrate	[1/s]
η	Viskosität	[Pa s]

Durch Substitution der Viskosität durch den Volumenstrom nach Formel 2.52 und Formel 2.53 ergibt sich die scheinbare Scherrate in ihrer üblichen Form nach Formel 2.54. Die maximale Scherrate innerhalb des Strömungsquerschnitts liegt an der Wand vor. Die scheinbare Wandscherrate ergibt sich nach Formel 2.55.

$$\dot{V} = \frac{\Delta p \cdot b \cdot h^3}{12 \cdot \eta \cdot l} \tag{2.52}$$

$$\eta = \frac{\Delta p \cdot b \cdot h^3}{12 \cdot \dot{V} \cdot l} \tag{2.53}$$

$$\dot{\gamma}_S(y) = \frac{12 \cdot \dot{V}}{b \cdot h^3} \cdot y \tag{2.54}$$

$$\dot{\gamma}_{WS} = \dot{\gamma}_S\left(y = \frac{h}{2}\right) = \frac{6 \cdot \dot{V}}{b \cdot h^2} \tag{2.55}$$

$\dot{\gamma}_{WS}$	scheinbare Scherrate	$[s^{-1}]$
$\dot{V}$	Volumenstrom	$[mm^3\ s^{-1}]$

Durch Anwendung der Rabinowitsch-Weißenberg-Korrektur für eine Schlitzströmung kann aus der scheinbaren Scherrate die reale Scherrate nach Formel 2.56 bestimmt werden.

$$\dot{\gamma}_W = \frac{2 \cdot \dot{V}}{b \cdot h^2} \cdot \left(2 + \frac{\partial \log(\dot{V})}{\partial \log(\Delta p)}\right) \tag{2.56}$$

Die Formteildicke wird im Autodesk Moldflow Insight in mehrere Schichten unterteilt, um das in Bild 2.21 dargestellte Geschwindigkeitsprofil abbilden und berechnen zu können. Bei Schalenelementen werden standardmäßig neun Schichten über der Formteildicke erstellt und berechnet. Diese Schichten sind in Bild 2.21 schematisch abgebildet.

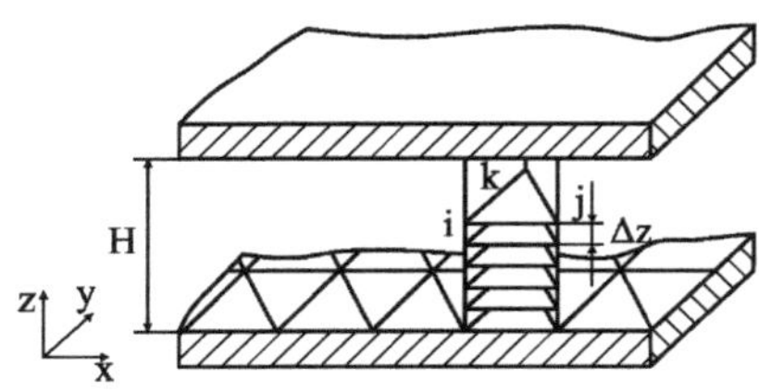

Bild 2.21
Schichtweise Aufteilung über der Wanddicke (eigene Abbildung in Anlehnung an [MF13])

CADMOULD verwendet ein dreidimensionales Fachwerk nach Bild 2.22 zur Ermittlung der Formteildicke. Dabei werden Elemente mit zwei Knoten zwischen benachbarte Knoten der Oberseite und Unterseite des Formteils normal zu den jeweiligen Elementen in der Seite gelegt. Zur Ermittlung der lokalen Dicke stehen in CADMOULD mehrere Verfahren zur Verfügung. Standardmäßig wird die Kugelmethode genutzt. Hierbei wird die lokale Dicke über den Durchmesser der an dieser Stelle maximal ins Bauteil passenden Kugel bestimmt. Zusätzlich wird eine Plausibilitätsprüfung durchgeführt, ob die Formteildicke einen realistischen Wert erhält, indem die lokale Formteildicke mit angrenzenden Elementen vergleichen wird. Wenn sich hier Unstimmigkeiten ergeben, wird die Formteildicke automatisch auf einen realistischen Wert angepasst [Sim07].

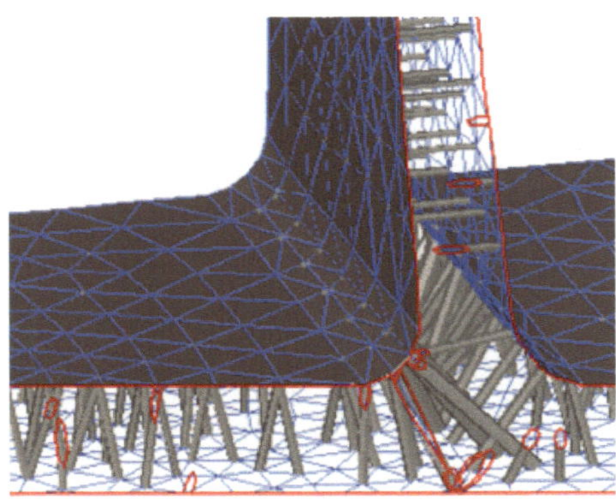

Bild 2.22
Bestimmung der Formteildicke über der Wanddicke mittels Fachwerk (Bildquelle: Simcon [Sim22])

Bei der Vernetzung werden Berechnungspunkte über der Formteildicke verteilt, sodass die Strömung möglichst gut abgebildet werden kann. Darüber hinaus werden die Berechnungspunkte während der Formteilfüllung verschoben, um die Veränderung des Scherratenprofils durch die Verringerung des Strömungsquerschnitts durch die Erstarrung der Schmelze an der Randschicht adäquat abbilden zu können. Bild 2.23 verdeutlicht diesen Effekt. Durch die Verwendung des dreidimensionalen Fachwerks kann die Berechnungszeit im Speziellen bei parallelen Rechnungen, wie beispielsweise bei der Berechnung von Versuchsplänen, signifikant gesenkt werden [OO22].

Für Formteile, die mit der Schalentheorie oder dem 3D-Fachwerk nicht mehr abgebildet werden können, erfolgt die Vernetzung durch Tetraeder. Dabei wird das komplette Formteilvolumen mit Elementen ausgefüllt. Die Berechnung durch die vereinfachten Erhaltungsgleichungen ist an dieser Stelle nicht mehr sinnvoll, da die Füllung ein dreidimensionales Problem darstellt. Die Berechnung erfolgt dann mit den Navier-Stokes-Gleichungen (Formel 2.57) [Spu04, Sch03].

$$\rho \cdot \dot{v} = -\nabla p + \eta \cdot \Delta v + (\lambda + \eta) \cdot \nabla (\nabla v) + f \tag{2.57}$$

ρ	Dichte	[kg m^{-3}]
v	Geschwindigkeitsfeld	[m s^{-1}]
∇	Nabla-Operator	[-]
λ	erste Lamé-Konstante	[Pa s]
η	zweite Lamé-Konstante (dynamische Viskosität)	[Pa s]
f	Volumenkraft (Gravitation oder Coriolis-Kraft)	[N m^{-3}]

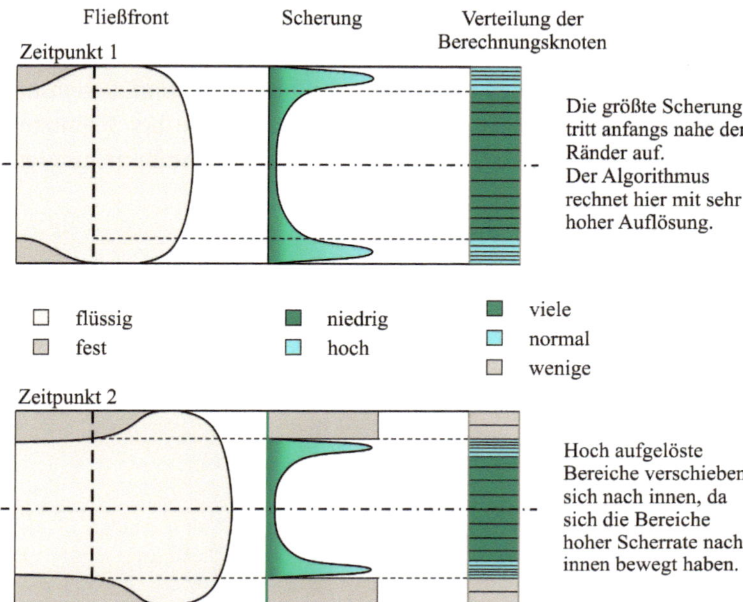

Bild 2.23 Schichtweise Verteilung der Knoten über der Wanddicke (eigene Abbildung in Anlehnung an [Sim22])

Der erste Term von Formel 2.57 ($-\nabla p$) beschreibt die Beschleunigung des Fluids durch einen Druckunterschied. Dieser entsteht dadurch, dass eine aufgebrachte Kraft aufgrund der Kompressibilität des Fluids nicht sofort weitergeleitet werden kann. Der zweite Term ($\eta \cdot \Delta v$) beschreibt die Advektion. Durch die Advektion werden Objekte oder Dichteunterschiede, aber auch das Fluid selbst in Strömungsrichtung transportiert. Die Viskosität des Fluids wird durch den dritten Term $(\lambda + \eta) \cdot \nabla(\nabla v)$ berücksichtigt. Durch den vierten Term (f) wird die Beschleunigung durch äußere Kräfte abgebildet, die gleichmäßig auf das gesamte Fluid wirken [Sch03].

Auch das Spritzgießwerkzeug muss für die Simulation nachgebildet werden. Je nachdem, wie genau die Simulation durchgeführt werden soll und welche Effekte durch die Simulation abgebildet werden sollen, muss mehr oder weniger vom Werkzeug nachgebildet werden. So können Hotspots im Werkzeug ohne eine Kühlsimulation nicht abgebildet werden. Die Minimalvorgabe für die Füllsimulation ist die Vorgabe des Anspritzpunktes. Weiterhin können auch das Verteilerkanalsystem, die Kühlkanäle, Einsätze und Schieber sowie der ganze Werkzeugblock nachgebildet werden.

Ist das Berechnungsmodell aufgebaut, muss bei der Füllsimulation vorgegeben werden, welche Berechnungsart durchgeführt werden soll, das heißt, ob eine Simulation des Kompaktspritzgießens oder eines der Sonderverfahren berechnet werden soll.

2.4.5 Netzaufbau

In der Füllsimulation können prinzipiell drei Netztypen für Simulationen verwendet werden, das Mittelflächenmodell, das Oberflächenmodell und das 3D-Modell (Bild 2.24). Alle drei Netzarten weisen grundlegend unterschiedliche Berechnungsansätze auf.

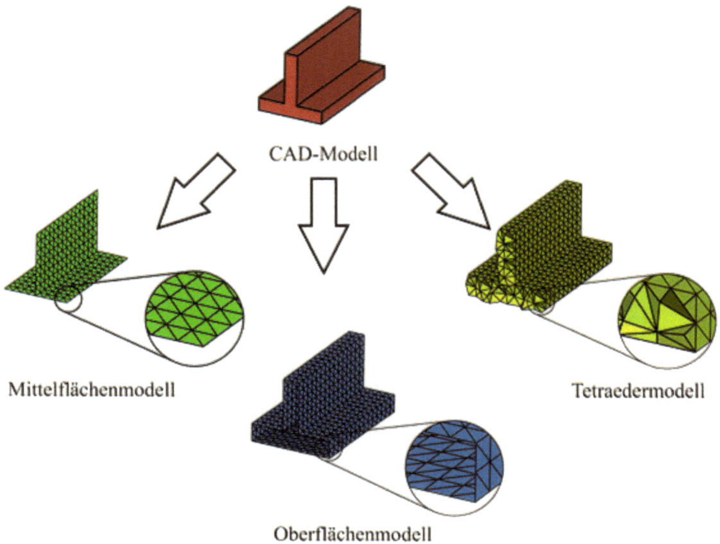

Bild 2.24 Netztypen (eigene Abbildung in Anlehnung an [MF13])

Das Formteil wird beim Mittelflächennetz mit Schalenelementen nachgebildet, denen dann eine Dicke zugewiesen wird. Im allgemeinen Sprachgebrauch wird hier von einer 2,5D-Simulation gesprochen, da mit diesem Modell durchaus dreidimensionale Geometrien berechnet werden können und kein Schnitt durch die Geometrie gelegt wird, wie es bei einer 2D-Simulation der Fall ist. Allerdings muss die Dicke über einen Real-Parameter eingegeben werden, weshalb das Mittelflächenmodell keine 3D-Simulation darstellt.

Heute liegen die Formteile häufig als 3D-CAD-Daten (Solids oder Oberflächen-geometrien) vor. Aus diesen Daten muss zunächst ein Mittelflächenmodell erzeugt werden. Dafür gibt es in den Vernetzungstools entsprechende Routinen. Trotz allem ist bei der Erstellung eines Mittelflächenmodells vergleichsweise viel Handarbeit notwendig, da es Teilbereiche gibt, die mit einem Mittelflächenmodell nicht eindeutig beschrieben werden können. Hier muss das Mittelflächenmodell händisch erzeugt werden. Das Mittelflächenmodell kann dann einfach mit Dreieckselementen vernetzt werden. Danach wird jedem Element eine Dicke und eine Ober- und eine Unterseite zugewiesen. Dazu muss das entsprechende Formteil vermessen werden. Es bietet sich an, Elemente mit gleicher Wanddicke in Gruppen zu sortieren. Auch dieser Schritt ist sehr aufwendig, da heutige Formteile meistens keine einheitliche Wanddicke mehr aufweisen. Allerdings ist die Wanddicke in der Simulation sehr wichtig, da diese einen Einfluss auf das Füllverhalten, die Scherung, den Druckbedarf und die Wärmeabfuhr hat. An dieser Stelle muss auch beachtet werden, dass die Berechnung der Größen nur in den Knoten des Netzes erfolgt. Die Wanddicke wird hingegen den Elementen zugewiesen, sodass die Wanddicke eines Knotens dem Mittelwert der Wanddicken aus den angrenzenden Elementen entspricht. Wenn große Wanddickenunterschiede mit kleinen Ausbreitungen (z. B. in einer Nut) auftreten, so müssen mindestens zwei Elemente in der Nut liegen, damit die Wanddickenverteilung korrekt abgebildet werden kann (Bild 2.25).

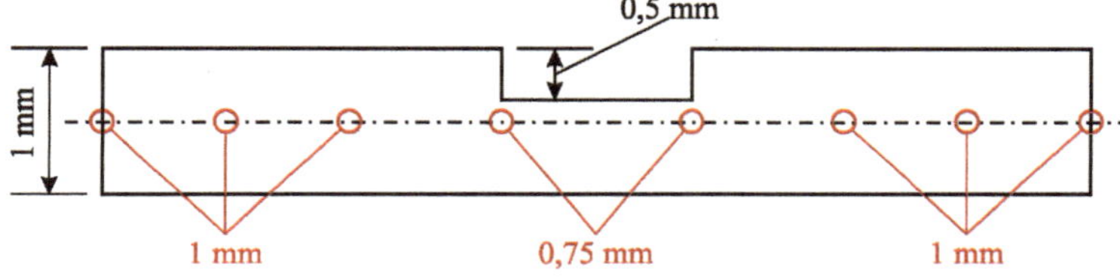

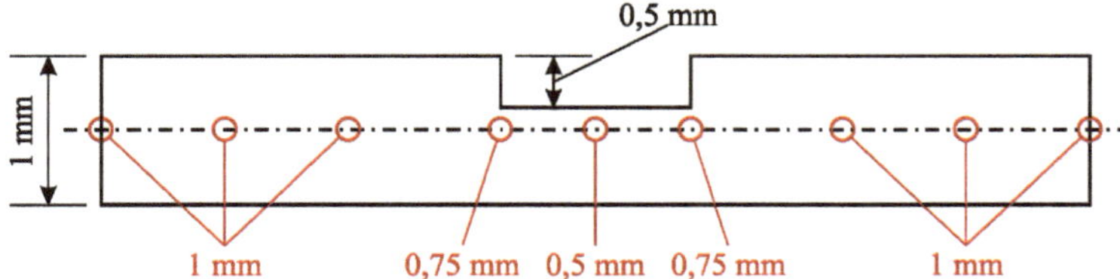

Bild 2.25 Mittelung der Wanddicken beim Mittelflächenmodell (eigene Abbildung in Anlehnung an [MF13])

Um ein Formteil mit dem Mittelflächenmodell berechnen zu können, muss die Schalentheorie auf das Formteil anwendbar sein, das bedeutet, dass zwei Abmessungen groß gegenüber der dritten sind. Dies ist bei den meisten flächigen Formteilen gegeben. Bei kleinen dickwandigen Formteilen kann die Schalentheorie nicht angewendet werden. Diese Formteile müssen mit einem 3D-Netz berechnet werden.

Aus dem Nachteil, dass die Netzerstellung beim Mittelflächenmodell relativ groß ist, wurde das Oberflächenmodell entwickelt. Hierbei wird die gesamte Geometrie als Hohlköper vernetzt, also die Ober- und die Unterseite. Dadurch entfällt die Erstellung der Mittelfläche. Außerdem ermittelt sich die Software automatisch die Dicke der einzelnen Elemente aus dem Abstand der Elemente von Ober- und Unterseite, sodass das händische Zuweisen an dieser Stelle entfällt. Nachteilig am Oberflächenmodell ist die ca. um den Faktor 2 höhere Anzahl der Elemente, da diese eine längere Berechnungszeit benötigen. Dieser Nachteil ist durch die steigende Leistungsfähigkeit moderner Rechner eher von untergeordneter Bedeutung.

In der Simulation wird die Füllung der Ober- und der Unterseite berechnet. Daher ist es wichtig, die Ober- und die Unterseite deckungsgleich zu vernetzen, damit die Schmelze auf beiden Seiten gleichmäßig vorankommt, was in der Realität genauso erfolgt. Im Autodesk Moldflow Insight wird die Deckungsgleichheit von Ober- und Unterseite durch das „Mesh Matching" ausgegeben. Dieser Wert sollte möglichst hoch sein, da sonst die Qualität der Ergebnisse abnimmt. CADMOULD verwendet zur Berechnung der Formteildicke und der Sicherstellung der Gleichheit bei der Füllung der Ober- und Unterseite eine Abstimmung der gegenüberliegenden Elemente unter Verwendung eindimensionaler Verbindungselemente. Prinzipiell gelten beim Oberflächenmodell die gleichen Einschränkungen wie beim Mittelflächenmodell. Die Schalentheorie muss für das Formteil zulässig sein und Nuten müssen genauso fein nachgebildet werden wie beim Mittelflächenmodell. Trotz der Tatsache, dass das Oberflächenmodell eine 3D-Anmutung aufweist, handelt es sich um eine 2,5D-Berechnung mit den entsprechenden Einschränkungen.

Wenn das Formteil nicht mehr groß und flächig, sondern klein und relativ dickwandig ist, kann die Schalentheorie nicht mehr angewendet werden und die Füllung des Formteils muss mit einem 3D-Netz berechnet werden. Autodesk Moldflow Insight und CADMOULD verwenden hierfür Tetraederelemente, mit denen der gesamte Innenraum des Formteils aufgefüllt wird. Um die Strömung über der Formteildicke korrekt abbilden zu können, müssen mindestens neun Schichten über der Formteildicke verteilt werden. Die Elementkanten in Dickenrichtung werden daher sehr klein. Unter der Berücksichtigung, dass die Elemente nicht zu stark verzerrt werden dürfen, werden auch die anderen Elementkanten sehr klein, sodass die Anzahl der Elemente steigt. Bei größeren Formteilen sind so ohne Weiteres Modelle mit mehreren Millionen Elementen möglich. Diese können heute berechnet werden, allerdings sind die Simulationszeiten vergleichsweise lang und die Anforderungen an die Hardware sehr hoch.

Bei einer Simulation mit einem 3D-Modell entfallen die Einschränkungen durch die Schalentheorie des Mittelflächen- und des Oberflächenmodells. Die Berechnung basiert hier auf den kompletten Erhaltungsgleichungen, sodass auch Effekte, wie Verwirbelungen der Schmelze, die Freistrahlbildung oder Gravitationseffekte, nachgebildet werden können.

Die eDesign-Vernetzer und der BLM-Vernetzer von Moldex3D verwenden ausschließlich dreidimensionale Elemente. Beim eDesign-Vernetzer werden quaderförmige Elemente verwendet, um ein homogenes Netz zu erzeugen. Der BLM-Vernetzer verwendet tetraederförmige Elemente.

Der Vernetzer von Autodesk Moldflow Insight verwendet ebenfalls Tetraeder zur Vernetzung. Die Basis ist ein aufbereitetes Oberflächennetz. Zuerst wird dabei das

Oberflächennetz erzeugt und repariert, bis es vollständig geschlossen ist und keine zu stark verzerrten Elemente mehr aufweist. Dieses Oberflächennetz wird in einem zweiten Vernetzungsschritt mit Tetraedern gefüllt.

Das Verteilerkanalsystem und das Kühlkanalsystem werden in der Füllsimulation über Linienelemente abgebildet. Dafür gibt es verschiedene Elementtypen, mit denen ein Kaltkanal- oder ein Heißkanalverteiler oder Nadelverschlussdüsen nachgebildet werden können. Neben den Kühlkanälen können auch Sprudler oder Kühlwasserspeicher eingebaut werden, sodass fast alle Elemente zur Verfügung stehen, die auch in realen Werkzeugen verwendet werden.

Bei 3D-Simulationen kann das Verteilersystem ebenfalls mit Tetraederelementen nachgebaut werden. Dies ist aber nur sinnvoll, wenn das Verteilersystem mit Linienelementen nicht ausreichend dargestellt werden kann. Weiterhin können bei 3D-Simulationen Schieber und Kerne aus anderen Materialien berücksichtigt werden. Diese werden durch zusätzliche Elemente abgebildet. Die Nachbildung des Werkzeugblockes ist durch das Eingeben der Werkzeugabmessungen ebenfalls möglich, sodass der Wärmeaustausch über den Werkzeugblock mit berechnet werden kann.

Ein komplettes Modell für Relaisgehäuse ist in Bild 2.26 dargestellt. In diesem Modell werden alle relevanten Komponenten abgebildet. Die Vernetzung erfolgt mithilfe des BLM-Vernetzers.

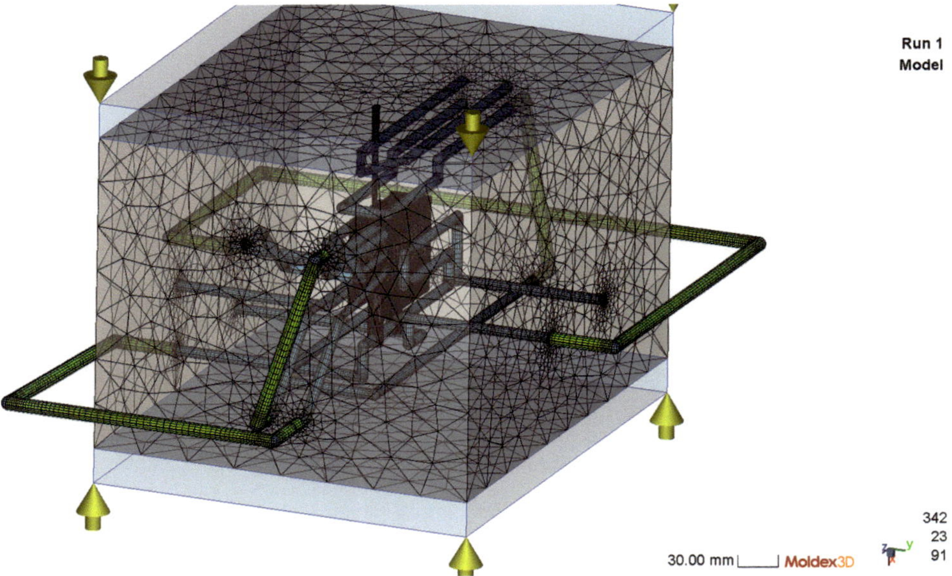

Bild 2.26 Vernetztes Modell des Relaisgehäuses (Software: Moldex3D; Formteil: KIMW)

2.4.6 Bewertung der Netzqualität

Bei der Erstellung der Vernetzung ist darauf zu achten, dass eine ausreichende Anzahl von Elementen über der Wanddicke vorhanden ist, da die Füllung ansonsten nicht adäquat abgebildet werden kann. Bild 2.27 zeigt den resultierenden Einfluss auf die Strömungsgeschwindigkeit während der Füllung. Die schwarz gepunktete Linie repräsentiert das reale strukturviskose Strömungsprofil. Bei einer Vernetzung mit nur zwei Elementen über der Wanddicke ergibt sich das rot gestrichelte Strömungsprofil. Es ist ersichtlich, dass das Strömungsprofil nicht ausreichend abgebildet werden kann. Diese Art der Vernetzung ergibt sich bei einer groben Vernetzung mit dem eDesign-Vernetzer bei Verwendung der Vernetzungsstufe 1 in dünnen Bereichen (vgl. Bild 2.28 links).

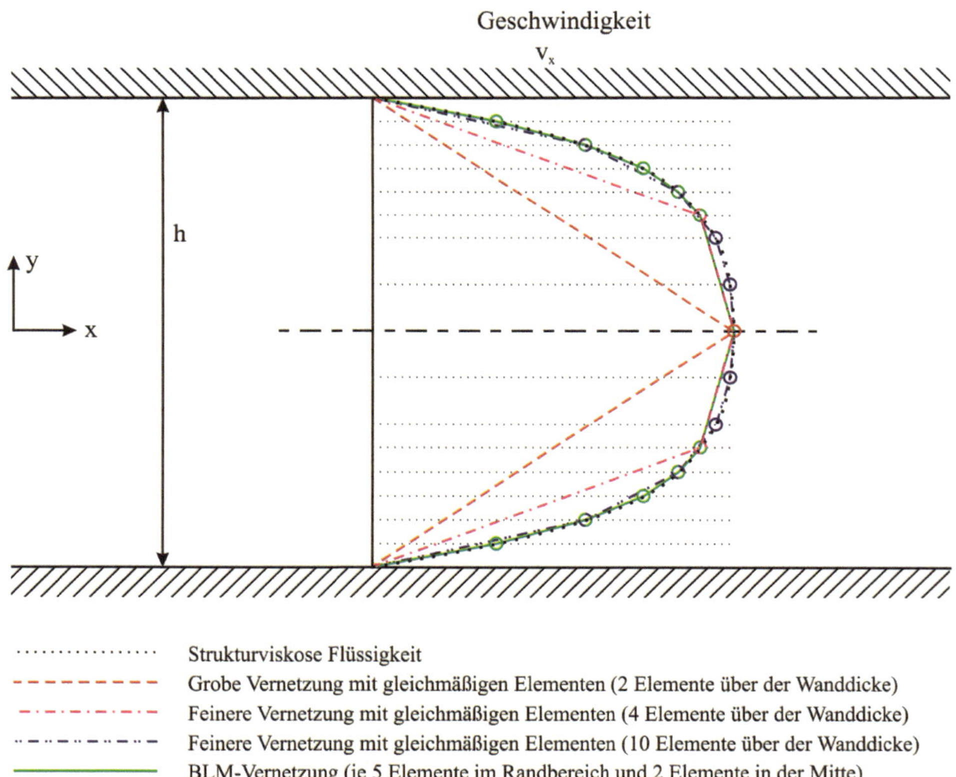

Bild 2.27 Unterschiedliche Netzqualitäten im Autodesk Moldflow Insight und Moldex3D (eigene Abbildung in Anlehnung an [VDI77])

Eine bessere, allerdings immer noch nicht ausreichende Abbildung des Strömungsprofils ergibt sich bei der Erhöhung der Anzahl der Elemente über der Wanddicke auf vier (magenta strichpunktierte Linie in Bild 2.27). Ein entsprechendes Netz ergibt sich in den dünnen Bereichen bei der Verwendung der höchsten Genauigkeitsstufe 5 im eDesign-Vernetzer (vgl. Bild 2.28 rechts). Vorteilhaft am eDesign-Vernetzer ist, dass dieser sehr stabil vernetzt und gute gleichmäßige Netze mit quaderförmigen Elementen erzeugt.

Eine erhebliche Steigerung der Netzqualität wird durch die Verwendung des BLM-Vernetzers erreicht. Die Abbildung des entstehenden Strömungsprofils wird durch die grüne Linie in Bild 2.27 repräsentiert. Der BLM-Vernetzer bietet die Möglichkeit, eine feinere Vernetzung der Randbereiche zu berücksichtigen. Dabei können bis zu fünf Elementebenen im Randbereich vorgesehen werden. In diesem Bereich ist der größte Gradient der Strömungsgeschwindigkeit, sodass hier die höchste Scherrate vorliegt. Darüber hinaus bietet der BLM-Vernetzer die Möglichkeit eine maximale Elementkantenlänge zu definieren, sodass Flächen gröber vernetzt werden können. Bild 2.29 zeigt zwei BLM-Netze mit unterschiedlichen Feinheitsgraden. Nachteilig am BLM-Vernetzer ist die Tatsache, dass die CAD-Daten sehr gut aufbereitet werden müssen und die Verbindung zwischen Anguss und Formteil keine Überlappungen aufweisen darf.

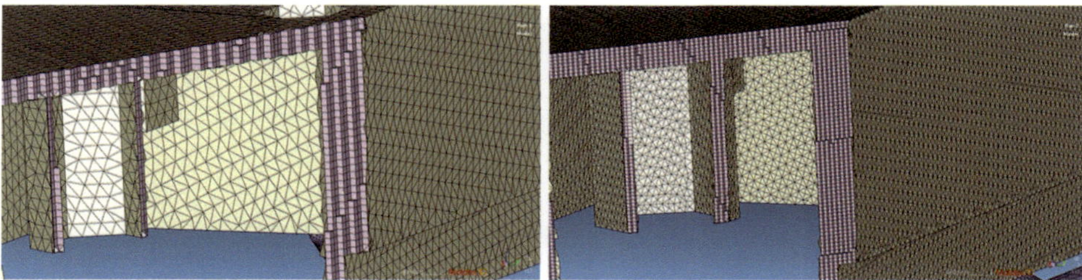

Bild 2.28 Vernetzung mit dem eDesign-Vernetzer (links: Stufe 1; rechts: Stufe 5; Software: Moldex3D)

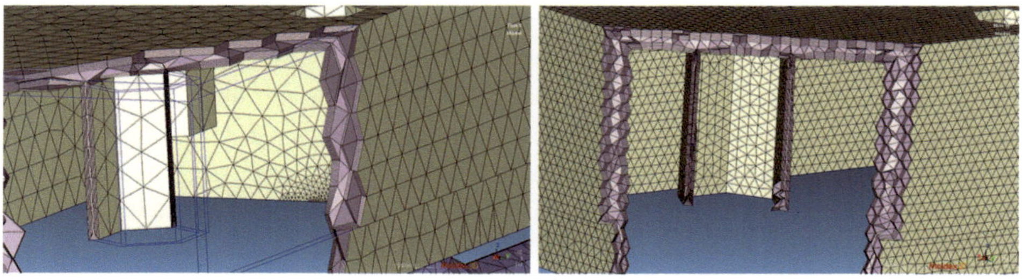

Bild 2.29 Vernetzung mit dem BLM-Vernetzer (links: gröbere Vernetzung; rechts: feinere Vernetzung; Software: Moldex3D)

Der Vernetzer von Autodesk Moldflow Insight bietet die Möglichkeit, die Anzahl der Knoten über der Wanddicke statisch vorzugeben. Standardmäßig sind hier 11 Knoten vorgegeben, sodass 10 Elemente gleichmäßig über der Wanddicke bei der Vernetzung gebildet werden. Das entstehende Geschwindigkeitsprofil wird in Bild 2.27 durch die blaue strichpunktierte Linie dargestellt. Im Falle einer 3D-Vernetzung werden diese als reale Elemente abgebildet. Bei einer Simulation mit einem Mittelflächen- oder Oberflächennetz werden virtuelle Knoten gebildet und die Ergebnisse an den Knoten berechnet, sodass verschiedene Ergebnisse, wie die Verteilung von Fasern oder die Geschwindigkeitsvektoren, in den einzelnen Ebenen ausgewertet werden können. Bei der Vernetzung mit einem Oberflächennetz ist dabei auf eine Deckungsgleichheit der Vernetzung auf der Ober- und der Unterseite der Formteilgeometrie zu achten, damit die virtuellen Knoten erzeugt werden können. Bild 2.30 zeigt ein Oberflächennetz und ein 3D-Netz, das mit dem Vernetzer von Autodesk Moldflow Insight erstellt wurde.

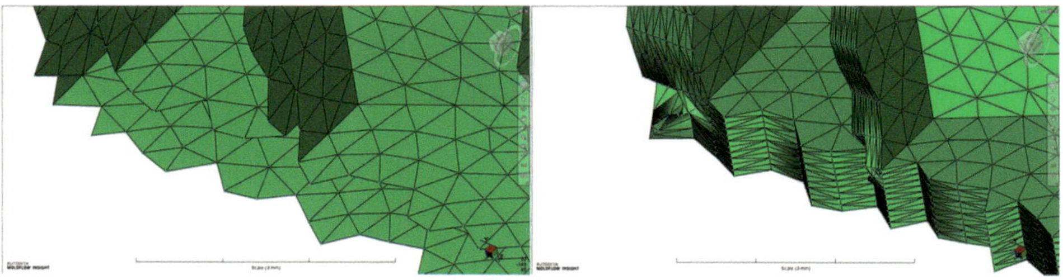

Bild 2.30 Oberflächennetz (links) und 3D-Netz (rechts) mit dem Vernetzer von Autodesk Moldflow Insight

Bild 2.31 zeigt die Darstellung des Strömungsprofils im CADMOULD. Standardmäßig werden 25 Knoten über der Formteildicke verteilt. Dabei werden die vertikalen Abstände zwischen den Knoten so gewählt, dass das Strömungsprofil optimal abgebildet werden kann. Zu Beginn werden mehrere Knoten in einem geringen Abstand von der Werkzeugwand erstellt, um die Scherung der Kunststoffschmelze im Bereich der Werkzeugwand und die Wandhaftung abbilden zu können (vgl. Bild 2.31 links).

Während der Füllung erstarrt die Kunststoffschmelze, die mit der Werkzeugwand in Kontakt gekommen ist, aufgrund der Wärmeabfuhr, sodass hier keine weitere Strömung möglich ist. Der Strömungsquerschnitt wird zunehmend kleiner. Dieser Effekt wird durch eine Anpassung der Knotenpositionen in Abhängigkeit vom Füllgrad des Formteils erzielt (vgl. Bild 2.31 rechts).

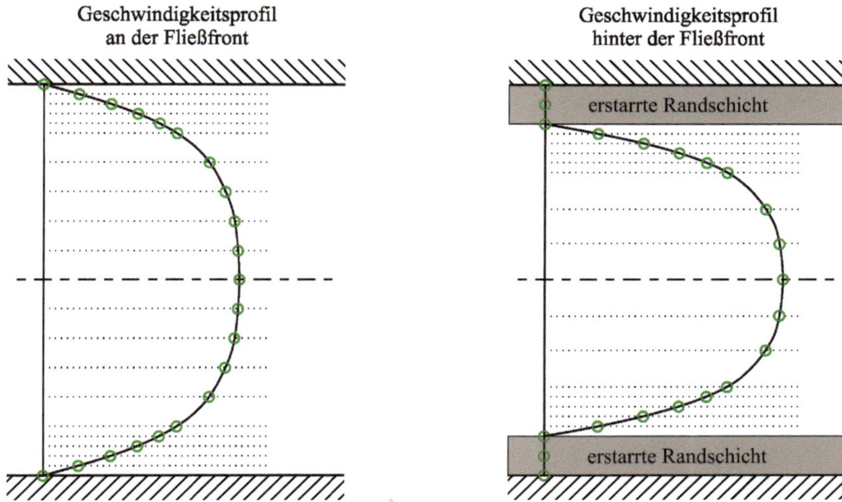

Bild 2.31 Netzqualität im CADMOULD (eigene Abbildung in Anlehnung an [VDI77])

Die unterschiedlichen Vernetzungen können ganz konkrete Auswirkungen auf die Qualität der Ergebnisse der Füllsimulation haben. Für die folgenden vergleichenden Betrachtungen wird ein kastenförmiges Bauteil genutzt. Für alle Simulationen wurden die gleichen Prozessparameter nach Tabelle 2.20 verwendet.

Tabelle 2.20 Simulationsparameter für den Deckel

Parameter	Wert	Einheit
berechneter Prozess	Fill + Pack + Warp	
verwendeter Werkstoff	Ultramid B3EG6	
Erstarrungstemperatur	170	°C
maximaler Fülldruck und Nachdruck	155	MPa
Massetemperatur	280	°C
Werkzeugtemperatur	85	°C
Füllzeit	1,3	s
Umschaltpunkt (volumetrische Füllung)	99	%
Nachdruckprofil	80 % für 3 s 60 % für 2 s	
Kühlzeit	10	s

2.4.4.1 Netzqualität im Moldex3D

Bild 2.32 bis Bild 2.45 zeigen die Ergebnisse für die Netze, die mit dem Vernetzer eDesign in Bild 2.32 (Schnitt in Bild 2.28) erzeugt worden sind. Das Netz in Bild 2.32 links wurde mit der gröbsten Stufe 1 erzeugt und das Netz in Bild 2.32 rechts mit der feinsten Stufe 5.

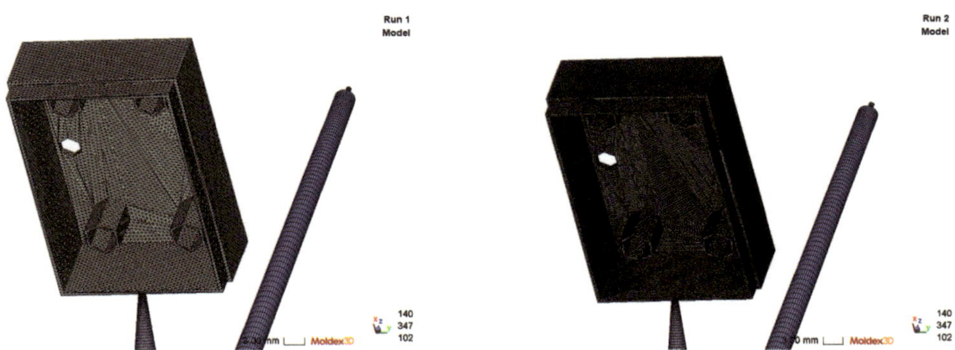

Bild 2.32 Vernetzung des Deckels (links: eDesign Stufe 1; rechts: eDesign Stufe 5; Software: Moldex3D)

In Bild 2.33 sind die Füllbilder der beiden eDesign-Netze dargestellt. Es ist zu sehen, dass mit den eDesign-Netzen scheinbar eine vollständige Füllung des Formteils möglich ist.

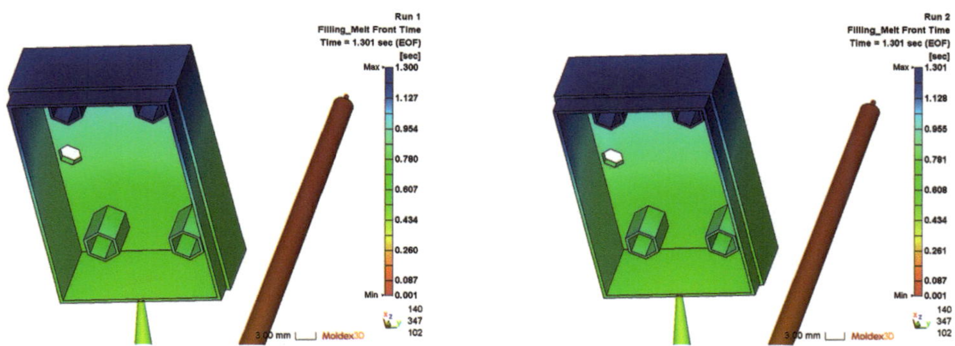

Bild 2.33 Füllung des Deckels (links: eDesign Stufe 1; rechts: eDesign Stufe 5; Software: Moldex3D)

Bild 2.34 zeigt die Fließfronttemperatur der eDesign-Netze. Aus Bild 2.34 geht hervor, dass die Abkühlung der Schmelze im Speziellen in den beiden angussnahen Domen mit den eDesign-Netzen in diesem Fall nicht korrekt abgebildet werden kann.

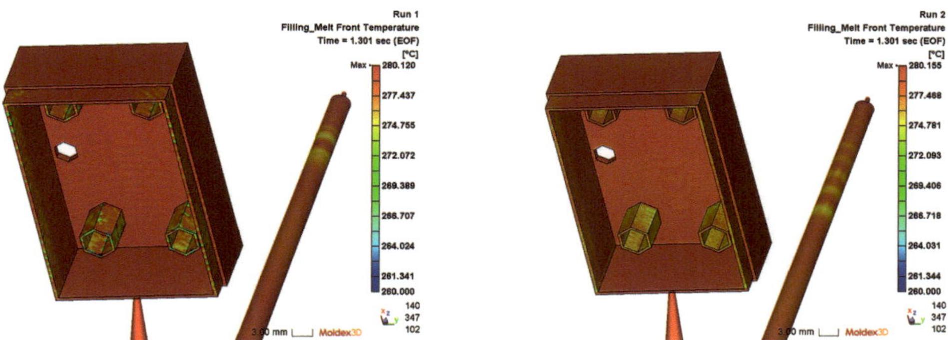

Bild 2.34 Fließfronttemperatur des Deckels (links: eDesign Stufe 1; rechts: eDesign Stufe 5; Software: Moldex3D)

Bild 2.35 zeigt einen Schnitt durch das Formteil, sodass jeweils der vordere rechte Dom in der Schnittebene liegt. Die Temperatur der Fließfront sinkt unabhängig von der Qualität des eDesign-Netzes auf ca. 275 °C, was als unkritisch einzustufen wäre, da ein Absinken der Fließfronttemperatur von 5 K nicht kritisch ist (vgl. Abschnitt 2.8.2).

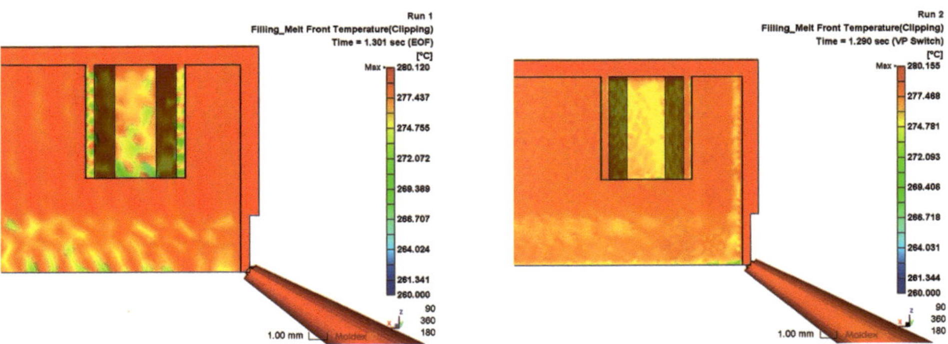

Bild 2.35 Schnitt der Fließfronttemperatur des Deckels (links: eDesign Stufe 1; rechts: eDesign Stufe 5; Software: Moldex3D)

Bild 2.36 zeigt den Fülldruck im Umschaltpunkt für die beiden eDesign-Netze. Dieser Druck ist im Normalfall der höchste Druck während des Spritzgießprozesses. Es ist zu sehen, dass allein die Netzfeinheit einen erheblichen Einfluss auf den notwendigen Fülldruck hat. Der Druck im Umschaltpunkt bei gleichen Spritzgießparametern beträgt mit dem groben eDesign-Netz 14,3 MPa und mit dem feinen eDesign-Netz 22,1 MPa.

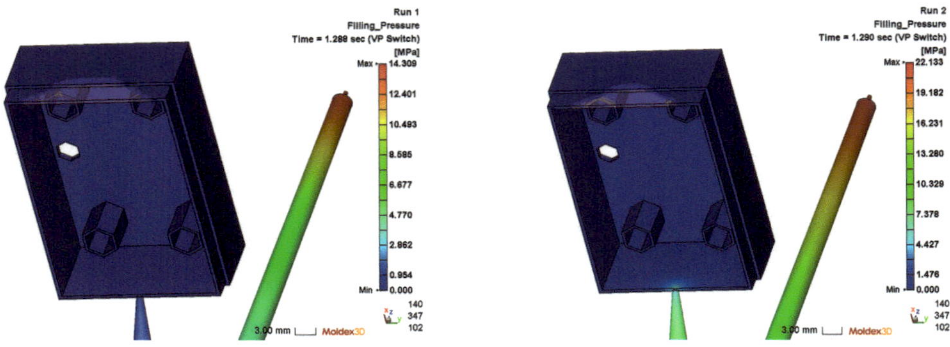

Bild 2.36 Fülldruck am Umschaltpunkt des Deckels (links: eDesign Stufe 1; rechts: eDesign Stufe 5; Software: Moldex3D)

Bild 2.37 zeigt den Fülldruck zum Ende der Füllung für die beiden eDesign-Netze. Dieser tritt im Übergang zwischen dem Umschaltpunkt und dem Beginn des Nachdruckes auf und weist eine genauso große Schwankung auf wie der Fülldruck im Umschaltpunkt (Bild 2.36).

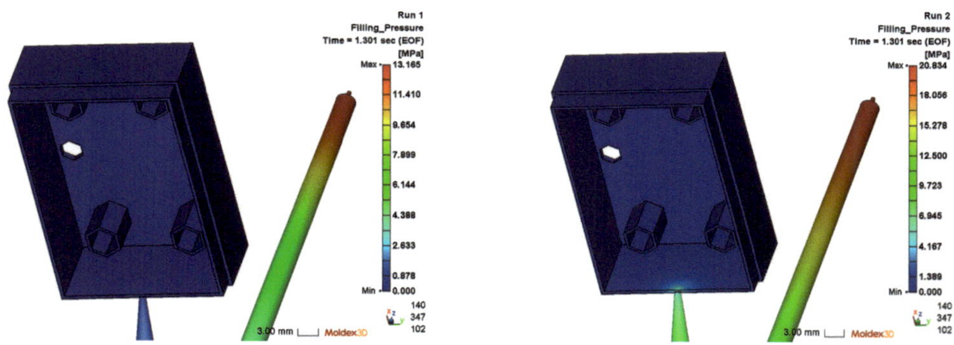

Bild 2.37 Fülldruck am Ende der Füllung des Deckels (links: eDesign Stufe 1; rechts: eDesign Stufe 5; Software: Moldex3D)

Bild 2.38 fasst die beiden Fülldrücke für die eDesign-Netze am Anschnittkegel während der Füllphase zusammen. Es ist zu sehen, dass der Fülldruck während der ersten 0,5 s stark ansteigt. Während dieser Zeit wird der Anguss gefüllt. Danach gibt es einen Sprung in der Druckkurve. In diesem Moment wird der Anschnitt zwischen dem Anguss und dem Formteil gefüllt, was einen deutlichen Druckabfall zur Folge hat. Danach steigt der Druck weiter an, während das Formteil gefüllt wird. Das Maximum am Ende der Füllung entspricht dem Fülldruck am Umschaltpunkt. Der Druckverlust für die Füllung zwischen 99% und 100% ist nicht mehr dargestellt, da dieser bereits in die Nachdruckberechnung einfließt.

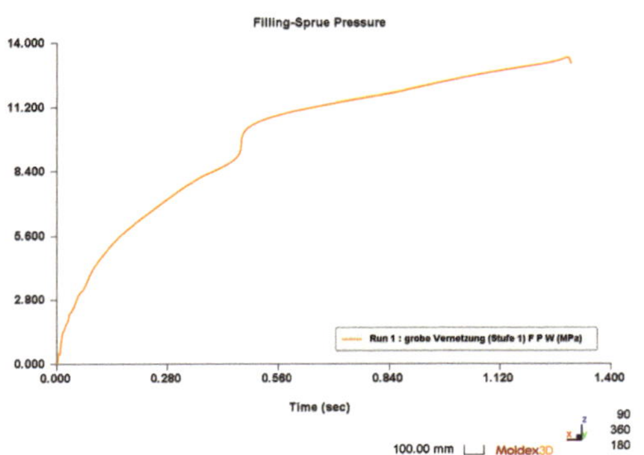

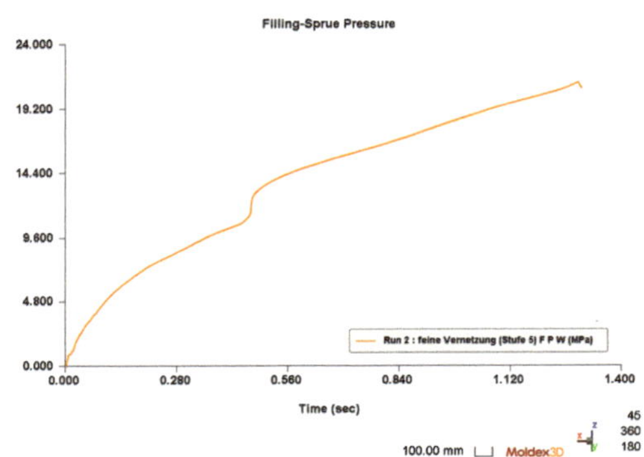

Bild 2.38 Druckverlauf am Anschnitt während der Füllung (links: eDesign Stufe 1; rechts: eDesign Stufe 5; Software: Moldex3D)

Bild 2.39 zeigt die Druckprofile der eDesign-Netze am Anschnittkegel bis zum Ende des Nachdruckes. Qualitativ sind die Profile erwartungsgemäß ähnlich. Da der Nachdruck aber in Prozent des maximalen Fülldruckes definiert worden ist, unterscheiden sich die Höhen der beiden Nachdruckstufen deutlich voneinander. Außerdem ist zu sehen, dass die hydraulische Antwortzeit ca. 0,3 s beträgt. Die hydraulische Antwortzeit beschreibt die Zeitspanne, die zwischen den Nachdruckstufen vergeht. Diese wurde nicht angepasst.

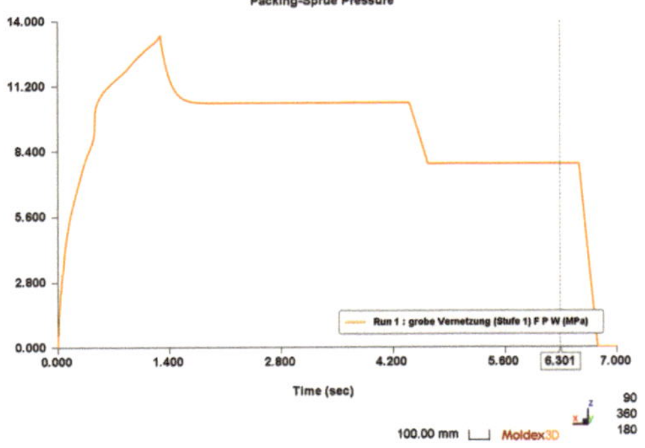

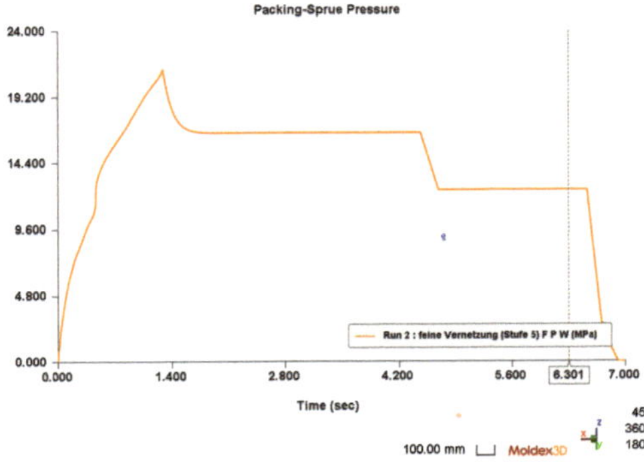

Bild 2.39 Druckverlauf am Anschnitt (links: eDesign Stufe 1; rechts: eDesign Stufe 5; Software: Moldex3D)

Bild 2.40 zeigt die erstarrten Bereiche zum Ende der Füllung. Es ist zu sehen, dass die Vernetzung einen deutlichen Einfluss auf das Ergebnis hat. Bei dem groben eDesign-Netz wird das Bauteil gerade so gefüllt (vgl. Bild 2.40 links). Theoretisch sollte eine Füllung bei der Verwendung dieses Netzes nicht möglich sein, da bereits im Umschaltpunkt bei 99 % volumetrischer Füllung keine plastifizierte Verbindung zwischen dem Anschnitt und dem dickwandigen Bereich des Deckels vorhanden ist (vgl. Bild 2.41). Der Anschnitt ist zum Ende der Füllung nahezu vollständig erstarrt, während die Füllung bei der Verwendung des feinen eDesign-Netzes ein sinnvolleres Ergebnis ausgibt und eine plastifizierte Verbindung des Anschnittes mit dem dickwandigeren Bereich des Deckels vorhanden ist.

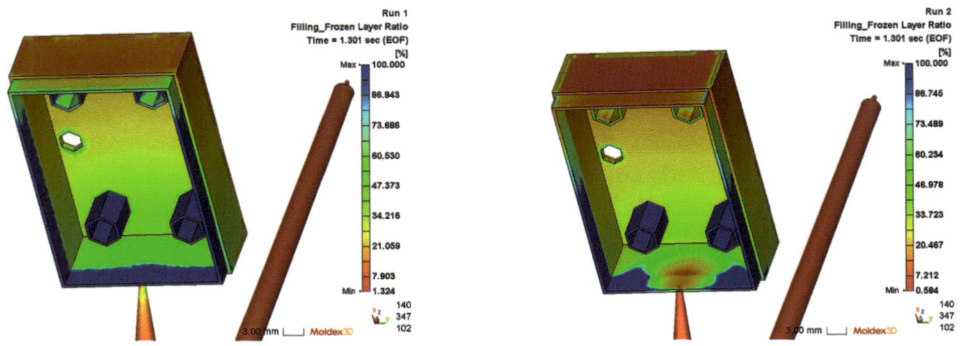

Bild 2.40 Erstarrte Bereiche zum Ende der Füllung (links: eDesign Stufe 1; rechts: eDesign Stufe 5; Software: Moldex3D)

Bild 2.41 zeigt die erstarrten Bereiche bei 99 % volumetrischer Füllung bei der Verwendung des groben eDesign-Netzes. Der vordere Bereich des Deckels ist noch nicht gefüllt und wird durch den Nachdruck gefüllt. Dieses Ergebnis ist in sich unlogisch, da bereits während des Umschaltpunktes keine Verbindung der plastischen Seele im Anguss und dem Formteil vorhanden ist. Das wird durch den breiten blauen Streifen am Anschnitt deutlich, sodass eine Füllung zu diesem Zeitpunkt nicht mehr möglich sein sollte.

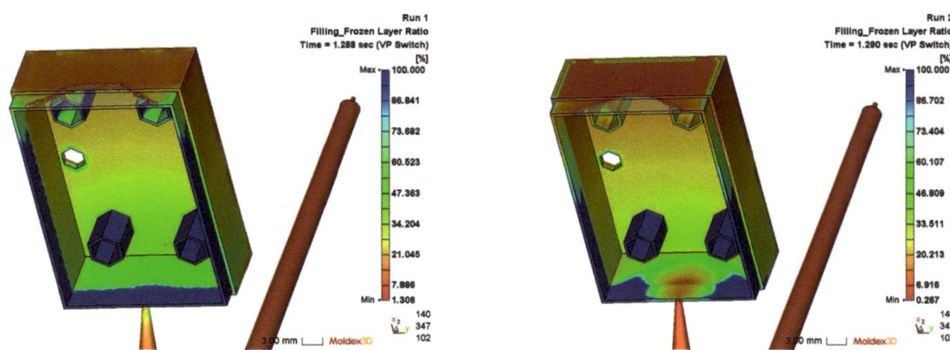

Bild 2.41 Erstarrte Bereiche zum Umschaltpunkt (links: eDesign Stufe 1; rechts: eDesign Stufe 5; Software: Moldex3D)

Der in Bild 2.40 und Bild 2.41 gezeigte Effekt spiegelt sich auch in Bild 2.42 und Bild 2.43 wider. Bild 2.42 zeigt die plastifizierten Bereiche, also die geschmolzenen Kerne zum Ende der Füllung. Auch hier ist zu sehen, dass die plastifizierten Bereiche im Anguss und im Formteil bei der Verwendung des groben eDesign-Netzes (Bild 2.42 links) keine Verbindung im Anschnitt mehr haben, was eine vollständige Füllung unmöglich machen sollte, zumal diese Verbindung bereits während des Umschaltens nicht mehr besteht (vgl. Bild 2.43). Bei der Verwendung des feinen eDesign-Netzes ist zumindest noch eine Verbindung zwischen den plastifizierten Bereichen im Anguss und im Formteil vorhanden, sodass eine vollständige Füllung prinzipiell logisch ist.

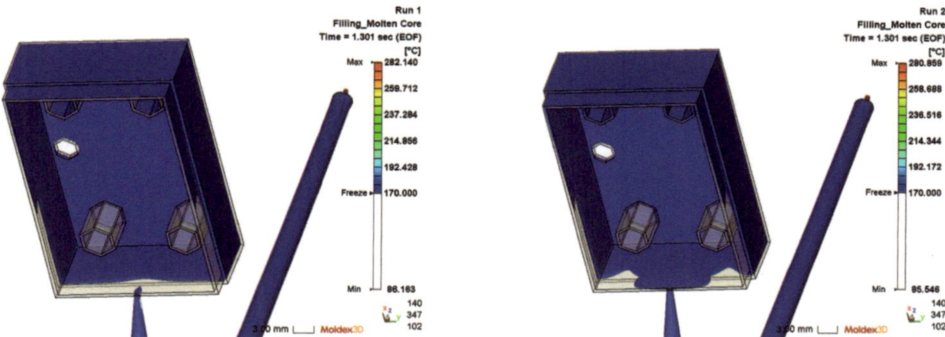

Bild 2.42 Plastifizierte Bereiche zum Ende der Füllung (links: eDesign Stufe 1; rechts: eDesign Stufe 5; Software: Moldex3D)

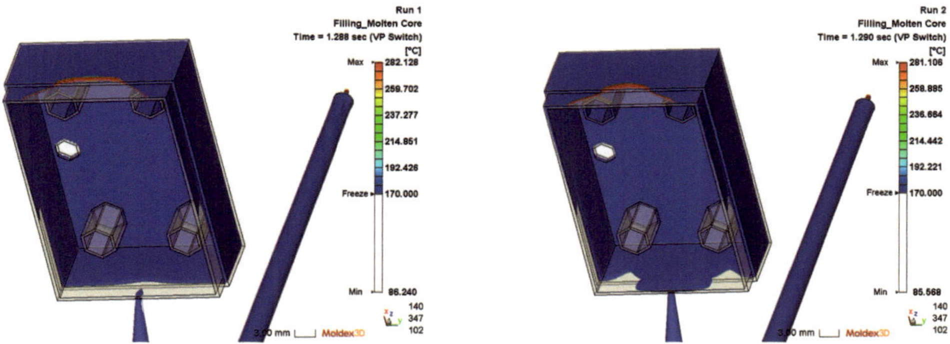

Bild 2.43 Plastifizierte Bereiche zum Umschaltpunkt (links: eDesign Stufe 1; rechts: eDesign Stufe 5; Software: Moldex3D)

Bild 2.44 zeigt die Scherrate im Anschnitt während der Füllung. Um den maximalen Wert der Scherrate zu erhalten, wird diese für eine Füllzeit von ca. 0,6 s ausgewertet, da dort der Einspritzvolumenstrom am größten ist. Aus den theoretischen Betrachtungen sollte das Maximum der Scherrate im Anschnitt liegen, da der gesamte Volumenstrom aus dem Anguss durch den Anschnitt in das Formteil gedrückt wird. Im Anschnitt herrscht demnach die größte Fließgeschwindigkeit, was zu einer maximalen Scherrate führt. Bild 2.44 zeigt die Scherrate der beiden eDesign-Netze. Der beschriebene Effekt kann hier aufgrund zu weniger Elemente im Anschnittquerschnitt nicht abgebildet werden. Die Scherrate im Anschnitt beträgt bei der Verwendung des groben eDesign-Netzes ca. 100/s und bei der Verwendung des feinen eDesign-Netzes ca. 500/s.

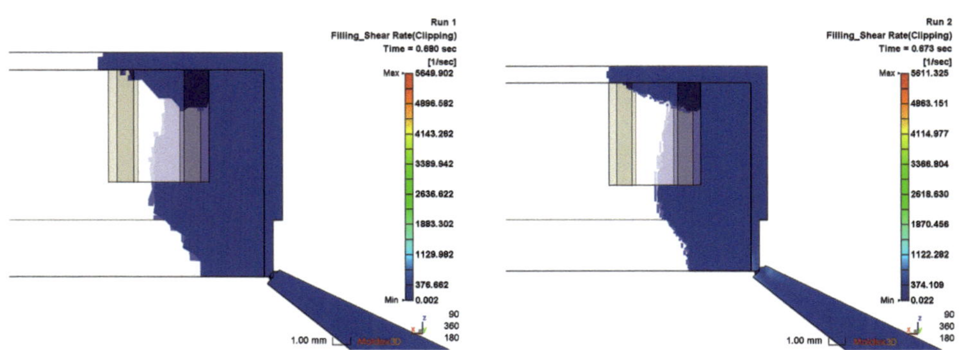

Bild 2.44 Scherrate im Anschnitt (links: eDesign Stufe 1; rechts: eDesign Stufe 5; Software: Moldex3D)

Der Bereich der maximalen Scherrate für die beiden eDesign-Netze ist in Bild 2.45 dargestellt. Dieser befindet sich unmittelbar auf der Angussfläche, was sich nicht logisch argumentieren lässt. Der maximale Wert der Scherrate beträgt bei beiden eDesign-Netzen ca. 5600/s, was außerdem ein vergleichsweise geringer Wert ist und in der nicht ausreichenden Anzahl an Elementen entlang des Angussdurchmessers begründet liegt.

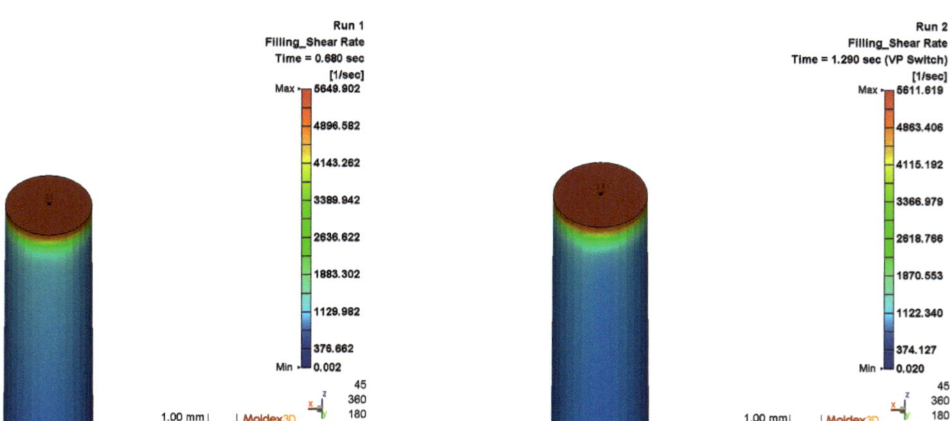

Bild 2.45 Bereich mit der höchsten Scherrate (links: eDesign Stufe 1; rechts: eDesign Stufe 5; Software: Moldex3D)

Die folgenden Abbildungen zeigen die Ergebnisse für die Netze in Bild 2.46, die mit dem BLM-Vernetzer (Schnitt in Bild 2.29) erzeugt worden sind.

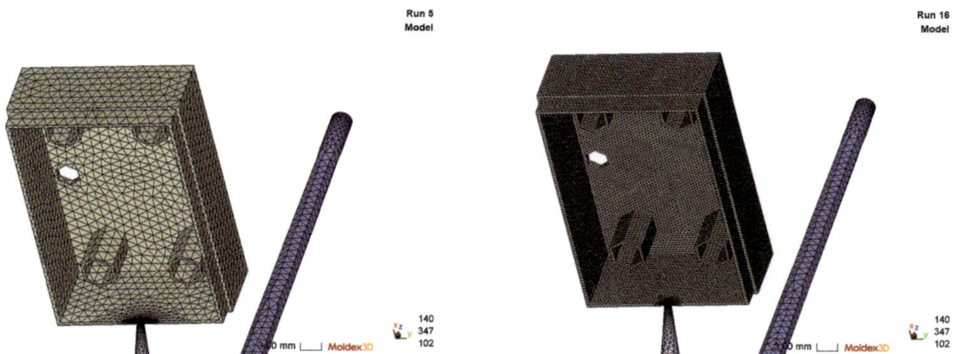

Bild 2.46 Vernetzung des Deckels (links: BLM-Netz, gröbere Vernetzung; rechts: BLM-Netz, feinere Vernetzung; Software: Moldex3D)

Bild 2.47 zeigt die Füllung bei Verwendung der BLM-Netze. Es ist zu sehen, dass das Formteil nicht vollständig gefüllt werden kann. Die beiden angussnahen Dome werden nicht gefüllt.

Durch die unvollständige Füllung der BLM-Netze in Bild 2.47 kann außerdem der Umschaltpunkt nicht erreicht werden. Eine vollständige Füllung ist durch den Nachdruck jedoch nicht mehr möglich. Die Füllzeit steigt daher auch auf über 1,7 s. Der Fülldruck steigt bis auf den in Tabelle 2.20 vorgegebenen maximalen Fülldruck (155 MPa) an. In beiden Fällen wird dann der Siegelpunkt erreicht, das heißt, der Querschnitt im Anschnitt friert ein, sodass keine weitere Schmelze mehr in die Kavität gedrückt werden kann.

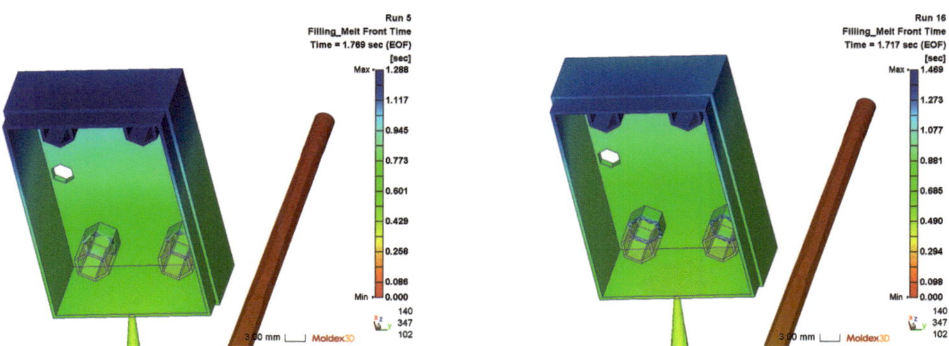

Bild 2.47 Füllung des Deckels (links: BLM-Netz, gröbere Vernetzung; rechts: BLM-Netz, feinere Vernetzung; Software: Moldex3D)

In Bild 2.48 ist die Fließfronttemperatur für die beiden BLM-Netze dargestellt. Es ist zu sehen, dass die beiden angussnahen Dome nicht gefüllt werden können. Darüber hinaus kühlt die Fließfront bei der Verwendung des feineren BLM-Netzes stärker ab, was sich in der niedrigeren Temperatur der Fließfront in den angussfernen Domen und am unteren Rand des Formteils zeigt.

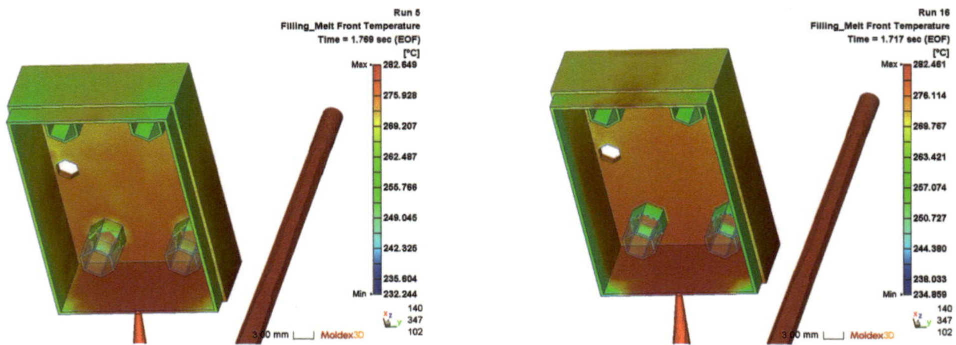

Bild 2.48 Fließfronttemperatur des Deckels (links: BLM-Netz, gröbere Vernetzung; rechts: BLM-Netz, feinere Vernetzung; Software: Moldex3D)

Bild 2.49 zeigt einen äquivalenten Schnitt durch das Formteil wie in Bild 2.35. Die unvollständige Füllung der angussnahen Dome, die niedrigere Temperatur der Fließfront bei der Füllung der angussfernen Dome sowie die Abkühlung der Fließfront im dünnwandigen unteren Bereich sind im Vergleich der beiden BLM-Netze untereinander und mit den beiden eDesign-Netzen in Bild 2.35 deutlich zu sehen. Die zackenförmige Ausprägung der Fließfront in Bild 2.49 spiegelt die Vernetzung wider, da Elemente nur vollständig gefüllt oder ungefüllt sein können.

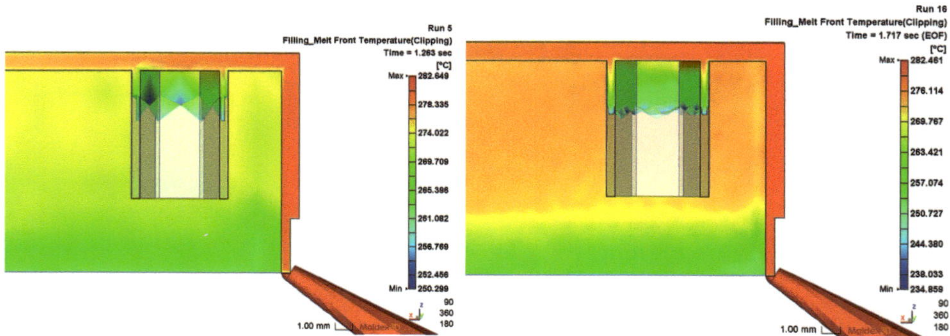

Bild 2.49 Schnitt der Fließfronttemperatur des Deckels (links: BLM-Netz, gröbere Vernetzung; rechts: BLM-Netz, feinere Vernetzung; Software: Moldex3D)

In Bild 2.50 ist der Druck bei einer Füllzeit von 1,26 s für die beiden BLM-Netze zu sehen. Es wird deutlich, dass der Druckverlust deutlich höher ist als bei den beiden eDesign-Netzen. Bereits im Umschaltpunkt beträgt der Fülldruck ca. 110 MPa, unabhängig von der Netzfeinheit, was einen Faktor von 5 bzw. 8 im Vergleich zu den eDesign-Netzen bedeutet. Der Umschaltpunkt (99 % volumetrische Füllung) wird nicht erreicht.

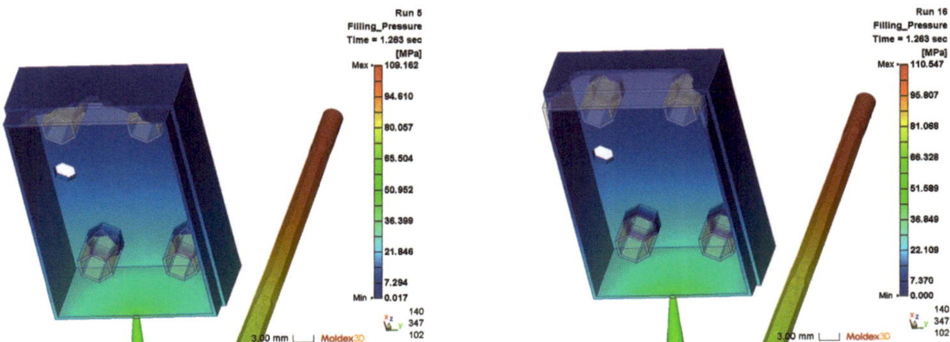

Bild 2.50 Fülldruck des Deckels nach 1,26 s Füllzeit (links: BLM-Netz, gröbere Vernetzung; rechts: BLM-Netz, feinere Vernetzung; Software: Moldex3D)

Die Auswertung des Fülldruckes zum Ende der Füllung in Bild 2.51 ist in diesem Fall nicht sinnvoll, da der Fülldruck nach dem Umschaltpunkt auf den voreingestellten maximalen Fülldruck von 155 MPa erhöht worden ist. Es ist zu sehen, dass die Druckweiterleitung deutlich von der Netzfeinheit abhängt. Bei dem groben BLM (Bild 2.51 links) beträgt der Druckverlust über dem Anguss ca. 120 MPa, während dieser bei dem feinen BLM-Netz (Bild 2.51 rechts) lediglich 30 MPa beträgt.

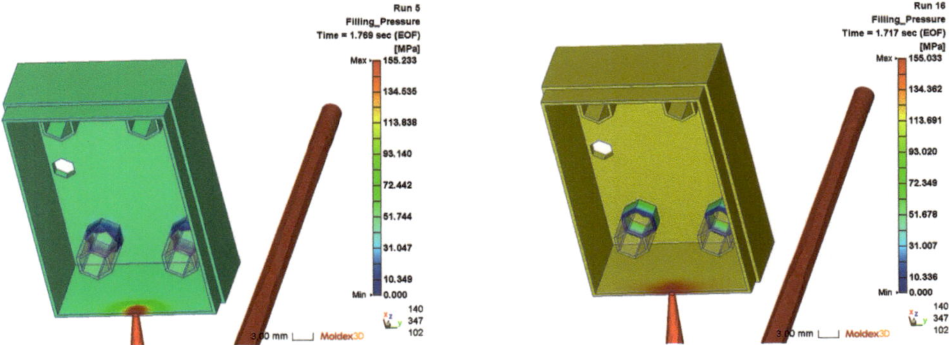

Bild 2.51 Fülldruck am Ende der Füllung des Deckels (links: BLM-Netz, gröbere Vernetzung; rechts: BLM-Netz, feinere Vernetzung; Software: Moldex3D)

Bild 2.52 fasst die beiden Fülldrücke für die BLM-Netze am Anschnittkegel während der Füllphase zusammen. Hier wird der deutlich erhöhte Druckbedarf während der Füllung sehr deutlich, da der Anstieg des Druckes während der Füllung erheblich größer ist als bei den eDesign-Netzen (vgl. Bild 2.38). Vor dem Erreichen des Umschaltpunktes ist die Fließfront an den beiden vorderen Domen komplett eingefroren, sodass der Fülldruck bis auf den maximalen Fülldruck erhöht wird, ohne dass der Umschaltpunkt erreicht wird.

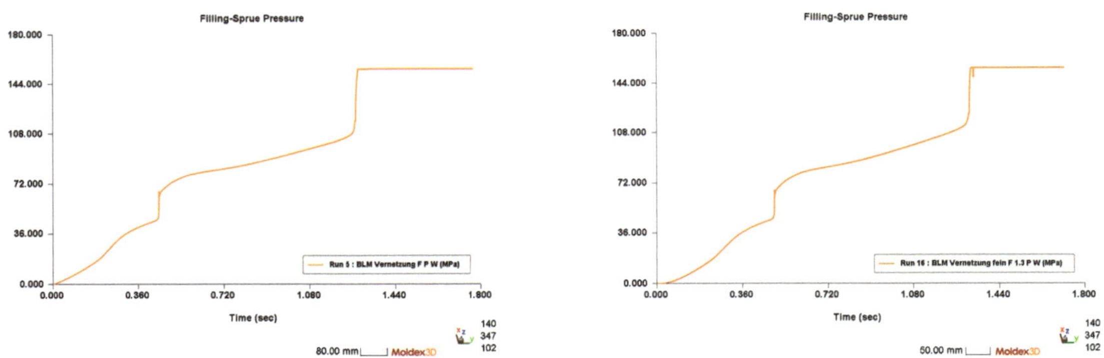

Bild 2.52 Druckverlauf am Anschnitt während der Füllung (links: BLM-Netz, gröbere Vernetzung; rechts: BLM-Netz, feinere Vernetzung; Software: Moldex3D)

Bild 2.53 zeigt die Druckprofile der BLM-Netze am Anschnittkegel bis zum Ende des Nachdruckes. Die Nachdruckberechnung wurde bei 6,3 s abgebrochen, da eine vollständige Füllung nicht mehr erreicht werden kann. Auch hier orientiert sich die Höhe der Nachdruckstufen am maximalen Fülldruck, sodass die erste Nachdruckstufe mit 124 MPa und die zweite Nachdruckstufe mit 93 MPa definiert worden ist.

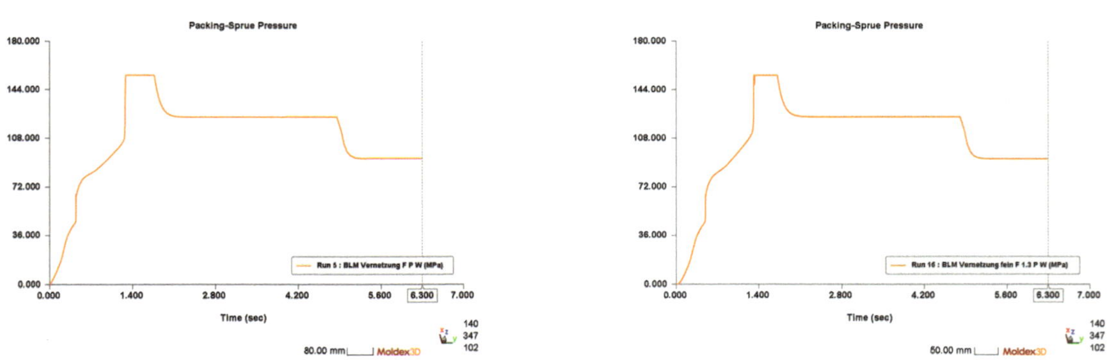

Bild 2.53 Druckverlauf am Anschnitt (links: BLM-Netz, gröbere Vernetzung; rechts: BLM-Netz, feinere Vernetzung; Software: Moldex3D)

Bild 2.54 zeigt die erstarrten Bereiche zum Ende der Füllung bei der Verwendung der BLM-Netze. Bild 2.54 korreliert mit Bild 2.47 und Bild 2.55. Durch die unvollständige Füllung wird der Umschaltpunkt nicht erreicht, das Bauteil aber nicht vollständig gefüllt. Deshalb läuft die Berechnung der Füllung so lange weiter, bis der Anschnitt eingefroren ist. In Bild 2.54 wird dieser Umstand durch den blauen Bereich hinter dem Anschnitt verdeutlicht.

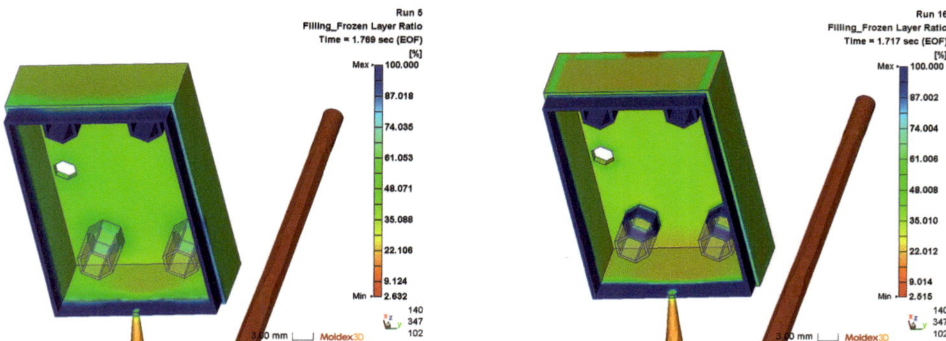

Bild 2.54 Erstarrte Bereiche zum Ende der Füllung (links: BLM-Netz, gröbere Vernetzung; rechts: BLM-Netz, feinere Vernetzung; Software: Moldex3D)

Bild 2.55 zeigt die plastifizierten Bereiche zum Ende der Füllung. Durch die Unterbrechung der plastifizierten Seele direkt hinter dem Anschnitt wird deutlich, dass der Siegelpunkt erreicht ist und eine vollständige Füllung der angussnahen Dome nicht mehr möglich ist.

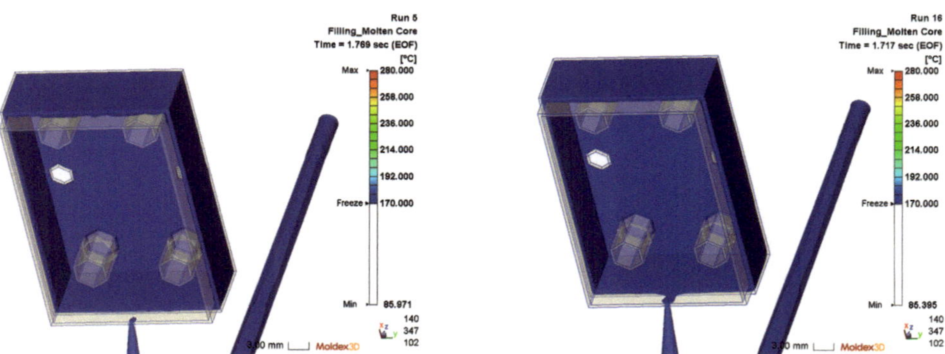

Bild 2.55 Plastifizierte Bereiche zum Ende der Füllung (links: BLM-Netz, gröbere Vernetzung; rechts: BLM-Netz, feinere Vernetzung; Software: Moldex3D)

Zwischen dem Erreichen des Umschaltpunktes und dem Siegelpunkt liegt eine Zeitspanne von 0,4 s. Während dieser Zeit kühlt das Formteil ab. Bild 2.56 und Bild 2.57 zeigen den Zustand der erstarrten und plastifizierten Bereiche zum Umschaltpunkt. Es wird deutlich, dass beide BLM-Netze in der Lage sind, die Verbindung der plastifizierten Seelen im Anguss und im Formteil abzubilden.

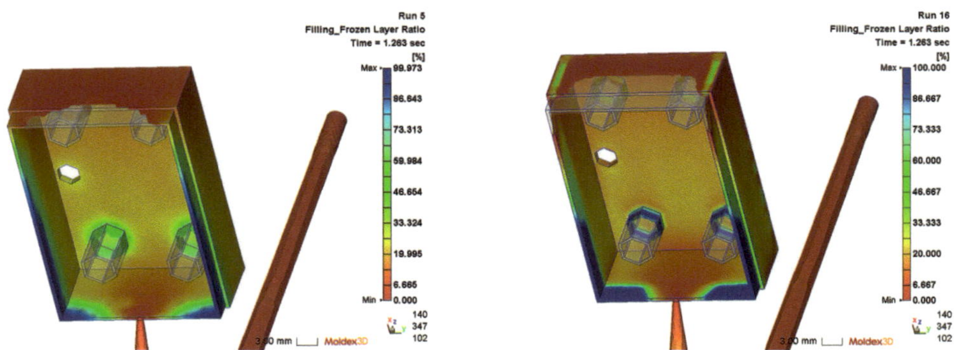

Bild 2.56 Erstarrte Bereiche zum Umschaltpunkt (links: BLM-Netz, gröbere Vernetzung; rechts: BLM-Netz, feinere Vernetzung; Software: Moldex3D)

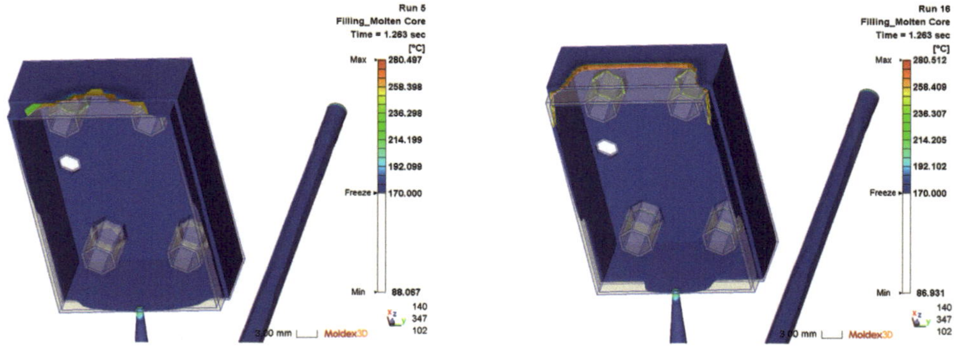

Bild 2.57 Plastifizierte Bereiche bei einer Füllzeit von 1,26 s (links: BLM-Netz, gröbere Vernetzung; rechts: BLM-Netz, feinere Vernetzung; Software: Moldex3D)

Bild 2.58 zeigt die Scherrate im Anschnitt bei der Verwendung der BLM-Netze. Durch die ausreichende Anzahl an Elementen im Anschnittquerschnitt kann die Scherrate korrekt berechnet werden. Die maximale Scherrate beträgt ca. 143 000/s. Dieser Wert ist in einer realistischen Größenordnung. Die maximale Scherrate für den Werkstoff Ultramid B3EG6 beträgt 60 000/s, sodass mit einer Schädigung des Kunststoffs während der Formteilfüllung zu rechnen ist. Als Abhilfemaßnahmen kommen entweder eine Erhöhung der Füllzeit oder eine Vergrößerung des Anschnittquerschnittes infrage, um die Fließfrontgeschwindigkeit in diesem Bereich zu senken.

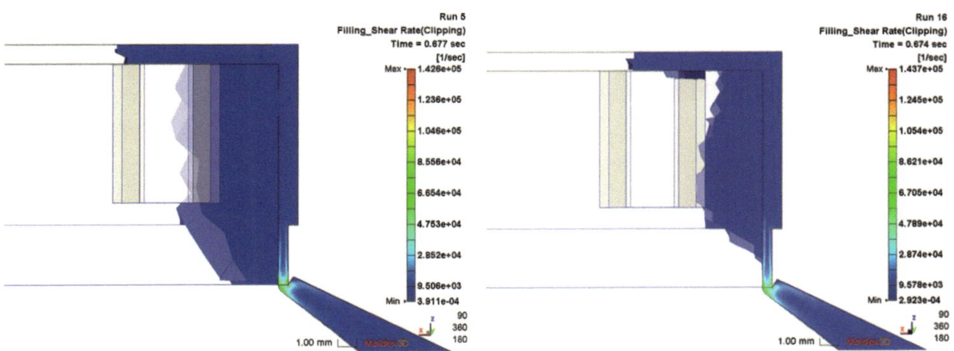

Bild 2.58 Scherrate im Anschnitt (links: BLM-Netz, gröbere Vernetzung; rechts: BLM-Netz, feinere Vernetzung; Software: Moldex3D)

2.4.4.2 Netzqualität im Autodesk Moldflow Insight

Ähnliche Effekte können auch bei der Vernetzung mittels Autodesk Moldflow Insight beobachtet und ausgewertet werden. Bild 2.59 bis Bild 2.102 zeigen unterschiedliche Vernetzungsarten und Vernetzungsfeinheiten und die daraus resultierenden Einflüsse auf die Simulationsergebnisse. Bei der gröberen Vernetzung wurde eine maximale Elementkantenlänge von 3 mm vorgegeben. Bei der feineren Vernetzung wurde eine Elementkantenlänge von 1 mm vorgegeben. Bei den Oberflächennetzen kann dabei ein Vergleich mit der Software CADMOULD vorgenommen werden. Bei der 3D-Vernetzung ist ein Vergleich sowohl mit der Software Moldex3D als auch mit der Software CADMOULD möglich. Die Berechnungen wurden ebenfalls mit den Vorgaben aus Tabelle 2.20 durchgeführt.

In Bild 2.59 bis Bild 2.69 wurde der Deckel als STL-Datei ohne Anguss eingelesen. Der Anguss wurde im Anschluss aus Linienelementen erstellt und vernetzt. Die Vernetzung erfolgte mit einem Oberflächennetz.

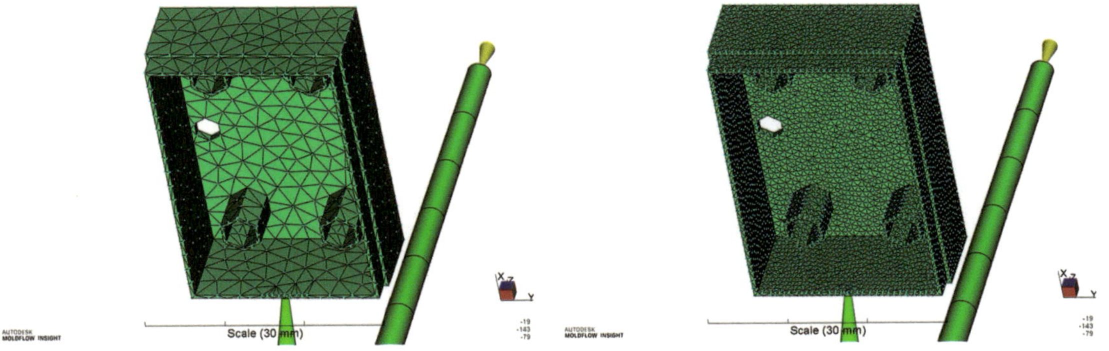

Bild 2.59 Vernetzung mit dem Vernetzer von Autodesk Moldflow Insight aus einer STL-Datei (links: Oberflächennetz, gröbere Vernetzung; rechts: Oberflächennetz, feinere Vernetzung)

Bild 2.60 zeigt die Füllzeit für den Deckel. Trotz der Vorgabe der Füllzeit ist diese höher als der Zielwert aus Tabelle 2.20. Das liegt daran, dass Autodesk Moldflow Insight das umschlossene Volumen und die vorgegebene Füllzeit nutzt, um einen Volumenstrom zu berechnen, wobei die Kompression des verwendeten Kunststoffes durch den Fülldruck während der Füllung nicht berücksichtigt wird. Daher sind die Füllzeiten im Autodesk Moldflow Insight immer etwas höher als die vorgegebene Füllzeit. Eine vollständige Füllung ist mit beiden Netzfeinheiten nicht möglich, wobei der ungefüllte Bereich der angussnahen Dome bei der feineren Vernetzung deutlich größer ausfällt.

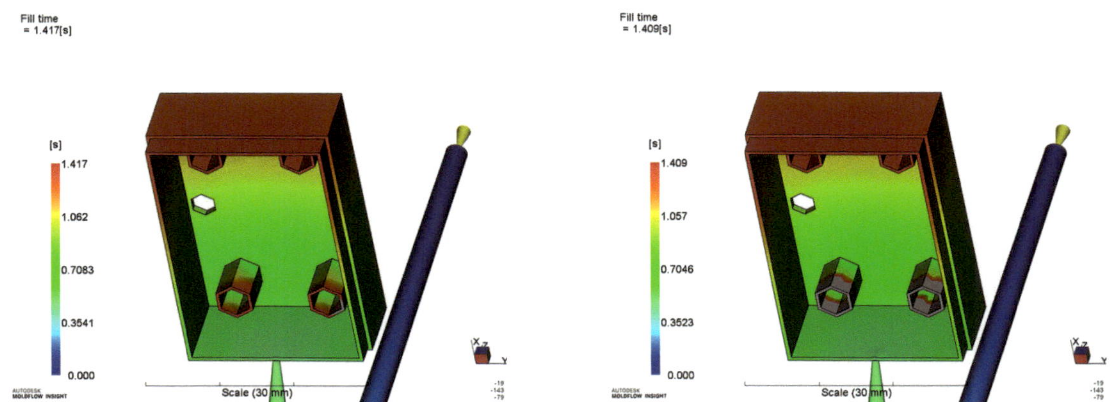

Bild 2.60 Füllzeit (links: Oberflächennetz, gröbere Vernetzung; rechts: Oberflächennetz, feinere Vernetzung)

Bild 2.61 zeigt das Druckprofil zum Umschaltzeitpunkt. Das ist der höchste Fülldruck, der im Spritzgießprozess auftritt, und wird für die folgende Nachdruckberechnung verwendet. Bereits die Netzfeinheit führt hier zu einem Unterschied von über 10 MPa (100 bar) im maximalen Druckaufwand.

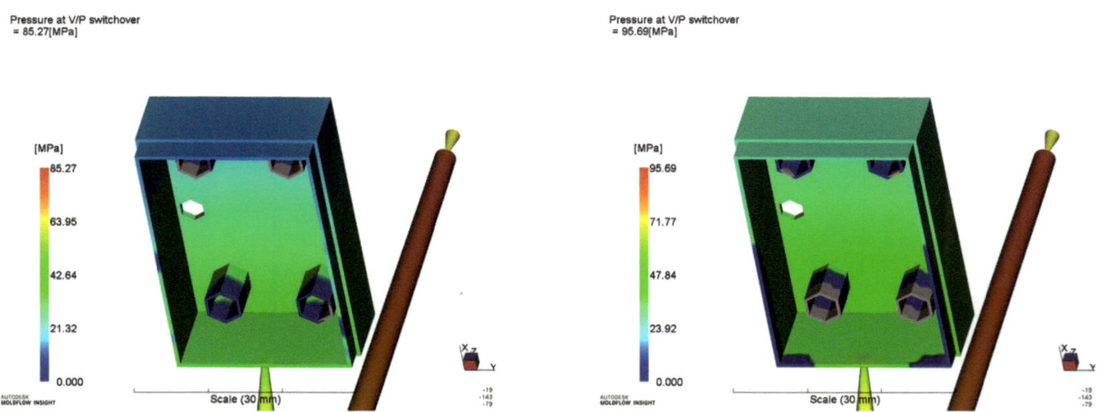

Bild 2.61 Fülldruck zum Umschaltpunkt (links: Oberflächennetz, gröbere Vernetzung; rechts: Oberflächennetz, feinere Vernetzung)

In Bild 2.62 ist das Druckprofil zum Ende der Füllung zu sehen. Durch die unvollständige Füllung des Formteils konnte der Druck zwischen dem Umschaltpunkt und dem Ende der Füllung nicht abgebaut werden, sodass die Druckskala in Bild 2.61 und Bild 2.62 identisch ist. Mit dem Beginn des Nachdruckes werden die angussfernen Dome vollständig gefüllt.

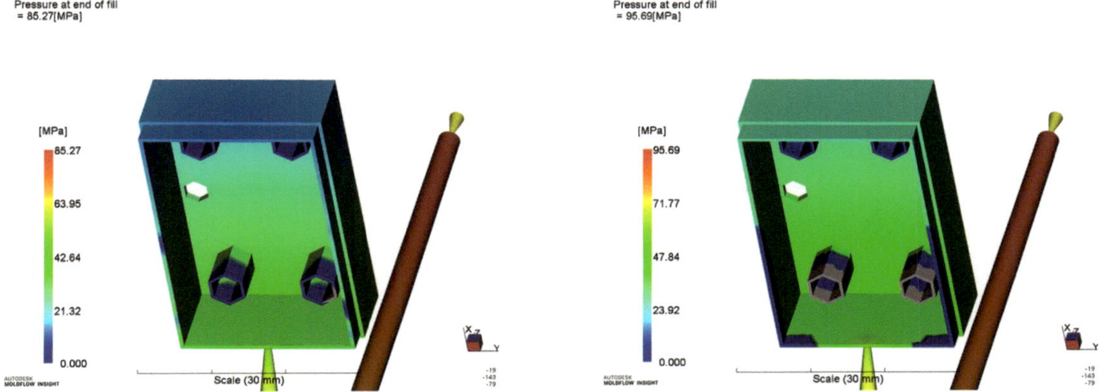

Bild 2.62 Fülldruck am Ende der Füllung (links: Oberflächennetz, gröbere Vernetzung; rechts: Oberflächennetz, feinere Vernetzung)

Bild 2.63 fasst die Fülldrücke der beiden Simulationen am Anschnittkegel zusammen. Die Füllung des Angusses ist bis ca. 0,5 s zu sehen. Der Sprung in der Druckkurve beschreibt die Füllung des Anschnittes. Danach wird das Formteil gefüllt.

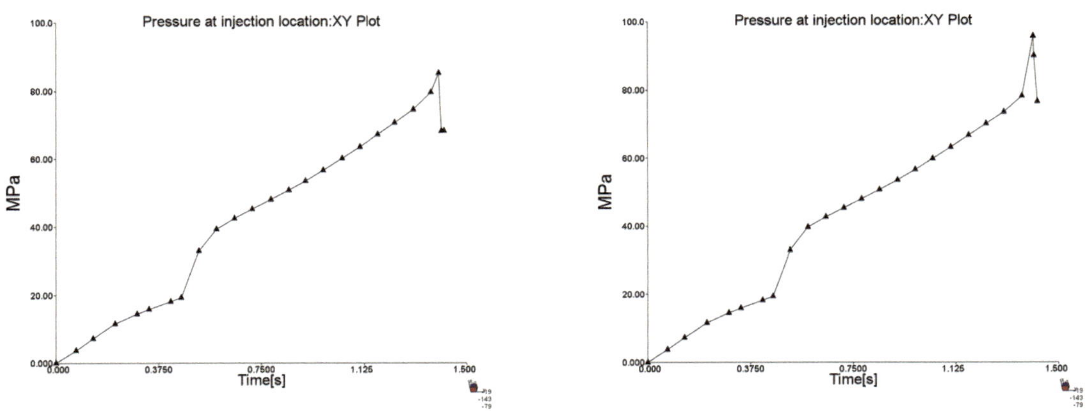

Bild 2.63 Verlauf des Fülldrucks am Anschnitt während der Füllung (links: Oberflächennetz, gröbere Vernetzung; rechts: Oberflächennetz, feinere Vernetzung)

In Bild 2.64 sind die Fülldrücke der beiden Simulationen am Anschnittkegel bis zum Ende des Nachdruckes zu sehen. Der Nachdruck orientiert sich an den in Tabelle 2.20 vorgegebenen Werten. Die hydraulische Antwortzeit beträgt 0,01 s und wurde für die Simulationen mit Autodesk Moldflow Insight nicht verändert. Die hydraulische Antwortzeit ist verantwortlich für die Sprünge in den Druckkurven zum Ende der Füllung und zum Ende des Nachdruckes. Der Sprung von der ersten auf die zweite Nachdruckstufe sollte ebenfalls 0,01 s betragen. Die Simulation berechnet jedoch nicht explizit das Ende der ersten Nachdruckstufe und den Beginn der zweiten Nachdruckstufe, sodass der Übergang zur zweiten Nachdruckstufe nicht korrekt abgebildet werden kann.

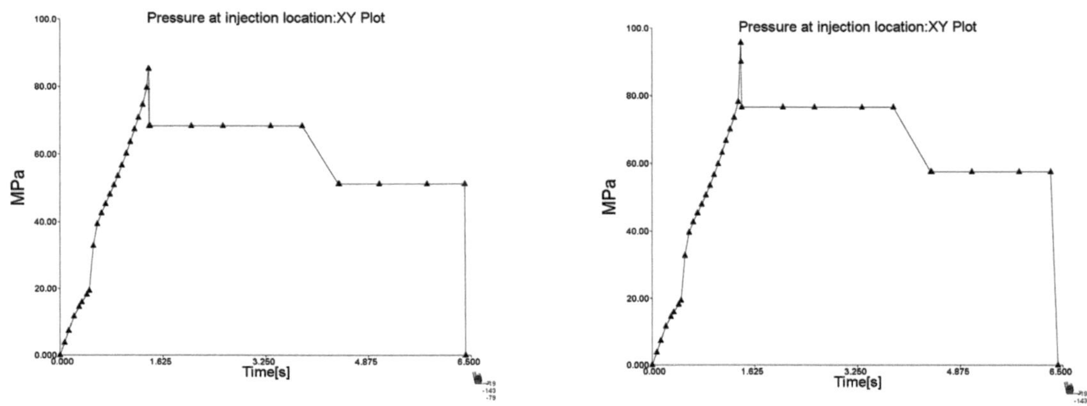

Bild 2.64 Verlauf des Fülldrucks am Anschnitt bis zum Ende des Nachdruckes (links: Oberflächennetz, gröbere Vernetzung; rechts: Oberflächennetz, feinere Vernetzung)

Bild 2.65 zeigt die Fließfronttemperatur während der Füllung. Die unvollständige Füllung des Formteils aufgrund der Erstarrung der Fließfront in den angussnahen Domen ist deutlich zu sehen. Die angussfernen Dome werden ebenfalls mit einer deutlich erkalteten Schmelze gefüllt. Hier kann die Schmelze jedoch nicht weiter abkühlen, da das Formteil vollständig gefüllt ist, sodass die erkaltete Schmelze die angussfernen Dome vollständig füllen kann.

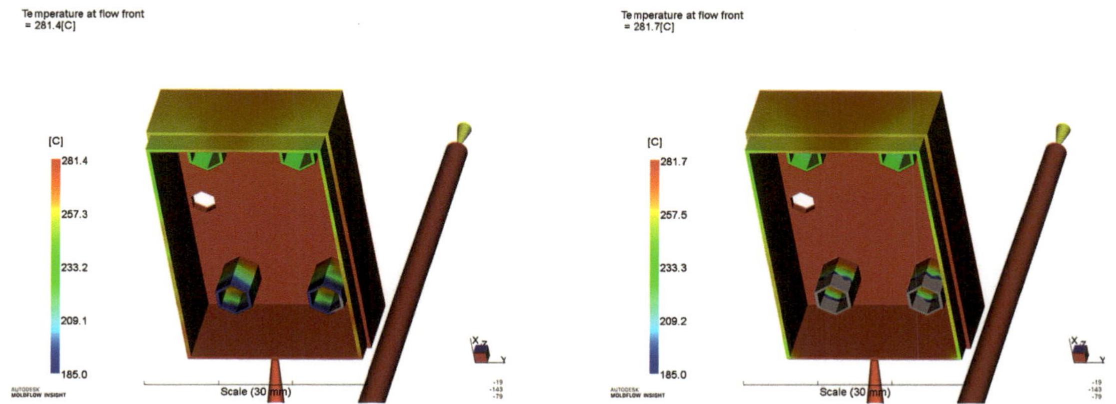

Bild 2.65 Temperatur an der Fließfront (links: Oberflächennetz, gröbere Vernetzung; rechts: Oberflächennetz, feinere Vernetzung)

Bild 2.66 zeigt eine Detailansicht und einen Schnitt der Fließfronttemperatur durch die Mitte des vorderen rechten Domes. Das Abkühlen der Schmelze ist deutlich zu sehen, da die Füllung des Domes mit einer Fließfronttemperatur von ca. 280 °C beginnt und die Schmelze innerhalb weniger Millimeter so weit abkühlt, dass sie erstarrt. Dieser Effekt zeigt sich durch den engen Übergang von rot zu blau vor allem in Bild 2.66 rechts.

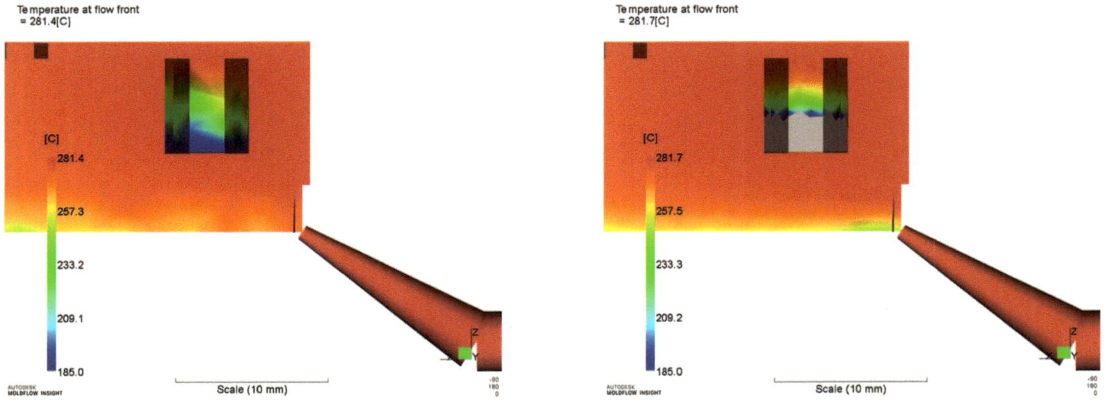

Bild 2.66 Temperatur an der Fließfront im Bereich des Anschnittes (links: Oberflächennetz, gröbere Vernetzung; rechts: Oberflächennetz, feinere Vernetzung)

In Bild 2.67 ist die Scherrate in einem Schnitt durch die Mitte des Formteils zu sehen. Durch den undefinierten Querschnitt des Anschnittes kann die Scherung in diesem Bereich nicht ausgewertet werden. Es ist zu sehen, dass die Scherung im Bereich des Anschnittes am höchsten ist. Ob die Scherrate die maximale Scherrate erreicht oder sogar überschreitet, kann jedoch nicht definiert werden.

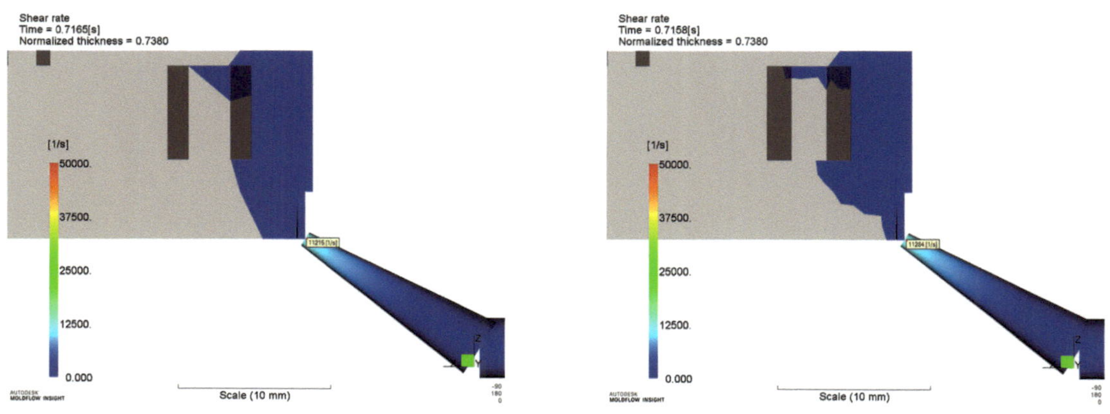

Bild 2.67 Scherrate im Anschnitt während der Füllung (links: Oberflächennetz, gröbere Vernetzung; rechts: Oberflächennetz, feinere Vernetzung)

Bild 2.68 zeigt die erstarrten Bereiche zum Ende der Füllung. Die vorderen Dome werden nicht vollständig gefüllt. Außerdem ist der dünnwandige Bereich bereits teilweise erstarrt, sodass von einer schlechten Wirkung des Nachdruckes auszugehen ist.

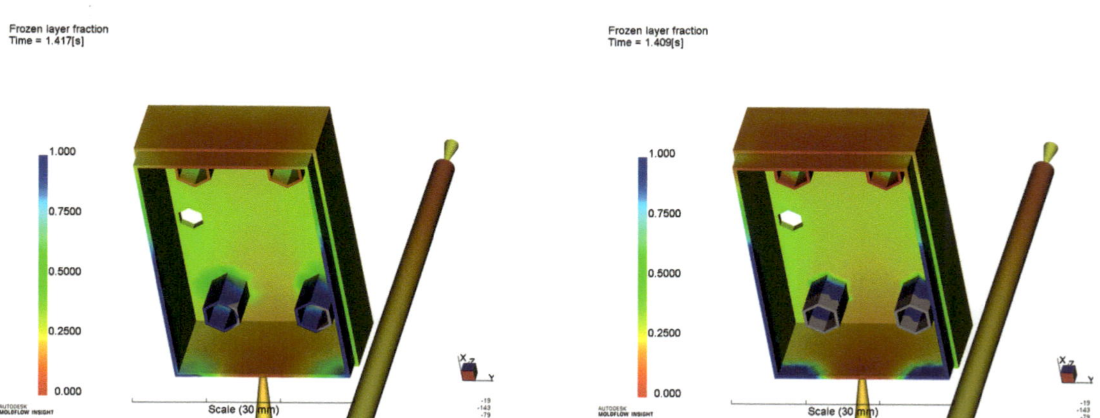

Bild 2.68 Erstarrte Bereiche am Ende der Füllung (links: Oberflächennetz, gröbere Vernetzung; rechts: Oberflächennetz, feinere Vernetzung)

Bild 2.69 zeigt die erstarrten Bereiche ca. 3,3 s nach dem Beginn der Füllung. Der Siegelpunkt wurde bereits erreicht, da das gesamte Formteil bereits eingefroren ist. Im vorherigen Simulationsschritt bei ca. 2,5 s ist das Formteil zu großen Teilen noch nicht erstarrt und der Siegelpunkt noch nicht erreicht.

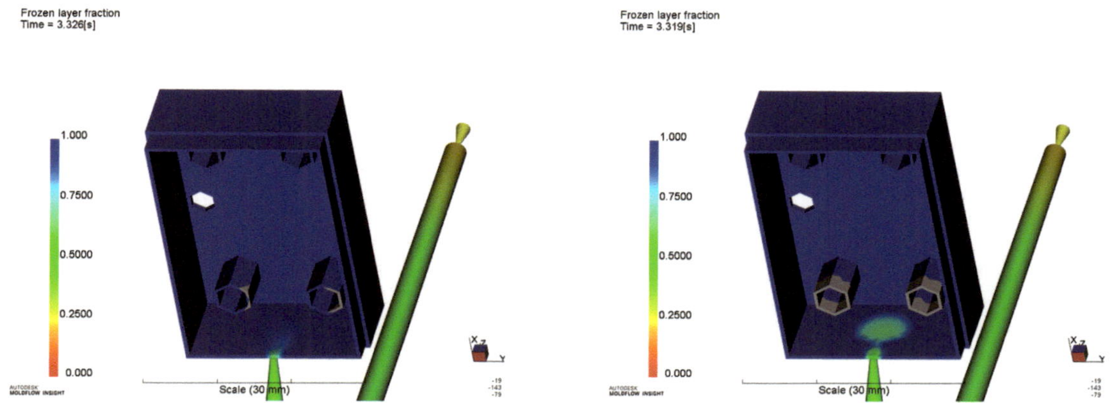

Bild 2.69 Erreichen des Siegelpunktes (links: Oberflächennetz, gröbere Vernetzung; rechts: Oberflächennetz, feinere Vernetzung)

Das Oberflächennetz aus Bild 2.59 ist im Autodesk Moldflow Insight die Basis für die 3D-Vernetzung in Bild 2.70. Das vorhandene Oberflächennetz wird bei der Vernetzung mit Tetraederelementen vollständig aufgefüllt, sodass alle Größen in Abhängigkeit der Wanddicke direkt berechnet werden können. Der Anguss wurde nicht geändert.

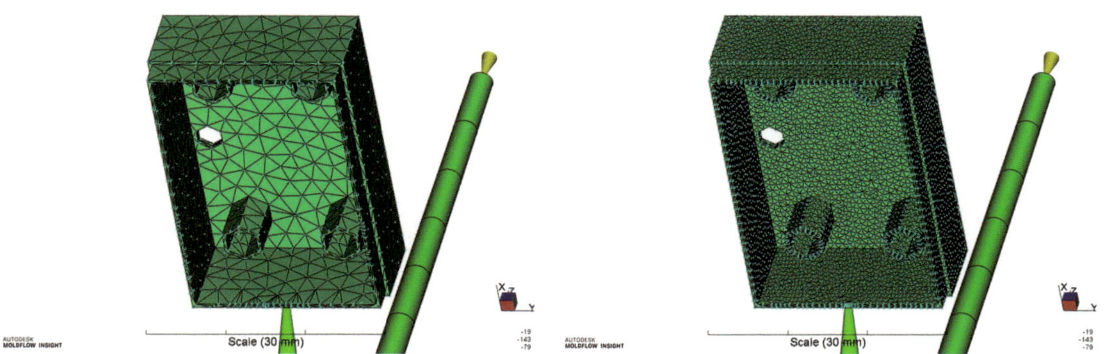

Bild 2.70 Vernetzung mit dem Vernetzer von Autodesk Moldflow Insight aus einer STL-Datei (links: 3D-Netz, gröbere Vernetzung; rechts: 3D-Netz, feinere Vernetzung)

Die Füllzeit für die beiden 3D-Netze ist in Bild 2.71 zu sehen. Die Netzfeinheit hat hier einen Einfluss auf die Füllbarkeit. Die grobe Vernetzung kann die unvollständige Füllung der angussnahen Dome nicht darstellen. Bei der feinen 3D-Vernetzung ergibt sich eine unvollständige Füllung. Aus der unvollständigen Füllung resultiert auch die unterschiedliche Füllzeit. Beide Simulationen haben einen Umschaltpunkt bei 99 % volumetrischer Füllung nach 1,35 s. Während die Füllung bei der groben Vernetzung vollständig abgeschlossen werden kann, ist dies bei der feinen Vernetzung nicht mehr möglich, da die Fließfront vorher einfriert.

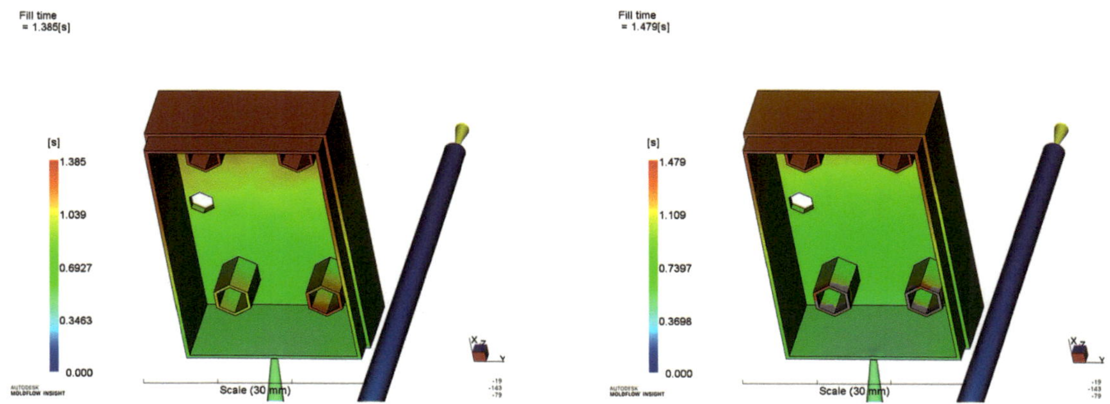

Bild 2.71 Füllzeit (links: 3D-Netz, gröbere Vernetzung; rechts: 3D-Netz, feinere Vernetzung)

Bild 2.72 zeigt den Druck zum Umschaltpunkt. Die Unterschiede im Druckaufwand liegen wieder in der Netzfeinheit begründet. Außerdem kehrt sich der Unterschied im Druckaufwand im Vergleich zur Oberflächenvernetzung (Bild 2.61) um. Bei der 3D-Vernetzung ist bei der gröberen Vernetzung (Bild 2.72) ein höherer Druck zur Füllung notwendig.

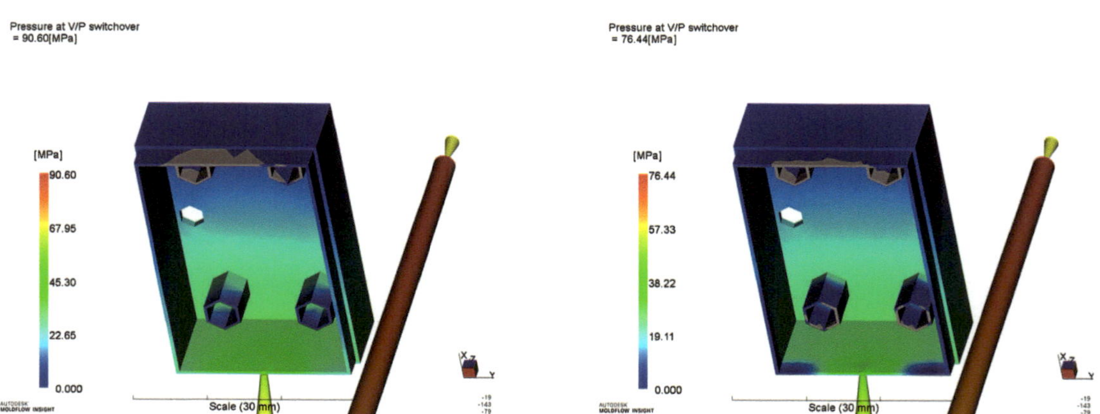

Bild 2.72 Fülldruck am Umschaltpunkt (links: 3D-Netz, gröbere Vernetzung; rechts: 3D-Netz, feinere Vernetzung)

Bild 2.73 zeigt den Fülldruck zum Ende der Füllung. Erwartungsgemäß liegt dieser Druck niedriger als der Fülldruck zum Umschaltpunkt. Am Anschnittkegel liegt bereits der Nachdruck an. Im Formteil findet gerade der Druckausgleich in den plastifizierten Bereichen statt. Bereiche, in denen der Druck bereits 0 MPa beträgt, sind bereits eingefroren.

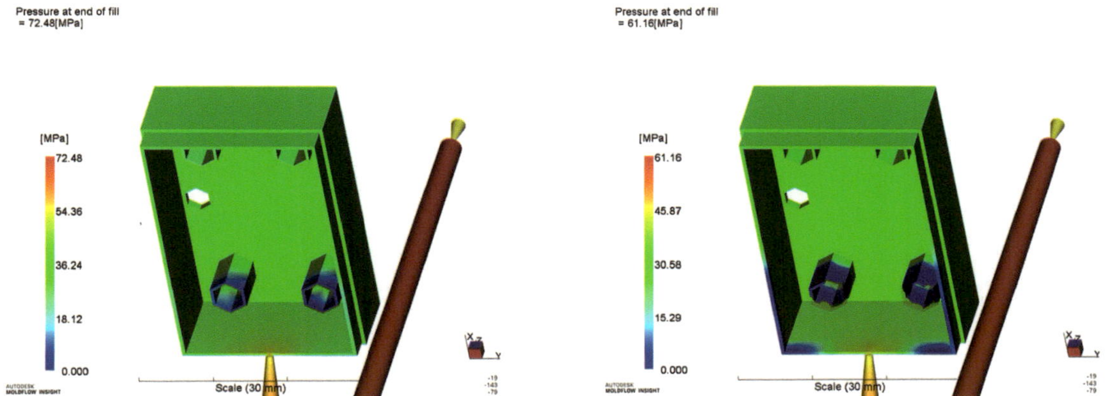

Bild 2.73 Fülldruck am Ende der Füllung (links: 3D-Netz, gröbere Vernetzung; rechts: 3D-Netz, feinere Vernetzung)

Bild 2.74 fasst die Fülldrücke der beiden Simulationen am Anschnittkegel zusammen. Die Füllung des Angusses ist bis ca. 0,5 s zu sehen. Der Sprung in der Druckkurve beschreibt die Füllung des Anschnittes. Danach wird das Formteil gefüllt.

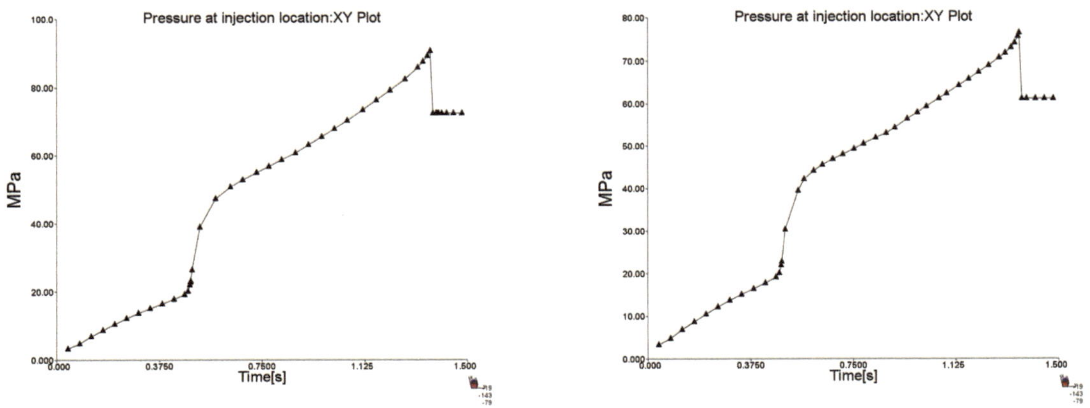

Bild 2.74 Verlauf des Fülldrucks am Anschnitt während der Füllung (links: 3D-Netz, gröbere Vernetzung; rechts: 3D-Netz, feinere Vernetzung)

In Bild 2.75 sind die Fülldrücke der beiden Simulationen am Anschnittkegel bis zum Ende des Nachdruckes zu sehen. Der Nachdruck orientiert sich an den in Tabelle 2.20 vorgegebenen Werten. Im Gegensatz zu Bild 2.64 wurde der Sprung von der ersten auf die zweite Nachdruckstufe in Bild 2.75 besser simuliert, sodass die hydraulische Antwortzeit zwischen den Druckstufen besser nachgebildet werden kann.

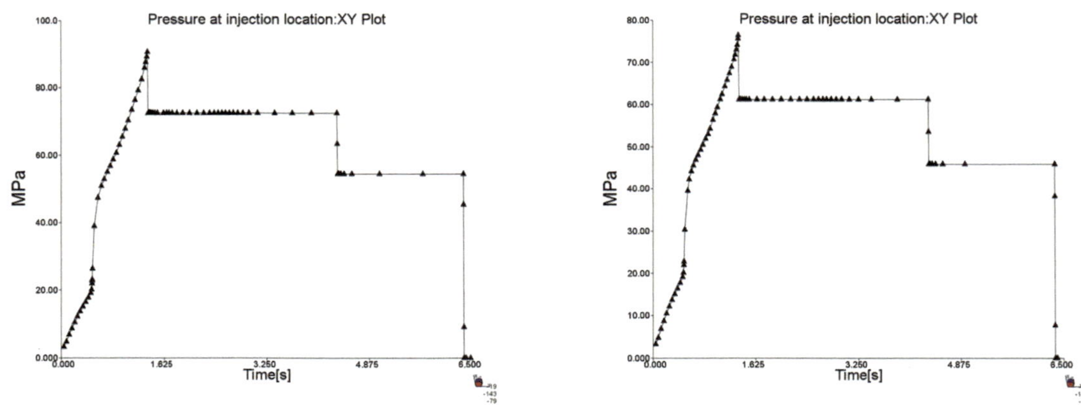

Bild 2.75 Verlauf des Fülldrucks am Anschnitt zum Ende des Nachdruckes (links: 3D-Netz, gröbere Vernetzung; rechts: 3D-Netz, feinere Vernetzung)

Bild 2.76 zeigt die Temperatur der Fließfront und korreliert sehr gut mit Bild 2.71 und Bild 2.72 in Bezug auf die Füllung und die unvollständige Füllung der angussnahen Dome bei der feineren Vernetzung. Es ist auch ersichtlich, dass die vollständige Füllung bei der groben Vernetzung in Bild 2.76 links nur gerade so möglich ist, da die Temperatur an der Fließfront in den beiden angussnahen Domen um über 50 K sinkt.

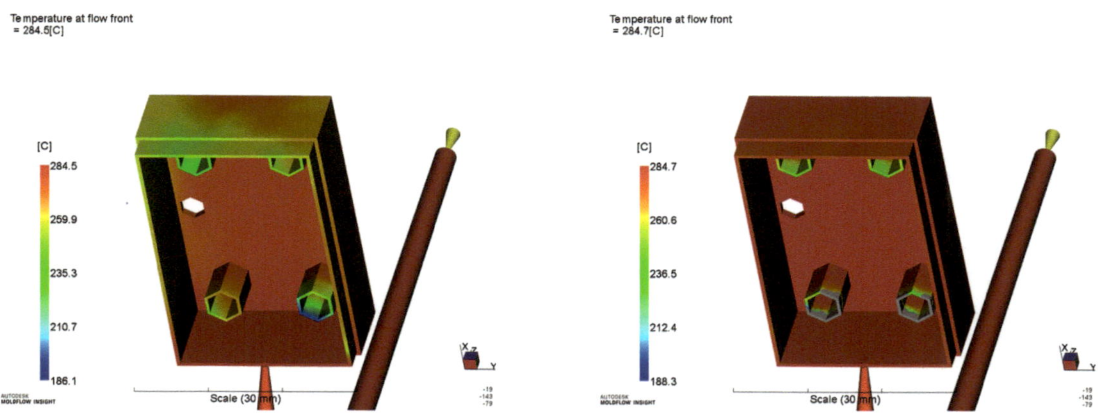

Bild 2.76 Temperatur an der Fließfront (links: 3D-Netz, gröbere Vernetzung; rechts: 3D-Netz, feinere Vernetzung)

Bild 2.77 verdeutlicht diesen Effekt durch einen Schnitt durch den rechten angussnahen Dom. Im realen Spritzgießprozess ist hier in jedem Fall mit Problemen bei der Füllung zu rechnen.

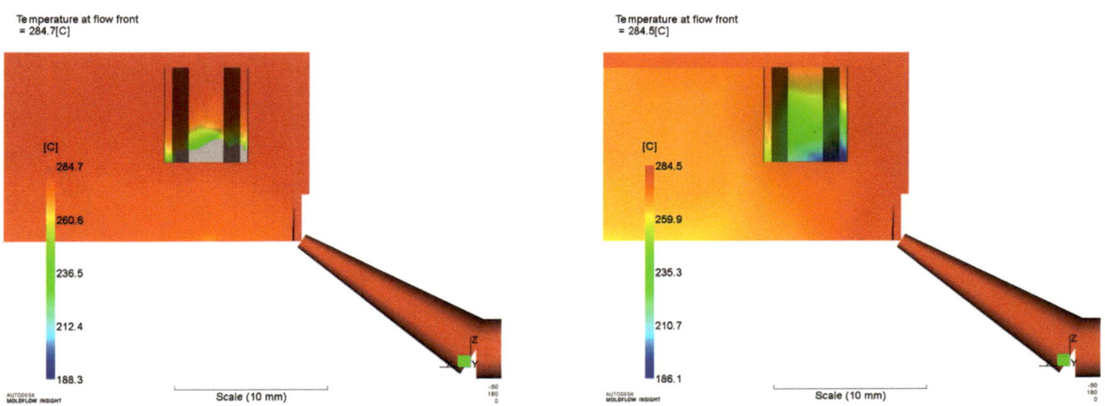

Bild 2.77 Temperatur an der Fließfront im Bereich des Anschnittes (links: 3D-Netz, gröbere Vernetzung; rechts: 3D-Netz, feinere Vernetzung)

Bild 2.78 zeigt die Scherrate im Anschnittbereich. Es ist zu sehen, dass die maximale Scherrate, die für den verwendeten Werkstoff 60 000/s beträgt, erreicht und sogar überschritten wird. Die tatsächliche Scherrate kann aus dieser Abbildung jedoch nicht bestimmt werden, da der Anschnittquerschnitt bei einem eindimensionalen Anguss nicht explizit definiert werden kann und somit immer von der Netzfeinheit abhängt.

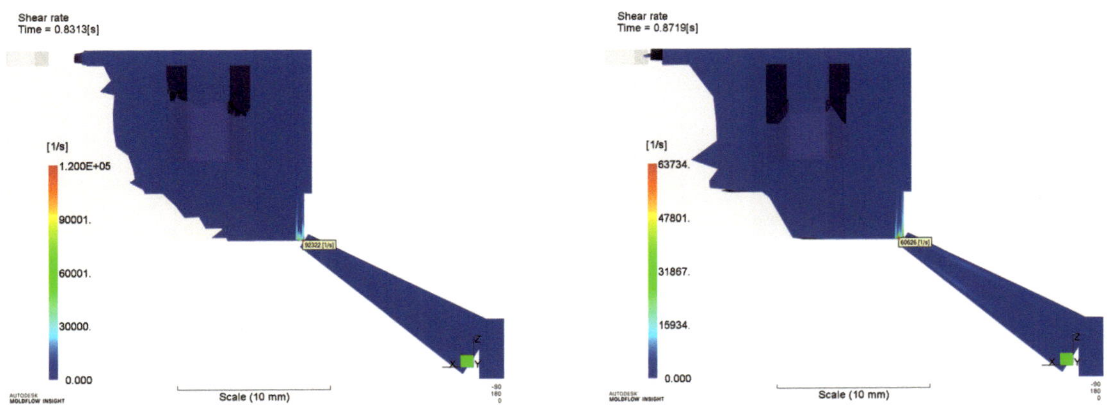

Bild 2.78 Scherrate im Anschnitt während der Füllung (links: 3D-Netz, gröbere Vernetzung; rechts: 3D-Netz, feinere Vernetzung)

Bild 2.79 zeigt die erstarrten Bereiche zum Ende der Füllung. Die Bereiche um den Anschnitt sind zu diesem Zeitpunkt bereits eingefroren, sodass davon auszugehen ist, dass der Siegelpunkt zeitnah erreicht wird.

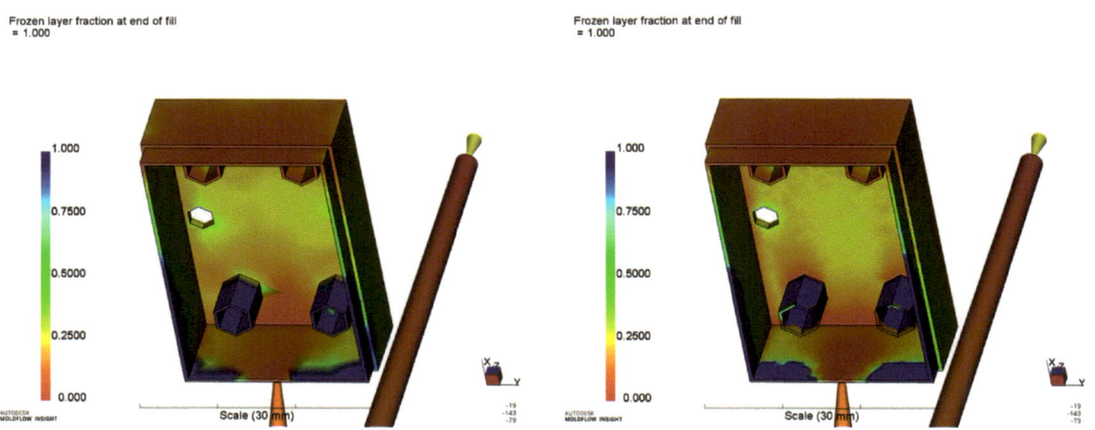

Bild 2.79 Erstarrte Bereiche am Ende der Füllung (links: 3D-Netz, gröbere Vernetzung; rechts: 3D-Netz, feinere Vernetzung)

Bild 2.80 zeigt die erstarrten Bereiche für den nächsten Simulationsschritt. Hier wird bereits der Siegelpunkt erreicht, sodass von deutlichen Einfallstellen und Verzug des Formteils auszugehen ist, da große Bereiche der Deckfläche und der Seitenflächen noch nicht erstarrt sind, aber auch nicht mehr mit Nachdruck versorgt werden können, um die Schwindung auszugleichen.

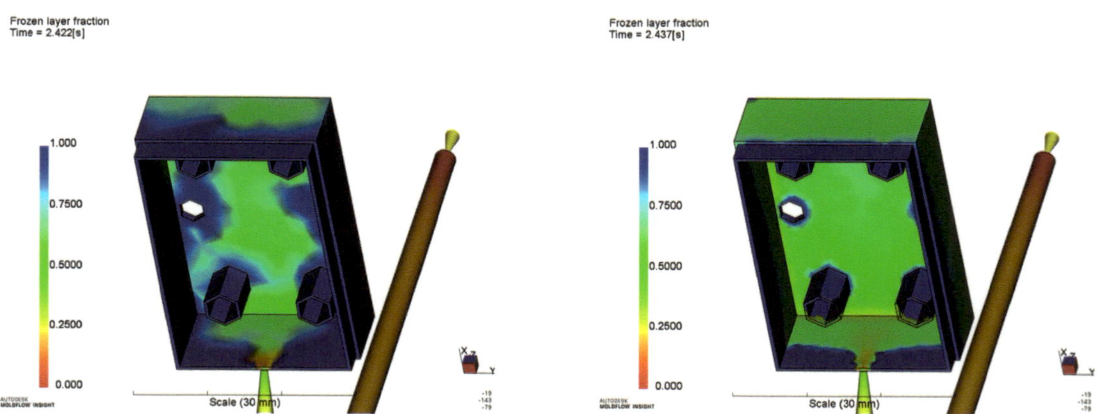

Bild 2.80 Erreichen des Siegelpunktes (links: 3D-Netz, gröbere Vernetzung; rechts: 3D-Netz, feinere Vernetzung)

Für die Oberflächennetze in Bild 2.81 wurde eine STP-Datei mit Anguss verwendet. Die Netzfeinheit wurde wie bei den Oberflächennetzen in Bild 2.59 mit einer Kantenlänge von 3 mm für die grobe Vernetzung und mit einer Kantenlänge von 1 mm für die feine Vernetzung vorgegeben. Der Anguss wurde mit den gleichen Parametern vernetzt. Im Anschluss wurden die Eigenschaften der betreffenden Elemente geändert, sodass die Software den Anguss berücksichtigen kann.

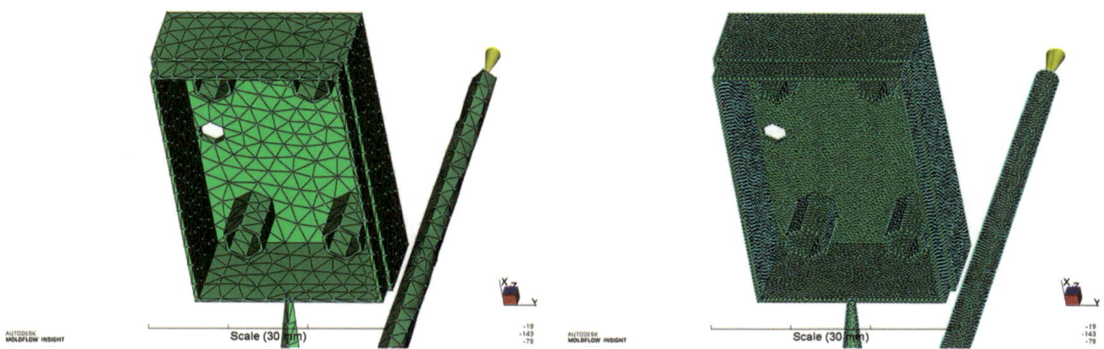

Bild 2.81 Vernetzung mit dem Vernetzer von Autodesk Moldflow Insight aus einer STP-Datei (links: Oberflächennetz, gröbere Vernetzung; rechts: Oberflächennetz, feinere Vernetzung)

Bild 2.82 zeigt die Füllbilder für die beiden Oberflächennetze. Wie bei den STL-Studien (Bild 2.59 und Bild 2.70) kann die grobe Vernetzung die unvollständige Formteilfüllung nicht abbilden. Bei der feinen Vernetzung werden die angussnahen Dome hingegen nicht gefüllt.

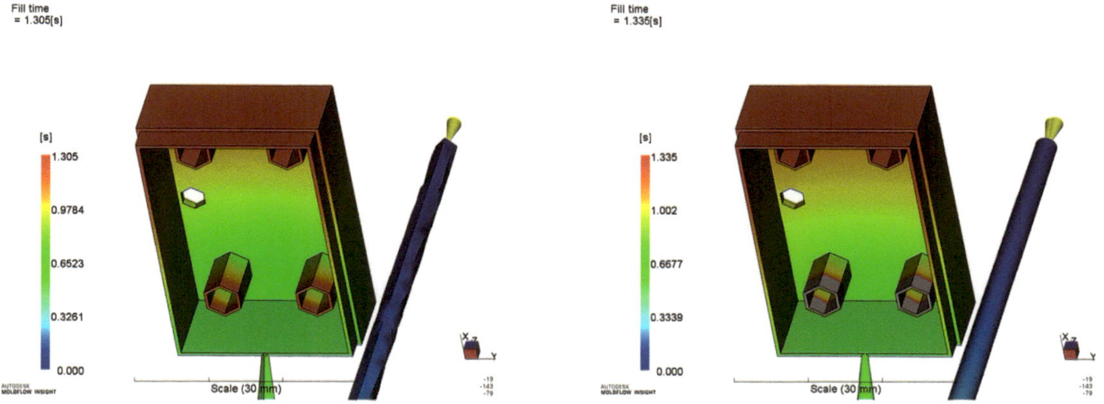

Bild 2.82 Füllzeit (links: Oberflächennetz, gröbere Vernetzung; rechts: Oberflächennetz, feinere Vernetzung)

Bild 2.83 zeigt den Fülldruck im Umschaltpunkt. Der maximale Unterschied im Fülldruck beträgt ca. 13 MPa. Bei beiden Vernetzungen werden die angussfernen Dome durch den Nachdruck vollständig gefüllt.

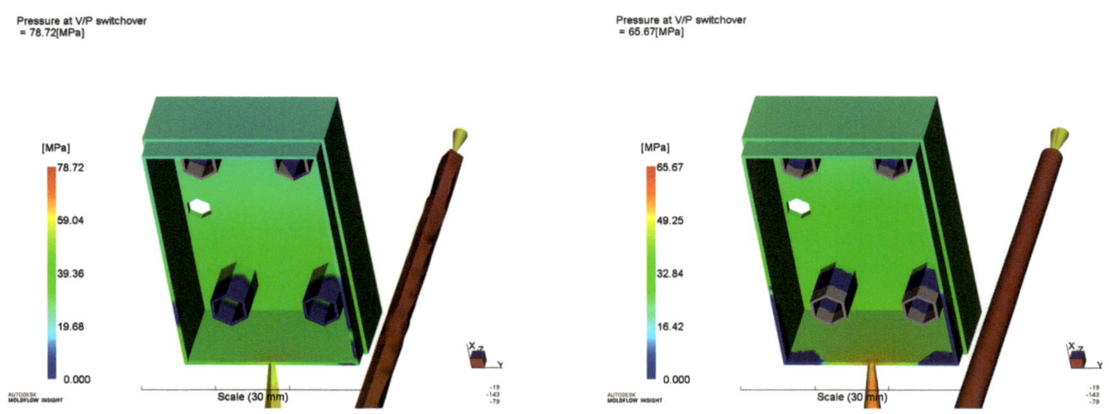

Bild 2.83 Fülldruck am Umschaltpunkt (links: Oberflächennetz, gröbere Vernetzung; rechts: Oberflächennetz, feinere Vernetzung)

Bild 2.84 zeigt den Fülldruck zum Ende der Füllung. Da eine vollständige Füllung bei der feinen Vernetzung nicht möglich ist, entspricht der Fülldruck zum Umschaltpunkt gleichzeitig dem Fülldruck zum Ende der Füllung.

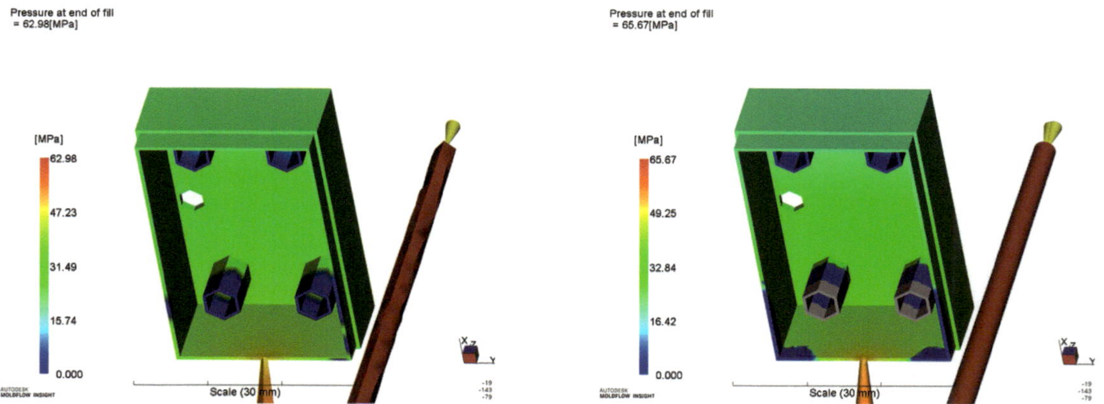

Bild 2.84 Fülldruck am Ende der Füllung (links: Oberflächennetz, gröbere Vernetzung; rechts: Oberflächennetz, feinere Vernetzung)

Bild 2.85 fasst die Fülldrücke der beiden Simulationen am Anschnittkegel zusammen. Die Füllung des Angusses ist bis ca. 0,5 s zu sehen. Der Sprung in der Druckkurve beschreibt die Füllung des Anschnittes. Danach wird das Formteil gefüllt.

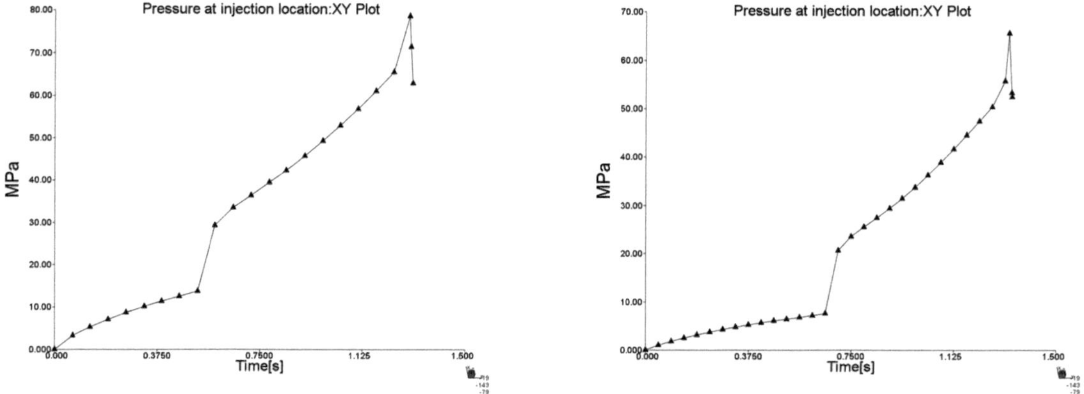

Bild 2.85 Verlauf des Fülldrucks am Anschnitt am Umschaltpunkt (links: Oberflächennetz, gröbere Vernetzung; rechts: Oberflächennetz, feinere Vernetzung)

In Bild 2.86 sind die Fülldrücke der beiden Simulationen am Anschnittkegel bis zum Ende des Nachdruckes zu sehen. Wie auch bei der Oberflächenvernetzung aus der STL-Datei kann der Sprung der zweiten Druckstufe nicht genau abgebildet werden. (vgl. Bild 2.64).

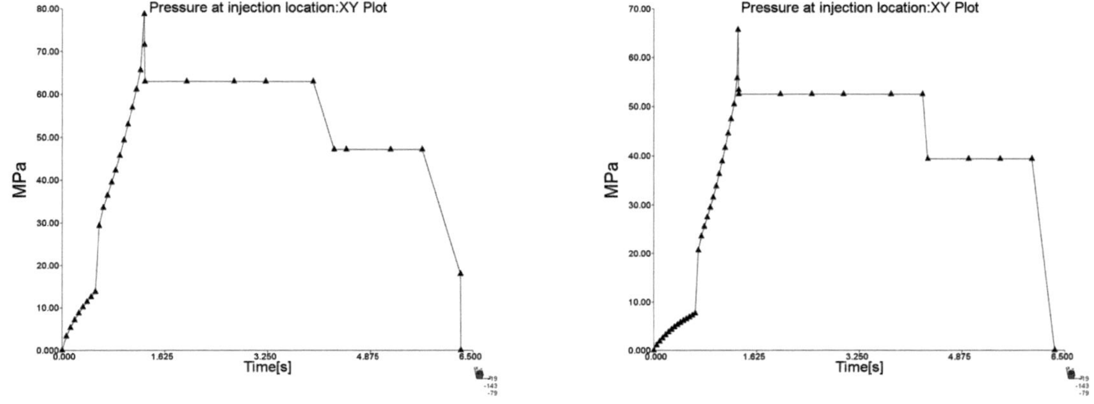

Bild 2.86 Verlauf des Fülldrucks am Anschnitt zum Ende des Nachdruckes (links: Oberflächennetz, gröbere Vernetzung; rechts: Oberflächennetz, feinere Vernetzung)

Bild 2.87 zeigt die Temperatur an der Fließfront. Das vorzeitige Einfrieren der Schmelze in den angussnahen Domen ist bei der feinen Vernetzung gut zu sehen. Die Füllung der angussnahen Dome ist bei der groben Vernetzung gerade noch möglich, da die Schmelze am unteren Ende der angussnahen Dome die Einfriertemperatur erreicht hat.

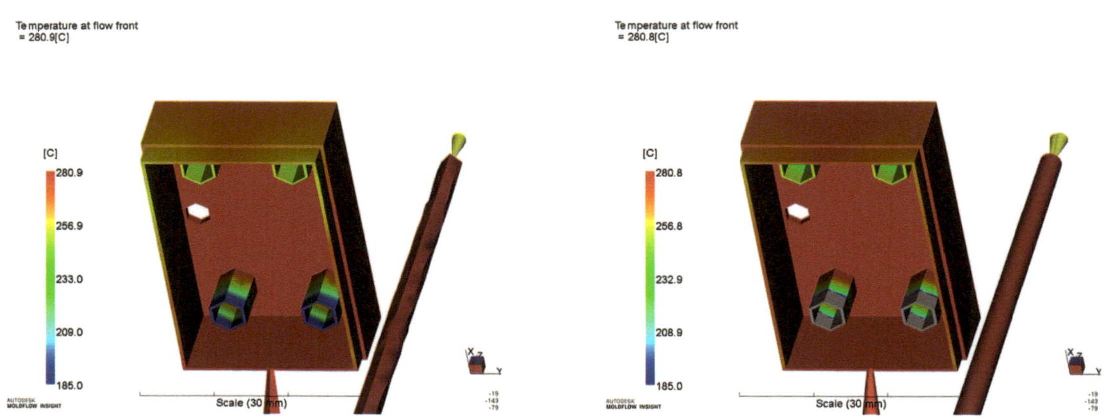

Bild 2.87 Temperatur an der Fließfront (links: Oberflächennetz, gröbere Vernetzung; rechts: Oberflächennetz, feinere Vernetzung)

Bild 2.88 zeigt einen Schnitt durch den rechten angussnahen Dom und verdeutlicht den Effekt, dass die vollständige Füllung bei der groben Vernetzung gerade noch möglich ist, während bei der feinen Vernetzung eine unvollständige Füllung entsteht.

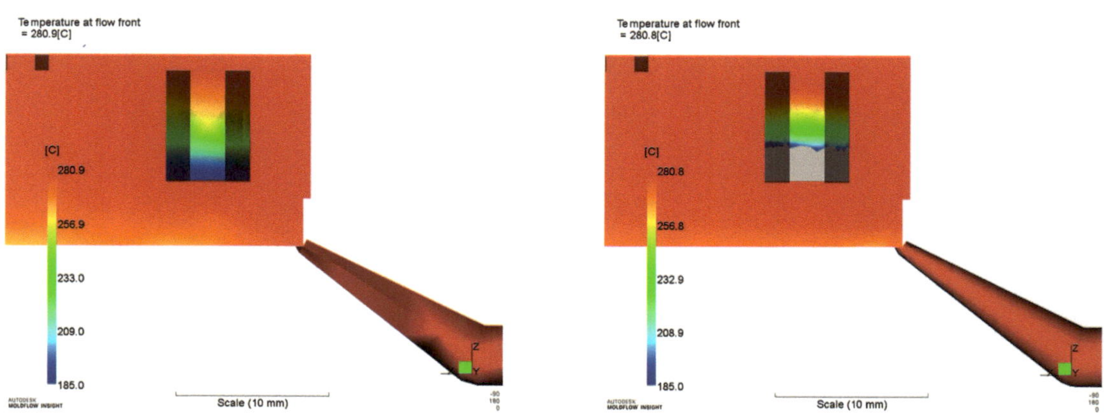

Bild 2.88 Temperatur an der Fließfront im Bereich des Anschnittes (links: Oberflächennetz, gröbere Vernetzung; rechts: Oberflächennetz, feinere Vernetzung)

In Bild 2.89 ist die Scherrate im Anschnittbereich dargestellt. Im Gegensatz zu den Vernetzungen aus den STL-Dateien (vgl. Bild 2.67) wurde hier der Anguss mit vernetzt, sodass die tatsächliche Querschnittsfläche des Anschnittes berücksichtigt werden kann. Die Unterschiede in der Höhe der Scherrate haben ihre Ursache in der Netzfeinheit.

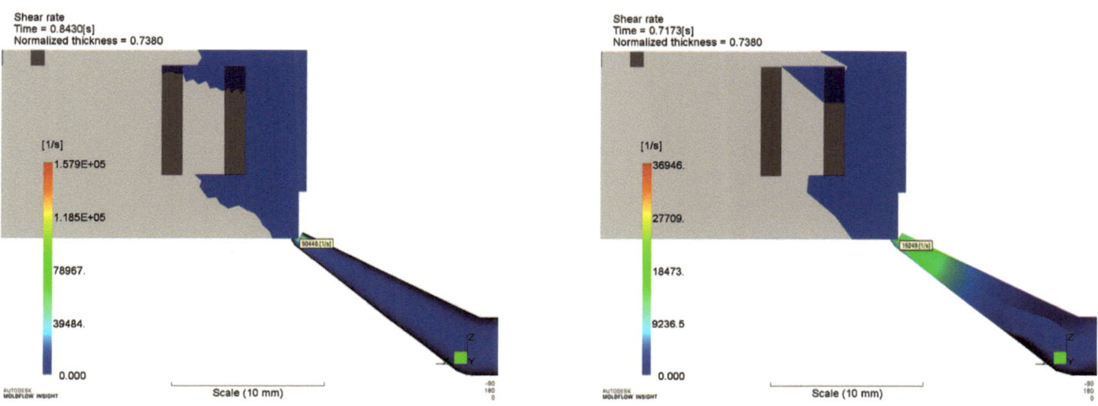

Bild 2.89 Scherrate im Anschnitt während der Füllung (links: Oberflächennetz, gröbere Vernetzung; rechts: Oberflächennetz, feinere Vernetzung)

Bild 2.90 zeigt die eingefrorenen Bereiche zum Ende der Füllung und korreliert sehr gut mit dem Füllbild (Bild 2.82) und dem Fülldruck (Bild 2.83).

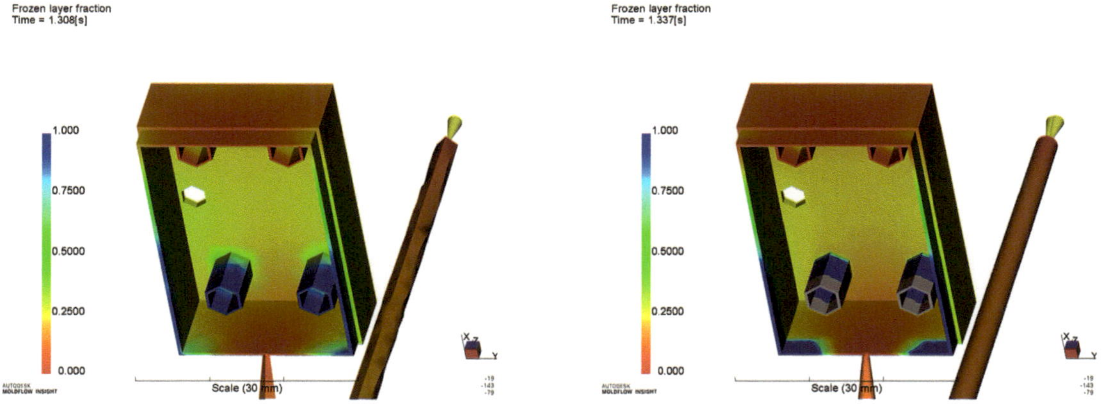

Bild 2.90 Erstarrte Bereiche am Ende der Füllung (links: Oberflächennetz, gröbere Vernetzung; rechts: Oberflächennetz, feinere Vernetzung)

Bild 2.91 zeigt das Erreichen des Siegelpunktes für die beiden Vernetzungen. Die dünnwandigen Bereiche um den Anschnitt sind bereits eingefroren, sodass mit einem zeitnahen Einfrieren des Anschnittquerschnittes zu rechnen ist.

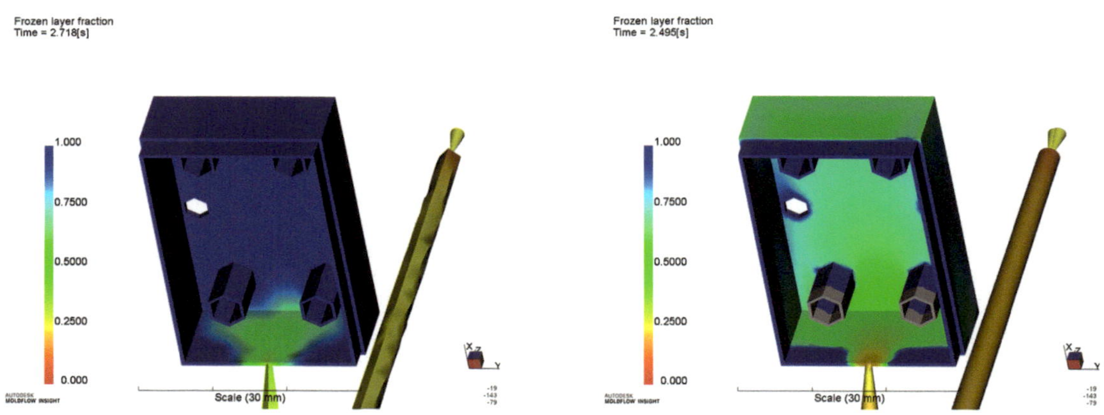

Bild 2.91 Erreichen des Siegelpunktes (links: Oberflächennetz, gröbere Vernetzung; rechts: Oberflächennetz, feinere Vernetzung)

Ähnlich wie bei den 3D-Netzen in Bild 2.70 wurden die Oberflächennetze aus Bild 2.81 zur Erstellung der 3D-Netze in Bild 2.92 verwendet. Der Anguss wurde ebenfalls mit Tetraedern vernetzt.

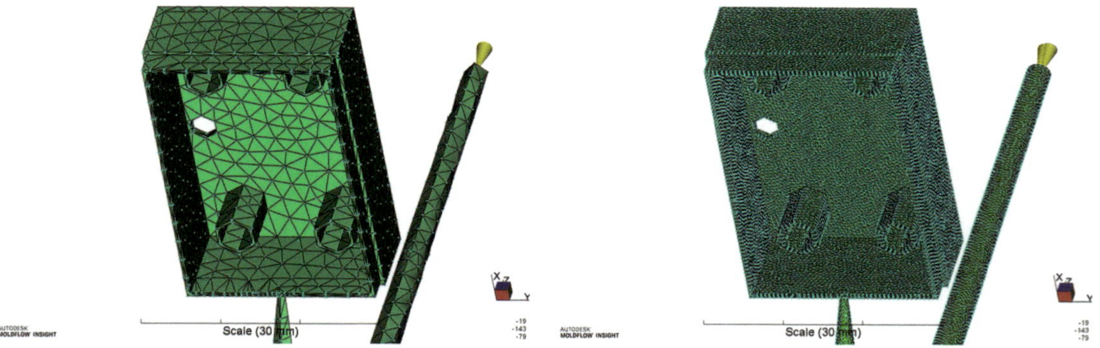

Bild 2.92 Vernetzung mit dem Vernetzer von Autodesk Moldflow Insight aus einer STP-Datei (links: 3D-Netz, gröbere Vernetzung; rechts: 3D-Netz, feinere Vernetzung)

Bild 2.93 zeigt die Füllbilder für die unterschiedlichen Vernetzungen. Die unvollständige Füllung kann grundsätzlich nicht mit der groben Vernetzung abgebildet werden.

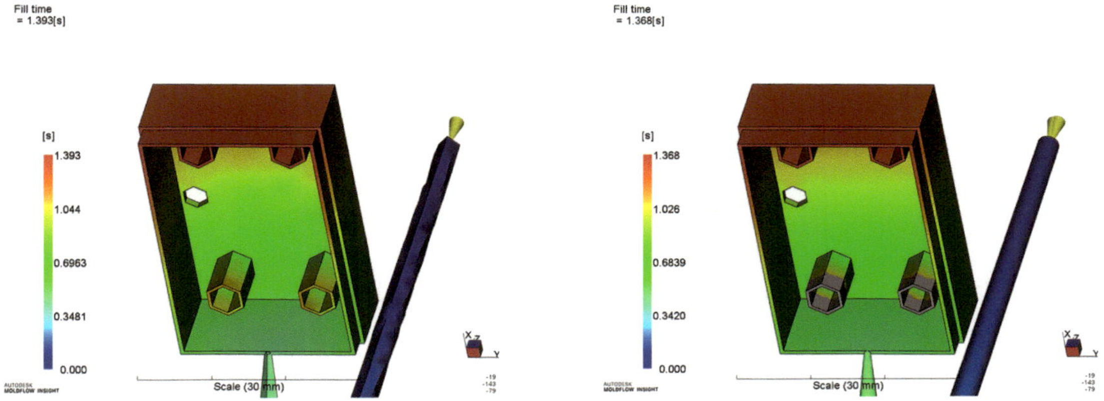

Bild 2.93 Füllzeit (links: 3D-Netz, gröbere Vernetzung; rechts: 3D-Netz, feinere Vernetzung)

In Bild 2.94 ist der Druck zum Umschaltpunkt dargestellt. Im Vergleich zu den Fülldrücken mit den Oberflächennetzen in Bild 2.83 ist dieser um ca. 50 % erhöht, was an den unterschiedlichen verwendeten Erhaltungsgleichungen liegt. Bei der Simulation mit einem Oberflächennetz werden die vereinfachten Erhaltungsgleichungen verwendet. Bei einer 3D-Vernetzung werden die Berechnungen mit den kompletten Navier-Stokes-Gleichungen durchgeführt.

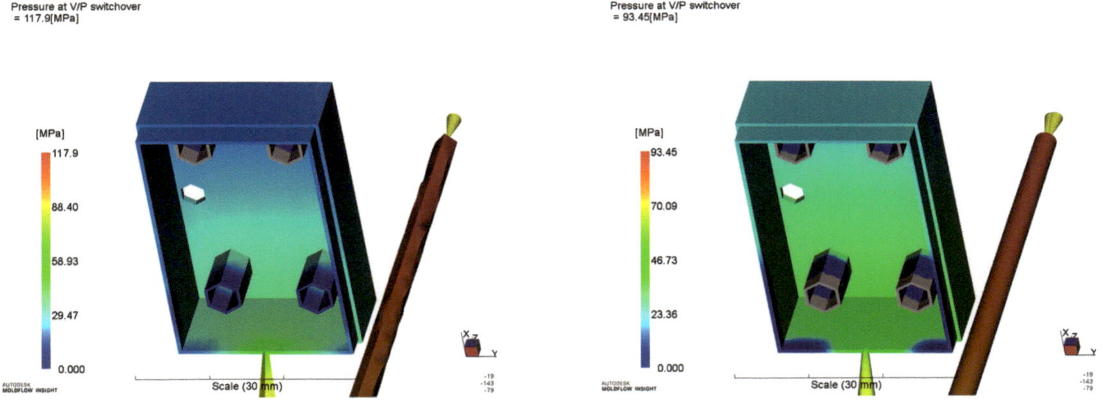

Bild 2.94 Fülldruck am Umschaltpunkt (links: 3D-Netz, gröbere Vernetzung; rechts: 3D-Netz, feinere Vernetzung)

Bild 2.95 zeigt den Fülldruck zum Ende der Füllung. Sowohl bei der groben Vernetzung als auch bei der feinen Vernetzung ist der Beginn der ersten Nachdruckstufe zu sehen. Die angussfernen Dome werden auch hier durch den Nachdruck gefüllt.

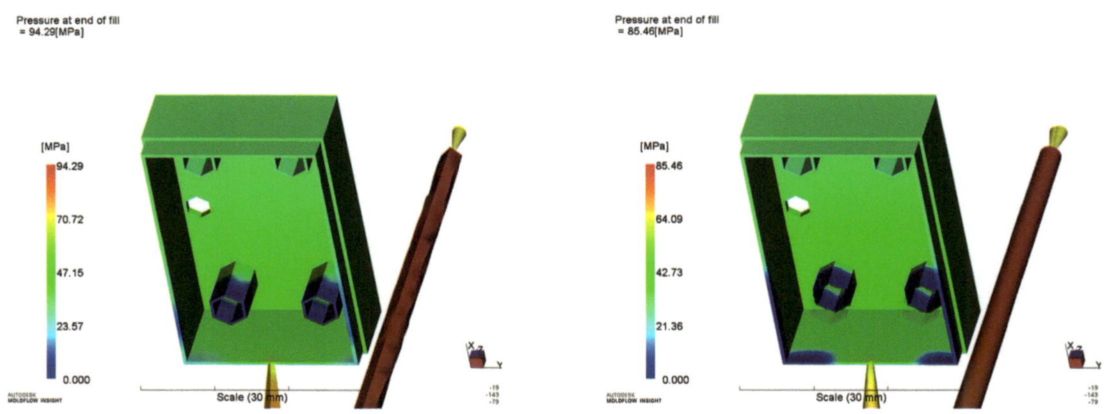

Bild 2.95 Fülldruck am Ende der Füllung (links: 3D-Netz, gröbere Vernetzung; rechts: 3D-Netz, feinere Vernetzung)

Bild 2.96 und Bild 2.97 zeigen den Fülldruck während der Füllung und bis zum Ende des Nachdruckes. Es wird sichtbar, dass die Höhe der Nachdruckstufen deutliche Unterschiede aufweist, da sie relativ auf den maximalen Fülldruck bezogen ist. Nach einer Musterung bietet es sich daher an, eine erneute Füllsimulation mit den Musterungsparametern durchzuführen.

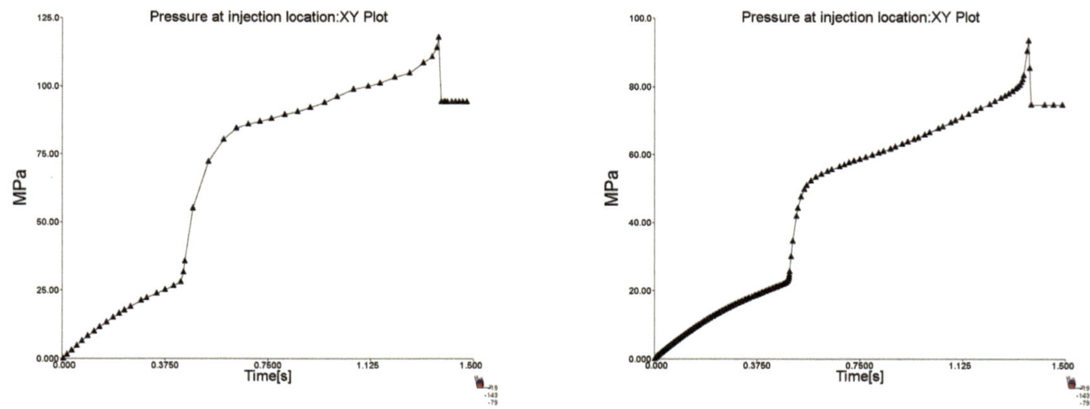

Bild 2.96 Verlauf des Fülldrucks am Anschnitt am Umschaltpunkt (links: 3D-Netz, gröbere Vernetzung; rechts: 3D-Netz, feinere Vernetzung)

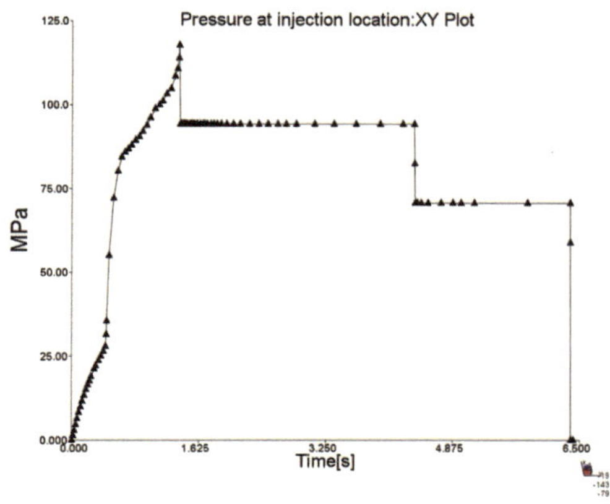

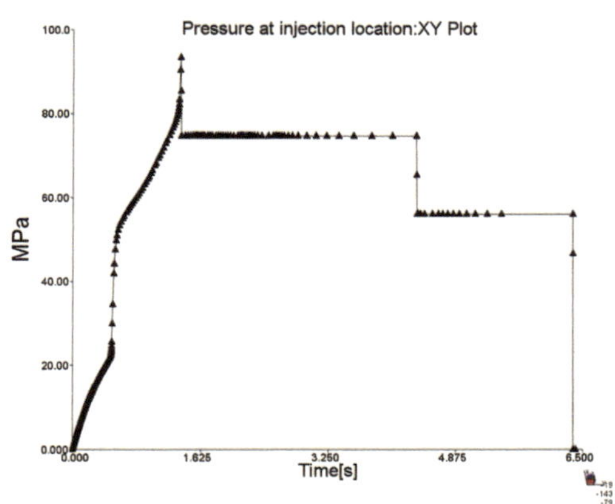

Bild 2.97 Verlauf des Fülldrucks am Anschnitt zum Ende des Nachdruckes (links: 3D-Netz, gröbere Vernetzung; rechts: 3D-Netz, feinere Vernetzung)

Bild 2.98 zeigt die Temperatur an der Fließfront während der Füllung. Die Erkaltung der Schmelze ist deutlich zu sehen, auch wenn der Abfall der Fließfronttemperatur bei der groben Vernetzung nicht so deutlich ausfällt wie bei den anderen Simulationen mit Autodesk Moldflow Insight. Ein Abfall der Fließfronttemperatur um 50 K ist dennoch zu hoch.

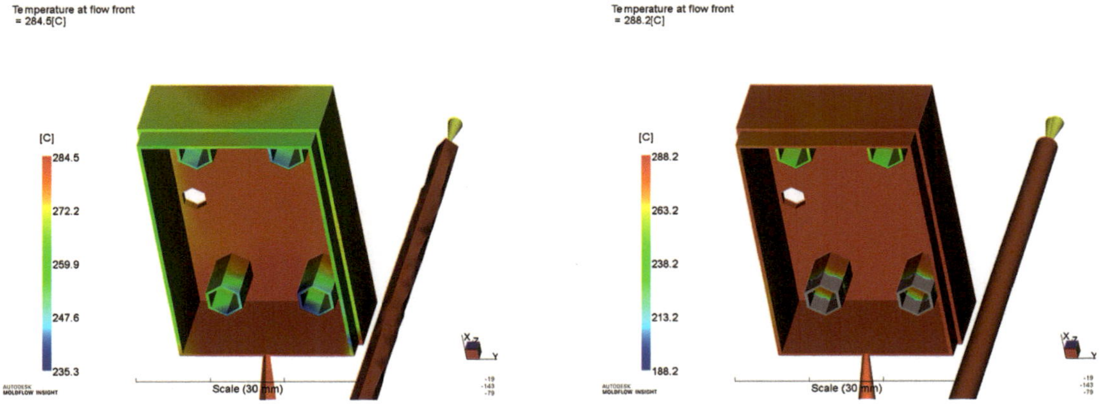

Bild 2.98 Temperatur an der Fließfront (links: 3D-Netz, gröbere Vernetzung; rechts: 3D-Netz, feinere Vernetzung)

Bild 2.99 verdeutlicht den Abfall der Fließfronttemperatur und die damit einhergehende unvollständige Füllung der angussnahen Dome anhand eines Schnittes durch den angussnahen rechten Dom.

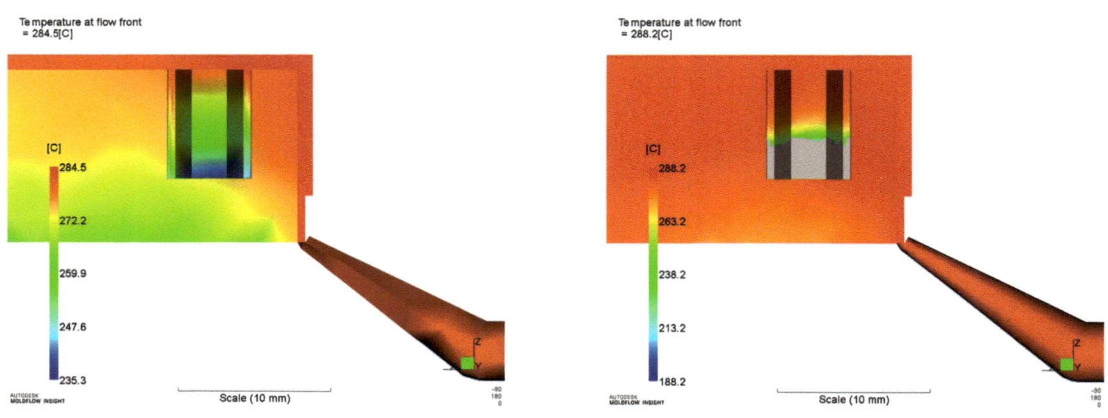

Bild 2.99 Temperatur an der Fließfront im Bereich des Anschnittes (links: 3D-Netz, gröbere Vernetzung; rechts: 3D-Netz, feinere Vernetzung)

Bild 2.100 zeigt die Scherrate im Anschnitt. Wie auch in Bild 2.89 wird mit dem realen Anschnittquerschnitt gerechnet. Die maximale Scherrate beträgt für beide Vernetzungen ca. 60 000/s, was der maximalen Scherrate für den verwendeten Werkstoff entspricht.

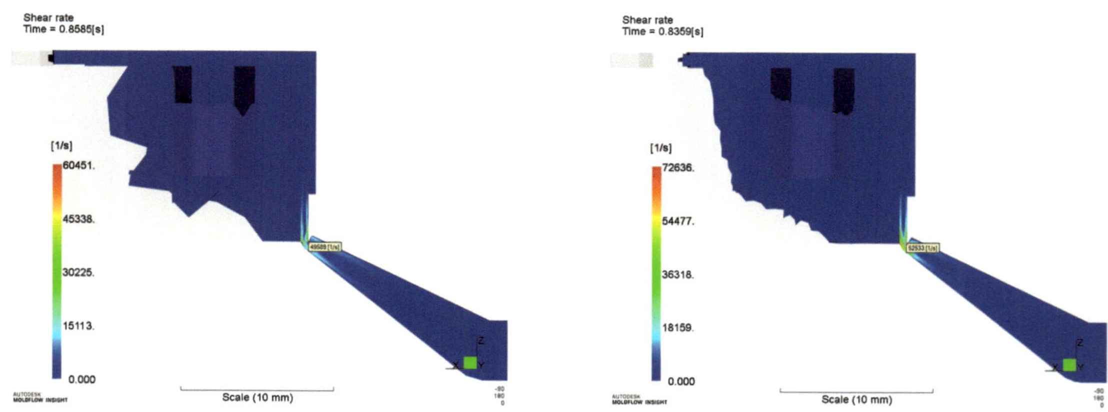

Bild 2.100 Scherrate im Anschnitt während der Füllung (links: 3D-Netz, gröbere Vernetzung; rechts: 3D-Netz, feinere Vernetzung)

In Bild 2.101 sind die erstarrten Bereiche zum Ende der Füllung zu sehen. Die angussnahen Dome sind bereits vollständig erstarrt. Auch die dünnwandigen Bereiche am unteren Ende des Formteils sind im Bereich des Anschnittes teilweise erstarrt.

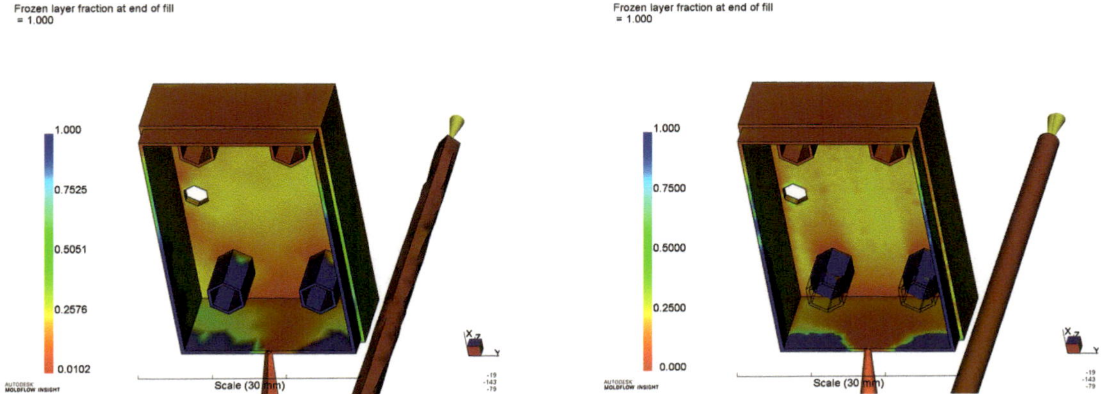

Bild 2.101 Erstarrte Bereiche am Ende der Füllung (links: 3D-Netz, gröbere Vernetzung; rechts: 3D-Netz, feinere Vernetzung)

Bild 2.102 zeigt die erstarrten Bereiche ca. 2,4 s nach dem Beginn der Füllung. Sowohl bei der groben Vernetzung als auch bei der feinen Vernetzung ist der Siegelpunkt erreicht.

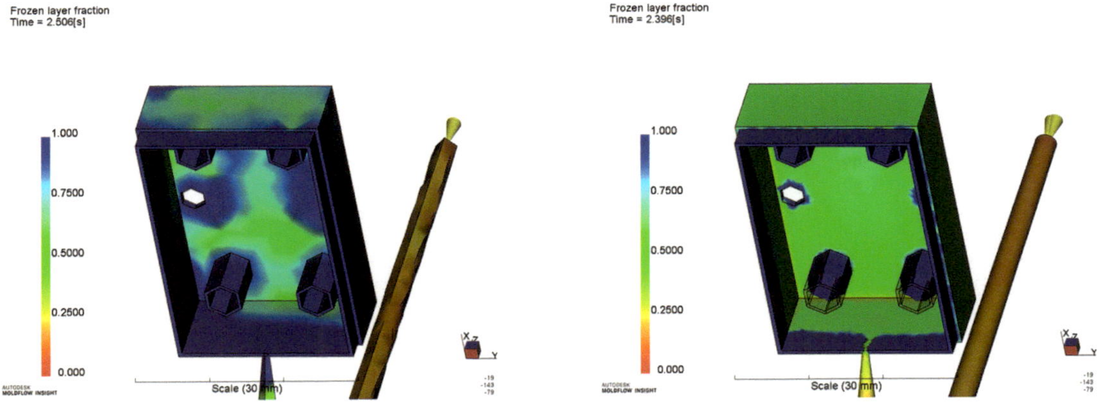

Bild 2.102 Erreichen des Siegelpunktes (links: 3D-Netz, gröbere Vernetzung; rechts: 3D-Netz, feinere Vernetzung)

2.4.4.3 Netzqualität im CADMOULD

Bild 2.103 zeigt die 3D-Fachwerk-Netze (3D-F), die mit dem Vernetzer von CADMOULD erzeugt worden sind. Für die grobe Vernetzung (Bild 2.103 links) wurde eine Elementkantenlänge von 3 mm vorgegeben. Für die feine Vernetzung wurde die vom CADMOULD-Vernetzer vorgeschlagene Elementkantenlänge von 0,83 mm verwendet. Die weiteren Prozessparameter wurden aus Tabelle 2.20 übernommen. Der Anguss wurde aus Stab-Elementen erstellt, sodass die Füllung des Angusses in der Simulation berücksichtigt werden kann.

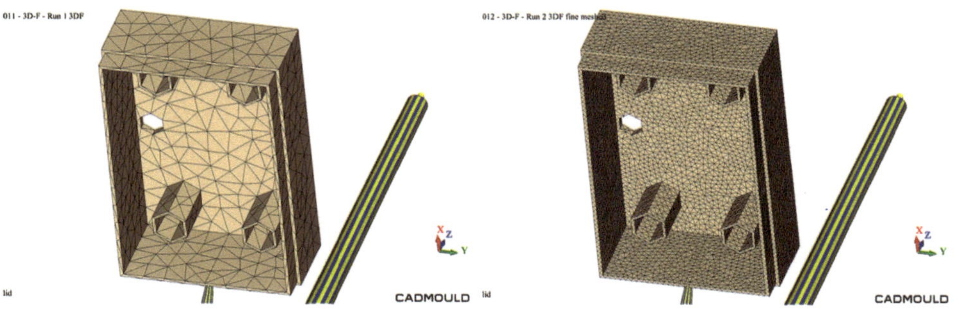

Bild 2.103 Vernetzung mit dem Vernetzer von CADMOULD aus einer STP-Datei (links: 3D-F-Netz, gröbere Vernetzung; rechts: 3D-F-Netz, feinere Vernetzung)

Da es im CADMOULD ungünstig ist, den Anschnitt direkt auf eine Formteilkante zu setzen, wurde der Anschnitt minimal in Richtung der Seitenfläche verschoben. Wenn der Anschnitt direkt auf einer Kante des Formteils positioniert ist, ist unklar, ob die Füllung über die Grundfläche oder die Seitenfläche erfolgt. CADMOULD wählt in diesem Fall eine Fläche zufällig aus. Dabei bleibt unklar, welche Fläche ausgewählt worden ist und wie groß der Anschnittquerschnitt ist, was einen Einfluss auf die Scherrate haben kann. Bild 2.104 zeigt die Anpassung der Anschnittposition [Kri22].

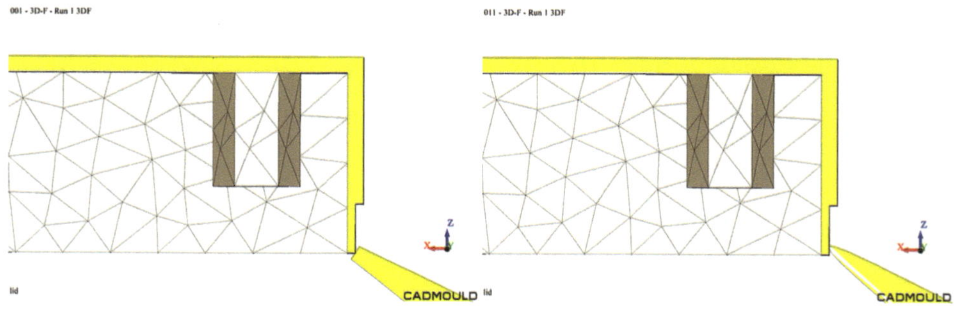

Bild 2.104 Anpassung der Anschnittposition im CADMOULD (links: ursprünglicher Anschnitt auf der Formteilkante; rechts: angepasster Anschnitt auf der Seitenfläche)

Entsprechend den Vorgaben aus Tabelle 2.20 wurde die Füllzeit mit 1,3 s und der Umschaltpunkt bei 99 % volumetrischer Füllung vorgegeben. Bild 2.105 zeigt das Füllbild des Deckels mit den beiden 3D-F-Netzen zum Ende der Füllung. Es ist zu sehen, dass die Netzfeinheit einen erheblichen Einfluss auf das Füllbild hat, da das gröbere Netz die unvollständige Füllung der angussnahen Dome des Formteils nicht abbilden kann, was mit der feineren Vernetzung möglich ist.

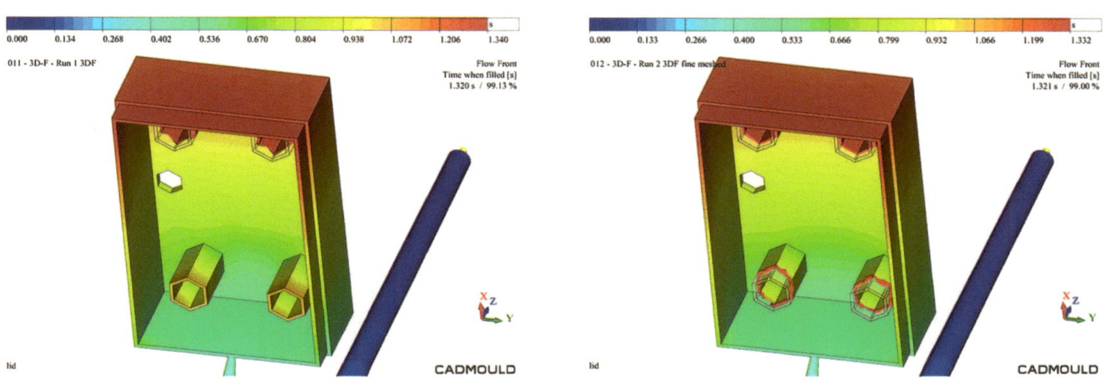

Bild 2.105 Füllzeit (links: 3D-F-Netz, gröbere Vernetzung; rechts: 3D-F-Netz, feinere Vernetzung)

Bild 2.106 zeigt die Temperatur an der Fließfront. Es ist zu sehen, dass die Temperatur an der Fließfront unabhängig von der Netzfeinheit um über 60 K sinkt, was in jedem Fall als kritisch zu bewerten ist. Darüber hinaus wird deutlich, dass die vorderen Dome bei der Verwendung der groben Vernetzung gerade so gefüllt werden können.

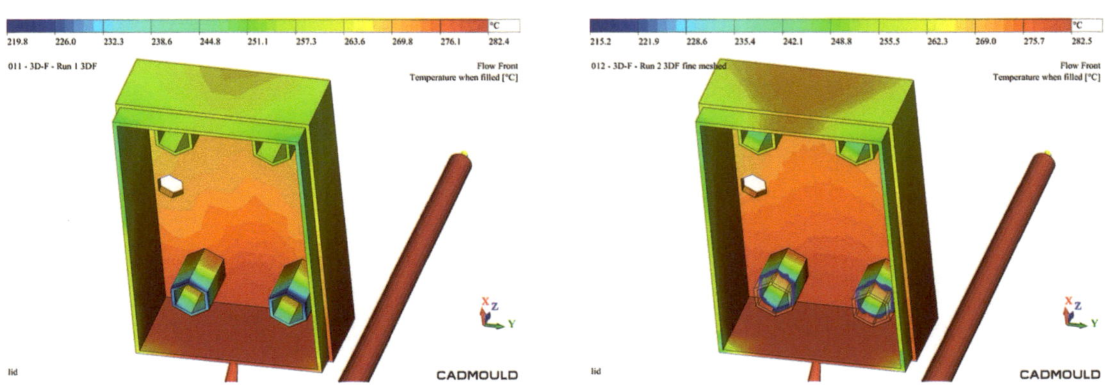

Bild 2.106 Temperatur an der Fließfront (links: 3D-F-Netz, gröbere Vernetzung; rechts: 3D-F-Netz, feinere Vernetzung)

In Bild 2.107 ist ein Schnitt durch den rechten vorderen Dom des Formteils zu sehen. Bei der groben Vernetzung wird der Dom gerade so gefüllt. Die Temperatur der Fließfront beträgt ca. 220 °C am unteren Ende des Domes. Bei der feinen Vernetzung sinkt die Temperatur an der Fließfront bis auf 216 °C. Die Fließgrenztemperatur beträgt 210 °C für den gewählten Werkstoff, sodass die vollständige Füllung nicht mehr möglich ist. Es ist auch zu sehen, dass die Füllung minimale Unterschiede zur Füllung von Moldex3D und Autodesk Moldflow Insight aufweist. Während die Dome bei den beiden anderen Programmen senkrecht von oben nach unten gefüllt werden, stellt sich bei CADMOULD ein schräges Profil ein, da die Temperatur an der Fließfront in der unteren linken Ecke in Bild 2.107 am niedrigsten ist.

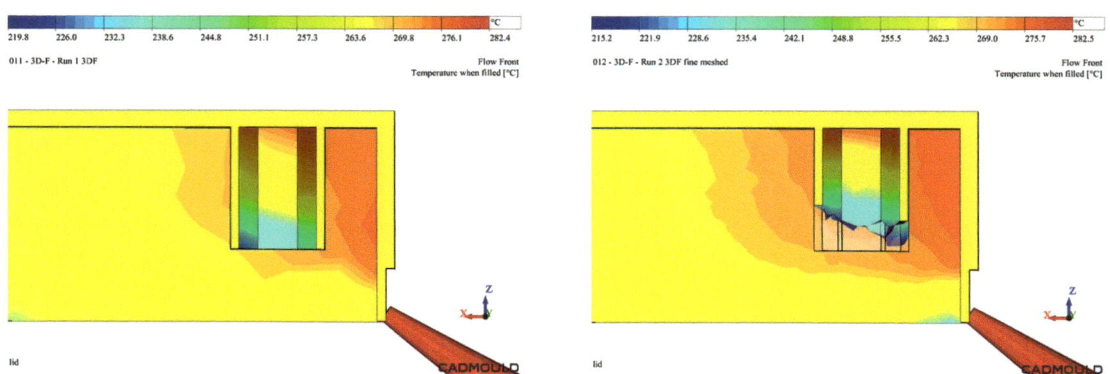

Bild 2.107 Temperatur an der Fließfront im Bereich des Anschnittes (links: 3D-F-Netz, gröbere Vernetzung; rechts: 3D-F-Netz, feinere Vernetzung)

Die zum Umschaltpunkt vorliegende Druckverteilung innerhalb des Deckels ist in Bild 2.108 dargestellt. Der Druck beträgt ca. 1000 bar bei der groben Vernetzung und ca. 1100 bar bei der feineren Vernetzung und orientiert sich damit an den Fülldrücken der BLM-Netze von Moldex3D und den Netzen von Autodesk Moldflow Insight. Es ist zu sehen, dass die beiden angussfernen Dome durch den Nachdruck gefüllt werden.

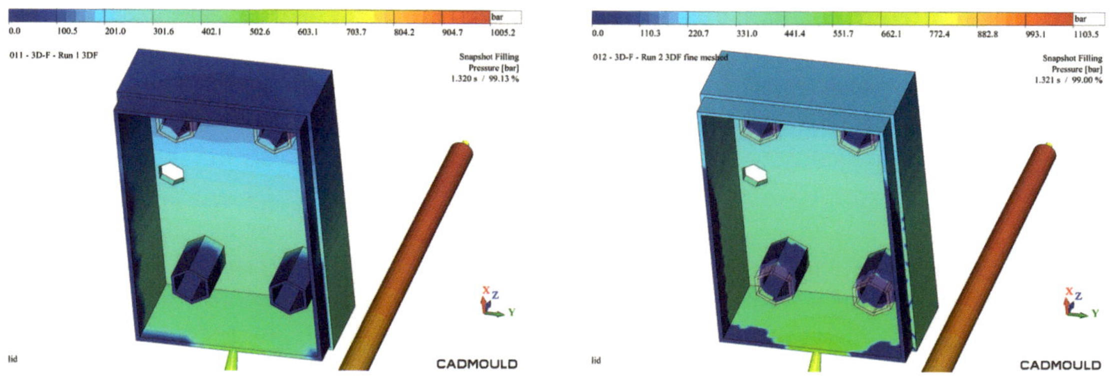

Bild 2.108 Fülldruck zum Umschaltpunkt (links: 3D-F-Netz, gröbere Vernetzung; rechts: 3D-F-Netz, feinere Vernetzung)

Bild 2.109 zeigt die Druckverteilung zum Ende der Füllung. Die angussfernen Dome sind jeweils durch den Nachdruck gefüllt worden. Es ist auch zu sehen, dass der Nachdruck gerade angefangen hat zu wirken, da sich die Druckskalen in Bild 2.108 und Bild 2.109 nur minimal unterscheiden. CADMOULD rechnet hier mit einer Druckspitze (vgl. Bild 2.110) und einer hydraulischen Antwortzeit. Der größtmögliche Füllgrad wird bereits 0,05 s nach dem Umschaltpunkt erreicht. Der hydraulische Druckausgleich hat zu diesem Zeitpunkt bereits stattgefunden. Daher herrscht in den plastifizierten Bereichen des Formteils der gleiche Druck.

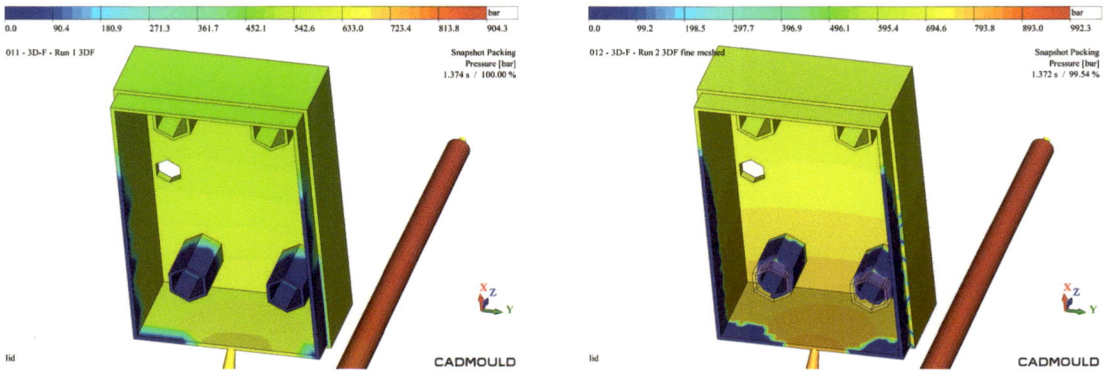

Bild 2.109 Fülldruck am Ende der Füllung (links: 3D-F-Netz, gröbere Vernetzung; rechts: 3D-F-Netz, feinere Vernetzung)

Bild 2.110 fasst die Fülldrücke der beiden Simulationen am Anschnittkegel zusammen. Die Profile sind qualitativ ähnlich wie die Profile des Fülldruckes bei Moldex3D und Autodesk Moldflow Insight. Auch hier ist der Sprung des Fülldruckes bei der Füllung des Anschnittes nach ca. 0,5 s zu sehen.

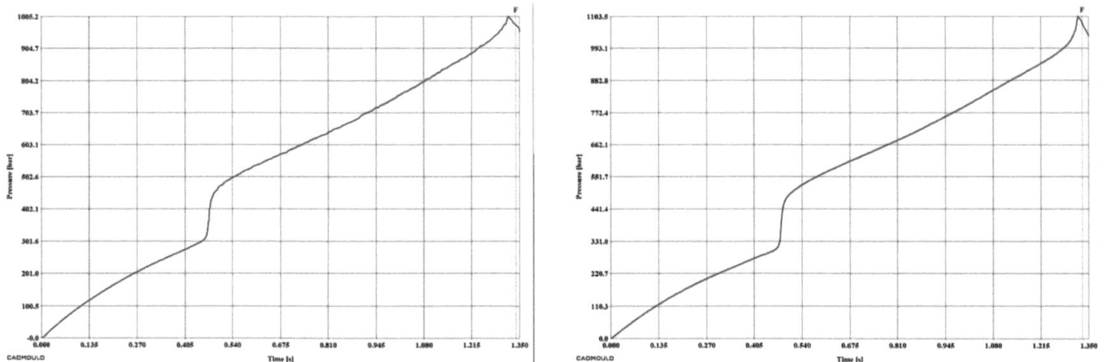

Bild 2.110 Verlauf des Fülldrucks am Anschnitt bis zum Ende der Füllung (links: 3D-F-Netz, gröbere Vernetzung; rechts: 3D-F-Netz, feinere Vernetzung)

Bild 2.111 zeigt die Fülldrücke bis zum Ende des Nachdruckes. Die beiden vordefinierten Nachdruckstufen sind zu sehen. Außerdem ist zu sehen, dass die hydraulische Antwortzeit 0,1 s beträgt und das Druckprofil entsprechend den Vorgaben in Tabelle 2.20 umgesetzt worden ist.

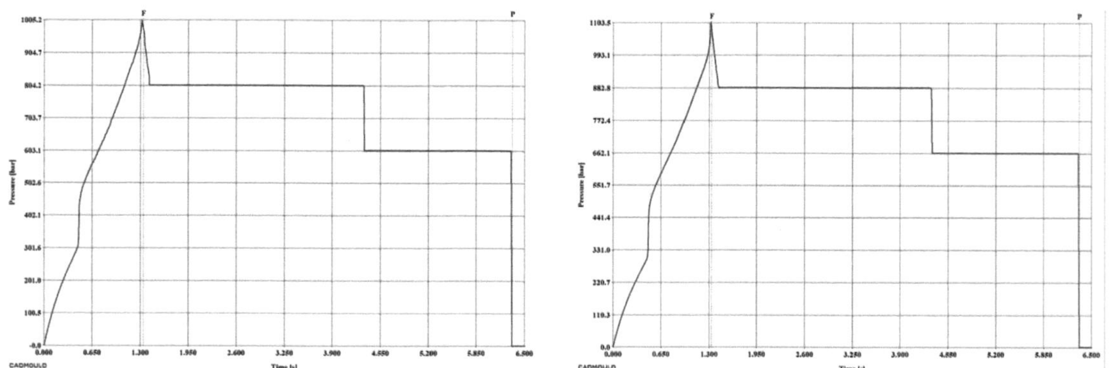

Bild 2.111 Verlauf des Fülldrucks am Anschnitt (links: 3D-F-Netz, gröbere Vernetzung; rechts: 3D-F-Netz, feinere Vernetzung)

Bild 2.112 fasst die erstarrten Bereiche zum Ende der Füllung zusammen. Im Gegensatz zu Moldex3D und Autodesk Moldflow Insight ist die Farbskala umgekehrt. Rote Bereiche sind erstarrt und blaue Bereiche weisen die höchste Fließfähigkeit auf. Die Darstellung deckt sich mit dem Füllbild in Bild 2.105 und der Temperatur an der Fließfront in Bild 2.106. Die Füllung der angussnahen Dome wird im praktischen Spritzgießprozess nicht robust funktionieren. Außerdem ist der dünnwandige untere Bereich des Deckels zum Ende der Füllung in Angussnähe bereits vollständig erstarrt. Dieser wird kurze Zeit später ebenfalls erstarren, sodass der Siegelpunkt erreicht ist und die Wirkung des Nachdrucks eingeschränkt wird.

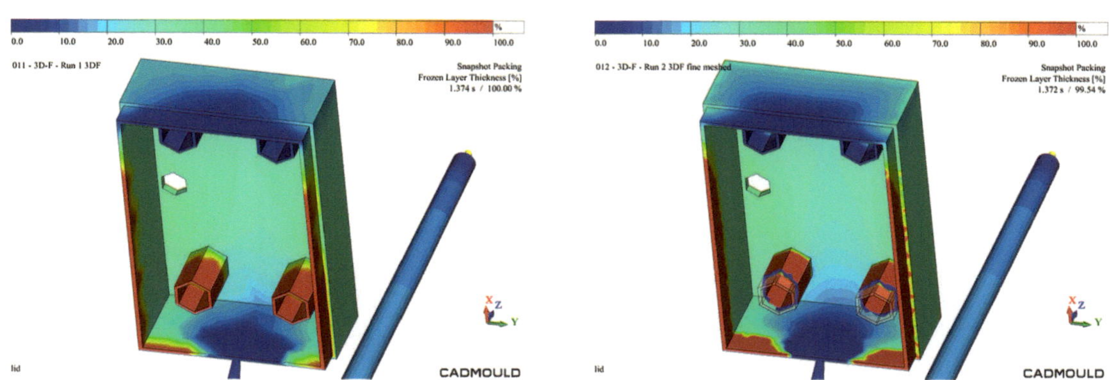

Bild 2.112 Erstarrte Bereiche am Ende der Füllung (links: 3D-F-Netz, gröbere Vernetzung; rechts: 3D-F-Netz, feinere Vernetzung)

Bild 2.113 zeigt die maximale Scherrate während der Füllung. Die maximale Scherrate tritt während der volumetrischen Füllung im Bereich von 10 % unter der Oberfläche auf. Im randnahen Bereich ist die Scherrate am größten. Es ist zu sehen, dass die größte Scherrate im Anschnitt vorliegt. Durch die Anpassung der Anschnittposition (vgl. Bild 2.104) ist die Scherrate weitestgehend unabhängig von der Netzfeinheit. In beiden Fällen beträgt die maximale Scherrate ca. 30 000/s.

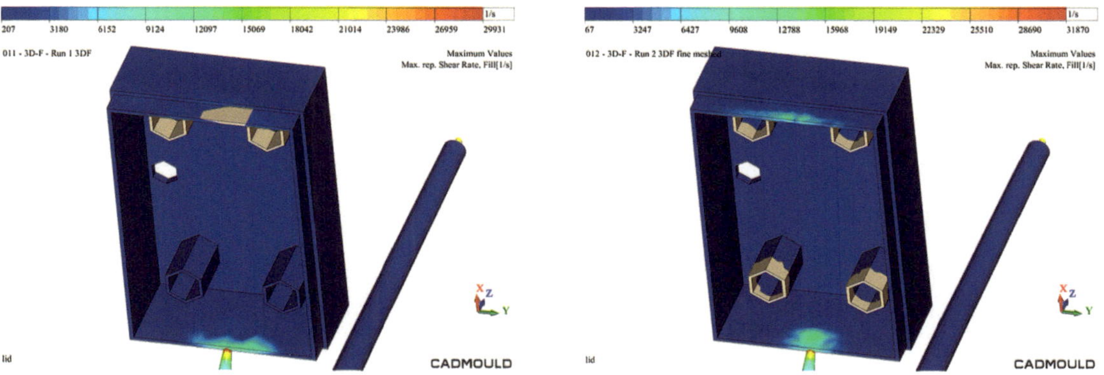

Bild 2.113 Maximale Scherrate im Anschnitt während der Füllung (links: 3D-F-Netz, gröbere Vernetzung; rechts: 3D-F-Netz, feinere Vernetzung)

Eine deutliche Abhängigkeit der Scherrate von der Netzfeinheit ist hingegen zu sehen, wenn der Anschnitt direkt auf der Formteilkante positioniert ist. Bild 2.114 zeigt diesen Effekt. In diesem Fall variiert die maximale Scherrate zwischen ca. 27 000/s und 64 000/s, da die Software CADMOULD nicht eindeutig festlegen konnte, auf welcher Fläche der Anschnitt liegt. Dieser Effekt erschwert auch die Bewertung, da die maximale Scherrate für den verwendeten Werkstoff 60 000/s beträgt. Bei der Bewertung der Scherrate bei der groben Vernetzung (vgl. Bild 2.114 links) ist die maximale Scherrate mit ca. 30 000/s nicht kritisch. Durch die feinere Vernetzung (vgl. Bild 2.114 rechts) sinkt jedoch die Querschnittsfläche des Anschnittes, sodass die Scherrate auf 64 000/s steigt, was als kritisch zu bewerten wäre. Die Netzfeinheit hat hier einen erheblichen Einfluss auf die Höhe der maximalen Scherrate im Anschnitt.

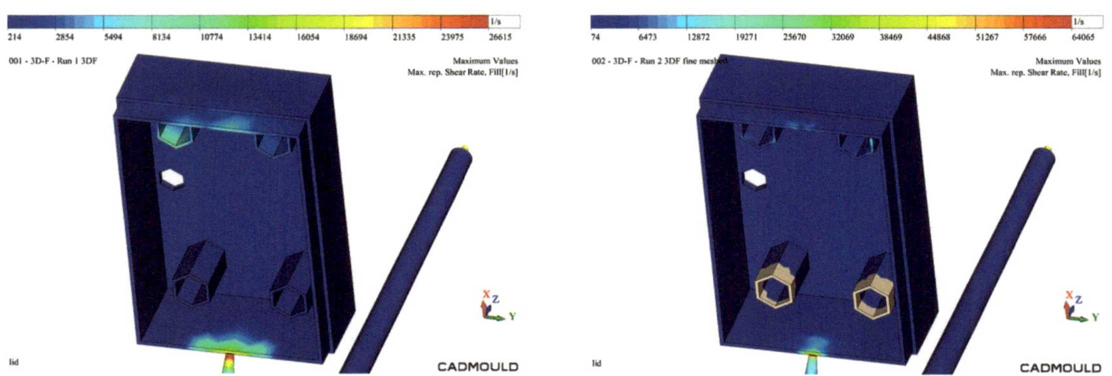

Bild 2.114 Maximale Scherrate im Anschnitt während der Füllung; Anschnitt auf Formteilkante (links: 3D-F-Netz, gröbere Vernetzung; rechts: 3D-F-Netz, feinere Vernetzung)

Bild 2.115 zeigt die 3D-Volumenelement-Netze (3D-V), die mit dem Vernetzer von CADMOULD erzeugt worden sind. Für die grobe Vernetzung (Bild 2.115 links) wurde eine Elementkantenlänge von 3 mm vorgegeben. Für die feine Vernetzung wurde die vom CADMOULD-Vernetzer vorgeschlagene Elementkantenlänge von 0,83 mm verwendet. Die weiteren Prozessparameter wurden aus Tabelle 2.20 übernommen. Im Gegensatz zu der 3D-F-Vernetzung wurde bei der 3D-V-Vernetzung der Anguss ebenfalls aus 3D-Elementen vernetzt, um die Zustände im Anschnitt besser abbilden zu können.

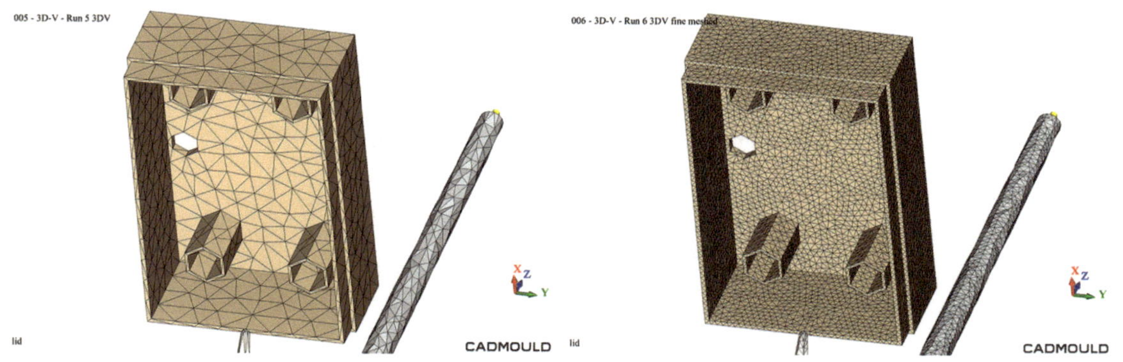

Bild 2.115 Vernetzung mit dem Vernetzer von CADMOULD aus einer STP-Datei (links: 3D-V-Netz, gröbere Vernetzung; rechts: 3D-V-Netz, feinere Vernetzung)

Die Füllbilder der 3D-Volumenelement-Netze (3D-V) in Bild 2.116 decken sich mit den Füllbildern der 3D-Fachwerk-Netze in Bild 2.105. Auch hier hat die Netzfeinheit einen erheblichen Einfluss auf das Simulationsergebnis. Mit der groben Vernetzung ist eine vollständige Füllung scheinbar möglich. Die feine 3D-V-Vernetzung weist deutliche Unterschiede zum feinen 3D-F-Netz auf, da die vorderen Dome etwas weniger gefüllt werden.

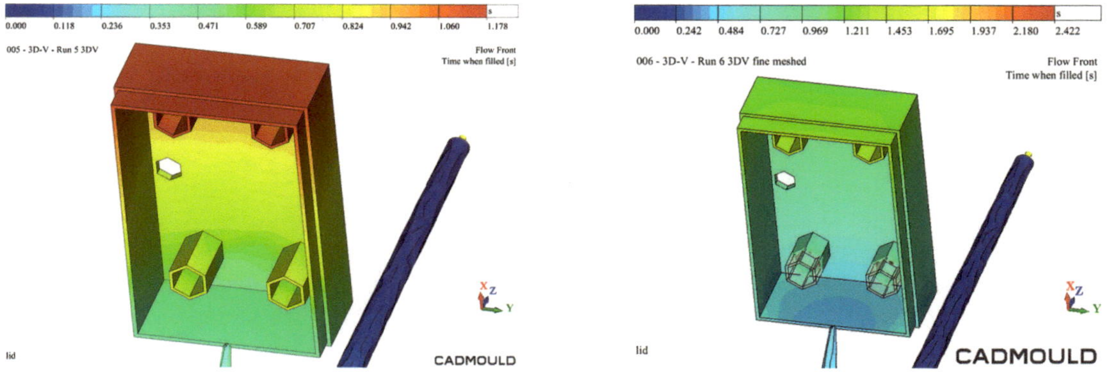

Bild 2.116 Füllzeit (links: 3D-V-Netz, gröbere Vernetzung; rechts: 3D-V-Netz, feinere Vernetzung)

Der Volumenstrom zur Füllung beträgt bei beiden Vernetzungen 2,8 cm³/s. Bei der feineren Vernetzung ist zu sehen, dass die Füllzeit von 1,3 s erreicht ist, obwohl die Kavität erst zu 94 Vol.-% gefüllt ist (vgl. Bild 2.117 links). Der Umschaltpunkt wird bei 1,435 s erreicht (vgl. Bild 2.117 rechts). Die längere Füllzeit resultiert aus dem beginnenden Einfrieren der Fließfront, speziell in den Domen und dem dünnwandigen Bereich des Deckels. Nach dem Erreichen des Umschaltpunktes wird der Nachdruck gestartet und die vollständige Füllung der Kavität angestrebt. Nach

2,4 s friert allerdings der Anschnitt ein, sodass eine vollständige Füllung nicht mehr erreicht werden kann.

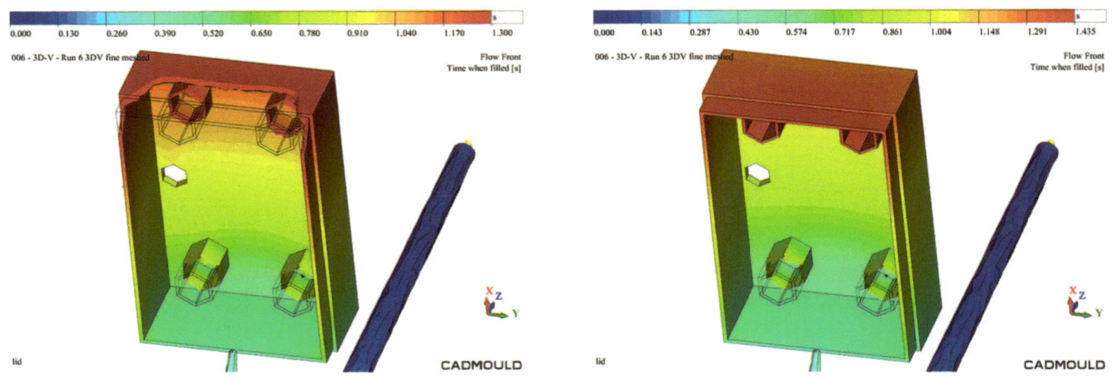

Bild 2.117 Füllzeit bei Verwendung des feinen 3D-V-Netzes (links: Füllzeit 1,3 s; rechts: Füllzeit 1,435 s)

Bild 2.118 zeigt die Temperatur an der Fließfront. Wie bei der 3D-F-Vernetzung in Bild 2.106 ist zu sehen, dass die Temperatur an der Fließfront um über 60 K sinkt. Bei der feinen 3D-V-Vernetzung (Bild 2.118 rechts) ist sogar das Erreichen der Fließgrenztemperatur zu sehen.

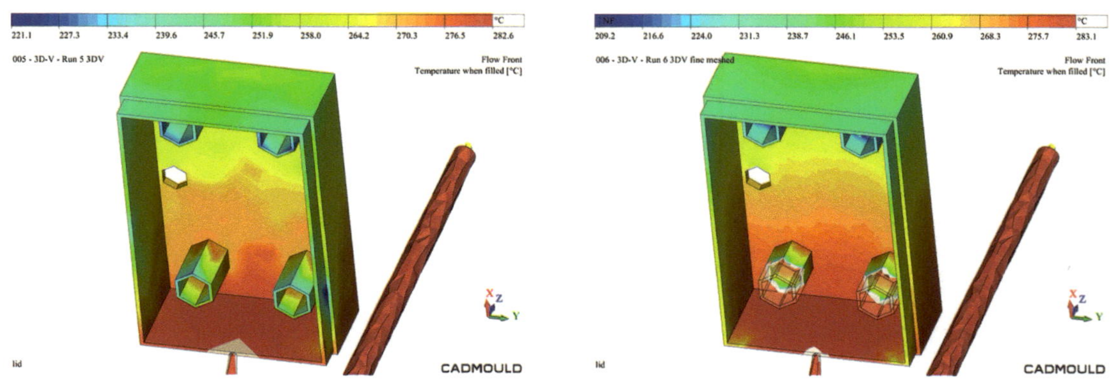

Bild 2.118 Temperatur an der Fließfront (links: 3D-V-Netz, gröbere Vernetzung; rechts: 3D-V-Netz, feinere Vernetzung)

Bild 2.119 zeigt einen Schnitt durch die Mitte des vorderen rechten Domes für die Temperatur an der Fließfront. Es sind leichte Unterschiede zwischen der 3D-F-Vernetzung (vgl. Bild 2.107) und der 3D-V-Vernetzung zu sehen.

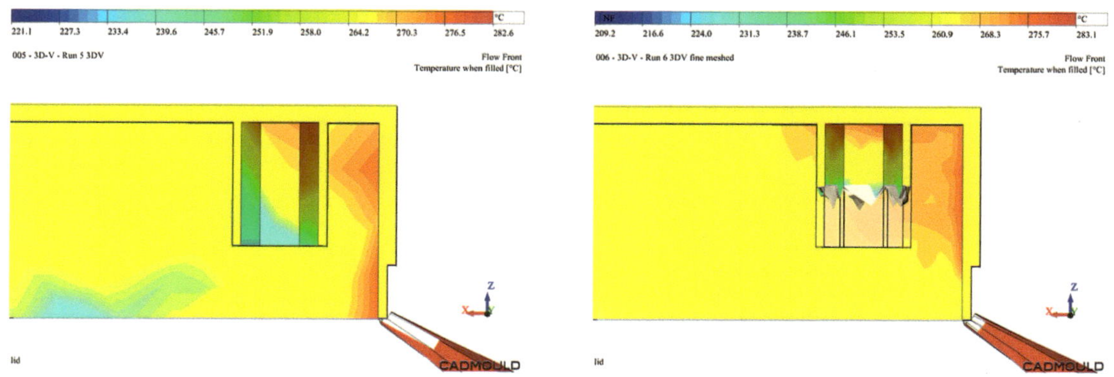

Bild 2.119 Temperatur an der Fließfront im Bereich des Anschnittes (links: 3D-V-Netz, gröbere Vernetzung; rechts: 3D-V-Netz, feinere Vernetzung)

Bild 2.120 zeigt den maximalen Fülldruck. Dieser tritt erwartungsgemäß zum Umschaltpunkt auf. Es ist zu sehen, dass deutliche Unterschiede auftreten. Durch die unvollständige Füllung des Formteils bei Verwendung der feinen Vernetzung steigt der Fülldruck bis auf 2500 bar, was softwareseitig der maximale Fülldruck ist.

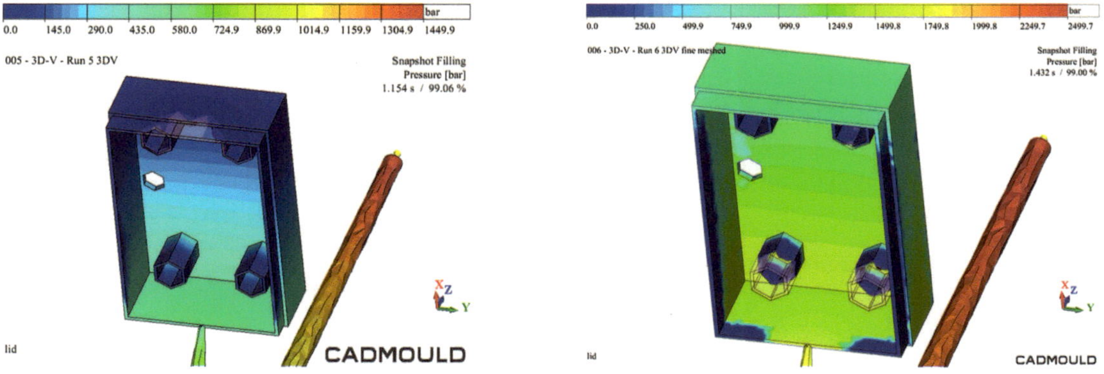

Bild 2.120 Fülldruck zum Umschaltpunkt (links: 3D-V-Netz, gröbere Vernetzung; rechts: 3D-V-Netz, feinere Vernetzung)

Bild 2.121 zeigt das Druckprofil zum Ende der Füllung. Bei der groben Vernetzung in Bild 2.121 links ist zu sehen, dass das Ende der Füllung wieder ca. 0,05 s nach dem Umschaltpunkt erreicht wird, weshalb der Druck am Anschnittkegel noch nicht abgebaut werden konnte. Der hydraulische Druckausgleich hat stattgefunden. Die angussfernen Dome und die angussferne Seitenwand werden durch den Nachdruck gefüllt. Bei der feinen Vernetzung ist eine weitere Füllung nicht mehr möglich. Es werden noch minimale Bereiche in den angussnahen Domen gefüllt, bis der Anschnitt nach 2,42 s vollständig erstarrt. Währenddessen wirkt bereits die erste Stufe des Nachdrucks. Dieser ist in Bild 2.121 rechts zu sehen.

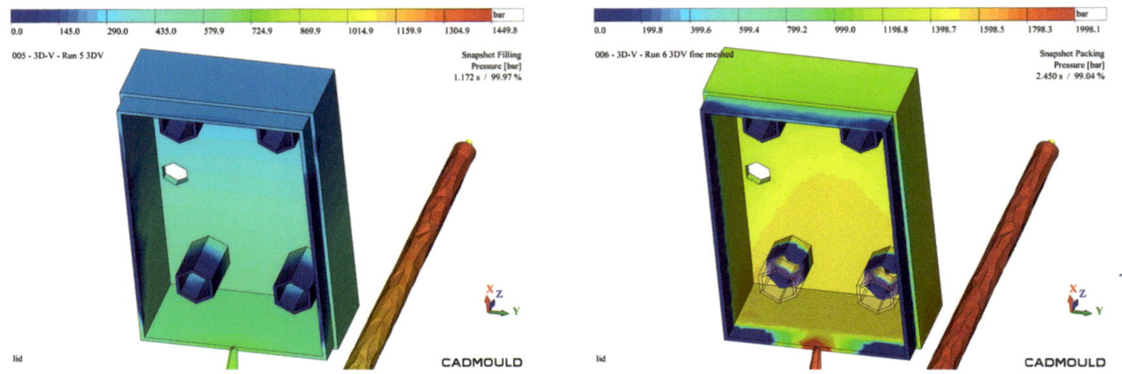

Bild 2.121 Fülldruck am Ende der Füllung (links: 3D-V-Netz, gröbere Vernetzung; rechts: 3D-V-Netz, feinere Vernetzung)

Bild 2.122 zeigt die Fülldrücke am Anschnittkegel. Es ist zu sehen, dass die Fülldrücke bei der 3D-V-Vernetzung höher sind als die Fülldrücke bei der 3D-F-Vernetzung in Bild 2.110. Der Fülldruck bei der groben 3D-V-Vernetzung (Bild 2.122 links) beträgt ca. 1450 bar und ist fast 450 bar höher als der Fülldruck bei der entsprechenden 3D-F-Vernetzung. Bei der feineren Vernetzung ist zu sehen, dass der Fülldruck während der Füllung weitestgehend identisch zum Fülldruck bei Verwendung der groben Vernetzung ist. Allerdings kann der Umschaltpunkt bei 99 % volumetrischer Füllung während der Füllzeit nicht erreicht werden, sodass der Fülldruck bis auf das voreingestellte Maximum bei 2500 bar erhöht wird. Der Umschaltpunkt wird dann gerade so erreicht, bevor die Fließfront bei einer Füllung von 99,04 % einfriert.

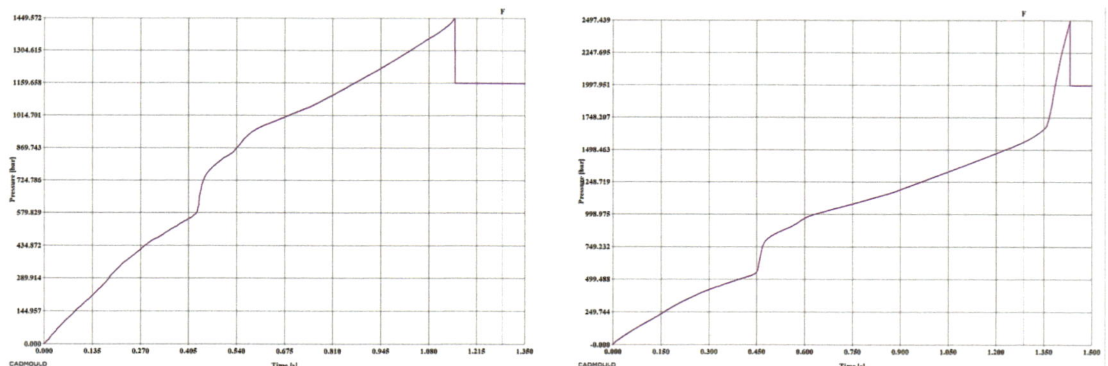

Bild 2.122 Verlauf des Fülldrucks am Anschnitt (links: 3D-V-Netz, gröbere Vernetzung; rechts: 3D-V-Netz, feinere Vernetzung)

Bild 2.123 zeigt den Verlauf des Fülldruckes am Anschnitt bis zum Ende des Nachdruckes. Auch hier sind die beiden Druckstufen im Nachdruckprofil zu sehen.

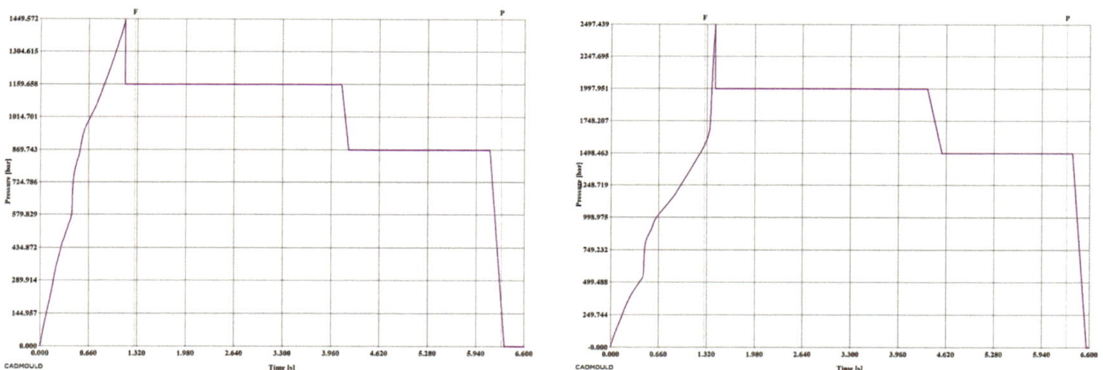

Bild 2.123 Verlauf des Fülldrucks am Anschnitt (links: 3D-V-Netz, gröbere Vernetzung; rechts: 3D-V-Netz, feinere Vernetzung)

Bild 2.124 zeigt die erstarrten Bereiche zum Ende der Füllung. Es ist zu sehen, dass Bild 2.124 und Bild 2.112 eine gute Übereinstimmung aufweisen. Auch bei der 3D-V-Vernetzung ist von einer Erstarrung der Schmelze und einem Erreichen des Siegelpunktes unmittelbar nach dem Ende der Füllung auszugehen.

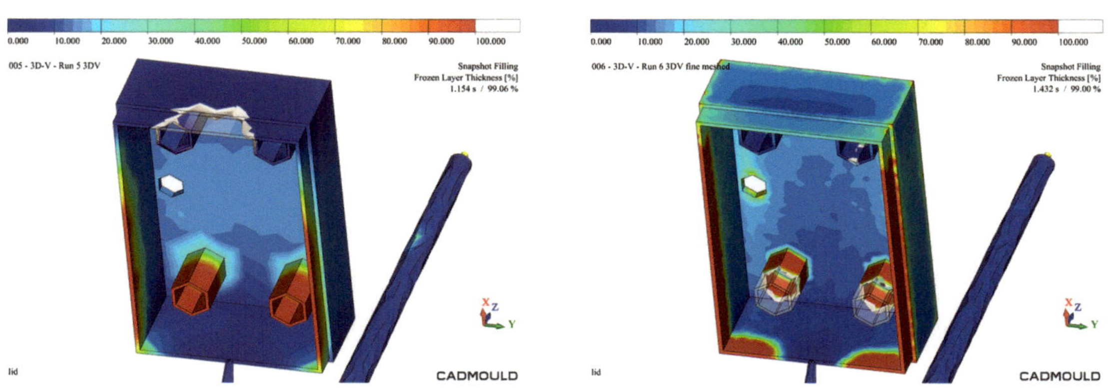

Bild 2.124 Erstarrte Bereiche am Ende der Füllung (links: 3D-V-Netz, gröbere Vernetzung; rechts: 3D-V-Netz, feinere Vernetzung)

Bild 2.125 zeigt die Scherrate während der Füllung. Da der Füllvolumenstrom während der Füllung konstant gehalten worden ist, wird die Scherrate exemplarisch bei einer Füllzeit von 0,66 s ausgewertet. Im Unterschied zur 3D-F-Vernetzung bildet die 3D-V-Vernetzung die Zustände im Anschnitt besser ab, da hier die reale Querschnittsfläche im Anschnitt bekannt ist und vernetzt ist. Trotzdem stellen sich noch erhebliche Unterschiede in Abhängigkeit von der Netzfeinheit ein. Bei der groben 3D-V-Vernetzung beträgt die maximale Scherrate ca. 43 300/s. Bei der feinen Vernetzung beträgt sie nur 21 200/s. In Anbetracht einer maximal zulässigen Scherrate von 60 000/s sind beide Werte als unkritisch zu bewerten.

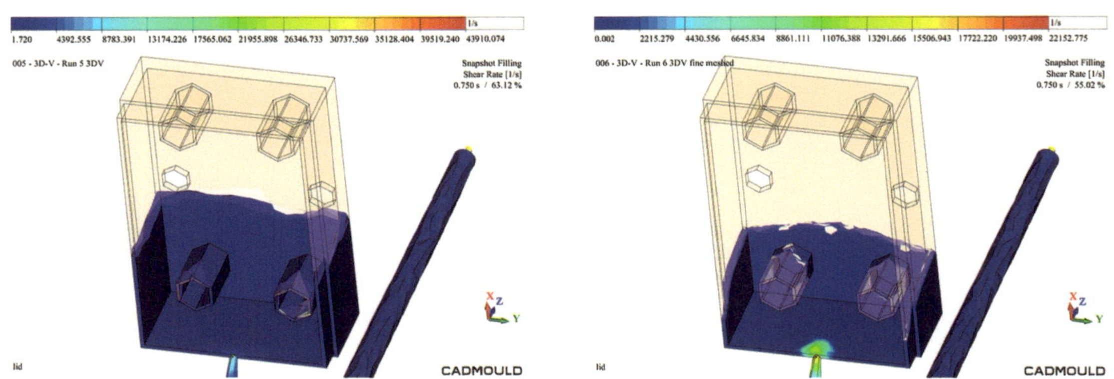

Bild 2.125 Scherrate im Anschnitt während der Füllung (links: 3D-V-Netz, gröbere Vernetzung; rechts: 3D-V-Netz, feinere Vernetzung)

Die unterschiedlichen Scherraten in Bild 2.125 lassen sich mit der unterschiedlichen Netzfeinheit erklären. In Bild 2.126 sind die beiden Netze dargestellt. Die grobe Vernetzung in Bild 2.126 links wurde mit dem Minimalwert von zwei Randschichten erzeugt. Die feine Vernetzung in Bild 2.126 wurde mit dem Maximalwert von vier Randschichten erstellt.

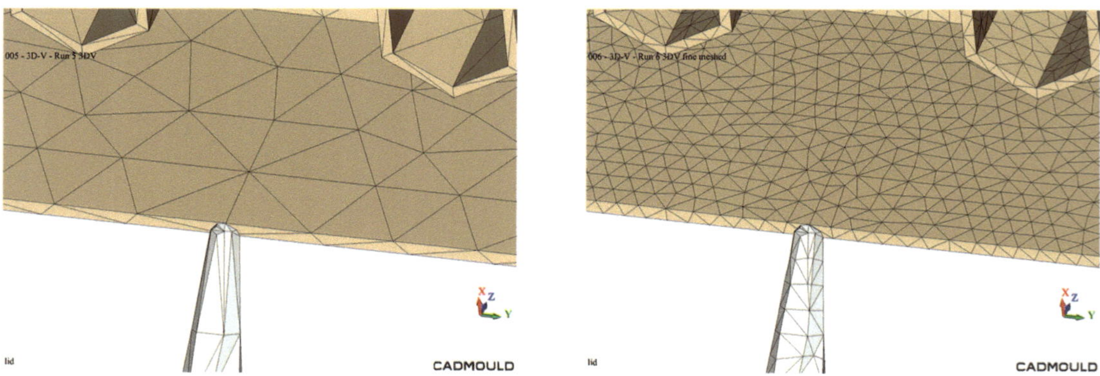

Bild 2.126 Vernetzung im Anschnitt (links: 3D-V-Netz, gröbere Vernetzung; rechts: 3D-V-Netz, feinere Vernetzung)

2.4.4.4 Fazit

Die Netzqualität hat einen erheblichen Einfluss auf die Qualität der Ergebnisse. Zum einen muss die Netzfeinheit in einer sinnvollen Größe definiert werden. Hier sind die Vernetzer der unterschiedlichen Software-Anbieter bereits so gut, dass die Werte in der Regel übernommen werden können. Trotz allem muss das erzeugte Netz in jedem Fall auf seine Qualität überprüft werden. In der jeweiligen Software sind dafür Diagnosetools und Reparaturtools enthalten, mit denen die Netzqualität weiter optimiert werden kann. Darüber hinaus ist auf eine feinere Vernetzung in kritischen Bereichen, wie Bohrungen und Durchbrüchen, Filmscharnieren und im Bereich der Anbindung, zu achten. Die entsprechenden Bereiche müssen unter Umständen separat feiner vernetzt werden.

Die Ergebnisse der einzelnen Simulationen weisen ebenfalls sehr große Schwankungen auf, sodass niemals nur eine einzige Simulation durchgeführt werden sollte. Außerdem bietet es sich an, verschiedene Simulationen durchzuführen, um die jeweilige an die Simulation gestellte Fragestellung zu beantworten. Wenn Scherraten ausgewertet werden sollen, muss auf eine ausreichende Vernetzung der Randbereiche des Formteils geachtet werden. Eine oder zwei Randschichten sind dann nicht ausreichend, um das Fließgeschwindigkeitsprofil und damit das Scherratenprofil hinreichend genau abzubilden. Das Scherratenprofil hat jedoch einen deutlichen Einfluss auf alle nachgelagerten Größen, wie die dissipative Energie, die Fließfronttemperatur und den Druckverlust, sodass nicht abschätzbare Einflüsse auf das Füllbild und die weiteren Ergebnisse der Simulation entstehen können. Abschließend bietet sich immer eine Validierung der Ergebnisse aus der Simulation mit einem Musterungsprozess inklusive einer Füllstudie an, um die Richtigkeit der Simulation zu bewerten und gegebenenfalls Optimierungen vornehmen zu können.

2.5 Abbildung des Spritzgießprozesses

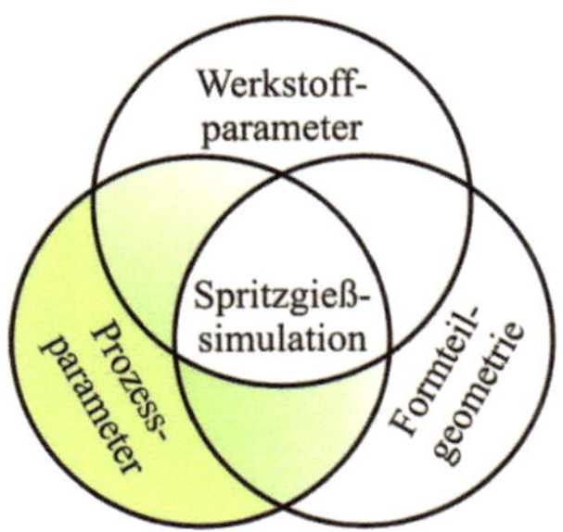

Bild 2.127
Einflüsse aus dem verwendeten Prozess

2.5.1 Kompaktspritzgießen

Der Zyklus des Spritzgießprozesses ist in Bild 2.128 dargestellt.

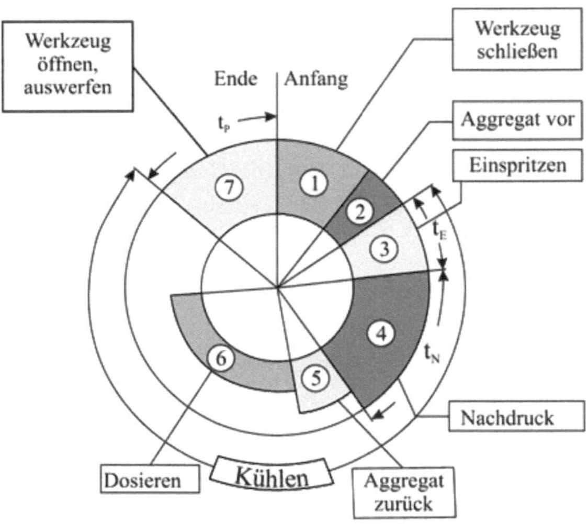

Bild 2.128 Der Spritzgießzyklus (eigene Abbildung in Anlehnung an [HM17])

Nach Bild 2.128 lässt sich die Zykluszeit grundsätzlich in die Einspritzzeit, die Kühlzeit und die Zeit, die das Spritzgießwerkzeug offen ist, aufteilen [HM17]. Die Kühlzeit, die für die Spritzgießsimulation benötigt wird, ist als Summe aus Einspritzzeit (injection time), Nachdruckzeit (packing time) und Restkühlzeit (cooling time) definiert (Formel 2.58).

$$t_{ipc} = t_{in} + t_p + t_c \tag{2.58}$$

t_{ipc}	Kühlzeit (injection + packing + cooling)	[s]
t_{in}	Einspritzzeit	[s]
t_p	Nachdruckzeit	[s]
t_c	Restkühlzeit (= t_{rk})	[s]

Während eines Spritzgießzyklus kann dabei die Plastifizierdüse zum Ende der Plastifizierung abgehoben werden, um den Wärmeeintrag durch die heiße Düse in das Spritzgießwerkzeug zu vermeiden [JM04], wodurch die Kühlzeit verkürzt werden kann. Wenn die gefertigten Formteile jedoch sehr klein sind, kann durch das Abheben der Düse keine deutliche Verbesserung der Kühlzeit erreicht werden. Bei Verwendung eines Heißkanals ist es ebenfalls nicht möglich, die Düse abzuheben, da sich plastifizierter Kunststoff im Heißkanal befindet, der beim Abheben der Düse aus dem Heißkanal fließen würde.

Die Zeit, in der das Werkzeug geöffnet wird, das Formteil ausgestoßen, gegebenenfalls auch eine Haltezeit eingehalten und das Werkzeug wieder geschlossen wird,

wird als „Mold-open-time“ zusammengefasst (Formel 2.59). Optional gehört auch die Zeit, die das Aggregat vorfährt, zur Mold-open-time.

$$t_{MoT} = t_{Wo} + t_{ej} + t_{halt} + t_{Ws} \left(+ t_{Aggv} \right) \tag{2.59}$$

t_{MoT}	Nebenzeit (Mold open time; Zeit, die das Werkzeug offen ist)	[s]
t_{Wo}	Werkzeug öffnen	[s]
t_{ej}	Formteil ausstoßen	[s]
t_{halt}	Haltezeit/Pausenzeit	[s]
t_{Ws}	Werkzeug schließen	[s]
t_{Aggv}	Aggregat vor	[s]

Zu Beginn des Spritzgießzyklus wird das Kunststoffgranulat plastifiziert und bildet im Schneckenvorraum das Schmelzepolster. Das Werkzeug wird geschlossen. Anschließend erfolgt das Einspritzen, wobei das Schmelzepolster in die Kavität gedrückt wird. Wenn die Kavität fast gefüllt ist, wird vom volumenstromgesteuerten Einspritzen auf druckgesteuertes Einspritzen umgeschaltet. Die Nachdruck- und Kühlphase beginnt. Um das Schwinden des Kunststoffs beim Abkühlen auszugleichen und um einen Verzug des Formteils und Einfallstellen zu vermeiden, wird zusätzliche Kunststoffschmelze in die Kavität gedrückt. Wenn der Anguss eingefroren ist, ist der Siegelpunkt erreicht und der Nachdruck wird entfernt. Das Formteil kühlt weiter ab, bis es stabil ist und entformt werden kann. Mit dem Abschluss der Nachdruckphase beginnt die erneute Plastifizierung des Kunststoffgranulats in der Schnecke. Nachdem das Formteil ausgeworfen wurde und genügend Kunststoff plastifiziert wurde, beginnt der Zyklus von vorne. Der gesamte Spritzgießzyklus ist in Bild 2.129 abgebildet.

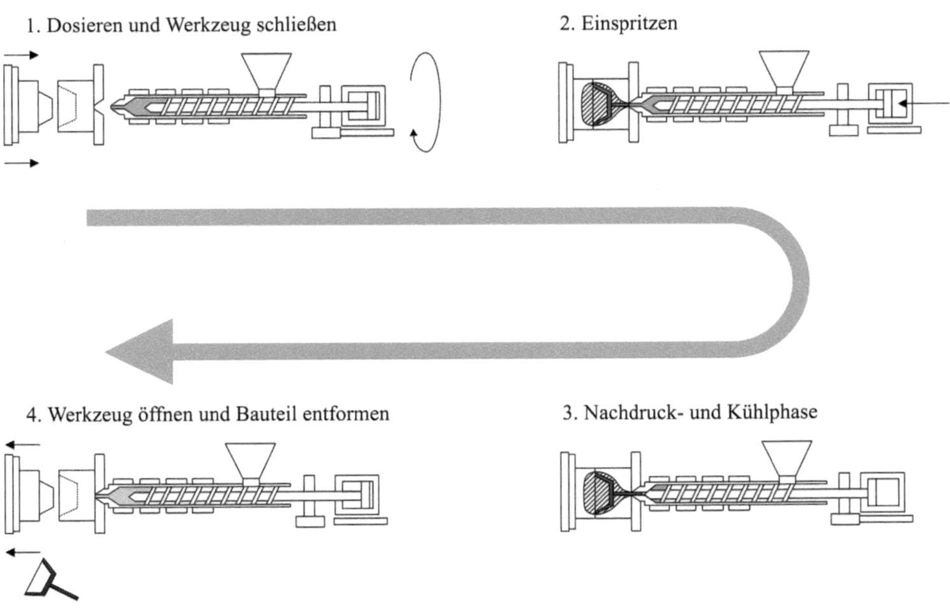

Bild 2.129 Der Spritzgießzyklus (eigene Abbildung in Anlehnung an [HM17])

Das Einspritzen beschreibt die Füllung der Kavität bis zum Umschaltpunkt auf Nachdruck. Das Umschalten erfolgt meist zwischen 95 % und 99 % volumetrischer Füllung. Während des Einspritzens wird die Einspritzgeschwindigkeit über die Geschwindigkeit der Schnecke gesteuert. Als Orientierung für die Füllzeit dient eine Fließfrontgeschwindigkeit von ca. 100 mm/s in der Werkzeugkavität. Bild 2.130 und Bild 2.131 bieten eine Orientierung zur Einstellung des Einspritzvolumenstroms für verschiedene Fließweglängen und Formteilgewichte. Unter Umständen muss der Einspritzvolumenstrom angepasst werden, da sowohl die Wanddicke des Formteils als auch die Viskosität der Kunststoffschmelze einen deutlichen Einfluss haben können [KI14].

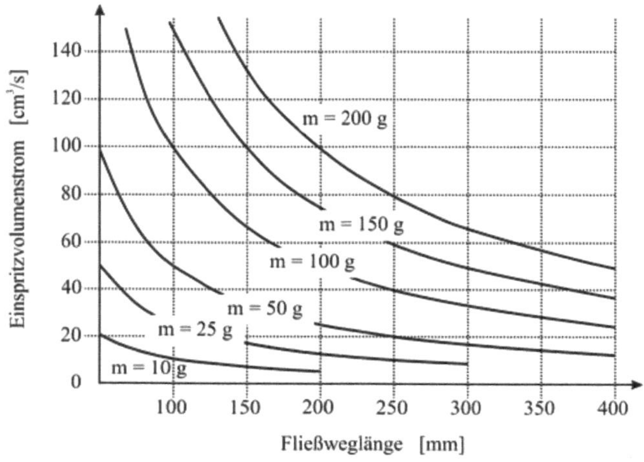

Bild 2.130 Empfohlene Einspritzgeschwindigkeiten für kleine Formteile (eigene Abbildung in Anlehnung an [KI14])

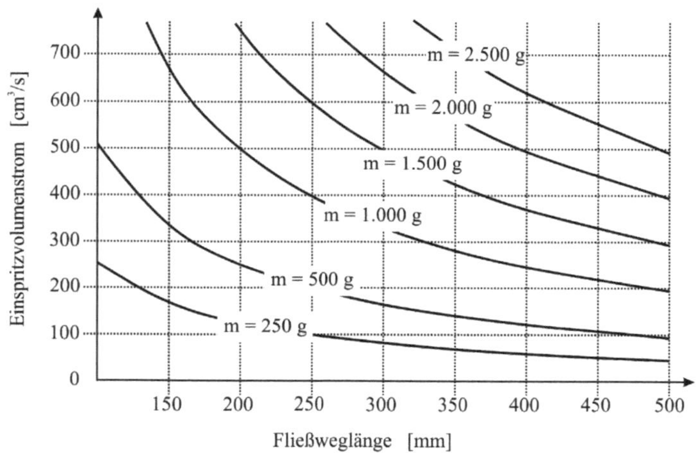

Bild 2.131 Empfohlene Einspritzgeschwindigkeiten für große Formteile (eigene Abbildung in Anlehnung an [KI14])

Während des Einspritzens wird normalerweise ein dreistufiges Einspritzprofil verwendet, um eine gleichmäßige Fließfrontgeschwindigkeit zu erreichen. Das einzustellende Einspritzprofil wird in Bild 2.132 qualitativ dargestellt. Zu Beginn wird mit einem kleinen Volumenstrom eingespritzt, um das Ausbilden einer einheitlichen Fließfront zu begünstigen. Ein Freistrahl und eine matte Stelle in Anschnittnähe werden somit vermieden. Sobald die Fließfront ausgebildet ist, wird der Einspritzvolumenstrom erhöht. Kurz vor dem Erreichen des Umschaltpunktes wird der Einspritzvolumenstrom wieder verringert, um den Umschaltpunkt exakter ansteuern zu können. Das Umschalten auf den Nachdruck erfolgt somit stabiler. Ein zu spätes Umschalten wird vermieden, wodurch die Druckspitzen am Ende der Füllung reduziert werden. Darüber hinaus kann die Luft besser aus der Formteilkavität gedrückt werden, sodass keine Brenner oder Verbrennungsschlieren am Fließwegende auftreten.

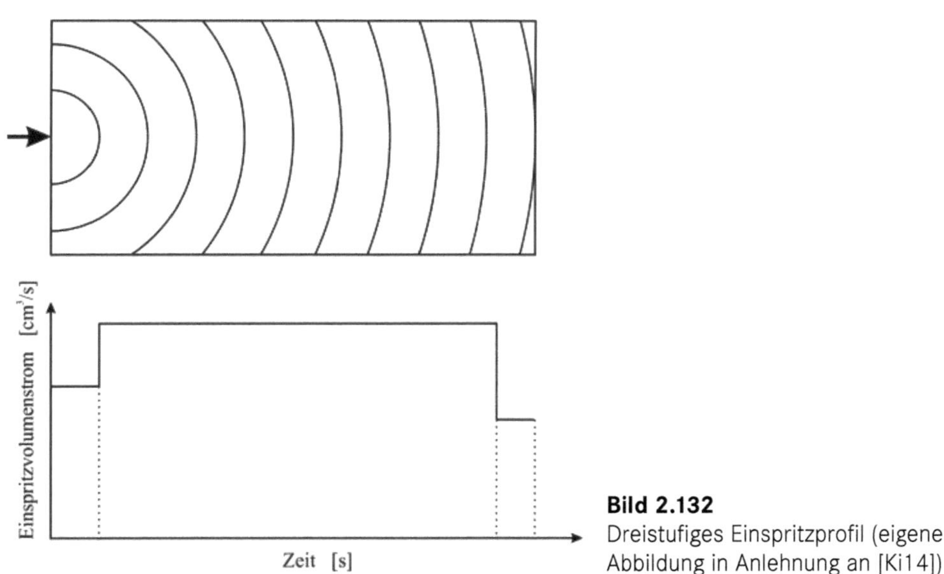

Bild 2.132 Dreistufiges Einspritzprofil (eigene Abbildung in Anlehnung an [Ki14])

Bei den meisten Spritzgießmaschinen stehen ein zeitgesteuertes Umschalten, ein weggesteuertes Umschalten (Schneckenposition) und ein druckgesteuertes Umschalten (über den Massedruck oder den Werkzeuginnendruck) für den Umschaltpunkt vom volumenstromgesteuerten Einspritzen zum druckgesteuerten Einspritzen (Umschalten auf Nachdruck) zur Auswahl. Allerdings ist keine der genannten Möglichkeiten optimal, da Aussagen über die tatsächliche Füllung des Formteiles nicht getroffen werden können. Aufgrund von Schwankungen in den Eigenschaften des plastifizierten Kunststoffes (vor allem Viskositäts- und Feuchteschwankungen [PGS12]) ist die Füllung der gefertigten Formteile und damit der Druckbedarf zum Füllen in jedem Spritzgießzyklus anders, wodurch die druckgesteuerten Methoden zur Umschaltung auf Nachdruck ungeeignet sind, da hier ein konstanter Druck vorgegeben wird, bei dessen Erreichen auf Nachdruck umgeschaltet wird. Das zeitgesteuerte Umschalten ist ebenfalls nicht geeignet, da hier ein kalter Pfropfen (Verstopfung der Maschinendüse) nicht erkannt werden kann. Aufgrund der Tatsache, dass erkalteter Kunststoff am Anguss haftet, der mit aus der Maschinendüse gezogen wird, und dass in jedem Spritzgießzyklus ein anderer Druck zum Füllen notwendig ist, ist das Umschalten beim Erreichen einer vorgegebenen Schneckenposition ebenfalls kein sicheres Kriterium dafür, dass die Kavität gerade vollständig gefüllt ist. Wenn die Schmelze dekomprimiert wird, besteht die Möglichkeit, dass bereits plastifizierter Kunststoff aus den Schneckengängen in den drucklosen Schneckenvorraum gedrückt wird, sodass die im Schneckenvorraum befindliche Menge an plastifiziertem Kunststoff nicht konstant ist [PGS12]. Dieser Umstand kann jedoch weder an der Spritzgießmaschine noch mit der Spritzgießsimulation erfasst werden.

Nach dem Umschalten folgt die Nachdruckphase. Diese dient der Kompensation des Schwindungsvolumens. Die Schnecke drückt mit einer definierten Kraft Kunststoffschmelze in die Kavität. Für die Nachdruckphase müssen die Nachdruckhöhe und die Nachdruckzeit vorgegeben werden.

Als Nachdruckzeit wird die Siegelzeit verwendet. Zu diesem Zeitpunkt ist der Anschnitt komplett eingefroren, sodass keine weitere Kunststoffschmelze mehr in die Kavität gedrückt werden kann. Wenn die Nachdruckzeit zu kurz gewählt wird, findet ein Druckausgleich zwischen der Kunststoffschmelze in der Formteilkavität und der Kunststoffschmelze im Anguss statt. Dabei fließt die Kunststoffschmelze aus der Formteilkavität zurück in den Anguss und in den Schneckenvorraum, was zu einem erhöhten Verzug führt. Wenn die Nachdruckzeit zu lang gewählt wird, ist die Maschinenbelastung unnötig hoch, da keine Schmelze mehr in die Formteilkavität fließen kann [Jar08]. Die Nachdruckzeit kann in der Simulation über die Einfrierzeit abgeschätzt werden, indem der Zeitpunkt bestimmt wird, zu dem keine Verbindung der Kunststoffschmelze vom Anguss in die Formteilkavität besteht.

Die Definition der Nachdruckhöhe ist komplexer. Bild 2.133 und Bild 2.134 zeigen die qualitativen Verläufe des Nachdruckprofils für amorphe und teilkristalline Kunststoffe. Grundsätzlich orientiert sich die Nachdruckhöhe am maximalen Einspritzdruck und sollte niedriger als dieser sein. Die erste Profilstufe dient dazu, eine ausreichend hohe Fließfrontgeschwindigkeit im Formteil zu erzeugen. Die Zeit für die erste Profilstufe beträgt zwischen 0,1 s und 1 s. Während der ersten Profilstufe werden die letzten Bereiche in der Formteilkavität gefüllt, ohne dass Einfriereffekte am Fließwegende entstehen [KI14].

Die zweite Nachdruckstufe und gegebenenfalls weitere Nachdruckstufen dienen der Kompensation der Schwindung. Werden amorphe Kunststoffe verarbeitet, sollte das Nachdruckprofil wie in Bild 2.133 abfallend gestaltet werden, um hohe

Spannungen und Orientierungen in der Nähe des Anschnittes zu vermeiden. Das Nachdruckprofil kann entweder als linear abfallendes Profil oder über mehrere abfallende Stufen definiert werden. Bei der Verwendung teilkristalliner Kunststoffe sollte das Nachdruckprofil auf einem konstant hohen Niveau definiert werden, wie in Bild 2.134 dargestellt. Zum einen neigen teilkristalline Kunststoffe nicht dazu, hohe Orientierungen im Bereich des Anschnittes auszubilden, zum anderen weisen teilkristalline Kunststoffe aufgrund der kristallinen Bereiche ein wesentlich höheres Schwindungspotenzial auf, was durch den Nachdruck kompensiert werden muss, um einen akzeptablen Verzug zu erhalten [KI14].

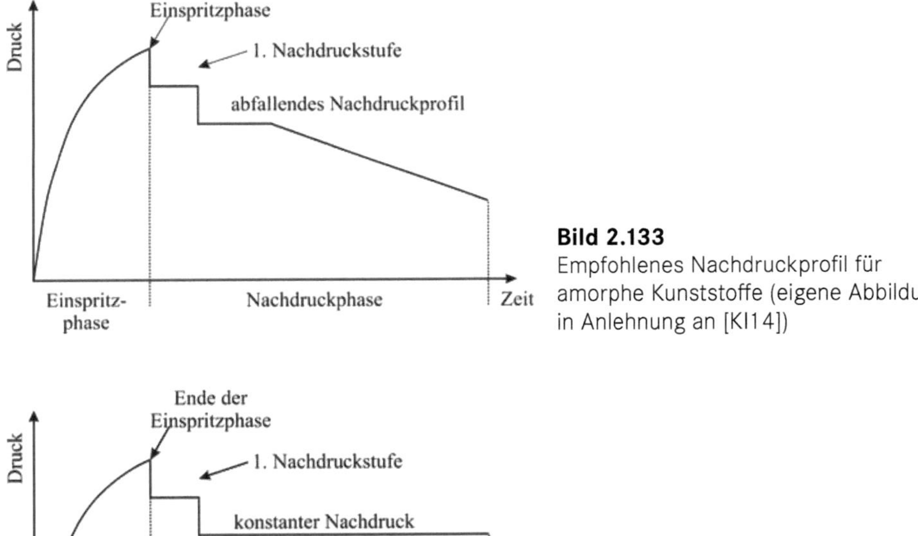

Bild 2.133
Empfohlenes Nachdruckprofil für amorphe Kunststoffe (eigene Abbildung in Anlehnung an [KI14])

Bild 2.134
Charakteristische Werkzeuginnendruckkurve (eigene Abbildung in Anlehnung an [JM04])

Neben den Prozesstemperaturen und der Einspritzgeschwindigkeit hat der Werkzeuginnendruck einen maßgeblichen Einfluss auf die maßlichen und qualitativen Eigenschaften des Formteils. Bild 2.135 zeigt einen idealen Druckverlauf in der Werkzeugkavität sowie die Einflussgrößen und die in der jeweiligen Phase beeinflussbaren Eigenschaften [JM04].

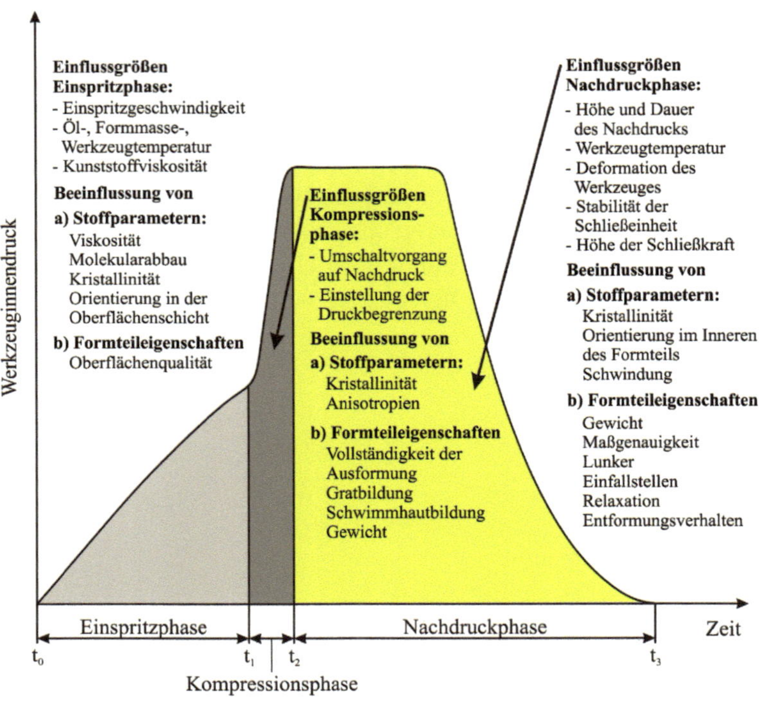

Bild 2.135 Charakteristische Werkzeuginnendruckkurve (eigene Abbildung in Anlehnung an [JM04])

Eine grobe Abschätzung der Kühlzeit ist nach Formel 2.60 möglich, indem nur die Wanddicke berücksichtigt wird [MMM07]. Der Vorfaktor in Formel 2.60 hängt dabei von der Temperaturleitfähigkeit des Kunststoffes und dem eingestellten Prozesspunkt des Spritzgießzyklus ab. Dabei ist der Wert 2 eher zu wählen, wenn die Temperaturleitfähigkeit des Kunststoffes niedrig ist, die Schmelzetemperatur des Kunststoffes am unteren Rand des empfohlenen Verarbeitungsbereiches liegt und die Werkzeugwandtemperatur am unteren Rand des empfohlenen Bereiches liegt. Sind die Schmelzetemperatur des Kunststoffes und die Kühlmedientemperatur dagegen am oberen Rand des empfohlenen Bereiches, ist der Wert 3 zu wählen [PM95]. Dabei hat die Werkzeugwandtemperatur einen größeren Einfluss auf die Kühlzeit als die Schmelzetemperatur [PM95, Jar08].

$$t_k = c_k \cdot s^2 \qquad (2.60)$$

c_K	2 bis 3	[s mm^{-2}]
s	Wanddicke	[mm]

In der Praxis hängt die Kühlzeit von weiteren Parametern ab. Die Kühlzeit muss so lange andauern, bis das Bauteil ohne Beschädigungen und mit ausreichender Maßhaltigkeit entformt werden kann [JM04]. Dabei spielen die Schmelzetemperatur, die Werkzeugtemperatur, die Geometrie des Bauteiles und der verwendete Kunststoff eine Rolle.

Im Spritzgießprozess wird eine Werkzeugwandtemperatur eingestellt, die durch das Kühlmedium sichergestellt werden soll. Die Temperatur des Kühlmediums ist dabei die niedrigste Temperatur, die im Spritzgießzyklus unmittelbar vor dem Beginn des Einspritzens auftritt. Während des Einspritzens steigt die Temperatur an der Werkzeugwand sprunghaft auf ein Maximum an. Das Kühlmedium kühlt die Werkzeugwand wieder auf die niedrigste Temperatur ab. Diese Temperaturschwankungen sind in einem eingefahrenen Spritzgießzyklus konstant [Jar08, Zöl99].

Die maximale Werkzeugwandtemperatur (Formel 2.61) ist abhängig von der Wärmeeindringfähigkeit (Formel 2.62) des Werkzeugstahles und des verwendeten Kunststoffes [Zöl99, MMM07].

$$\Theta_{\mathrm{Wmax}} = \frac{b_{\mathrm{W}} \cdot \Theta_{\mathrm{Wmin}} + b_{\mathrm{M}} \cdot \Theta_{\mathrm{M}}}{b_{\mathrm{W}} + b_{\mathrm{M}}} \tag{2.61}$$

Θ_{Wmax}	maximale Werkzeugwandtemperatur	[°C]
Θ_{Wmin}	minimale Werkzeugwandtemperatur	[°C]
b_{W}	Wärmeeindringfähigkeit des Werkzeugstahls	[J m^{-2} K s$^{1/2}$]
b_{M}	Wärmeeindringfähigkeit des Kunststoffes	[J m^{-2} K s$^{1/2}$]
Θ_{M}	Massetemperatur	[°C]

$$b = \sqrt{\lambda \cdot \rho \cdot c} \tag{2.62}$$

λ	Wärmeleitfähigkeit	[W m^{-1} K^{-1}]
ρ	Dichte	[kg m^{-3}]
c	spezifische Wärmekapazität	[J kg^{-1} K^{-1}]

Die mittlere Werkzeugwandtemperatur (Formel 2.63) ergibt sich aus dem Mittelwert aus der maximalen und der minimalen Werkzeugwandtemperatur und ist zur Berechnung der Kühlzeit erforderlich [Zöl99, MMM07].

$$\Theta_{\mathrm{W}} = \frac{\Theta_{\mathrm{Wmax}} + \Theta_{\mathrm{Wmin}}}{2} \tag{2.63}$$

Θ_{W}	mittlere Werkzeugwandtemperatur	[°C]

Die Kühlzeit kann dann abhängig von der Bauteilgeometrie berechnet werden [MMM07]. Für plattenförmige Bauteilgeometrien gilt Formel 2.64 [MMM07, Zöl99].

$$t_{\mathrm{K}} = \frac{s^2}{\pi^2 \cdot a_{\mathrm{eff}}} \cdot \ln\left(\frac{8}{\pi^2} \cdot \frac{\Theta_{\mathrm{M}} - \Theta_{\mathrm{W}}}{\Theta_{\mathrm{ej}} - \Theta_{\mathrm{W}}}\right) \tag{2.64}$$

t_{K}	Kühlzeit	[s]
s	Wanddicke	[mm]
a_{eff}	effektive Temperaturleitfähigkeit des Kunststoffes	[mm^2 s^{-1}]
Θ_{ej}	Entformungstemperatur	[°C]

Sind die Bauteile zylinderförmig, dann gilt Formel 2.65 [MMM07, Zöl99].

$$t_K = \frac{d^2}{23{,}14 \cdot a_{\text{eff}}} \cdot \ln\left(0{,}692 \cdot \frac{\Theta_M - \Theta_W}{\Theta_{ej} - \Theta_W}\right) \tag{2.65}$$

d Zylinderdurchmesser [mm]

Die effektive Temperaturleitfähigkeit in Formel 2.64 und Formel 2.65 wird für die Berechnung der Kühlzeit als konstant angenommen und wird nach Formel 2.66 berechnet.

$$a_{\text{eff}} = \frac{\lambda}{c \cdot \rho} \tag{2.66}$$

In der Füllsimulation kann nicht der gesamte Spritzgießzyklus abgebildet werden. Die Plastifizierung der Schmelze kann nicht mit modelliert werden. Stattdessen wird davon ausgegangen, dass eine ideal aufbereitete Schmelze mit einer konstanten Temperatur und ohne Entmischungen vorliegt.

Die Einspritzgeschwindigkeit kann in der Simulation über verschiedene Profile definiert werden. Es ist möglich, einen Volumenstrom vorzugeben, aus dem dann die Einspritzgeschwindigkeit berechnet wird. Genauso kann aber auch eine Einspritzzeit oder ein maximaler Einspritzdruck definiert werden, über die dann eingespritzt wird. Außerdem kann die optimale Einspritzzeit errechnet werden, bei der der Fülldruck minimal ist. Auf Basis der Ergebnisse aus der Füllung erfolgt dann die Berechnung des Nachdruckes. Dabei kann ein Zeitpunkt vorgegeben werden, an dem vom volumengesteuerten Einspritzen auf druckgesteuertes Einspritzen umgeschaltet wird und das weitere Füllen mit einem konstanten Druck erfolgt. Wenn der Siegelpunkt erreicht ist oder wenn die Nachdruckzeit abgelaufen ist, erfolgt die Berechnung des Schwindungs- und Verzugsverhaltens. Beide werden bis zur Entformungstemperatur mit behinderter Schwindung berechnet, da das Werkzeug eine freie Schwindung verhindert. Wird die Entformungstemperatur in allen Elementen unterschritten, so wird mit freier Schwindung gerechnet

Die Werkzeugwandtemperatur wird in der Simulation als konstanter, homogener Wert vorgegeben. Für viele Simulationen ist diese Annahme zulässig. Wenn die Temperaturverteilung an der Werkzeugwand berücksichtigt werden soll, müssen Kühlkanäle im Modell nachgebildet werden. Die Werkzeugwandtemperatur wird dann aus den thermischen Eigenschaften des Kühlmittels, der Kühlmitteltemperatur und der Kühlkanalgeometrie berechnet.

Diese Oberflächentemperatur der Werkzeugwand wird über den gesamten Spritzgießzyklus konstant gehalten. Dabei können Einsätze, aber auch Kerne berücksichtigt werden, wenn sie aus anderen Materialien bestehen. Auf Grundlage dieser Temperaturen werden dann alle anderen Berechnungen (Füllen, Nachdruck und Verzug) durchgeführt. Die Berücksichtigung der unterschiedlichen Temperaturbereiche der Werkzeugwand ist wichtig, da die Wärmeübertragung und damit Abkühlung der Schmelze unter anderem von der Oberflächentemperatur abhängt. Die Abkühlung hat einen entscheidenden Einfluss auf die Einfrierzeit und das Schwindungsverhalten des Formteils. Wenn Bereiche des Formteils eher einfrieren, so kann an diesen Stellen die Schwindung nicht mehr durch den Nachdruck ausgeglichen werden, wodurch es zu unterschiedlichem Schwindungsverhalten im Formteil und damit zum Verzug des Formteils kommt. Außerdem können an diesen Stellen Oberflächenfehler auftreten.

Das Füllen der Schmelze in die Kavität beginnt am Anspritzpunkt. Dessen Lage ist von entscheidender Bedeutung sowohl für die Füllung des Formteils als auch für die Qualität des Formteils. Ist das Formteil größer, müssen mehrere Anspritzpunkte vorgesehen werden. Diese werden durch das Verteilersystem miteinander verbunden. Die Verteilersysteme können als unbeheizter Kaltkanal oder als beheizter Heißkanal ausgeführt sein. Beide Varianten können in der Füllsimulation berücksichtigt werden. Die zeitliche Steuerung der Düsen kann ebenfalls berücksichtigt werden.

Wenn der Heißkanal in der Füllsimulation berücksichtigt wird, kann außerdem eine Kaskadensteuerung aufgebaut werden, indem die einzelnen Heißkanaldüsen zeitlich verzögert geöffnet werden. Zum einen kann dies durch fest definierte Zeiten realisiert werden. Zum anderen kann durch einen Knoten eine Position definiert werden, die die Kunststoffschmelze erreicht haben muss, bevor die zweite Heißkanaldüse geöffnet wird. Der gewählte Knoten kann anschließend im Werkzeug durch einen Temperatursensor berücksichtigt werden, der das Erreichen der Schmelze an der definierten Position anzeigt. Dieses Vorgehen wird häufig genutzt, um die Lage von Bindenähten günstig zu beeinflussen, das heißt, die Position von Bindenähten in unkritische Bereiche zu verlegen oder diese ganz zu vermeiden. Abhängig vom Anwendungsfall kann eine Kaskadensteuerung auch dazu genutzt werden, die Lage der Bindenähte so zu beeinflussen, dass eine Sollbruchstelle entsteht.

Während der Simulation werden die gleichen Phasen aufeinander aufbauend berechnet, wie sie im realen Spritzgießprozess vorkommen. Am Anfang wird die Werkzeugwandtemperatur mithilfe der Kühlkanäle berechnet oder vorgegeben. Darauf aufbauend wird das Formteil gefüllt. Sobald der Umschaltpunkt erreicht wurde, wird die Nachdruckphase simuliert. Abschließend werden die Schwindung und der Verzug des Formteils berechnet.

Da alle Schritte aufeinander aufbauen, setzen sich Berechnungsfehler immer weiter fort. Das genaueste Ergebnis ist somit die rheologische Füllung des Formteils. Die Drücke und Temperaturen werden daraus abgeleitet und sind schon ungenauer. Bei der Berechnung von Schwindung und Verzug handelt es sich deshalb eher um qualitative Ergebnisse.

2.5.2 Mehrkomponentenspritzgießen

Beim Mehrkomponentenspritzgießen werden mehrere unterschiedliche Kunststoffe nacheinander in das Spritzgießwerkzeug eingespritzt. Es gehört damit zu den Additionsverfahren. Vor der Füllung mit einer neuen Komponente wird eine neue Kavität im Werkzeug freigegeben. Das Freigeben neuer Kavitäten kann dabei technisch auf verschiedene Arten realisiert werden. Die gebräuchlichsten sind die Verwendung eines Drehtellers (Bild 2.136), das Ziehen eines Schiebers (Bild 2.137) oder das Einlegen und Umspritzen der ersten Komponente mithilfe eines Roboters (Bild 2.138) [HM17, Jar08].

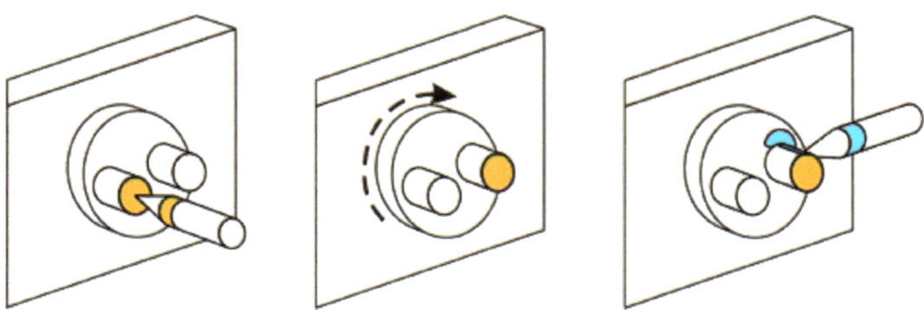

Bild 2.136 Mehrkomponentenwerkzeug mit Drehteller (eigene Abbildung in Anlehnung an [Jar08])

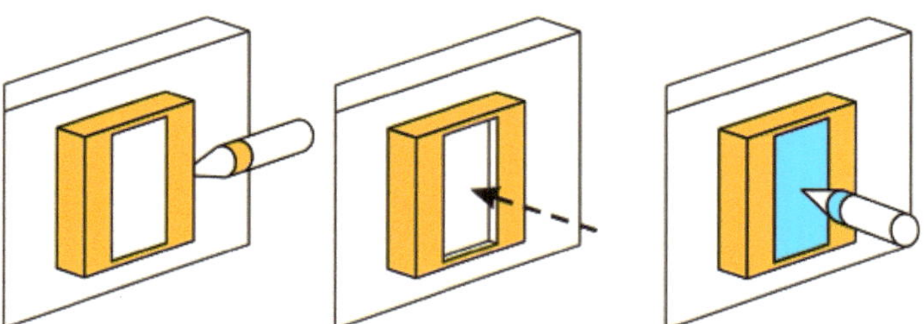

Bild 2.137 Mehrkomponentenwerkzeug mit Schieber (eigene Abbildung in Anlehnung an [Jar08])

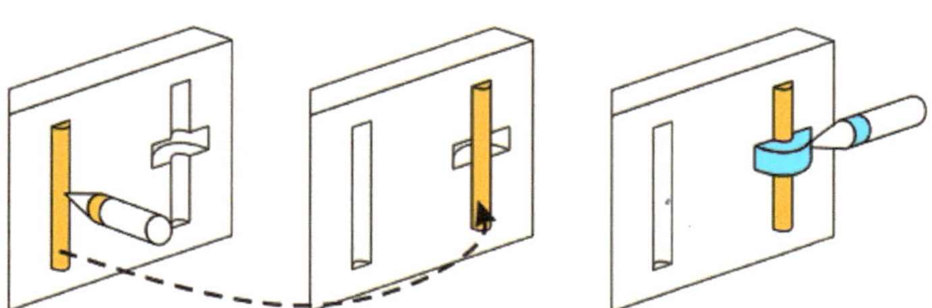

Bild 2.138 Mehrkomponentenwerkzeug mit Umsetzung (eigene Abbildung in Anlehnung an [Jar08])

Alle drei Verfahren haben die Gemeinsamkeit, dass die erste Komponente allein verarbeitet wird. Nach dem Erstarren wird das Werkzeug geöffnet. Abhängig vom eingesetzten Verfahren wird das Formteil entweder entformt oder es verbleibt in der auswerferseitigen Werkzeughälfte. Wenn das Formteil entformt wird, wird es später in ein anderes Werkzeug eingelegt und dort mit der zweiten Komponente umspritzt. Wenn das Formteil im Werkzeug verbleibt, wird die zweite Kavität entweder durch eine Drehung des Werkzeugtellers oder durch das Ziehen eines Schiebers freigegeben. Das Werkzeug wird dann erneut geschlossen und das Formteil mit der zweiten Komponente umspritzt. Bild 2.139 fasst den prinzipiellen Verfahrensablauf beim Mehrkomponenten-spritzgießen zusammen [HM17].

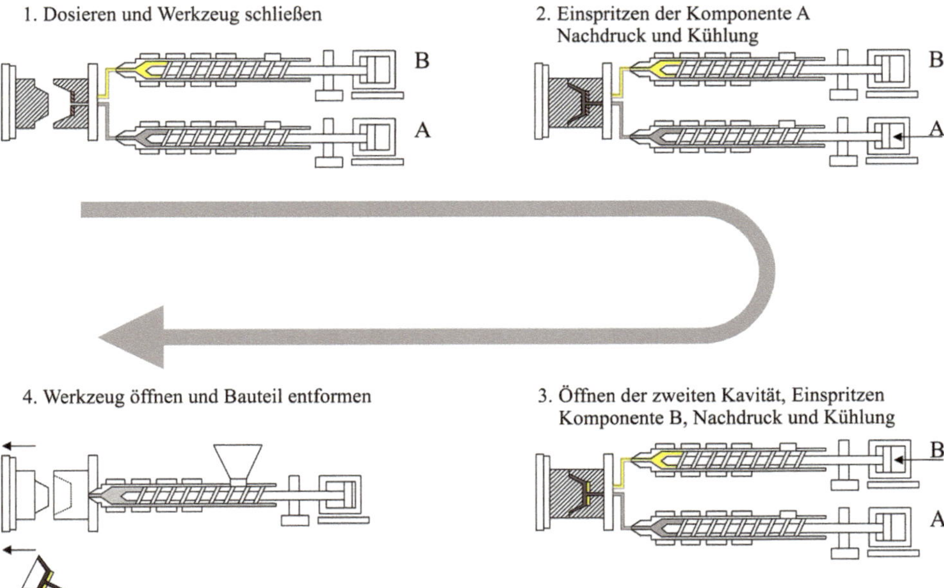

Bild 2.139 Der Spritzgießzyklus mit mehreren Komponenten (eigene Abbildung in Anlehnung an [HM17])

Der Vorteil des Mehrkomponentenspritzgießens besteht darin, dass Formteile mit hoher Funktionsintegration automatisiert gefertigt werden können. So können Formteile mit mehreren Farben oder einer Kombination aus Hart- und Weichkomponenten gefertigt werden. Das Anspritzen von Funktionselementen, wie einer Dichtung an einen bestehenden Vorspritzling, ist ebenfalls möglich, sodass Montageschritte eingespart werden können. Mithilfe des Mehrkomponentenspritzgießens ist auch die direkte Fertigung von Funktionselementen möglich. So können bewegliche Gelenke oder Scharniere aus unterschiedlichen Kunststoffen unter Ausnutzung der unterschiedlichen Schwindung in einem einzigen Fertigungsschritt hergestellt werden [Jar08].

Bild 2.140 zeigt die Anwendung des Mehrkomponentenspritzgießens am Beispiel eines Spielzeugaffen. Dabei muss der zweite Werkstoff eine geringere Verarbeitungstemperatur als der erste Werkstoff haben, um ein Anschmelzen der ersten Komponente zu verhindern. Die innere Komponente sollte außerdem eine größere Schwindung aufweisen, um die Entstehung eines Kraftschlusses zwischen den Komponenten zu vermeiden und die Beweglichkeit der Gelenke sicherzustellen. Die in Bild 2.140 dargestellte Figur wird aus drei unterschiedlichen Komponenten in einem Drehtellerwerkzeug mit einem Heißkanal hergestellt. Als Erstes wird der Kopf aus PBT gespritzt. Danach wird der Hauptkörper aus PA 6 GF 15 gefertigt. Durch die höhere Schwindung des PBT im Vergleich zum PA 6 GF 15 bleibt der Kopf beweglich. Als Letztes werden die Gliedmaßen und das Haarteil am Kopf aus POM gespritzt. Zwischen dem Kopf aus PBT und dem Haarteil aus POM entsteht eine feste formschlüssige Verbindung. Durch die geringere Schwindung des Hauptkörpers aus PA 6 GF 15 gegenüber den Armen und Beinen aus POM entsteht eine kraftschlüssige Verbindung an den Gelenken, sodass diese schwer beweglich sind und an eingestellten Positionen verbleiben können. Das POM schwindet auf das PA 6 GF 15 zwar auf, geht aber keine Verbindung mit diesem ein [Ehr20].

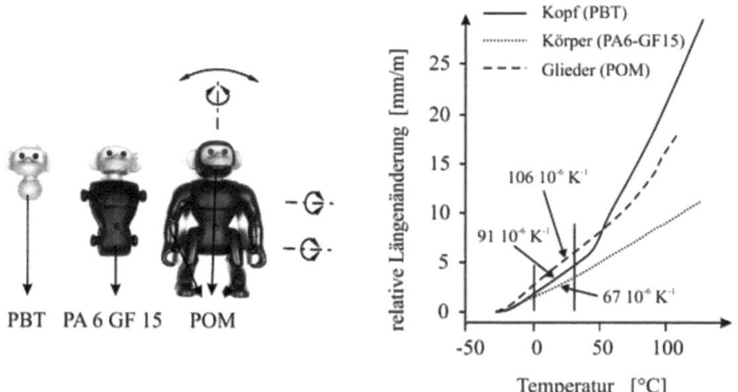

Bild 2.140 Schritte bei der Herstellung eines Spielzeugaffen (eigene Abbildung in Anlehnung an [Ehr20])

In der Simulation wird das Mehrkomponentenspritzgießen als Spritzgießen mehrerer Formteile betrachtet. Wie auch die Fertigung erfolgt die Simulation der Füllung der einzelnen Komponenten nacheinander, wobei der Wärmeübergang zwischen den beiden Komponenten bei der Simulation der zweiten Komponente berücksichtigt werden muss. Mithilfe der 3D-Simulation ist auch die Berechnung des gemeinsamen Verzuges der Mehrkomponenten-formteile möglich.

2.5.3 Sandwichspritzgießen

Das Sandwichverfahren gehört zu den Sequenzverfahren, da mehrere Komponenten ineinander gespritzt werden. Sandwichformteile haben damit einen anderen Kunststoff im Kern als an der Oberfläche. Bild 2.141 zeigt den prinzipiellen Verfahrensablauf beim Sandwichspritzgießen. Zuerst wird die benötigte Menge der Komponente 1 für die Haut des Formteils eingespritzt. Danach wird die Kernkomponente durch die gleiche Düse gespritzt. Aufgrund der laminaren Strömung während der Formteilfüllung und des Quellflusses ist eine Durchmischung der beiden Komponenten ausgeschlossen. Da die Komponente 1 an der Werkzeugwand haftet und schlagartig einfriert, ist außerdem ausgeschlossen, dass die Komponente 2 an die Formteiloberfläche kommt [HM17].

Erfahrungsgemäß beträgt die Dicke der erstarrten Randschicht ca. 12 % bezogen auf den jeweiligen Querschnitt. Während der Füllung stellt sich ein thermisches Gleichgewicht aus der reduzierten Wärmeabfuhr durch die Hautkomponente und der erhöhten Scherung der Kunststoffschmelze, die durch den noch flüssigen Querschnitt strömt, ein. Durch diese gegenläufigen Effekte reguliert sich die erstarrte Wanddicke selbst. Als Richtwert über das Verhältnis zwischen Hautkomponente und Kernkomponente kann das Verhältnis 40/60 verwendet werden. Ungefähr 40 % des eingespritzten Materials bilden die Formteiloberfläche und ca. 60 % bilden das Formteilinnere [Jar08].

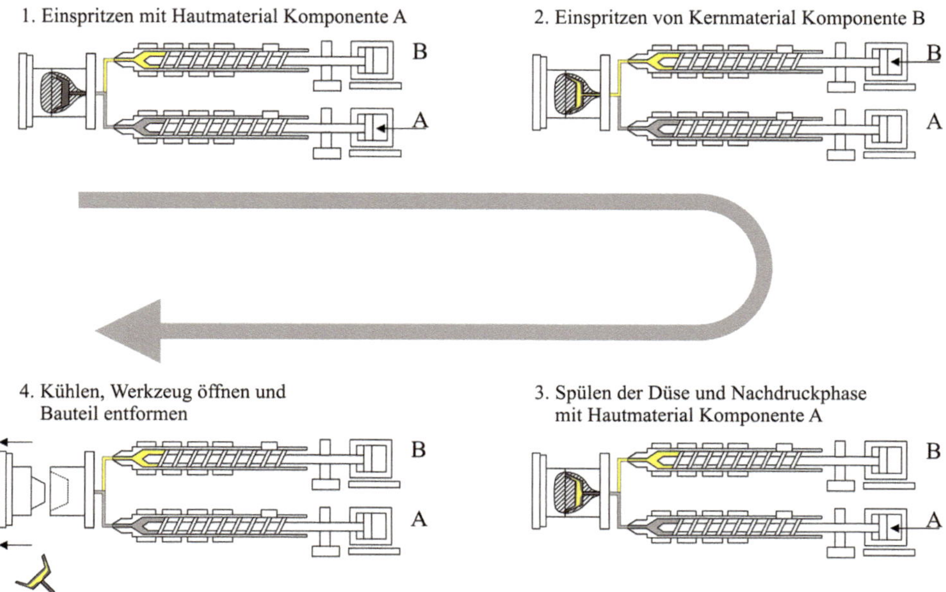

Bild 2.141 Das Sandwichspritzgießen (eigene Abbildung in Anlehnung an [HM17])

Das Sandwichspritzgießen hat vielfältige Anwendungsmöglichkeiten. Häufig wird für den Kern ein Recyclingmaterial oder ein minderwertiges Material eingesetzt, während Neuware als Hautmaterial verwendet wird. Das gefertigte Formteil weist dann eine hochwertige Oberfläche auf. Die Kombination aus glasfasergefülltem Kernmaterial und ungefüllten Hautmaterial ist ebenfalls üblich, um sicherzustellen, dass sich die abrasiven Glasfasern nicht an der Formteiloberfläche befinden [HM17].

In der Simulation werden alle Phasen wie beim Kompaktspritzguss auch für das Sandwichspritzgießen berechnet. Als zusätzliches Ergebnis wird die Wanddickenverteilung der Hautkomponente berechnet und ausgegeben. Dieses Ergebnis dient der Ermittlung der örtlichen Wanddicke und der Sicherstellung, dass die Kernkomponente das Hautmaterial nicht durchstößt und damit an der Formteiloberfläche sichtbar wird. Das kann passieren, wenn zu wenig Hautmaterial eingespritzt wird, sodass die Quellströmung dafür sorgt, dass die Kernkomponente die Fließfront, bestehend aus dem Hautmaterial, durchbricht und sich an die Werkzeugwand anlegt. In den Bereichen, in denen die Dicke der Kernkomponente null ist, passiert dieser Effekt.

2.5.4 Gasinnendruck-Verfahren

Wie das Sandwichverfahren gehört auch das Gasinnendruck-Verfahren zu den Sequenzverfahren. Es wird häufig bei Formteilen angewendet, die in Teilbereichen rohrförmige Strukturen oder hohe Wanddicken aufweisen oder stark verrippt sind. Bild 2.142 zeigt den prinzipiellen Verfahrensablauf beim Gasinnendruck-Verfahren [HM17].

Grundsätzlich haben sich mit dem Standard-GIT-Verfahren und dem Ausblasverfahren zwei Verfahrensvarianten etabliert. Beim Standard-GIT-Verfahren wird die Kavität teilweise mit Kunststoffschmelze gefüllt. Die restliche Füllung wird durch das eingeschleuste Gas realisiert. Beim Ausblasverfahren wird die Kavität vollständig gefüllt. Nach einer kurzen Abkühlzeit wird das Gas an den dickwandigen Bereichen eingeleitet. Der Gasdruck drückt dann die Schmelze aus der Kavität in eine Nebenkavität oder zurück in den Schneckenvorraum oder den Heißkanal. Das Gas weist dabei im Unterschied zur Kunststoffschmelze keinen Druckverlust auf, sodass es wie ein Kolben wirkt und die Kunststoffschmelze vor sich herschiebt. Im Speziellen beim Ausblasverfahren kann die Lage der Hohlräume durch die Positionierung der Gaskanäle beeinflusst werden. Das Gas verbleibt während der Nachdruckzeit und Kühlzeit in der Kavität und wird erst nach der Erstarrung des Formteils in den Vorratsbehälter zurückgeführt [Jar08].

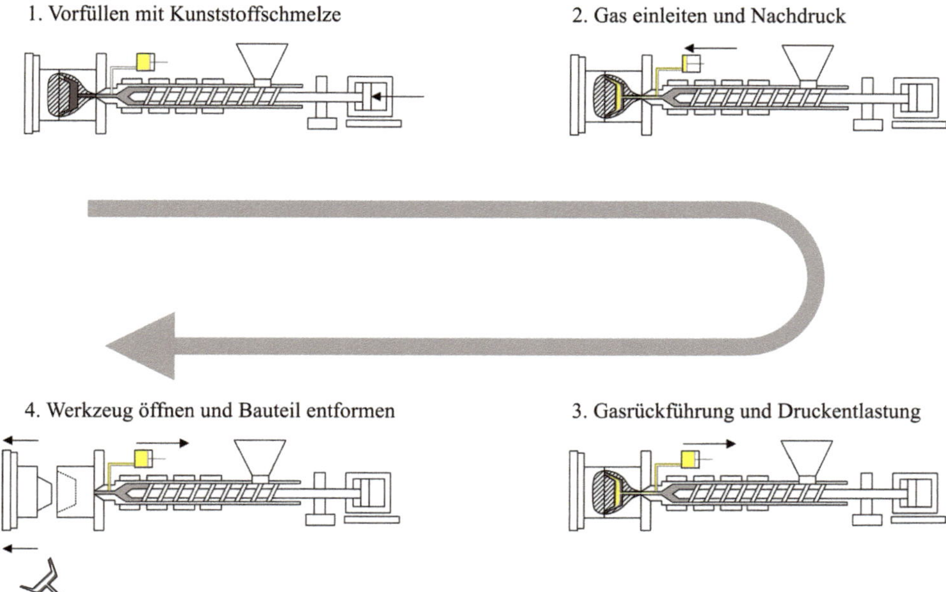

Bild 2.142 Das Gasinnendruck-Verfahren (eigene Abbildung in Anlehnung an [HM17])

In der Füllsimulation können alle Phasen des Gasinnendruck-Verfahrens abgebildet werden. Als zusätzliches Ergebnis wird die Wanddickenverteilung nach dem Eindüsen des Gases ausgegeben, sodass abgeschätzt werden kann, wie weit das Gas in den Gaskanal vorgedrungen ist und ob es auch in dünnere Bereiche gedrückt worden ist.

2.5.5 Spritzprägen

Wie das Gasinnendruck-Verfahren hat auch das Spritzprägen das Ziel, eine gleichmäßige Druckverteilung in der Kavität zu bewirken, um dickwandige Formteile ohne Einfallstellen oder Verzug herzustellen. Daneben kann das Spritzprägen zur Fertigung optischer Formteile genutzt werden, da die Molekülorientierungen und Eigenspannungen geringer sind als beim Kompaktspritzguss.

Das Spritzprägen ist in Bild 2.143 dargestellt und wird in zwei Verfahrensschritte unterteilt, das Einspritzen und das Prägen. Im Gegensatz zum Kompaktspritzguss ist das Werkzeug beim Spritzprägen nicht vollständig geschlossen. Es verbleibt ein Prägespalt. Die vordosierte Kunststoffschmelze wird in das geöffnete Werkzeug gespritzt. Da das Volumen der Formteilkavität im geöffneten Zustand des Werkzeuges größer ist, erfolgt das Einspritzen mit geringerem Druck. Es bildet sich ein Massekuchen. Nach dem Einspritzen wird das Werkzeug vollständig geschlossen, sodass der Massekuchen die Formteilkavität ausfüllt. Während des Prägens muss der Anschnitt verschlossen sein, um ein Zurückfließen der Schmelze in den Anguss zu vermeiden. Durch die Verteilung des Massekuchens während des Prägens ist die Füllung der Kavität gleichmäßiger [HM17].

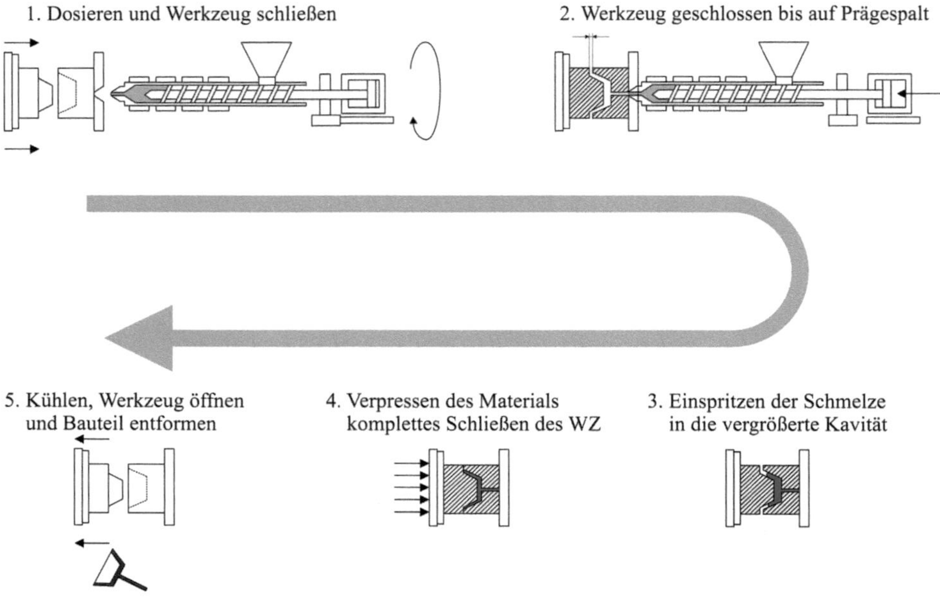

Bild 2.143 Das Spritzprägen (eigene Abbildung in Anlehnung an [HM17])

Eine Nachdruckphase wie beim Kompaktspritzguss ist nicht notwendig, da die Schwindung durch das weitere Zusammenfahren der Werkzeughälften ausgeglichen wird, was sich günstig auf den Verzug und Einfallstellen auswirkt.

Problematisch ist die aufwendigere Werkzeugtechnik. Das Werkzeug muss so gestaltet werden, dass ein Austreten der Schmelze während der Einspritzphase verhindert wird. In der Regel werden Tauchkanten am Werkzeug angebracht. Die Füllung muss sehr balanciert sein, um Druckspitzen während des Prägens zu vermeiden. Bei länglichen Formteilen muss also sichergestellt sein, dass die Schmelze das jeweilige Fließwegende gleichzeitig erreicht. Ist dies nicht der Fall, muss die Schmelze aus einem Teil des Werkzeuges in einen anderen gedrückt werden, was zu großen Drücken und einer unsymmetrischen Werkzeugbelastung führt [HM17].

Der Spritzprägeprozess kann in der Simulation vollständig abgebildet werden. Zusätzlich zu den Ergebnissen aus dem Kompaktspritzguss aus dem Einspritzen wird ein Füllbild erstellt, bevor das Werkzeug geschlossen wird.

2.5.6 Thermoplast-Schaumspritzgießen

Alle Verfahren zum Schäumen von Kunststoffen werden unter dem Begriff thermoplastisches Schaumspritzgießen zusammengefasst. Die Verfahren werden prinzipiell in chemisches und physikalisches Schäumen unterteilt. Thermoplastische Kunststoffe werden seit den 1960er-Jahren chemisch geschäumt.

Die ersten Versuche wurden mit handelsüblichem Backpulver durchgeführt. Die Temperatur im Inneren des Spritzgießzylinders setzt eine chemische Zersetzungsreaktion des Backpulvers in Gang. Bei dem entstehenden Gas handelt es sich meist um CO_2. Es führt einerseits zur Verringerung bzw. Beseitigung von Qualitätsproblemen wie Einfallstellen und Verzug, da sich das Gas gleichmäßig in der Schmelze verteilt, und andererseits zu Materialeinsparungen durch die entstehenden Hohlräume. Um die Nachteile des chemischen Schäumens, wie z.B. die Veränderung der mechanischen Eigenschaften durch Abbauprodukte des Treibmittels, zu verringern, haben verschiedene Universitäten und Institute in den 1980er-Jahren mit der Entwicklung des rein physikalischen Schäumens begonnen.

Infolgedessen gibt es heute mehrere verschiedene physikalische Technologien für den Thermoplast-Schaumspritzguss auf dem Markt. Es gibt zwei wesentliche Unterschiede in der Funktionsweise der physikalischen Schäumverfahren.

Zum einen wird das Granulat vor der Verarbeitung in der Spritzgießmaschine mit unter Druck stehendem inerten Kohlendioxid oder im Spritzgießzylinder mit komprimiertem Inertgas beaufschlagt, wenn es in die Schnecke eingezogen wird. Zum anderen wird Inertgas wie Stickstoff oder Kohlendioxid in die bereits plastifizierte Schmelze im überkritischen Zustand eingebracht.

Das wichtigste Verfahren beim Thermoplast-Schaumspritzgießen ist das MuCell-Verfahren. Dieses ermöglicht eine Gewichtsersparnis der gefertigten Formteile von bis zu 10% und ist in Bild 2.144 dargestellt. Es gehört zu den physikalischen Schäumverfahren. Dabei wird das Gas unter hohem Druck in die Kunststoffschmelze injiziert. Durch den hohen Druck wird das Gas überkritisch. Es ist dann weder Flüssigkeit noch Gas und vereinigt die Dichte des Gases und die Lösungsfähigkeit der Flüssigkeit, sodass es gut in die Kunststoffschmelze injiziert werden kann und dort vollständig gelöst wird. Durch das gelöste Gas weist die Kunststoffschmelze eine deutlich geringere Viskosität auf, sodass längere Fließwege bei der Formteilfüllung oder ein geringerer Fülldruck realisiert werden können [HM17].

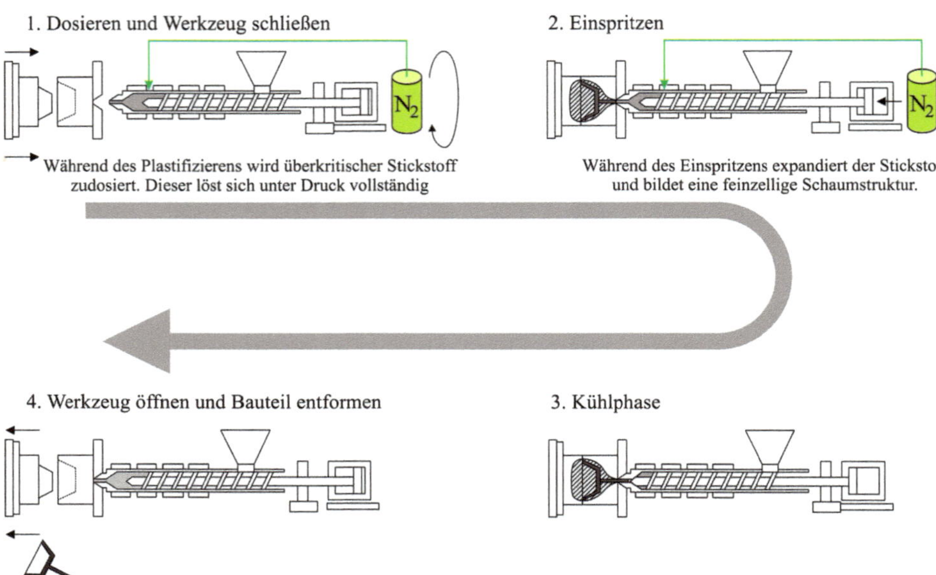

Bild 2.144 Der Thermoplast-Schaumspritzguss mittels MuCell (eigene Abbildung in Anlehnung an [HM17])

Das Kunststoff-Gas-Gemisch wird in die Kavität eingespritzt (vgl. Bild 2.145). Durch den fehlenden Gegendruck in der Formteilkavität wird das gelöste Gas wieder unterkritisch und fällt aus. Dabei bilden sich kleine Blasen an der Fließfront. Durch den fehlenden Gegendruck wachsen die Blasen immer weiter. Durch das Aufbrechen der Fließfront werden die Gasblasen an die Wand der Kavität gedrückt, wo sie Silberschlieren, also eine unruhige, raue Oberfläche, erzeugen, die für geschäumte Formteile charakteristisch ist [Jar08].

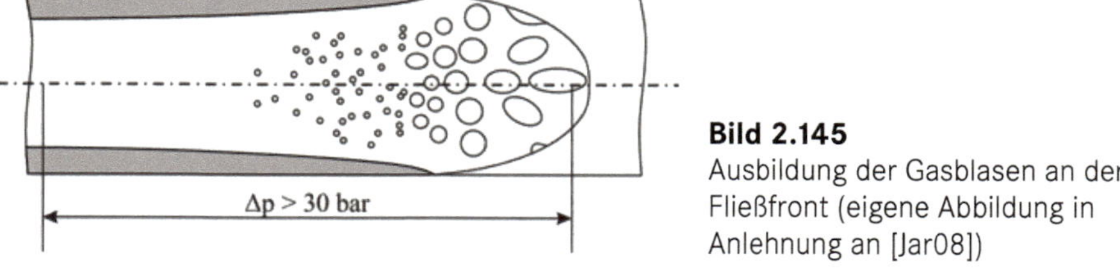

Bild 2.145 Ausbildung der Gasblasen an der Fließfront (eigene Abbildung in Anlehnung an [Jar08])

Durch das weitere Wachsen der Gasblasen kann auf die Nachdruckphase verzichtet werden. Der Gasdruck gleicht die Schwindung des Kunststoffes nahezu aus. Einfallstellen werden durch die Gasblasen ebenfalls vermieden. Durch den geringeren Fülldruck und den Wegfall der Nachdruckphase sinkt außerdem die notwendige Schließkraft, sodass häufig kleinere Spritzgießmaschinen verwendet werden können. Das Thermoplast-Schaumspritzgießen und im Speziellen das MuCell-Verfahren wird daher vor allem bei dickwandigen Formteilen angewendet, die eine hohe Präzision aufweisen müssen. Aus der höheren Wanddicke resultiert auch eine längere Kühlzeit. Nachteilig ist die komplexe Verarbeitungstechnik, wodurch höhere Kosten entstehen [Jar08].

Wenn ein kompaktes Formteil mittels Thermoplast-Schaumspritzguss hergestellt wird, lässt sich außerdem die Zykluszeit, im Vergleich mit einem Kompaktspritzgießprozess, um bis zu 25 % reduzieren.

Die Abbildung des gesamten Schäumprozesses ist in der Simulation möglich. Die Änderung der rheologischen Eigenschaften durch die Gasbeladung wird bei der Berechnung berücksichtigt. Hierfür sind in der Simulationssoftware theoretische Ansätze hinterlegt, um die Änderung der Stoffeigenschaften im Vergleich zur normalen Thermoplastschmelze zu berücksichtigen. Im Rahmen der Simulation muss die Anzahl der Gasblasen und deren Ausgangsgröße vorgegeben werden.

2.5.7 Spritzgießen mit Elastomeren und Duromeren

Neben thermoplastischen Werkstoffen können Füllsimulationen auch mit Elastomeren und Duromeren durchgeführt werden. Im Unterschied zu den Thermoplasten findet bei der Verarbeitung von Elastomeren und Duromeren eine Vernetzungsreaktion statt, die ein erneutes Aufschmelzen unmöglich macht. Bild 2.146 zeigt die prinzipielle Verarbeitung duroplastischer Werkstoffe. Die Harze sind meist Polykondensationsharze auf Basis von Phenol oder Melamin und in der Regel bereits vorvernetzt, sodass sie als Makromoleküle mit mittlerer Molekülkettenlänge vorliegen. Trotzdem weisen sie eine wesentlich geringere Viskosität auf - sie fließen also leichter als thermoplastische Kunststoffe -, sodass ein geringerer Druckbedarf zum Füllen der Kavität notwendig ist. Das Erreichen längerer Fließwege ist durch die geringe Viskosität ebenfalls möglich.

Während der Verarbeitung der duroplastischen Formmassen wird der Mischkopf gekühlt, um die Vernetzungsreaktion zu unterbinden. Die Werkzeuge hingegen sind beheizt, um die Vernetzung der Harze und damit ein Aushärten zu erreichen, damit das Formteil entformt werden kann. Es gibt daher keine Kühlzeit, sondern eine Aushärtezeit [HM17].

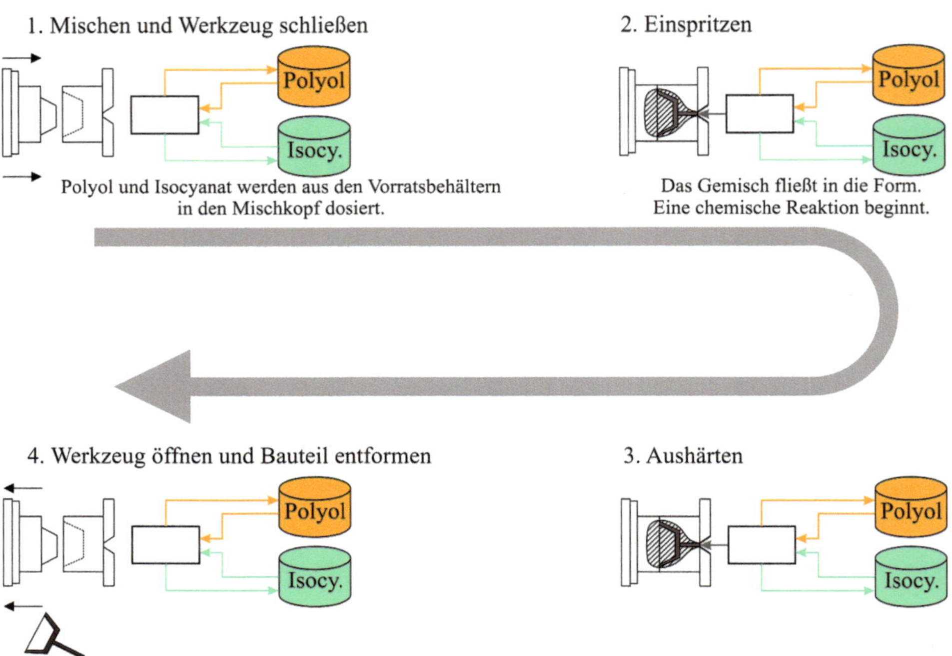

Bild 2.146 Verfahrensablauf beim Reaktivspritzgießen (eigene Abbildung in Anlehnung an [HM17])

Mit zunehmender Erwärmung der duroplastischen Formmasse treten zwei gegenläufige Effekte auf. Zum einen sinkt die Viskosität durch die Erwärmung. Zum anderen steigt die Viskosität durch die fortschreitende Vernetzung. Es steht nur ein zeitlich eingeschränktes Zeitfenster zur Verarbeitung der duroplastischen Schmelze zur Verfügung. Diese Effekte sind in Bild 2.147 dargestellt [HM17].

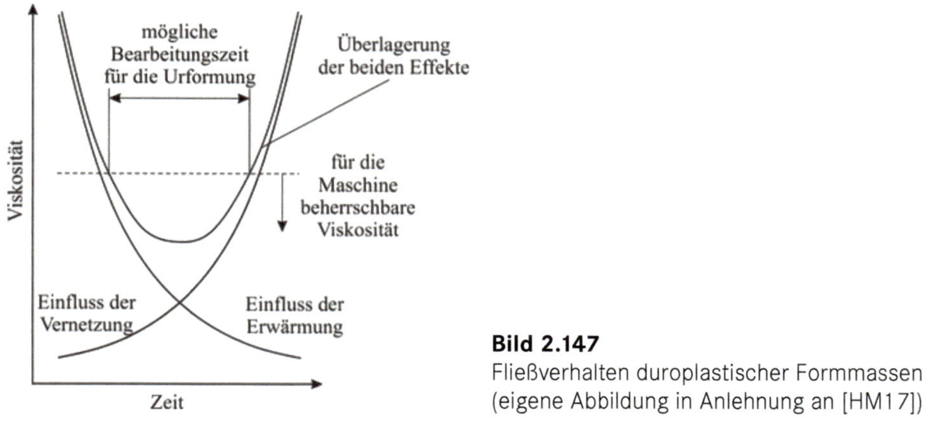

Bild 2.147
Fließverhalten duroplastischer Formmassen (eigene Abbildung in Anlehnung an [HM17])

In der Simulation kann der gesamte Urformprozess abgebildet werden. Bei der Verwendung zweidimensionaler Ansätze (Mittelflächenmodell oder Oberflächenmodell) werden vereinfachte Ansätze verwendet, um die Strömung nachzubilden. Dabei wird von einer reinen Quellströmung ausgegangen. Im Speziellen bei hohen Einspritzgeschwindigkeiten kann es daher zu Unterschieden im Füllverhalten zwischen der Simulation und dem realen Urformprozess kommen. Bei niedrigen Einspritzgeschwindigkeiten können diese Effekte vernachlässigt werden, da hier die kompletten Erhaltungsgleichungen für die Berechnung verwendet werden. Effekte, wie turbulente Strömungen oder die Bildung eines Freistrahls, können dann ebenfalls berücksichtigt werden.

Die Vernetzung der duroplastischen Formmasse und die daraus resultierende zeitliche Änderung der Viskosität wird im rheologischen Verhalten berücksichtigt. Dadurch ist es möglich, Aussagen über den Beginn der Vernetzung, die erreichbare Fließweglänge während der Füllung und den Abschluss der Vernetzungsreaktion zu treffen. Problematisch ist allerdings die Datenlage in den Materialdatenbanken, die nur ca. 250 Materialien enthalten.

2.5.8 Ansätze zur numerischen Simulation des Aufschmelzverhaltens

Gegenwärtig wird von einer perfekt aufbereiteten homogenen isothermen Schmelze ausgegangen [KZ13, Sho06]. Dieser Umstand liegt vor allem darin begründet, dass die Einflüsse der Schneckengeometrie auf den Aufschmelzprozess in der Plastifizierschnecke weitestgehend unbekannt sind [HG13, KW13]. Es existieren keine Modelle, die die auftretenden Prozesse mathematisch und physikalisch hinreichend gut beschreiben. Darüber hinaus muss in der Simulation ein Zweiphasenmodell abgebildet werden, da das Feststoffbett nach und nach aufgeschmolzen wird. Die Messung und Beschreibung der Werkstoffkennwerte während des Phasenüberganges ist ebenfalls schwierig. Ein Lösungsansatz dafür wird in [MHG12, HG13] vorgestellt, in dem die Schneckengeometrie einer Standarddreizonenschnecke [MHG12] und einer Barriereschnecke [HG13] eines Extruders mittels einer Strömungsberechnung analysiert wird. Die Abbildung der zwei Phasen (Feststoffbett und aufgeschmolzener, plastifizierter Kunststoff) erfolgt durch ein Fluid mit variabler Viskosität. Die Viskosität des Feststoffbettes wird mit 200 000 Pa s definiert. Die Berechnung erfolgt vollständig dreidimensional mit ca. 2 000 000 Elementen. Die Berechnung dauert ca. 30 Stunden auf einem leistungsstarken Rechner, [HG13] nennt einen 8-Kern-Rechner mit 92 GB Arbeitsspeicher. Im Ergebnis zeigt sich eine gute Übereinstimmung mit dem Aufschmelzmodell nach Maddock [Mad59] und Tadmor [TK70] sowie mit Druckverläufen, die an einem realen Extruder gemessen wurden. Ein entsprechender Ansatz für den Spritzgießprozess, der im Gegensatz zur Extrusion ein diskontinuierliches Verfahren darstellt, ist gegenwärtig noch nicht möglich und dürfte mit noch längeren Berechnungszeiten verbunden sein.

In [KW13, KW14] wird ein alternativer Ansatz für das Aufschmelzverhalten entwickelt, der speziell für schnelldrehende Einschneckenextruder zur Anwendung kommt. Im Rahmen der Arbeiten werden Materialmodelle entwickelt und vorgestellt, bei denen mithilfe einer „Melt Fraction" zwischen der Feststoffphase und der plastifizierten Phase unterschieden wird. Dieses Vorgehen dient vor allem der Robustheit der CFD-Simulation, da die gängigen Materialmodelle eine Unstetigkeit im Übergang von der Feststoffphase zur plastifizierten Phase aufweisen. Die Untersuchungen zeigen, dass die CFD-Simulation das Aufschmelzverhalten nach Maddock [Mad59] gut abbildet. Allerdings wird auch darauf hingewiesen, dass die Drücke in der Schnecke unrealistisch erscheinen. Eine Übertragung auf den Spritzgießprozess wird nicht vollzogen.

Ein anderer Ansatz besteht in der Beschreibung des Prozessverhaltens von Einschneckenplastifizieraggregaten durch dimensionslose Kennzahlen. Dabei wird die Schneckengeometrie axial in kleine Intervalle aufgeteilt. Der Schneckenkanal wird als abgewickelt und stillstehend betrachtet. Die Krümmung durch den Schneckenradius entfällt. Die Zylinderwand wird ebenfalls als ebene Platte betrachtet, die sich relativ zum Schneckenkanal bewegt (kinematische Umkehr). Die Einflüsse der Stege und Leckageströme werden vernachlässigt. Die dafür notwendigen Approximationsgleichungen werden in [Pot83] vorgestellt und in [Koc87] durch Nutbuchsenextruder erweitert. Die Überführung auf den Spritzgießprozess wird in [Sch90a] beschrieben und in [Eff96] optimiert. Die Erweiterung auf schnelldrehende Schnecken wird in [Poh03] vollzogen. Der Einfluss einer vorhandenen Rückstromsperre wird in [Thü09] berücksichtigt. Im einfachsten Fall werden Dreizonenschnecken (Einzugszone, Kompressionszone, Meteringzone) berücksichtigt. Die Schneckengeometrie, die Anzahl und Position der Heizbänder und die Prozessparameter (Drehzahl der Schnecke, Reibkoeffizient zwischen Kunststoff und Schnecke und Reibkoeffizient zwischen Kunststoff und Zylinderwand) sind dabei vorzugeben. Dabei ist darauf zu achten, dass der Reibkoeffizient zwischen Kunststoff und Zylinderwand (Standardwert: 0,3) größer ist als der Reibkoeffizient zwischen Kunststoff und Schnecke (Standardwert: 0,2), damit die Schmelze in Förderrichtung fließt [MD14]. Durch die zunehmende Komplexität moderner Schnecken kommen auch hier numerische Methoden (FEM) zum Einsatz. Die Berechnungszeit wird mit wenigen Sekunden angegeben [PHT06, PHTP06]. Die Ergebnisse sind unter anderem das Aufschmelzverhalten, der Temperaturverlauf entlang der Schnecke und der Druckverlauf entlang der Schnecke (Bild 2.148).

In Bild 2.148 ist zu Beginn die Feststoffförderung zu sehen. Deren Druckaufbau verhält sich annähernd quadratisch über die Schneckenlänge. Im Knick in der Druckkurve ist der Ort der Schmelzewirbelbildung [Eff96]. Ab diesem Zeitpunkt vermischen sich die Feststoffförderung und die Schmelzeförderung und der Druck steigt linear an. Im Bereich der Kompressionszone wird dann das Druckmaximum erreicht, bevor der Druck in Richtung Schneckenvorraum wieder abnimmt.

Der Einfluss verschiedener Scher- und Mischteile ist durch Korrekturfaktoren oder eine zweidimensionale Berechnung ebenfalls möglich. Nach [PHTP06] liegt der Hauptgrund für die zögerliche Anwendung von Simulationsprogrammen in der Industrie im Fehlen von Werkstoffkennwerten, die temperaturabhängig vorliegen sollten, und Prozessparametern. Diese müssen oft geschätzt werden, sodass die Qualität der Simulation sinkt.

Der Ansatz der Beschreibung des Prozessverhaltens von Einschneckenplastifizieraggregaten durch dimensionslose Kennzahlen wird als Stand-Alone-Lösung (Software PSI - Paderborner Spritzgießsimulation) angeboten [Url15e] und ist im Modul „ScrewPlus“ der Software „Moldex3D“ implementiert [MD14, YHT+04, HVM+13].

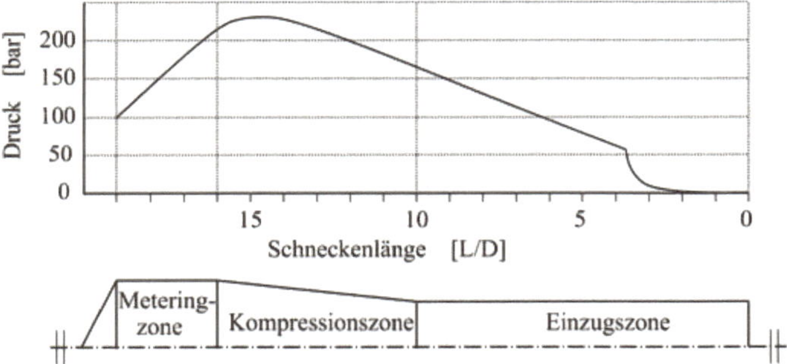

Bild 2.148 Axialer Druckverlauf an einer Dreizonenschnecke (eigene Abbildung in Anlehnung an [Eff96])

■ 2.6 Grundlagen der Materialdaten

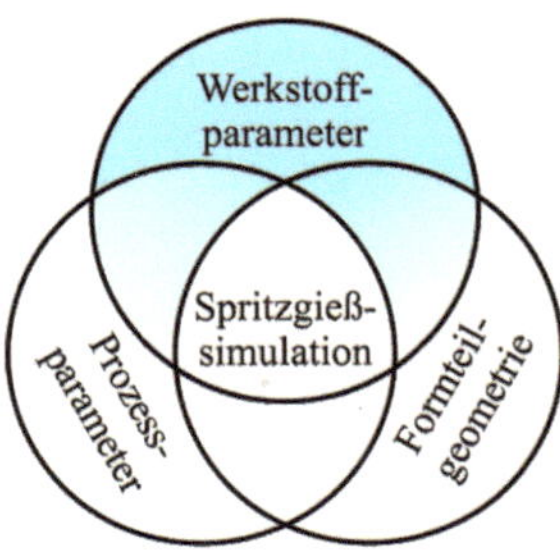

Bild 2.149
Einflüsse aus dem verwendeten Material

Die Materialdaten sind zusammen mit den Geometriedaten und den Prozessdaten die wichtigsten Eingangsgrößen einer Füllsimulation (Bild 2.149). Die Softwareanbieter bieten umfangreiche Materialdatenbanken mit ca. 8900 unterschiedlichen Materialien an. An dieser Stelle besteht die Gefahr, dass ein Material entsprechend des Handelsnamens und des Herstellers in der Materialdatenbank gesucht und ausgewählt wird, ohne dass der Anwender mit dem Materialhersteller in Kontakt kommt. Eine Überprüfung, ob die Kennwerte der Materialdatenbank korrekt bzw. schlüssig sind, findet ebenfalls kaum statt.

Die Eigenschaften des Materials haben aber einen großen Einfluss auf die Füllung und die Eigenschaften des Formteils. Sie sollten deshalb bekannt sein, um aus den Ergebnissen der Simulation die richtigen Schlüsse ziehen zu können.

2.6.1 Aufbau der Kunststoffe

Im Allgemeinen werden die Kunststoffe in drei große Hauptgruppen, die Thermoplaste, die Elastomere und die Duromere unterteilt. Elastomere und Duromere vernetzen während der Formteilfüllung und können nach der Verarbeitung nicht mehr aufgeschmolzen werden. Bei Thermoplasten findet während der Verarbeitung keine Vernetzung statt, sodass diese mehrfach aufgeschmolzen und weiterverarbeitet werden können. Duromere haben nur einen sehr kleinen Anteil an den Materialdaten und den durchgeführten Füllsimulationen und werden deshalb nicht weiter betrachtet.

Die Thermoplaste bestehen aus langen Makromolekülen. Diese sind ineinander verschlauft und werden in zwei Arten (amorph und teilkristallin) unterteilt. Die amorphen Thermoplaste (Bild 2.150 links) erstarren aus der Schmelze ohne eine übergeordnete Struktur. Die teilkristallinen Thermoplaste (Bild 2.150 rechts) können sich aufgrund der Struktur ihrer Makromoleküle eng aneinander anlagern, sodass sich physikalische Bindungen wie Dispersionskräfte, van-der-Waals-Bindungen oder Wasserstoffbrückenbindungen zwischen den Molekülketten und damit regelmäßige kristalline Strukturen bilden [MHM+02, Ehr99].

Bild 2.150
Makromoleküle der Thermoplaste (eigene Abbildung in Anlehnung an [HM17, Ehr99])

Bei amorphen Thermoplasten sind die Polymerketten bei tiefen Temperaturen eingefroren. Der Kunststoff ist deshalb hart und spröde. Bei Erwärmung bleibt dieser Zustand bis zum Erweichungsbereich erhalten. Dieser wird durch die Glasübergangstemperatur T_g gekennzeichnet. Durch die zunehmende Brown'sche Molekularbewegung können die Polymerketten zunehmend aufeinander abgleiten. Die mechanischen Eigenschaften fallen im Erweichungsbereich sprunghaft ab. Es entsteht ein breiter Verarbeitungsbereich für verschiedene Umformverfahren. Mit zunehmender Temperatur steigt die Fließfähigkeit des Kunststoffs, sodass Urformverfahren wie das Spritzgießen oder die Extrusion möglich sind. Bild 2.151 zeigt das prinzipielle mechanische Verhalten amorpher Thermoplaste [Kai06].

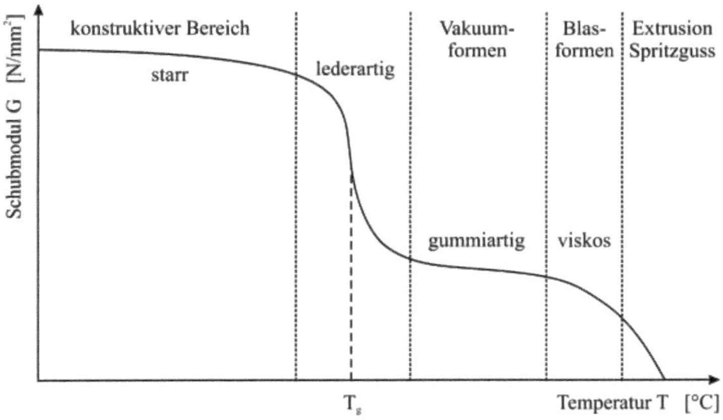

Bild 2.151 Schubmodul-Temperatur-Schaubild eines amorphen Thermoplasten (eigene Abbildung in Anlehnung an [Kai06])

Bei teilkristallinen Thermoplasten können sich übergeordnete Strukturen ausbilden, indem sich Polymerketten aneinander anlagern. Zusätzlich zum Erweichungsbereich der amorphen Bereiche existiert eine Kristallitschmelztemperatur T_m. Während der Kristallit-schmelze werden die kristallinen Bereiche geschmolzen. Dabei werden die physikalischen Bindungen reversibel gelöst. Eine Verarbeitung der teilkristallinen Thermoplaste ist erst oberhalb der Kristallitschmelztemperatur möglich. Da die Glasübergangstemperatur bei teilkristallinen Thermoplasten bei tieferen Temperaturen liegt, ist das Werkstoffverhalten eher zäh. Unterhalb der Glasübergangstemperatur verhält sich ein teilkristalliner Thermoplast ebenfalls hart und spröde. Bild 2.152 zeigt das prinzipielle mechanische Verhalten teilkristalliner Thermoplaste [Kai06].

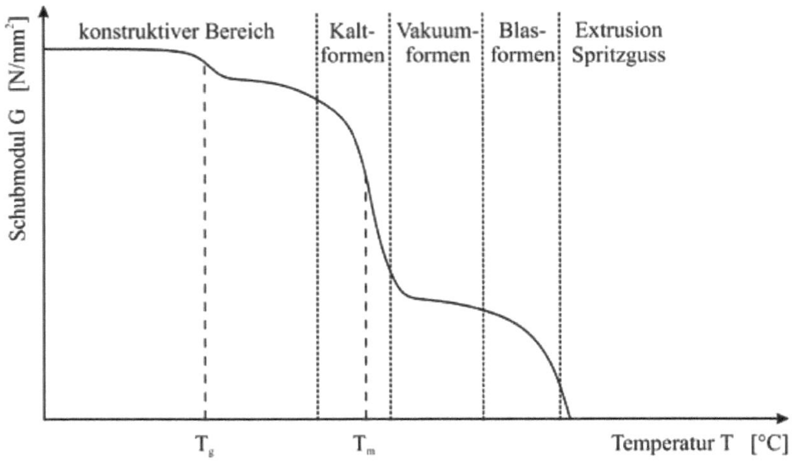

Bild 2.152 Schubmodul-Temperatur-Schaubild eines teilkristallinen Thermoplasten (eigene Abbildung in Anlehnung an [Kai06])

2.6.2 Rheologisches Verhalten der Kunststoffschmelze

Kunststoffschmelzen verhalten sich strukturviskos, das bedeutet, dass die Viskosität mit steigender Scherrate abnimmt. Die Scherrate beschreibt dabei das Auftreten unterschiedlicher Strömungsgeschwindigkeiten in Fließrichtung. Wenn die Kunststoffschmelze nicht bewegt wird, liegen die Molekülketten in einem verknäulten, regellosen Zustand vor. Wenn die Kunststoffschmelze durch den Spritzdruck in Bewegung versetzt wird, beginnen sich die Molekülketten zu orientieren. Während der Füllung tritt dabei hauptsächlich eine Orientierung durch Scherung auf. Die Schmelze haftet an der Werkzeugwand und wird dort abgeschreckt, sodass von einer Wandhaftung ausgegangen werden kann. Die erste Schicht, die noch fließfähig ist, strömt relativ zur erstarrten Schicht, sodass Molekülketten teilweise haften und durch die Strömung gezogen und gedehnt werden, was zu ihrer Orientierung führt. Je höher dann die Scherrate ist, desto höher ist auch die Orientierung der Molekülketten. Bild 2.153 verdeutlicht diesen Effekt [BBO+07].

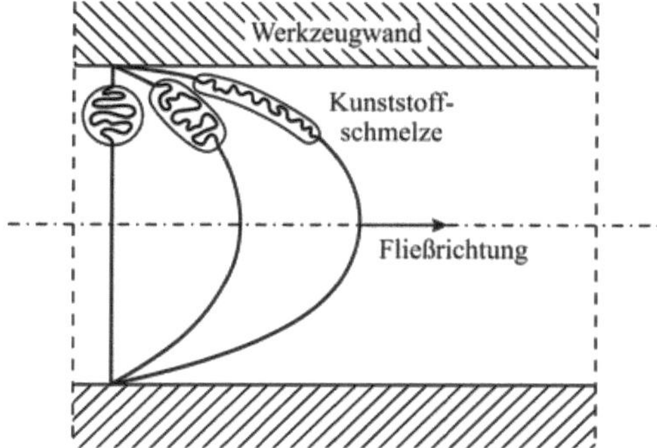

Bild 2.153
Entstehung der Molekülorientierungen (eigene Abbildung in Anlehnung an [BBO+07])

Die Orientierung der Molekülketten ist dabei abhängig von der Position im Fließkanal. Da die Randschicht beim Anlegen an die Werkzeugwand sehr schnell erkaltet, liegt dort in der Regel eine dünne Schicht vor, die sehr stark biaxial verstreckt ist. Unter dieser Randschicht entsteht eine Orientierung der Molekülketten in Richtung des Scherratenprofils während der Füllung. Unterhalb der Oberfläche liegen die höchsten Scherraten vor, sodass auch die Orientierung hier am höchsten ist. In der Mitte ist die Scharrate am niedrigsten, sodass auch die Orientierungen am geringsten sind. Die Orientierungen können aufgrund der Brown'schen Molekularbewegung wieder zurückgebildet werden, solange eine Kunststoffschmelze vorliegt. Da die Schmelze während des Spritzgießens innerhalb weniger Sekunden abkühlt, kann ein Teil der Orientierungen nicht zurückgebildet werden und wird eingefroren. Der Grad der Orientierungen hängt dabei hauptsächlich von der Massetemperatur der Kunststoffschmelze und der Werkzeugwandtemperatur ab. Dabei führen niedrigere Temperaturen zu höheren Orientierungen. Die Einspritzgeschwindigkeit hat auch einen Einfluss. Allerdings kann dieser nicht pauschal angegeben werden. Mit höherer Einspritzgeschwindigkeit steigen zwar die Orientierungen, allerdings bleibt die Kunststoffschmelze auch länger flüssig, sodass die Orientierungen teilweise wieder gelöst werden können [BBO+07].

Bild 2.154 zeigt das strukturviskose Fließverhalten thermoplastischer Kunststoffschmelzen. Die Viskosität bei sehr kleinen Scherraten ist dabei im Wesentlichen unabhängig von der Scherrate. Die Kunststoffschmelze verhält sich wie ein Newton'sches Fluid. Die Viskosität η_0 heißt daher Nullviskosität und begrenzt den Anstieg der Viskosität bei sehr kleinen Scherraten. Das untere Plateau der Viskosität bei sehr hohen Scherraten wird oft als Grenzviskosität η_∞ der Newton'schen Viskosität bei hoher Scherung bezeichnet. Die Grenzviskosität kann experimentell nur schwer bestimmt werden, da die Einflüsse aus Druck und Temperatur bei diesen hohen Scherraten (> 10^6/s) sehr ausgeprägt sind. Der Bereich der Scherrate, der technisch von Interesse ist, liegt zwischen 1/s und 10000/s. Aus Bild 2.154 geht hervor, dass die Abhängigkeit der Viskosität von der Scherrate in diesem Bereich nahezu linear ist, was für die meisten Polymere gilt [Rau06].

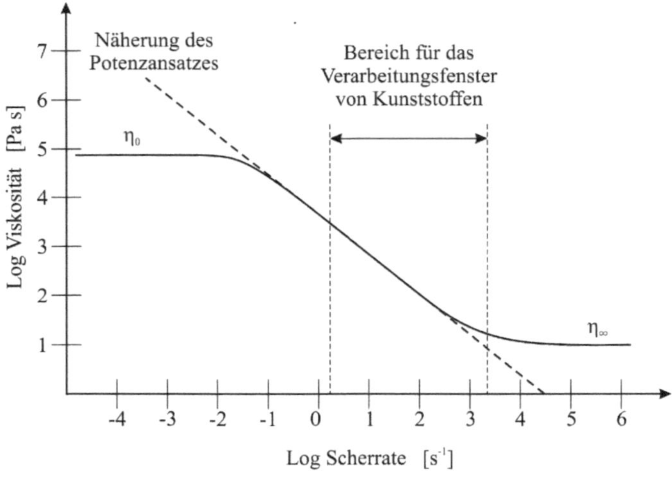

Bild 2.154 Strukturviskoses Verhalten (eigene Abbildung in Anlehnung an [Rau06])

Neben der Scherrate haben die Temperatur und der Druck ebenfalls einen Einfluss auf die Viskosität. Aus Bild 2.155 folgt, dass weniger Druck zum Füllen eines Formteils benötigt wird, wenn die Schmelze stark geschert wird. Die Scherung kann durch eine höhere Einspritzgeschwindigkeit oder auch durch eine geringere Wanddicke erreicht werden. Beiden Möglichkeiten sind jedoch Grenzen gesetzt. Mit steigender Einspritzgeschwindigkeit erhöht sich auch die Reibung im Kunststoff, die wiederum einen Druckanstieg bewirkt. Zwischen den beiden Extremen (hohe Viskosität durch langsames Einspritzen und hohe Reibung durch schnelles Einspritzen) gibt es ein Minimum im Druckbedarf. Dieses Minimum kann durch Moldflow berechnet werden, indem die optimale Füllzeit berechnet wird. Die zweite Grenze stellt eine zu hohe Scherung dar, da dann die Molekülketten und damit das Material zerstört werden. Daher sollte immer überprüft werden, ob die berechnete Scherung unterhalb der maximal zulässigen Scherung für das verwendete Material liegt [MHM+02].

Der lineare Zusammenhang zwischen Viskosität und Scherrate im doppellogarithmischen Diagramm in Bild 2.154 kann durch das Potenzgesetz nach Ostwald und de Waele [Ost25, Wae23] beschrieben werden [Rau06]:

$$\begin{aligned} \eta &= K \cdot \dot{\gamma}^{n-1} \\ \tau &= K \cdot \dot{\gamma}^{n} \end{aligned} \tag{2.67}$$

η	Viskosität	[Pa s]
τ	Wandschubspannung	[Pa]
K	Einsviskosität (Viskosität bei einer Scherrate von 1/s)	[Pa s^n]
$\dot{\gamma}$	Scherrate	[s^{-1}]
n	Fließexponent	

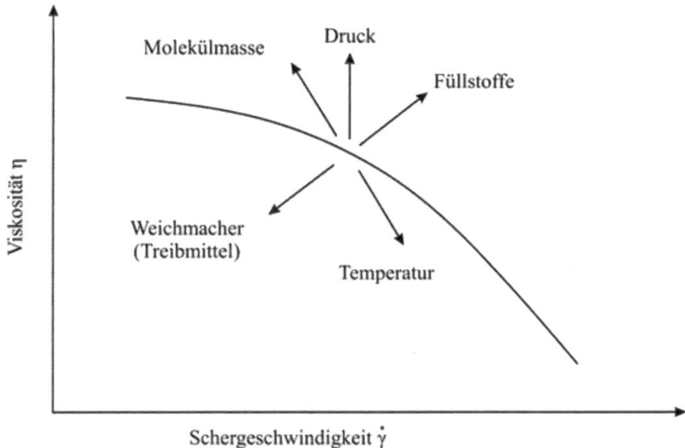

Bild 2.155 Abhängigkeiten des strukturviskosen Verhaltens (eigene Abbildung in Anlehnung an [MHM+02])

Die Viskositätsdaten müssen mindestens vorliegen, um eine Formteilfüllung berechnen zu können. Zum Abbilden des strukturviskosen Verhaltens gibt es verschiedene mathematische Ansätze. In Bild 2.156 werden der Potenzansatz und der Carreau-Ansatz vorgestellt.

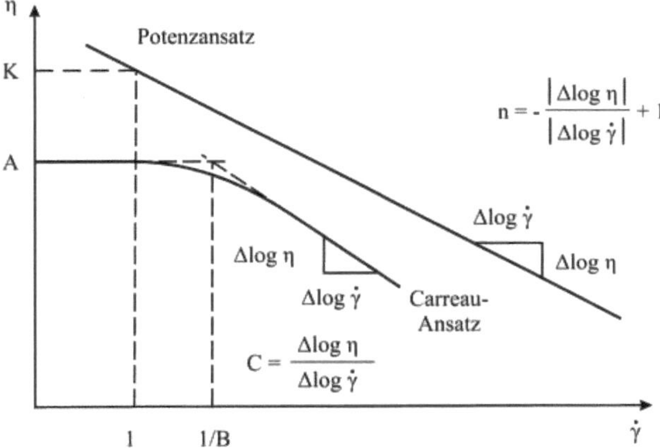

Bild 2.156 Mathematische Ansätze für strukturviskoses Verhalten (eigene Abbildung in Anlehnung an [MHM+02])

Der Potenzansatz beschreibt das strukturviskose Verhalten bei großen Scherraten sehr gut und stellt eine einfache Form zur Berechnung dar. Er wird mithilfe der Parameter K (Viskosität bei der Scherrate 1) und n (Fließexponent) beschrieben. Allerdings sinkt die Genauigkeit bei kleineren Scherraten, da das strukturviskose Verhalten einem Grenzwert, der Viskosität im Newton'schen Fließbereich (Nullviskosität), entgegenstrebt. Für Füllsimulationen ist der Potenzansatz deshalb ungeeignet. Eine Weiterentwicklung ist der Carreau-Ansatz. Dieser wird durch die Parameter *A*, *B* und *C* beschrieben. Wenn die Viskositätsdaten in ein doppellogarithmisches Diagramm, wie in Bild 2.156, eingetragen werden, so können zwei Geraden durch die Viskositätsdaten gelegt werden. Die linke Gerade beschreibt dabei das Newton'sche Verhalten der Kunststoffe und wird durch den Parameter *A*, die Nullviskosität, bestimmt. Die rechte Gerade beschreibt das strukturviskose Verhalten der Kunststoffe. Ihr Anstieg entspricht dem Parameter *C*. Im Schnittpunkt der beiden Geraden befindet sich der Parameter *B*, die reziproke Übergangsscherrate. Die Temperaturabhängigkeit der Viskosität wird durch einen Temperaturverschiebungsfaktor beschrieben. Dieser kann mithilfe des Arrhenius-Ansatzes oder mit der WLF-Gleichung bestimmt werden.

Die Cross-WLF-Gleichung beinhaltet zwei Modelle. Sie verbindet die Cross-Gleichung [Cro65] mit der Temperaturverschiebung nach Williams, Landel und Ferry [WLF55]. Die Cross-Gleichung ist in Formel 2.68 dargestellt. Hierbei beschreibt η_0 die Viskosität im Newton'schen Fließbereich. Der Parameter τ^* beschreibt die Wandschubspannung, bei der das strukturviskose Verhalten des Kunststoffes einsetzt. Neben der Cross-Gleichung sind der Carreau-Ansatz [BAH87] und der Potenzansatz nach Ostwald [Ost25] und de Waele [Wae23] weitere gängige Modelle zur Abbildung des strukturviskosen Fließverhaltens der Kunststoffe. In [HC92] wird festgestellt, dass der Cross-Ansatz die beste Übereinstimmung mit gemessenen Fließkurven bietet, weshalb dieser heute überwiegend bei Füllsimulationen verwendet wird.

$$\eta = \frac{\eta_0}{1 + \left(\frac{\eta_0 \cdot \dot{\gamma}}{\tau^*} \right)^{1-n}} \tag{2.68}$$

η	Viskosität	[Pa s]
η_0	Viskosität im Newton'schen Fließbereich/Nullviskosität	[Pa s]
$\dot{\gamma}$	Scherrate	[s^{-1}]
τ^*	Scherspannung im Übergang zum scherverdünnenden Fließen	[Pa]
n	Fließexponent	[-]

Der Fließexponent *n* wird nach Formel 2.69 bestimmt.

$$n = -\frac{|\Delta \log \eta|}{|\Delta \log \dot{\gamma}|} + 1 = -C + 1 \tag{2.69}$$

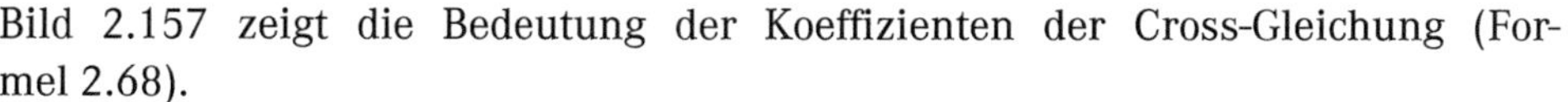

Bild 2.157 zeigt die Bedeutung der Koeffizienten der Cross-Gleichung (Formel 2.68).

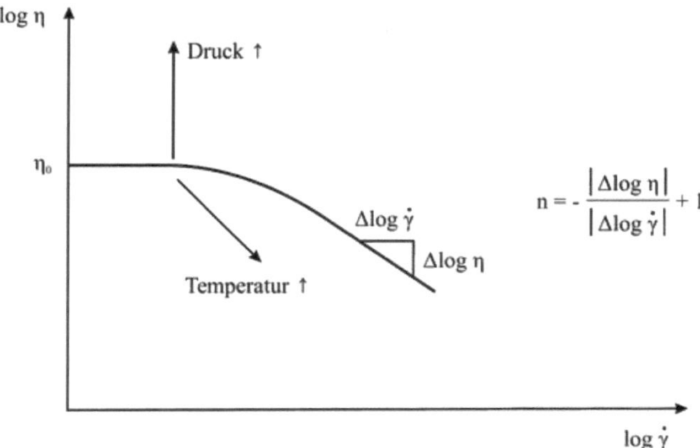

Bild 2.157 Definition der Parameter der Cross-Gleichung (eigene Abbildung in Anlehnung an [MHM+02])

Die Temperaturverschiebung nach Williams, Landel und Ferry findet in der Cross-Gleichung durch die Viskosität im Newton'schen Fließbereich Berücksichtigung, da diese von der Temperatur abhängt (Formel 2.70) [WLF55]. Neben dem WLF-Ansatz kann hier auch der Arrhenius-Ansatz [MHM+02] verwendet werden.

$$\eta_0 = D_1 \cdot \exp\left[\frac{-A_1 \cdot \left(T - T^*\right)}{A_2 + \left(T - T^*\right)}\right] \tag{2.70}$$

D_1	Viskosität im Newton'schen Bereich bei Standardtemperatur	[Pa s]
A_1	Koeffizient der WLF-Gleichung	[-]
A_2	Koeffizient der WLF-Gleichung	[K]
T	Temperatur	[K]
T^*	Standardtemperatur	[K]

Die Standardtemperatur T^* (Formel 2.71) hängt dabei vom Druck ab. Der Parameter D_2 beschreibt dabei die Standardtemperatur bei Normdruck und der Parameter D_3 die Druckabhängigkeit der Standardtemperatur. Der Koeffizient D_2 hängt dabei von der Glasübergangstemperatur ab. Nach [MHM+02] liegt diese Temperatur ca. 50 K über der Glasübergangstemperatur.

$$T^* = D_2 + D_3 \cdot p \tag{2.71}$$

D_2	Standardtemperatur bei Normaldruck	[K]
D_3	Druckabhängigkeit der Standardtemperatur	[K Pa^{-1}]
p	Druck	[Pa]

Der Koeffizient A_2 der WLF-Gleichung (Formel 2.72) hängt ebenfalls vom Druck ab. Die Beschreibung der Druckabhängigkeit erfolgt hier identisch zur Druckabhängigkeit der Standardtemperatur. Im Regelfall wird der Parameter allerdings zu null gesetzt. In der Materialdatenbank von Autodesk Moldflow Insight 2014 befinden sich gegenwärtig 9033 verschiedene Kunststoffe, von denen 8897 keine Druckabhängigkeit der Standardtemperatur aufweisen. Dabei steigt die Viskosität um den Faktor 1,1 bis ca. 2,7, wenn der Druck um 1000 bar erhöht wird [Gor05]. Dieser Einfluss kann beim Standardspritzgießen vernachlässigt werden. Beim Dünnwandspritzgießen oder beim Spritzgießen von Mikroformteilen sollte der Einfluss hingegen berücksichtigt werden [Gor05, FDR10].

$$A_2 = \tilde{A}_2 + D_3 \cdot p \tag{2.72}$$

$\tilde{A}_2$ werkstoffabhängiger Koeffizient [K]

Nach [Sch90] kann die Standardtemperatur T^* beliebig gewählt werden. Sie muss oberhalb der Erweichungstemperatur liegen. Nach [MHM+02] gilt für $T^* \approx T_E + 50$ K für die Parameter $A_1 = -8{,}86$ und für $A_2 = 101{,}6$ K. Die Erweichungstemperatur T_E beschreibt dabei die Temperatur, „bei der die Nachgiebigkeit eines Polymers gerade die halbe logarithmische Stufenhöhe erreicht" [Sch90, S 206]. Bei amorphen Kunststoffen entspricht die Erweichungstemperatur der Wärmeformbeständigkeitstemperatur (HDT) nach DIN EN ISO 751. Prinzipiell gelten Formel 2.73 und Formel 2.74, die sogenannten Invarianten der WLF-Gleichung nach [Sch90], für eine beliebig gewählte Temperatur T^* oberhalb der Erweichungstemperatur. Nach [Sch90] heißt die Temperatur T_∞ Vogeltemperatur und beschreibt die Polstelle des WLF-Ansatzes [Sch90]. Die Vogeltemperatur liegt ca. 50 K unterhalb der Glasübergangstemperatur von amorphen Kunststoffen [Fri12, GS11].

$$T_1^* - A_{2(1)} = T_2^* - A_{2(2)} \equiv T_\infty \tag{2.73}$$

$A_{i(j)}$ werkstoffabhängiger Koeffizient [K]
T_∞ Vogeltemperatur [K]

Dabei gilt, dass das Produkt entsprechender Paare von A_1 und A_2 konstant ist (Formel 2.74) [Sch90].

$$A_{1(1)} \cdot A_{2(1)} = A_{1(2)} \cdot A_{2(2)} = \text{const.} \tag{2.74}$$

Bild 2.158 zeigt die schematische Temperaturabhängigkeit der Viskosität im Newton'schen Bereich (η_0). Die Temperaturabhängigkeit wird durch den WLF-Ansatz approximiert.

Der Carreau-Ansatz wird z. B. bei CADMOULD verwendet. Moldflow verwendet den Cross-Ansatz in Kombination mit der WLF-Gleichung.

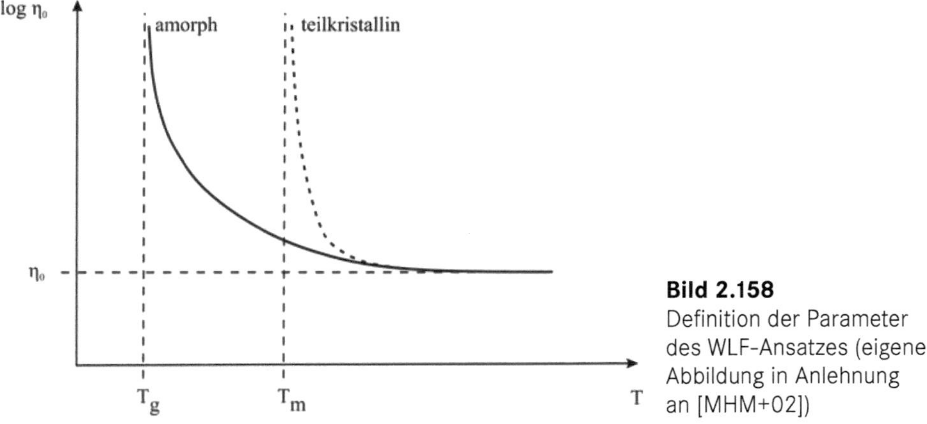

Bild 2.158
Definition der Parameter des WLF-Ansatzes (eigene Abbildung in Anlehnung an [MHM+02])

2.6.3 Das p-v-T-Diagramm

Das p-v-T-Diagramm beschreibt die Abhängigkeit des spezifischen Volumens vom Druck *p* und von der Temperatur *T*. Das spezifische Volumen ist der Kehrwert der Dichte. Das p-v-T-Diagramm ist zwingend notwendig, um die Nachdruckphase und anschließend das Schwindungs- und Verzugsverhalten berechnen zu können. In Bild 2.159 ist links das p-v-T-Diagramm eines amorphen Thermoplasten und rechts das p-v-T-Diagramm eines teilkristallinen Thermoplasten dargestellt [MHM+02].

Das Volumen eines Kunststoffs beinhaltet drei Anteile, das Volumen der Makromolekülketten, das Schwingungsvolumen aufgrund der thermischen Schwingung der Makromoleküle und das freie Volumen aus Fehl- und Leerstellen zwischen den Makromolekülen. Dabei kann sich das Volumen der Makromoleküle nicht ändern. Das Schwingungsvolumen der Makromoleküle sinkt stetig mit fallender Temperatur. Das freie Volumen sinkt bis zu einer bestimmten Temperatur und bleibt danach konstant. Diese Temperatur ist der Glasübergang und definiert das Einfrieren der Fehl- und Leerstellen, da die Bewegungsfreiheit der Makromoleküle an diesem Punkt so weit eingeschränkt ist, dass Umlagerungen von Molekülsegmenten nicht mehr stattfinden können [ERT03].

Teilkristalline Kunststoffe weisen zusätzlich eine Kristallisationstemperatur auf. Unterhalb dieser Temperatur lagern sich die Makromoleküle mäanderförmig aneinander. Das ist mit einer hohen Volumenkontraktion verbunden (Bild 2.159 rechts), sodass das spezifische Volumen stark abfällt. Daraus resultiert eine hohe Schwindung in kristallinen Bereichen des Formteils. Allerdings kann die Kristallisation im Formteil noch nicht berechnet werden, da sie unter anderem von der Abkühlgeschwindigkeit, dem Druck und der Struktur des Kunststoffs und dem Vorhandensein von Keimbildnern abhängt. Der Effekt der Kristallisation kann somit auch nicht in das Schwindungs- und das Verzugsergebnis einfließen, weshalb die Schwindungs- und Verzugsergebnisse relativ ungenau sind. Aktuell wird intensiv an Berechnungsmodellen zur Beschreibung der Kristallisation gearbeitet. Einige Kunststoffe weisen außerdem eine Nachkristallisation auf, die mehrere Tage dauern kann, sodass die Formteile verzugsarm gefertigt werden, aber nach einigen Tagen Lagerung ohne weitere Behandlung verzogen sind. Auch dieser Effekt kann aktuell mit Software zur Spritzgießsimulation noch nicht berechnet werden.

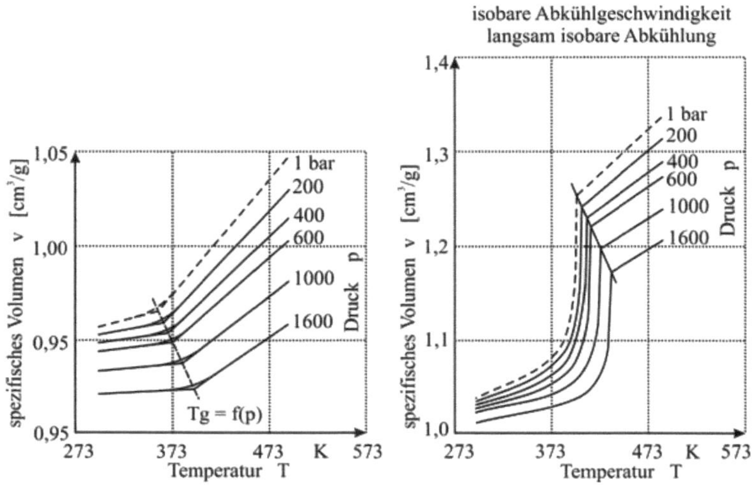

Bild 2.159 Das p-v-T-Diagramm (eigene Abbildung in Anlehnung an [MHM+02])

Das Tait-Modell [DM88, QS71] nach Formel 2.75 ist das p-v-T-Modell, das am häufigsten zur Abbildung des p-v-T-Diagramms verwendet wird.

$$v(T;p) = v_0(T) \cdot \left[1 - C \cdot \ln\left(1 + \frac{p}{B(T)}\right)\right] + v_t(T;p) \tag{2.75}$$

v	spezifisches Volumen	[m³ kg⁻¹]
T	Temperatur	[K]
p	Druck	[Pa]
$v_0(T)$	spezifisches Volumen bei Normaldruck	[m³ kg⁻¹]
C	Konstante (= 0,0894)	[-]
$B(T)$	Druckempfindlichkeit des Materials	[Pa]
$v_t(T;p)$	freies spezifisches Volumen bei teilkristallinen Werkstoffen	[m³ kg⁻¹]

Für die Übergangstemperatur, also die Temperatur, die die feste Phase von der plastifizierten Phase trennt, gilt:

$$T_t = b_5 + b_6 \cdot p \tag{2.76}$$

T_t	Übergangstemperatur	[K]
b_5	Übergangstemperatur bei Normaldruck	[K]
b_6	Druckabhängigkeitskoeffizient der Übergangstemperatur	[K Pa⁻¹]

Gemessen wird die Übergangstemperatur mittels DSC-Messungen. Im Fall von amorphen Thermoplasten ist die Übergangstemperatur die Glasübergangstemperatur (extrapolierter Onset). Bei teilkristallinen Thermoplasten ist die Übergangstemperatur die mittlere Schmelztemperatur (Peak-Temperatur im DSC-Diagramm) [MF13].

Oberhalb der Übergangstemperatur gelten:

$$v_0(T) = b_{1m} + b_{2m} \cdot (T - b_5) \tag{2.77}$$

b_{1m}	extrapoliertes spezifisches Volumen des glasartigen Kunststoffes bei Übergangstemperatur	$[m^3\ kg^{-1}]$
b_{2m}	Anstieg des spezifischen Volumens im Bereich oberhalb der Übergangstemperatur bei Normaldruck	$[m^3\ kg^{-1}\ K^{-1}]$

$$B(T) = b_{3m} \cdot e^{[-b_{4m} \cdot (T - b_5)]} \tag{2.78}$$

b_{3m}	werkstoffabhängiger Koeffizient	[Pa]
b_{4m}	werkstoffabhängiger Koeffizient	$[K^{-1}]$

$$v_t(T;p) = 0 \tag{2.79}$$

Unterhalb der Übergangstemperatur gelten:

$$v_0(T) = b_{1s} + b_{2s} \cdot (T - b_5) \tag{2.80}$$

b_{1s}	extrapoliertes spezifisches Volumen des festen Kunststoffes bei Übergangstemperatur	$[m^3\ kg^{-1}]$
b_{2s}	Anstieg des spezifischen Volumens in der festen Phase bei Normaldruck	$[m^3\ kg^{-1}\ K^{-1}]$

$$B(T) = b_{3s} \cdot e^{[-b_{4s} \cdot (T - b_5)]} \tag{2.81}$$

b_{3s}	werkstoffabhängiger Koeffizient	[Pa]
b_{4s}	werkstoffabhängiger Koeffizient	$[K^{-1}]$

$$v_t(T;p) = b_7 \cdot e^{[b_8 \cdot (T - b_5) - (b_9 \cdot p)]} \tag{2.82}$$

b_7	freies spezifisches Volumen bei teilkristallinen Werkstoffen bei Glasübergangstemperatur und Normaldruck	$[m^3\ kg^{-1}]$
b_8	Temperaturabhängigkeitskoeffizient des freien spezifischen Volumens	$[K^{-1}]$
b_9	Druckabhängigkeitskoeffizient des freien spezifischen Volumens	$[Pa^{-1}]$

Der Parameter $v_t(T;p)$ ist bei amorphen Kunststoffen null, da dieser Parameter den Teil des freien Volumens beschreibt, der durch Kristallisation entsteht. Bei amorphen Kunststoffen gilt Fomel 2.83. Bei der Übergangstemperatur b_5 schneiden sich die beiden Geraden, die die feste und die flüssige Phase bei Normaldruck abbilden (Bild 2.160, links).

$$b_{1s} = b_{1m} \tag{2.83}$$

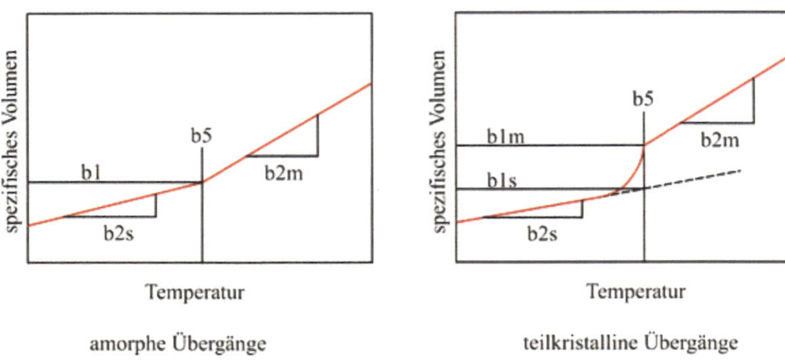

Bild 2.160 Definition verschiedener Parameter der Tait-Gleichung (eigene Abbildung in Anlehnung an [MF13])

Anwendung findet das p-v-T-Diagramm beispielsweise bei der Abbildung des Spritzgießprozesses. Hier wird der Kunststoff zuerst aufgeheizt und verdichtet. Während des Einspritzens können dann Drücke von über 100 MPa auftreten. In Bild 2.161 ist der Spritzgießprozess eines amorphen Thermoplasts im p-v-T-Diagramm dargestellt.

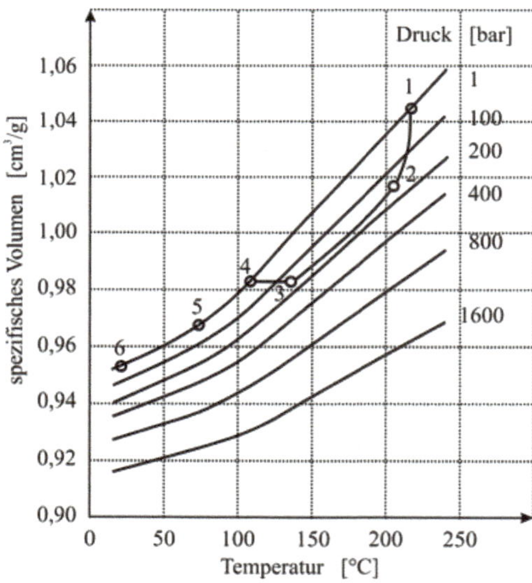

Bild 2.161
Der Spritzgießprozess im p-v-T-Diagramm (eigene Abbildung in Anlehnung an [HHB10, BBO+07])

Zum Zeitpunkt 1 wird die Schmelze in die Kavität eingespritzt. Während der Einspritzzeit wird die Schmelze verdichtet, sodass der Druck steigt. Außerdem kühlt die Schmelze leicht ab. Am Punkt 2 ist die Kavität vollständig gefüllt. Es wird auf Nachdruck umgeschaltet, der dann so lange gehalten wird, bis der Siegelpunkt (3), also das Einfrieren des Angusses, erreicht ist. Ab diesem Punkt kann keine weitere Schmelze mehr in die Kavität gedrückt werden. Die Schmelze kühlt zwischen den

Punkten 3 und 4 isochor ab. Dabei wird der Druck in der Kavität reduziert. Wenn der Druck in der Kavität auf Normaldruck gesunken ist, erfolgt die weitere Abkühlung isobar. Dabei schwindet das Formteil um den Betrag des spezifischen Volumens zwischen den Punkten 4 und 6. Am Punkt 5 wird das Formteil dann ausgeworfen und der Zyklus startet erneut. Die weitere Abkühlung des ausgeworfenen Formteils bis zur Raumtemperatur (Punkt 6) ist unabhängig von der Formteilkavität, sodass das Formteil frei schwinden kann. Zwischen den Punkten 5 und 6 entsteht hauptsächlich der Verzug des Formteils.

2.6.4 Bestimmung der thermischen Kennwerte

Die rheologischen und die thermischen Vorgänge im Spritzgießwerkzeug beeinflussen sich gegenseitig, da eine Temperaturerhöhung z.B. eine Absenkung der Viskosität der Schmelze zur Folge hat. Durch innere Reibung durch Scherung im Kunststoff, die von der Fließgeschwindigkeit der Schmelze abhängt, wird dieser erwärmt. Die Wärme der Kunststoffschmelze wird aber auch aus dem Werkzeug durch die kalte Werkzeugwand abgeführt. Dabei erstarrt die Schmelze, was, abhängig von der Wanddicke und den Temperaturen, zu verschiedenen Zeitpunkten im Formteil passiert. Dieser Effekt hat Auswirkungen auf den Nachdruck, da dieser an verschiedenen Stellen nicht mehr wirken kann und somit zu unterschiedlicher Schwindung führt.

Der Einfluss der thermischen Vorgänge auf die Füllung und die Qualität des Formteils ist deshalb sehr groß und muss Berücksichtigung während der Füllung finden. Die Wärmeleitfähigkeit und die Wärmekapazität des Kunststoffs und des Werkzeugmaterials müssen bekannt sein. Wenn eine Kühlphase mit simuliert wurde, wird von einer Verteilung der Werkzeugwandtemperatur ausgegangen. Andernfalls wird diese als homogen angenommen.

Glasübergang

Die Messung der beiden Kenngrößen Übergangstemperatur (Transition Temperature) und Entformungstemperatur (Ejection Temperature) erfolgt mithilfe der DSC. Mittels DSC wird das Verhalten von Werkstoffen beim Aufheizen und Abkühlen kontinuierlich erfasst. Damit sind eine Bewertung des Fließ- und Erstarrungsverhaltens sowie eine Bestimmung von Glasübergangs- bzw. Schmelzpunkttemperaturen möglich.

Der Glasübergang (vgl. Bild 2.162) von amorphen Polymeren oder den amorphen Bereichen teilkristalliner Thermoplaste kennzeichnet den Übergang vom hartelastischen in den gummielastischen Zustand. Besonders bei amorphen Thermoplasten kommt es im Glasübergang zu großen, meist stufenförmigen Eigenschaftsänderungen. Bei teilkristallinen Thermoplasten sind diese weniger stark ausgeprägt.

Beim Glasübergang handelt es sich nicht um eine echte Phasenumwandlung, sondern um einen Relaxationsübergang, also um den Übergang in einen Gleichgewichtszustand. Die Beweglichkeit der Kettensegmente wird beim Unterschreiten der Glasübergangstemperatur T_g „eingefroren". Im Glasübergangsbereich ändern sich die spezifische Wärmekapazität c_p, das Volumen und die Enthalpie der Probe merklich. Zur genauen Charakterisierung des Glasüberganges wird die Mittenpunkttemperatur T_{mg} angegeben [ERT03], bei der die Hälfte der Änderung der spezifischen Wärmekapazität erreicht ist.

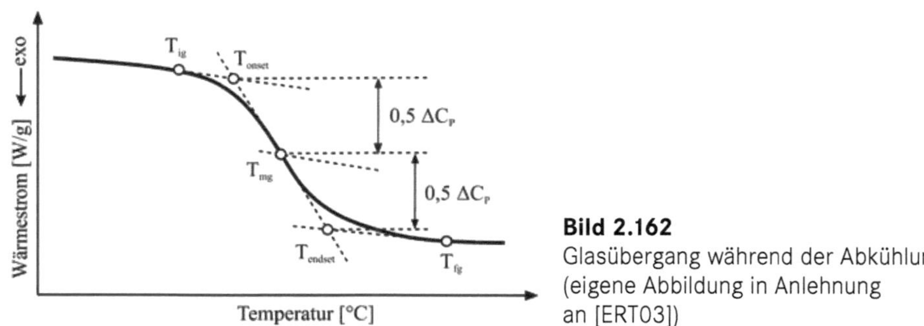

Bild 2.162
Glasübergang während der Abkühlung (eigene Abbildung in Anlehnung an [ERT03])

Die Temperaturlage des Glasübergangsbereiches hängt vom chemischen Aufbau und vom Verzweigungs- und Vernetzungsgrad ab. Gestalt und Temperaturbereiche des Glasübergangs verändern sich mit den vorangegangenen Abkühlbedingungen. Die den Glasübergang charakterisierenden Temperaturen sollten bestenfalls auf 1 K genau angegeben werden.

Schmelzen

Beim Schmelzen handelt es sich um eine echte Phasenumwandlung vom festen kristallinen in den flüssigen amorphen Zustand. Dabei tritt keinerlei Masseverlust oder chemische Veränderung auf. Bei teilkristallinen Kunststoffen ergibt sich ein relativ breiter Schmelzbereich, da teilkristalline Kunststoffe aus mehr oder weniger perfekten Kristalliten mit unterschiedlicher Lamellendicke aufgebaut sind. Die Schmelzkurve spiegelt diese uneinheitliche Struktur wider. Zunächst beginnen die dünneren Kristalle zu schmelzen. Die Schmelzpeaktemperatur T_{pm} charakterisiert die Temperatur, bei der die meisten Kristallite aufschmelzen. Bei weiterer Temperaturerhöhung steigt die Flanke der Kurve bis zum Punkt T_{fm} an. Hier sind alle Kristallite aufgeschmolzen.

Kristallisationsvorgang

Die Kristallisationskurve einer DSC-Messung charakterisiert den Enthalpieverlauf beim Abkühlen, also beim Übergang vom flüssigen amorphen Zustand in den festen kristallinen Zustand (vgl. Bild 2.163). Die Lage der Kristallisationskurve auf der Temperaturskala wird von der Abkühlgeschwindigkeit beeinflusst. Mit steigender Abkühlgeschwindigkeit verschiebt sich die Kristallisationskurve in Richtung niedrigerer Temperaturen. Die Kristallisation aus der Schmelze ist erst nach Unterschreiten der theoretischen Schmelztemperatur T_m^0 (Unterkühlung) möglich, da Kristallisationskeime vorhanden sein müssen. Während der Kristallisation bei hoher Unterkühlung wird der Kristallisationsgrad immer geringer. Wenn die Schmelze sogar auf Temperaturen unterhalb von T_g abgeschreckt wird, friert das Material im Glaszustand ein.

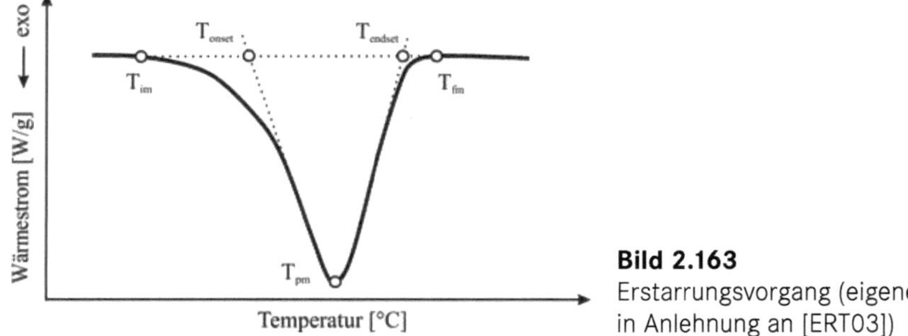

Bild 2.163
Erstarrungsvorgang (eigene Abbildung in Anlehnung an [ERT03])

Neben der Kristallisation in der Abkühlphase kann auch eine Kristallisation in der Aufheizphase gemessen werden – eine sogenannte Kaltkristallisation. Diese tritt beim Erwärmen über die Glasübergangstemperatur auf, wenn die Kristallisation beim Abkühlen unvollständig ist, z. B. beim Abschrecken unter den Glasübergang.

Einfluss der Heiz- und Kühlrate auf die thermischen Eigenschaften

Problematisch ist die Tatsache, dass die spezifische Wärmekapazität neben der Temperatur auch von der Heiz- und Abkühlrate abhängig ist. Dabei gilt, dass thermische Effekte (Glasübergang und Kristallisationspeak) mit steigender Kühlrate zu niedrigeren Temperaturen verschoben werden.

Außerdem erfolgt die Umwandlung des Kunststoffes in einem breiteren Temperaturbereich [Bus08]. In den Datenbanken der Spritzgießsimulationssoftware ist jedoch nur eine konstante Kühlrate (10 K/min oder 20 K/min) gegeben. Diese wird im Speziellen beim Abschrecken der Kunststoffschmelze an der Werkzeugwand, wo mehrere hundert K/min Kühlrate auftreten, deutlich überschritten. Mit gängigen DSC-Anlagen kann diese Kühlrate nicht gemessen werden, sodass hier ein nicht unerheblicher Fehler in den Werkstoffdaten vorhanden ist. In Bild 2.164 ist die Abhängigkeit der spezifischen Wärmekapazität von der Kühlrate qualitativ dargestellt. Eine Berücksichtigung der Druckabhängigkeit der spezifischen Wärmekapazität [HW90] erfolgt ebenfalls nicht. Theoretisch darf diese aufgrund der Definition der druckkonstanten spezifischen Wärmekapazität nicht auftreten [Hah91].

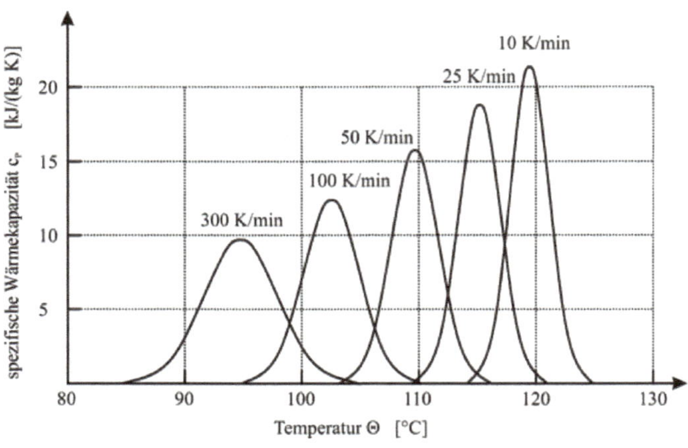

Bild 2.164 Abhängigkeit der spezifischen Wärmekapazität von PP von der Kühlrate (eigene Abbildung in Anlehnung an [Bus08])

Einfluss von Additiven, wie Farbmasterbatches

In Bild 2.165 ist eine DSC-Messung dargestellt, aus der der Einfluss von Farbmasterbatches auf die thermischen Eigenschaften hervorgeht. Die Proben der grünen und der violetten DSC-Messkurve sind mit einem grünen Masterbatch versehen. Es ist deutlich zu sehen, dass die Kristallisation des plastifizierten Kunststoffes bei einer ca. 10 K höheren Temperatur beginnt. Somit weist das eingefärbte Formteil ein anderes Einspritz- und Abkühlverhalten auf als ein nicht eingefärbtes Formteil. Da diese Effekte in der Spritzgießsimulation nicht berücksichtigt werden, kann der Unterschied in der Füllung und Abkühlung nicht abgebildet werden.

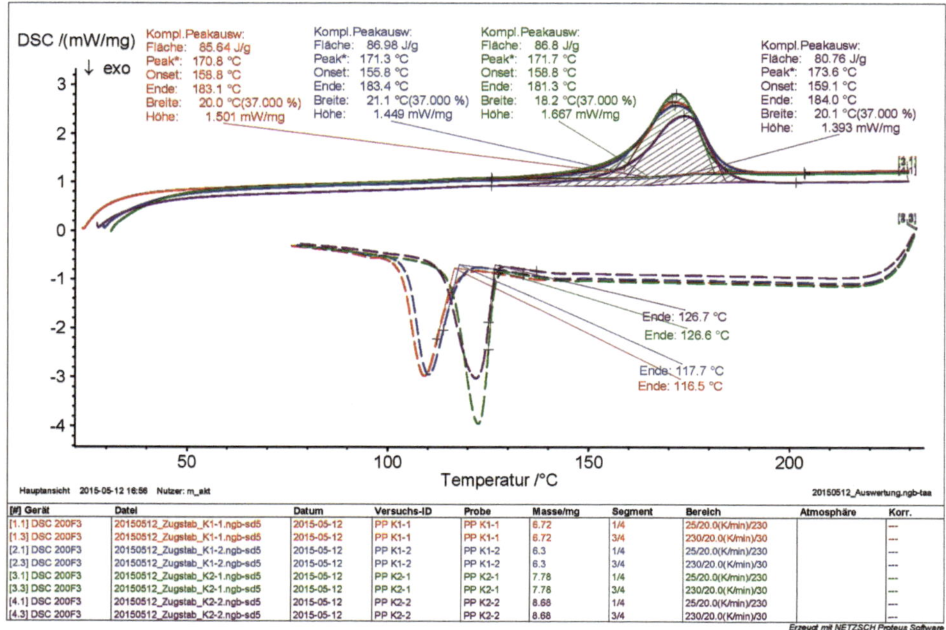

[#] Gerät	Datei	Datum	Versuchs-ID	Probe	Masse/mg	Segment	Bereich	Atmosphäre	Korr.
[1.1] DSC 200F3	20150512_Zugstab_K1-1.ngb-sd5	2015-05-12	PP K1-1	PP K1-1	6.72	1/4	25/20.0(K/min)/230		---
[1.3] DSC 200F3	20150512_Zugstab_K1-1.ngb-sd5	2015-05-12	PP K1-1	PP K1-1	6.72	3/4	230/20.0(K/min)/30		---
[2.1] DSC 200F3	20150512_Zugstab_K1-2.ngb-sd5	2015-05-12	PP K1-2	PP K1-2	6.3	1/4	25/20.0(K/min)/230		---
[2.3] DSC 200F3	20150512_Zugstab_K1-2.ngb-sd5	2015-05-12	PP K1-2	PP K1-2	6.3	3/4	230/20.0(K/min)/30		---
[3.1] DSC 200F3	20150512_Zugstab_K2-1.ngb-sd5	2015-05-12	PP K2-1	PP K2-1	7.78	1/4	25/20.0(K/min)/230		---
[3.3] DSC 200F3	20150512_Zugstab_K2-1.ngb-sd5	2015-05-12	PP K2-1	PP K2-1	7.78	3/4	230/20.0(K/min)/30		---
[4.1] DSC 200F3	20150512_Zugstab_K2-2.ngb-sd5	2015-05-12	PP K2-2	PP K2-2	8.68	1/4	25/20.0(K/min)/230		---
[4.3] DSC 200F3	20150512_Zugstab_K2-2.ngb-sd5	2015-05-12	PP K2-2	PP K2-2	8.68	3/4	230/20.0(K/min)/30		---

Bild 2.165 Einfluss von Farbmasterbatches auf die thermischen Eigenschaften

2.6.5 Die Wärmekapazität

Die spezifische Wärmekapazität beschreibt, wie viel Energie notwendig ist, um die Temperatur einer Probe mit einer Masse von 1 kg um 1 K zu erhöhen. Die Wärmekapazität wird dabei bei einem konstanten Druck ermittelt. Zur Bestimmung der spezifischen Wärmekapazität wird die Vergleichsmethode nach DIN EN ISO 113574 angewendet. Dabei wird die Wärmekapazität mithilfe der dynamischen Differenzkalorimetrie gemessen. Als Referenz wird eine Saphirprobe mit bekannter Wärmekapazität verwendet [BBO+07, ERT03].

Anhand der spezifischen Wärmekapazität kann das Kristallisationsverhalten der Kunststoffe ermittelt werden. Bild 2.166 zeigt exemplarische Kurven der spezifischen Wärmekapazität für ein Polycarbonat als typischen Vertreter der amorphen Kunststoffe und ein Polypropylen als typischen Vertreter der teilkristallinen Kunststoffe. Bei dem gezeigten Polycarbonat ist deutlich der Glasübergang als Änderung der spezifischen Wärmekapazität zwischen 130 °C und 150 °C zu sehen. Das Polypropylen zeigt einen deutlichen Erstarrungspeak zwischen 100 °C und 150 °C.

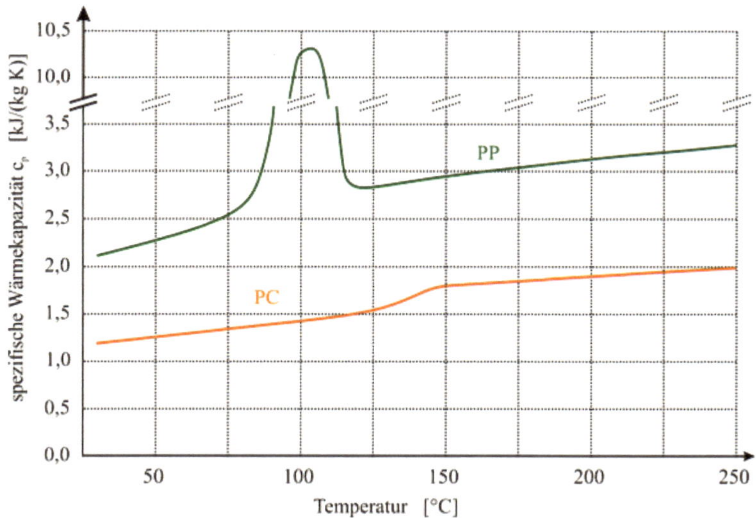

Bild 2.166 Die spezifische Wärmekapazität verschiedener Kunststoffe

Die Angabe der spezifischen Wärmekapazität der Kunststoffe in den Materialdatenbanken erfolgt als Wertetabelle. Häufig ist hier lediglich ein Wert angegeben, sodass die spezifische Wärmekapazität als temperaturunabhängig angenommen werden muss. Dabei werden nicht mehr hinnehmbare Vereinfachungen getroffen, da sich die spezifische Wärmekapazität bei amorphen Thermoplasten im Glasübergang um bis zu 20% ändert. Dieser Effekt kann in der Füllsimulation dann nicht berücksichtigt werden.

Noch gravierender ist die Reduzierung der spezifischen Wärmekapazität bei teilkristallinen Kunststoffen (Bild 2.167). Beim Erreichen des Erstarrungsbereiches steigt die spezifische Wärmekapazität stark an. Der teilkristalline Kunststoff kristallisiert aus. Die dabei frei werdende Energie führt zu der Erhöhung der Wärmekapazität und muss zusätzlich abgeführt werden. Praktisch führt dieser Effekt zu einer Verlängerung der Kühlzeit, da mehr Energie abgeführt werden muss, um die Entformungstemperatur zu erreichen.

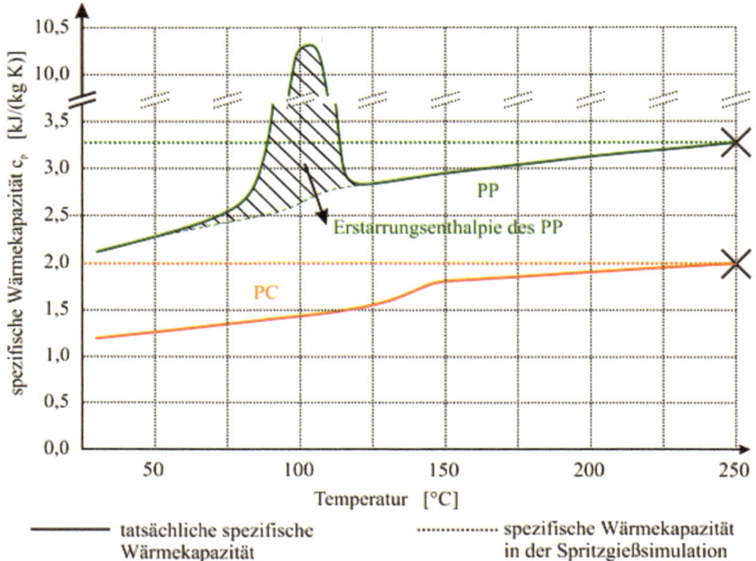

Bild 2.167 Die spezifische Wärmekapazität verschiedener Kunststoffe in der Simulation

Die Zudosierung von Füll- und Verstärkungsstoffen hat einen Einfluss auf die spezifische Wärmekapazität der Mischung. Im Vergleich zu Metallen sind die spezifischen Wärmekapazitäten bei konstantem Druck von Kunststoffen erheblich größer. Mithilfe von Formel 2.84 kann die Wärmeleitfähigkeit von Mischungen abgeschätzt werden [BBO+07].

$$c_{pM} = \Psi \cdot c_{pF} + (1 - \Psi) \cdot c_{pK} \tag{2.84}$$

c_{pM}	spezifische Wärmekapazität der Mischung	[J kg^{-1} K^{-1}]
Ψ	Gewichtsanteil des Füllstoffes	[-]
c_{pF}	spezifische Wärmekapazität des Füllstoffes	[J kg^{-1} K^{-1}]
c_{pK}	spezifische Wärmekapazität des Kunststoffes	[J kg^{-1} K^{-1}]

2.6.6 Die Wärmeleitfähigkeit

Die Wärmeleitfähigkeit gibt an, wie viel Wärme in einer Sekunde durch eine Schicht mit einer Fläche von 1 m^2 und einer Schichtdicke von 1 m transportiert werden kann, wenn der Temperaturunterschied zwischen den beiden Oberflächen 1 K beträgt. Kunststoffe haben eine vergleichsweise geringe Wärmeleitfähigkeit. Für einzelne Kunststofffamilien ist sie unterschiedlich, wie Bild 2.168 verdeutlicht. Werden die Makromoleküle verstreckt oder durch Glasfasern orientiert, erhöht sich die Wärmeleitfähigkeit in Vorzugsrichtung. Senkrecht dazu wird die Wärmeleitfähigkeit herabgesenkt [BBO+07].

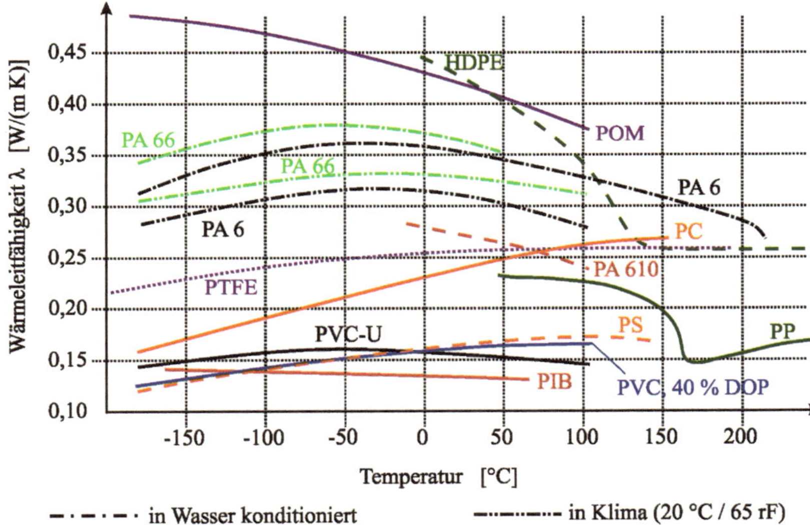

Bild 2.168 Die Wärmeleitfähigkeit verschiedener Kunststoffe (eigene Abbildung in Anlehnung an [BBO+07])

In Bild 2.169 ist die Wärmeleitfähigkeit als Funktion der Temperatur und des Druckes dargestellt. Gängige Programme zur Spritzgießsimulation können hier nur die unterste Isobare verwenden, da eine Druckabhängigkeit der Wärmeleitfähigkeit der Kunststoffschmelze [DRN06, Bus08] nicht vorgesehen ist.

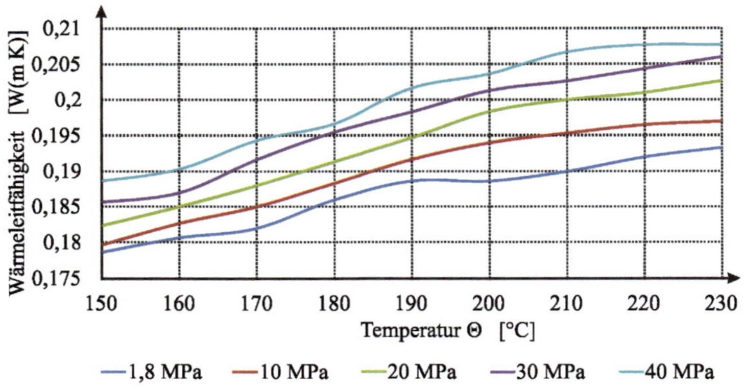

Bild 2.169 Wärmeleitfähigkeit von PP (HD 120 MO) in Abhängigkeit von Druck und Temperatur

Füllstoffe oder eine Gasbeladung haben ebenfalls einen Einfluss auf die Wärmeleitfähigkeit. Durch das Einbringen von Füllstoffen, wie Quarzmehl, Glas, Kohlenstoff oder verschiedenen Metallen, wird die Wärmeleitfähigkeit erhöht. Bei der Verwendung wärmeisolierender Stoffe, wie Gase oder Treibmittel, wird die Wärmeleitfähigkeit gesenkt. Mit-hilfe von Formel 2.85 kann die Wärmeleitfähigkeit von Mischungen abgeschätzt werden [BBO+07].

$$\lambda_M = \frac{\lambda_K \cdot \lambda_F}{\varphi \cdot \lambda_K + (1-\varphi) \cdot \lambda_F} \tag{2.85}$$

λ_M	Wärmeleitfähigkeit der Mischung	[W m^{-1} K^{-1}]
λ_K	Wärmeleitfähigkeit des Kunststoffes	[W m^{-1} K^{-1}]
λ_F	Wärmeleitfähigkeit des Füllstoffes	[W m^{-1} K^{-1}]
ϕ	Volumenanteil des Füllstoffes	[-]

Problematisch sind die Messung der Wärmeleitfähigkeit an sich und die Berücksichtigung der Anisotropieeffekte, sodass die Angaben der Wärmeleitfähigkeit stark schwanken können. Die Bestimmung der Wärmeleitfähigkeit von Kunststoffschmelzen kann unter anderem mithilfe des Laser-Flash-Prinzips erfolgen. Dabei wird eine planparallele Probe von einer Seite mit einem Laserpuls erwärmt. Auf der gegenüberliegenden Seite wird die Erwärmung der Probe mit einem Infrarotsensor oder einem Thermoelement gemessen. Wenn die gegenüberliegende Seite die Maximaltemperatur erreicht hat, wird die Zeit bestimmt, bei der die Hälfte der Maximaltemperatur erreicht war. Mithilfe dieser Zeit kann dann die Temperaturleitfähigkeit berechnet werden. Wenn die Dichte und die spezifische Wärmekapazität bekannt sind, kann aus der Temperaturleitfähigkeit die Wärmeleitfähigkeit bestimmt werden [AW11]. Das Laser-Flash-Verfahren kann dabei sowohl bei Festkörpern als auch bei Kunststoffschmelzen angewendet werden [Kna04, Net09].

Daneben wird das instationäre Linienquellverfahren nach DIN EN ISO 22007-1 und der ASTM D 5930 zur direkten Bestimmung der Wärmeleitfähigkeit verwendet. Dabei wird eine Nadel, an deren Ende sich ein Thermoelement befindet, in eine isotherme Kunststoffschmelze in einem Zylinder gestochen. Anschließend wird die Kunststoffschmelze mit einem Wärmestrom an der Grundfläche des Zylinders beaufschlagt und die Zeit gemessen, bis sich die Kunststoffschmelze um eine bestimmte Temperatur erwärmt hat. Der Temperaturanstieg muss dabei linear sein. Aus dieser Zeit wird dann die Wärmeleitfähigkeit bestimmt.

Die Angabe der Wärmeleitfähigkeit der Kunststoffe in den Materialdatenbanken erfolgt als Wertetabelle. Häufig ist hier lediglich ein Wert angegeben, sodass die Wärmeleitfähigkeit als temperaturunabhängig angenommen werden muss, wie in Bild 2.170 dargestellt, sodass ein unklarer Einfluss auf die Abkühlung der in der Füllsimulation berechneten Formteile entsteht.

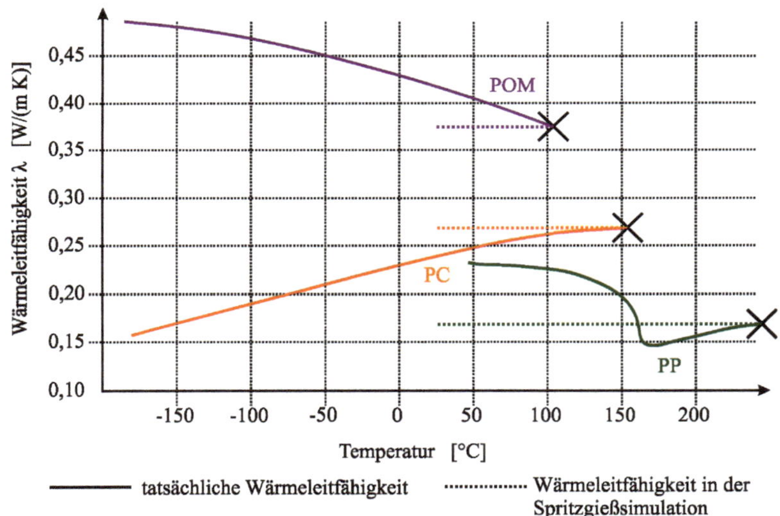

Bild 2.170 Die Wärmeleitfähigkeit verschiedener Kunststoffe in der Simulation (eigene Abbildung in Anlehnung an [BBO+07])

2.6.7 Der Wärmeausdehnungskoeffizient

Der Wärmeausdehnungskoeffizient beschreibt die Ausdehnung von Kunststoffen in Abhängigkeit von der Temperatur. Dieser spielt eine Rolle bei der Herstellung von Kunststoffformteilen und dem Gebrauch der Formteile. Grundsätzlich muss zwischen dem linearen Wärmeausdehnungskoeffizienten α und dem kubischen Wärmeausdehnungskoeffizienten β unterschieden werden. Der lineare Wärmeausdehnungskoeffizient beschreibt die Längenänderung eines Längenmaßes. Der kubische Wärmeausdehnungskoeffizient beschreibt hingegen die Vergrößerung oder Verkleinerung eines Volumens unter einem Temperatureinfluss. In beiden

Fällen hat der Wärmeausdehnungskoeffizient die Einheit 1/K. Für einen homogenen festen Körper gilt Formel 2.86. Mit abnehmendem Elastizitätsmodul nimmt der Wärmausdehnungskoeffizient zu [BBO+07].

$$\beta = 3 \cdot \alpha \tag{2.86}$$

β	kubischer Wärmeausdehnungskoeffizient	$[K^{-1}]$
α	linearer Wärmeausdehnungskoeffizient	$[K^{-1}]$

Bild 2.171 zeigt den linearen Wärmeausdehnungskoeffizienten verschiedener Kunststoffe. Der Wärmeausdehnungskoeffizient zeigt eine deutliche Temperaturabhängigkeit. Verstärkungsstoffe, wie Fasern oder Plättchen, ergeben eine Anisotropie des Wärmeausdehnungskoeffizienten in Faserorientierung und quer zur Faserorientierung. Orientierungen der Makromoleküle führen ebenfalls zur Anisotropie des Wärmeausdehnungskoeffizienten [BBO+07].

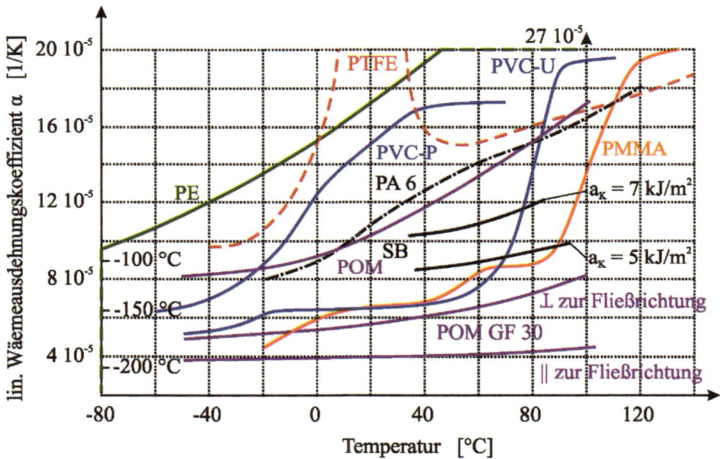

Bild 2.171 Der lineare Wärmeausdehnungskoeffizient verschiedener Kunststoffe (eigene Abbildung in Anlehnung an [BBO+07])

Der lineare Wärmeausdehnungskoeffizient wird durch eine thermomechanische Analyse mit einem Dilatometer bestimmt. Dabei liegt die Probe flach auf dem Probenträger. Während des Versuchs wirkt eine kleine konstante Kraft auf die Probe. Die Ausdehnung der Probe wird in Abhängigkeit von der Temperatur gemessen, woraus der lineare Wärmeausdehnungskoeffizient berechnet werden kann [ERT03].

Die Angabe des linearen Wärmeausdehnungskoeffizienten in den Materialdatenbanken erfolgt als Konstante. Bei fasergefüllten Kunststoffen kann die Anisotropie des linearen Wärmeausdehnungskoeffizienten in Faserrichtung und quer zur Faserrichtung berücksichtigt werden. Die Temperaturabhängigkeit kann nicht berücksichtigt werden.

2.6.8 Mechanische Kennwerte

Kunststoffe bestehen aus langen Molekülketten, den Makromolekülen. Werden diese erwärmt, so vergrößert sich der Abstand zwischen den Molekülketten und ihre Beweglichkeit steigt. Die Molekülketten können aufeinander abgleiten. Parallel werden die Molekülketten beim Spritzgießen orientiert. Die Schwindung entlang der Molekülkette bleibt dabei konstant, da die Molekülketten nicht länger werden. Da sich der Abstand zwischen den Molekülketten aber vergrößert hat, steigt der Anteil der Schwindung zwischen den Molekülketten. Die Unterschiede in der Schwindung können dann zum Verzug des Formteils führen.

Solange die Kunststoffe keine Verstärkungsstoffe enthalten, können die mechanischen Kennwerte als isotrop angenommen werden. Das häufig in Füllsimulationen verwendete linear-elastische Materialmodell benötigt dann einen Elastizitätsmodul und eine Querkontraktionszahl. Beide Werte können aus einem Kurzzeitzugversuch gewonnen werden. Zu beachten ist jedoch, dass es sich bei den Kennwerten um genormte Werte nach DIN EN ISO 527-1 und DIN EN ISO 527-2 handelt. Diese werden unter genormten Bedingungen bei einer Raumtemperatur von 23 °C und eine Luftfeuchte von 50 % rF bestimmt, sodass eine Temperaturabhängigkeit der mechanischen Kennwerte in der Füllsimulation häufig nicht berücksichtigt werden kann. Streng genommen hat der Elastizitätsmodul auch nur eine Gültigkeit zwischen 0,05 % und 0,25 % elastischer Dehnung, da er in diesen Grenzen als Sekantenmodul bestimmt wird. Wenn größere Verformungen durch Verzug oder äußere Belastungen auftreten, ergibt sich dadurch ein nicht abschätzbarer Fehler, da der Sekantenmodul mit zunehmender Dehnung sinkt. Die Bestimmung der Querkontraktionszahl erfolgt durch Messung der Quer- und der Längsdehnung der Probe während des Kurzzeitzugversuchs [SSK98].

Für isotrope Werkstoffe gilt Formel 2.87, die den richtungsunabhängigen Elastizitätsmodul und die Querkontraktionszahl mit dem Schubmodul in Relation setzt [Lek77].

$$G = \frac{E}{2 \cdot (1 + \nu)} \tag{2.87}$$

E	isotroper Elastizitätsmodul	[Pa]
ν	isotrope Querkontraktionszahl	[-]
G	isotroper Schubmodul	[Pa]

2.6.9 Orientierungseffekte

Wenn der Kunststoff mit Fasern verstärkt wurde, sind die mechanischen Eigenschaften nicht mehr isotrop. Da die Fasern steifer sind als der Kunststoff und einen kleineren Wärmeausdehnungskoeffizienten haben, unterdrücken sie die Schwindung des Formteils in Faserrichtung. Quer zur Faserrichtung werden die mechanischen Eigenschaften maßgeblich durch die umgebende Kunststoffmatrix bestimmt.

Sowohl die Dehnströmung als auch die Quellströmung haben einen Einfluss auf die Orientierungen. Da die Ausrichtung der Fasern nach der Füllung im Gegensatz zu den Orientierungen der Makromoleküle nicht mehr durch Relaxation geändert werden kann, bleibt diese bestehen, wie sie während des Füllvorgangs ausgebildet worden ist. Eine Änderung der Prozessparameter hat kaum einen Einfluss auf die Orientierung der Fasern. Wesentlich für die Ausbildung der Faserorientierung ist die Anschnittposition [BBO+07].

Während der Füllung lassen sich fünf Bereiche der Orientierung in einem spritzgegossenen Formteil unterscheiden. Die obere und die untere Randschicht kühlen sehr schnell ab, sodass hier nahezu keine Orientierung der Fasern vorliegt. In den beiden Zwischenschichten sind die Fasern aufgrund der hohen Scherung in Fließrichtung orientiert. Die Orientierung in der mittleren Schicht hängt von der Richtung der Strömung ab. Wenn sich eine konzentrische Strömung ausbildet, so sind die Fasern entsprechend dieser Strömung ausgerichtet. Da in der mittleren Schicht nahezu keine Schergeschwindigkeit vorliegt, verbleiben die Fasern in ihrer ursprünglichen Ausrichtung, also quer zur Strömung. Bild 2.172 verdeutlicht die verschiedenen Orientierungen [Sch18].

Das Verhältnis der Dicke der mittleren Schicht und der Dicke der Zwischenschicht hängt vom Fließverhalten der Kunststoffschmelze und der Formteildicke ab. Es hat einen maßgeblichen Einfluss auf die mechanischen Eigenschaften und den Verzug des Formteils. Die Strukturviskosität der Kunststoffschmelze beeinflusst die Ausbildung des Schergeschwindigkeitsprofils und damit die Orientierungen der Fasern. Je stärker die Strukturviskosität ausgeprägt ist, desto größer ist der Anteil der mittleren Schicht, sodass ihr Anteil an den mechanischen Eigenschaften des Formteils steigt. Bei schwacher Ausprägung der Strukturviskosität steigt der Anteil der Zwischenschichten und damit auch deren Anteil an den mechanischen Eigenschaften des Formteils. Die Ausprägung der Strukturviskosität ergibt sich aus der Größe des Fließexponenten n [Sch18]. Je größer die Formteildicke ist, desto größer ist der Anteil der mittleren Schicht [Bon16].

Bild 2.172
Orientierung von Fasern beim Spritzgießen (eigene Abbildung in Anlehnung an [Bon16])

Charakteristische Eigenschaften verschiedener Verstärkungsstoffe sind in Tabelle 2.21 angegeben.

Tabelle 2.21 Charakteristische Eigenschaften von Verstärkungsstoffen [HM17, Ste96, Nie97]

Faser	Typ	E-Modul [GPa]	Schubmodul [GPa]	Querkontraktionszahl [-]	Dichte [g cm^{-3}]
Glasfaser	E	72-73	30-31	0,18-0,26	2,55-2,6
	R/S	86-87	35,6	0,22	2,49-2,53
Kohlenstofffaser	HT	228-238 ⊥ 10,3-16	50	0,2-0,28	1,75-1,8
	HST	230-270	34,5	0,2	1,78-1,83
	IM	280-400 ⊥ 16	6,7-17,8	0,2	1,83-1,8
	HM	300-490 ⊥ 4,3-6,2	6,9	0,1-0,26	1,79-2,3
Aramidfaser	-	58-80 ⊥ 5,4-5,6	12	0,3-0,4	1,39-1,44
	HM	120-186 ⊥ 4,1	2,9	0,3-0,35	1,44-1,47
PE-Faser		87-172		0,3-0,35	0,97

An dieser Stelle muss ein transversal-isotropes Materialmodell zur Anwendung kommen. Dabei werden der Elastizitätsmodul, der Schubmodul und die Querkontraktionszahl richtungsabhängig in den drei Hauptrichtungen angegeben. In Formel 2.88 ist der Nachgiebigkeitstensor für anisotrope Materialien entlang der Hauptachsen dargestellt. Die erste Hauptachse beschreibt dabei die Ausrichtung der verstärkenden Faser. Die zweite und die dritte Hauptachse sind senkrecht dazu ausgerichtet [Lek77, MTT77].

$$M = \begin{bmatrix} \frac{1}{E_1} & -\frac{\nu_{21}}{E_2} & -\frac{\nu_{31}}{E_3} & 0 & 0 & 0 \\ -\frac{\nu_{12}}{E_1} & \frac{1}{E_2} & -\frac{\nu_{32}}{E_3} & 0 & 0 & 0 \\ -\frac{\nu_{13}}{E_1} & -\frac{\nu_{23}}{E_2} & \frac{1}{E_3} & 0 & 0 & 0 \\ 0 & 0 & 0 & \frac{1}{G_{23}} & 0 & 0 \\ 0 & 0 & 0 & 0 & \frac{1}{G_{13}} & 0 \\ 0 & 0 & 0 & 0 & 0 & \frac{1}{G_{12}} \end{bmatrix} \tag{2.88}$$

E_i	Elastizitätsmodul	[Pa]
v_{ij}	Querkontraktionszahl	[-]
G_{ij}	Schubmodul	[Pa]

Im Fall orthotroper, faserverstärkter Materialien können die Vereinfachungen nach Formel 2.89 bis Formel 2.92 getroffen werden [Sch07].

$$E_2 = E_3 \tag{2.89}$$

$$\nu_{12} = \nu_{21} = \nu_{13} = \nu_{31} \tag{2.90}$$

$$\nu_{23} = \nu_{32} \tag{2.91}$$

$$G_{12} = G_{13} \tag{2.92}$$

Zusätzlich unterliegen die Materialparameter verschiedenen Stabilitätskriterien nach Formel 2.93 bis Formel 2.97, damit die numerische Stabilität der Simulation gewährleistet ist [Alt18].

$$E_1; E_2; G_{12}; G_{23} > 0 \tag{2.93}$$

$$\nu_{23} < 1 \tag{2.94}$$

$$\nu_{12} < \sqrt{\frac{E_1}{E_2}} \tag{2.95}$$

$$1 - \nu_{12}^2 > 0 \tag{2.96}$$

$$1 - \nu_{23} - 2 \cdot \nu_{12}^2 > 0 \tag{2.97}$$

Prinzipiell muss eine Unterscheidung getroffen werden, ob es sich bei den Verstärkungsfasern um Kurzfasern oder Langfasern handelt. Als Orientierungswert zur Unterscheidung kann eine Faserlänge von 1 mm verwendet werden. Wichtig ist außerdem die Berücksichtigung, dass die Faserlänge im Formteil vorliegen muss. So werden Kunststofftypen angeboten, die eine Faserlänge von 10 mm aufweisen. Durch die Verarbeitung dieser Granulate kommt es bei der Plastifizierung durch die hohe Scherung häufig zu Faserbrüchen, sodass die im Formteil vorliegende Faserlänge unter 1 mm liegt. Die Faserlänge im Formteil liegt häufig zwischen 0,05 mm und 0,3 mm. In der Regel beträgt der Faserdurchmesser 0,02 mm [SSK98]. Im Zweifelsfall kann ein gefertigtes faserverstärktes Formteil verascht werden, um die Faserorientierung und die mittlere Länge und den mittleren Durchmesser der Fasern mikroskopisch zu bestimmen.

Zur Beschreibung kurzfaserverstärkter Kunststoffe gibt es verschiedene mikromechanische Ansätze. Am häufigsten werden die Ansätze von Halpin und Tsai [HK76] und Tandon und Weng [TW84] angewendet. Im Folgenden wird kurz näher auf die Abschätzung der mechanischen Kennwerte nach Halpin und Tsai eingegangen [SSK98].

Die Abschätzung des Elastizitätsmoduls in Faserausrichtung erfolgt mithilfe der Formel 2.98 bis Formel 2.100.

$$E_1 = E_M \cdot \frac{1+\xi\cdot\eta\cdot\varphi}{1-\eta\cdot\varphi} \tag{2.98}$$

E_1	Elastizitätsmodul in Faserrichtung	[Pa]
E_M	Elastizitätsmodul des Matrixmaterials	[Pa]
ξ	Faserkonstante	[-]
η	Beiwert	[-]
φ	Faservolumengehalt	[-]

$$\eta = \frac{\frac{E_F}{E_M}-1}{\frac{E_F}{E_M}+\xi} \tag{2.99}$$

E_F	Elastizitätsmodul der Faser	[Pa]

$$\xi = \frac{l}{d} \tag{2.100}$$

l	mittlere Länge der Fasern	[mm]
d	mittlerer Durchmesser der Fasern	[mm]

Die Abschätzung des Elastizitätsmoduls quer zur Faserausrichtung erfolgt mithilfe der Formel 2.101 und Formel 2.102.

$$E_2 = E_M \cdot \frac{1+\xi \cdot \eta \cdot \varphi}{1-\eta \cdot \varphi} \tag{2.101}$$

E_1	Elastizitätsmodul quer zur Faserrichtung	[Pa]
E_M	Elastizitätsmodul des Matrixmaterials	[Pa]
ξ	Faserkonstante	[-]
η	Beiwert	[-]
φ	Faservolumengehalt	[-]

$$\xi = 2 \tag{2.102}$$

Die Abschätzung des Schubmoduls in Faserrichtung erfolgt analog zur Abschätzung des Elastizitätsmoduls in Faserausrichtung nach Formel 2.103 und Formel 2.104.

$$G_{12} = G_M \cdot \frac{1+\xi \cdot \eta \cdot \varphi}{1-\eta \cdot \varphi} \tag{2.103}$$

G_1	Schubmodul in Faserrichtung	[Pa]
G_M	Schubmodul des Matrixmaterials	[Pa]

$$\xi = 1 \tag{2.104}$$

Die Abschätzung des Schubmoduls quer zur Faserrichtung erfolgt nach Formel 2.105 und Formel 2.106.

$$G_{23} = G_M \cdot \frac{\varphi + \xi \cdot (1-\varphi)}{\frac{G_M}{G_F} \cdot \varphi + \xi \cdot (1-\varphi)} \tag{2.105}$$

G_{23}	Schubmodul quer zur Faserrichtung	[Pa]
G_F	Schubmodul der Faser	[Pa]

$$\xi = \frac{3 - 4 \cdot \nu_M + \frac{G_M}{G_F}}{4 \cdot (1-\nu_M)} \tag{2.106}$$

ν_M	Querkontraktionszahl des Matrixmaterials	[-]

Die Abschätzung der Querkontraktionszahl ν_{23} erfolgt nach Formel 2.107.

$$\nu_{23} = \frac{1}{2} \cdot \frac{E_2}{G_{23}} - 1 \tag{2.107}$$

ν_{23}	Querkontraktionszahl in Faserrichtung	[-]

Die Abschätzung der Querkontraktionszahl ν_{12} erfolgt nach Formel 2.108.

$$\nu_{12} = \frac{E_2}{E_1} \cdot \left(\nu_F \cdot \varphi + \nu_M \cdot (1-\varphi)\right) \tag{2.108}$$

ν_{12}	Querkontraktionszahl quer zur Faserrichtung	[-]
ν_F	Querkontraktionszahl der Faser	[-]

In den Datenblättern der Materiallieferanten ist in der Regel nur der Gewichtsanteil Ψ der Fasern angegeben, aber nicht der Volumenanteil φ. Für kurzfaserverstärkte Kunststoffe lässt sich dieser nach Formel 2.109 umrechnen [SSK98].

$$\varphi = \frac{1}{1 + \frac{1-\Psi}{\Psi} \cdot \frac{\rho_F}{\rho_M}} \tag{2.109}$$

ρ_F	Dichte der Faser	[g cm^{-3}]
ρ_M	Dichte des Matrixmaterials	[g cm^{-3}]

Bei der Verstärkung von Kunststoffen mittels langer Fasern ist die Ausrichtung der Fasern meist unabhängig von der Füllung. Die Langfasern werden als Gewebe oder Rovings in die Kavität eingelegt oder gezielt um vorhandene Elemente gewickelt, sodass die Orientierung der Fasern gezielt beeinflusst werden kann. Zur Berücksichtigung von Langfasern gibt es viele Modelle, u. a. [SSK98, Nie97, Ste96]. Auf diese wird im Rahmen dieses Kapitels jedoch nicht weiter eingegangen.

Solange das Formteil im Werkzeug ist, kann es nur bedingt schwinden, da das Werkzeug die Schwindung verhindert. Dabei bauen sich Spannungen im Formteil auf, die durch Verformung abgebaut werden, wenn das Formteil aus dem Werkzeug entfernt wird, da das Formteil einen spannungsfreien Zustand anstrebt.

Dieser Effekt hat einen sehr großen Einfluss auf das Verzugsverhalten der Formteile. Er wird deshalb bei der Füllsimulation berücksichtigt, indem die Orientierung der Molekülketten und der Fasern mit berechnet wird. Wird das Formteil während der Nachdruckphase abgekühlt, so wird bis zur Entformungstemperatur mit behinderter Schwindung gerechnet. Danach liegt eine freie Schwindung vor und die entstandenen inneren Spannungen werden abgebaut. Der Füllsimulation ist eine Finite-Elemente-Berechnung nachgeschaltet. Diese berechnet aus den inneren Spannungen Verformungen mithilfe der mechanischen Kennwerte des Kunststoffs. Diese sind unter anderem der E-Modul und die Querkontraktionszahl jeweils in Faserrichtung und quer dazu.

Die Faserorientierung und damit auch ihr Einfluss auf den Verzug können in einer Füllsimulation berücksichtigt werden [Sch18].

2.6.10 Kristallisation von Kunststoffen

Abhängig von ihrem molekularen Aufbau können verschiedene Kunststoffe kristalline Strukturen bilden. Sie sind dann in der Lage, physikalische Bindungen, sogenannte Nebenvalenzbindungen, wie Dispersionskräfte, Dipol-Dipol-Kräfte, Induktionskräfte oder Wasserstoffbrückenbindungen auszubilden [Kai06].

Bild 2.173 zeigt den schematischen Aufbau der kristallinen Strukturen. Von einem Kristallisationskeim ausgehend, wachsen die Lamellen nach außen. Die Lamellen bestehen aus gefalteten Molekülketten. Das Ende der Lamellen stellt auch die Grenze des jeweiligen Sphärolithen dar [MHM+02].

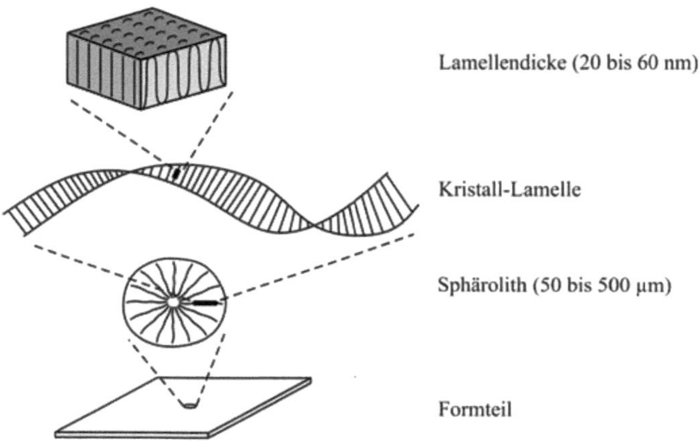

Bild 2.173 Struktureller Aufbau teilkristalliner Polymere (eigene Abbildung in Anlehnung an [MHM+02])

Aufgrund von Störungen in den Polymerketten oder zufälligen Verschlaufungen kann eine Polymerkette niemals vollständig kristallisieren. Die Kristallite bleiben sehr klein und können nur mithilfe von Elektronenmikroskopen beobachtet werden. Die Kristallite bilden Sphärolithe als Überstrukturen. Diese können lichtmikroskopisch untersucht werden. Der Kristallisationsgrad und der Durchmesser der Sphärolithe werden in der Regel als Merkmale ausgewertet. Die Kristallinität beeinflusst sowohl die Verarbeitung als auch die Eigenschaften des Kunststoffformteils. Während der Verarbeitung muss die Erstarrungsenthalpie (vgl. Bild 2.167, S. 160) abgeführt werden, was einen Einfluss auf die Kühlzeit hat. Ein hoher Kristallisationsgrad führt auch zu einem steiferen, aber auch spröderen Kunststoffformteil [BBO+07].

Der Kristallisationsgrad kann durch den Verarbeitungsprozess beeinflusst werden. Eine niedrige Werkzeugtemperatur und eine hohe Abkühlgeschwindigkeit führen zu geringeren Kristallisationsgraden und feineren kristallinen Strukturen.

Diese Struktur ist vor allem bei dünnwandigen Kunststoffformteilen und in den Randbereichen dickwandiger Kunststoffformteile zu finden. Bei einer hohen Schmelzetemperatur und langen Verweilzeiten steigt der Kristallisationsgrad. Außerdem wird die Struktur der Kristallite eher grob. Diese Effekte treten vor allem im Inneren dickwandiger Kunststoffformteile auf. Der Kristallisationsgrad hat auch einen Einfluss auf die Schwindung und damit den Verzug. Werden Kunststoffformteile während ihres Lebenszyklus längere Zeit erhöhten Temperaturen ausgesetzt, kann eine Nachkristallisation eintreten, indem die Makromoleküle umorientiert werden und langsam kristalline Strukturen bilden, was über lange Zeiträume (mehrere Monate) zu einer Nachschwindung und damit einem Verzug führen kann. Eine Berücksichtigung des Kristallisationsverhaltens in Abhängigkeit von der Abkühlgeschwindigkeit ist allerdings gegenwärtig noch nicht möglich [BBO+07].

Aus der Dichte kann der Kristallisationsgrad eines Polymers berechnet werden. Dazu müssen die Dichte des rein amorphen Polymers und die Dichte des theoretisch zu 100% auskristallisierten Polymers bekannt sein. Bei der Bestimmung des Kristallisationsgrades wird von einem Zweiphasenmodell ausgegangen, das aus rein amorphen und rein kristallinen Bereichen besteht. Dieses Verfahren ist einfach durchzuführen. Allerdings ist es auch sehr ungenau, da sich die kristallinen Bereiche und die amorphen Bereiche nicht eindeutig trennen lassen. Es entstehen Fehler von bis zu 15% [TB99].

Eine weitere Möglichkeit zur Bestimmung des Kristallisationgrades bietet die dynamische Differenzkalometrie (DSC, differential scanning calometry). Bei der Umwandlung von amorphen Bereichen in Kunststoffen wird Energie frei, da der kristalline Zustand energetisch günstiger ist. Der Vorgang ist exotherm, sodass sich im DSC-Diagramm ein Peak in der Enthalpie einstellt, der ausgewertet werden kann. Der Vorgang erstreckt sich über ein vergleichsweise breites Temperaturfenster und ist nicht reversibel. Danach wird die Probe aufgeschmolzen und die Schmelzenthalpie gemessen. Hierbei handelt es sich um einen endothermen reversiblen Vorgang. Neben den beiden zu messenden Änderungen in der Enthalpie muss die Kristallisationsenthalpie bei vollständiger Kristallisation bekannt sein. Dieser Wert beschreibt die notwendige Energie, um einen Kunststoff theoretisch zu 100% auszukristallisieren.

Eine sehr exakte Bestimmung des Kristallisationsgrades stellt die Röntgenbeugung, die Röntgenkleinwinkelstreuung (SAXS, small angle X-ray scattering), dar. Sie basiert darauf, dass kristalline Bereiche enge Peaks im Diffraktogramm bei entsprechenden Einstrahlwinkeln erzeugen, während amorphe Strukturen eine Glockenkurve erzeugen. Das liegt daran, dass die Abstände der Moleküle im amorphen Zustand statistisch verteilt sind. Im kristallinen Zustand sind die Abstände viel gleichmäßiger. Die Intensitäten des Peaks und der Glockenkurve werden gemessen und daraus der Kristallisationsgrad bestimmt [BBB+98]. Da sich die Abstände der Polymerketten in kristallinen Bereichen und in verstreckten Bereichen voneinander unterscheiden, kann hier auch zwischen kristallinen und verstreckten Bereichen unterschieden werden. Dabei kann allerdings immer nur ein kleiner Bereich von wenigen mm^2 abgetastet werden.

Eine weitere Möglichkeit zur Bestimmung des Kristallisationsgrades stellt die Infrarotspektroskopie dar. Durch das Infrarotlicht werden kristalline Bereiche im Kunststoff zum Schwingen angeregt, sodass zusätzliche Signale im Infrarotspektrum erscheinen. Diese sind bei rein amorphen Kunststoffen nicht vorhanden. Durch Auswertung der entsprechenden Signale kann ebenfalls auf den Kristallisationsgrad geschlossen werden [BBB+98].

Die kostenintensivste Methode zur Bestimmung des Kristallisationsgrades ist die Kernresonanzspektroskopie. Diese Methode detektiert die Beweglichkeit der Protonen in den Atomkernen. Diese ist in amorphen und kristallinen Bereichen unterschiedlich und wirkt sich somit auf die Linienform im gemessenen Spektrum aus und ermöglicht Rückschlüsse auf die Kristallinität des Kunststoffs [BBB+98].

Der Kristallisationsprozess kann in der Füllsimulation über verschiedene Modelle abgebildet werden. Am häufigsten werden das Avrami-Modell [Avr39, Avr40, Avr41], das Hoffmann-Lauritzen-Modell [LH60, HL61] und das Nakamura-Modell [NWK+72, NKA73] verwendet.

Das Avrami-Modell beschreibt das Ausfallen einer energetisch stabileren Phase aus einer metastabilen Phase. Vor allem der Beginn der Kristallisation kann mit diesem Modell gut beschrieben werden. Effekte am Ende der Kristallisation, wie das Zusammenstoßen verschiedener Sphärolithe, kann das Modell dagegen nicht abbilden [Zie05].

Die Modellierung der Kristallisationskinetik, einschließlich der fließverstärkten Kristallisation, und der fließinduzierten morphologischen Veränderungen von teilkristallinen Thermoplasten während und nach dem Scherfließen wurde in die Solver für thermoplastische Fließvorgänge implementiert. Es wurde festgestellt, dass die Kristallwachstumsrate nicht stark vom Materialfluss beeinflusst wird. Es wird daher angenommen, dass die Wachstumsrate nur von der Temperatur abhängt und der Hoffman-Lauritzen-Theorie folgt [LH60, HL61].

Die Keimbildung wird ausgedrückt als die Summe der Anzahl der Kristallisationskeime im Ruhezustand (ohne Scherung) und der Anzahl der Kristallisationskeime, die durch das Fließen der Thermoplastschmelze induziert werden. In Experimenten ohne Scherbeanspruchung (Ruhezustand) kann die Wachstumsrate der Sphärolithe unter dem Mikroskop ermittelt werden. Dafür wird der durchschnittliche Sphärolithdurchmesser in Abhängigkeit der Zeit und der Anzahl der aktivierten Keime bestimmt. Es ergibt sich ein linearer Zusammenhang zwischen der Anzahl der Kristallisationskeime im Ruhezustand und der Unterkühlung [KF02].

Die Auswirkung der Strömung auf die Kristallisation wird berücksichtigt, indem die überschüssige freie Energie und die strömungsinduzierte Orientierung mit der Kristallisationskinetik in Beziehung gesetzt werden. Das Ausbilden der kristallinen Strukturen führt zu einem Anstieg der Viskosität und schließlich zu einer Verfestigung. Zur Beschreibung der Auswirkungen der Kristallinität auf die Viskosität wird in der Simulation ein Verstärkungsfaktor verwendet [ZK04].

Die Modellierung einer kristallinitätsabhängigen Viskosität steht im Zusammenhang mit der Modellierung des Spritzgießprozesses. Dabei kann die Ausbildung einer gefrorenen Schicht, die durch die Kristallisation beeinflusst wird, mit berücksichtigt werden [ZK04].

2.6.11 Werkstoffauswahl für Kunststoffformteile

Die Werkstoffauswahl im Bereich der Produktentwicklung von Kunststoffen erfolgt klassischerweise nach dem Filtermodell, dargestellt in Bild 2.174 [BS99]. Dabei werden die Wahl des Werkstoffes und das Verarbeitungsverfahren von vornherein kombiniert, da sich beide direkt gegenseitig beeinflussen. Wenn ein Formteil völlig neu entwickelt wird, müssen dessen Eigenschaften vorab möglichst klar definiert werden, um den richtigen Werkstoff zu wählen [BS99, Bon18]. Hier bietet sich die Verwendung von Checklisten an, um möglichst alle relevanten Eigenschaften zu berücksichtigen [beispielsweise KI22].

Das Filtermodell in Bild 2.174 bietet eine methodische Vorgehensweise für die Werkstoffauswahl, um die notwendigen Anforderungen, die an den Kunststoff gestellt werden, sinnvoll zu gliedern. Die notwendigen Kennwerte können verschiedenen Datenbanken (beispielsweise CAMPUS) oder den Materialdatenblättern der Hersteller entnommen werden. Eigene Erfahrungen in der Handhabung und Verarbeitung bereits verwendeter Kunststoffe können ebenfalls einfließen [BS99, Bon18].

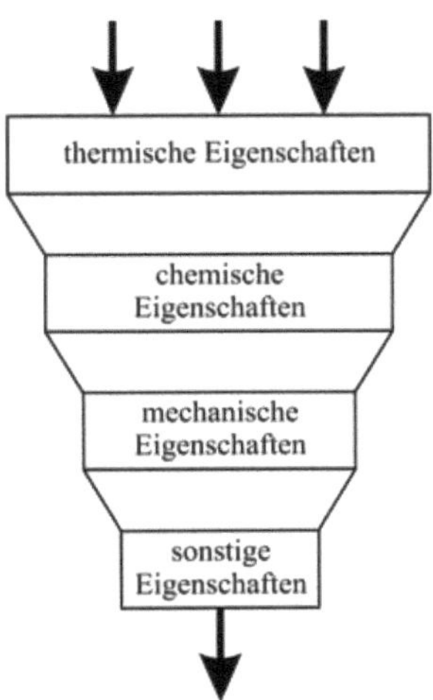

Bild 2.174
Werkstoffauswahl nach dem Filtermodell (eigene Abbildung in Anlehnung an [BS99])

Problematisch ist häufig das Fehlen chemischer Eigenschaften, wie Beständigkeit gegenüber verschiedenen Medien oder Spannungsrissen, aber auch Angaben zur Alterungsbeständigkeit [BS99].

Bei einer Füllsimulation wird ein Material aus der jeweiligen Materialdatenbank des Simulationsprogramms verwendet. Gegenwärtig sind über 9000 verschiedene Materialien enthalten. Davon ausgehend, dass aktuell ca. 40 000 Kunststoffe auf dem Markt erhältlich sind, wird klar, dass bei Weitem nicht alle Kunststoffe in der Materialdatenbank enthalten sind. Es besteht die Möglichkeit, die Materialdaten zu messen und in die Materialdatenbank zu editieren. Dieser Schritt ist relativ aufwendig und erfordert sehr viel Messtechnik. Wenn der zu verarbeitende Kunststoff nicht in der Materialdatenbank enthalten ist, kann auch ein Vergleichsmaterial ausgewählt werden. Dabei ist jedoch Vorsicht geboten, da sich der reale Kunststoff und das Vergleichsmaterial erheblich voneinander unterscheiden können. In jedem Fall sollte das Material vor der Verwendung in der Simulation überprüft werden und nicht nur für die Simulation ausgewählt werden. In der Datenbank können auch fehlerhafte Daten enthalten sein. Außerdem haben die Materialeigenschaften einen großen Einfluss auf das Ergebnis, sodass der Anwender sich mit dem Material vertraut machen sollte, um die Ergebnisse korrekt interpretieren zu können.

■ 2.7 Qualität der Spritzgießsimulation

Die Abbildung der Realität durch die numerische Simulation hängt im Allgemeinen von drei Faktoren, der Formteilgeometrie, den Werkstoffkennwerten und den Prozessparametern, ab (Bild 2.175). Diese beeinflussen sich gegenseitig. Dabei ist die Art der numerischen Simulation nicht entscheidend.

Bild 2.175
Einflüsse auf die Qualität einer numerischen Simulation

Zum Ersten muss die Formteilgeometrie die tatsächliche Ausdehnung des zu betrachtenden Formteiles abbilden. Dabei ist vor allem der aktuelle konstruktive Stand eines Formteiles zu berücksichtigen. In den Bereich der Formteilgeometrie fällt auch die Vernetzung. Hier ist es wichtig, dass das Formteil mit ausreichend kleinen Elementen vernetzt ist, um eine zu starke Verzerrung der Elemente zu vermeiden. Eine Verzerrung von Elementen bedeutet, dass mindestens eine Elementkante wesentlich größer ist als die Restlichen, sodass ein hoher aspect ratio (Verhältnis einer Elementkante zur entsprechenden Höhe) entsteht. Beim Vorhandensein stark verzerrter Elemente sinkt die Ergebnisqualität, da die Berechnungen nur an den Positionen der Knoten durchgeführt und zwischen diesen interpoliert werden. Die Elemente dürfen sich nicht schneiden oder flächig durchdringen.

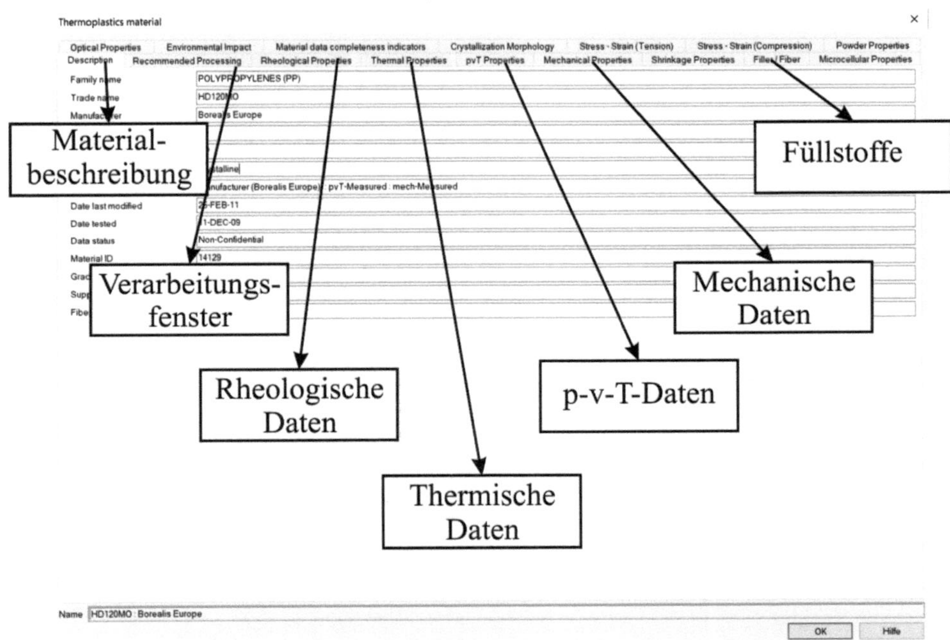

Bild 2.176 Übersicht der notwendigen Werkstoffkennwerte des verwendeten Kunststoffes (eigene Abbildung in Anlehnung an [MF13])

Zum Zweiten müssen die Werkstoffkennwerte vorgegeben werden. In jedem Fall ist der verwendete Kunststoff zu definieren (Bild 2.176). Die Materialbeschreibung beschreibt den verwendeten Kunststoff genau. Das Verarbeitungsfenster enthält Empfehlungen zur Höhe der Schmelzetemperatur und der Werkzeugwandtemperatur des verwendeten Kunststoffes. Diese Temperaturen werden in der Simulation nicht verwendet. Es handelt sich aber um Empfehlungen des Materialherstellers, die beachtet werden sollten. Die rheologischen Daten enthalten die Koeffizienten für das Fließverhalten des Kunststoffes. In der Regel sind hier die Koeffizienten der Cross-WLF-Gleichung angegeben. Die thermischen Daten enthalten Wertetabellen, in denen die spezifische Wärmekapazität und die Wärmeleitfähigkeit als Funktion der Temperatur aufgelistet sind. Die p-v-T-Daten enthalten die Koeffizienten der Tait-Gleichung und bilden die Abhängigkeit des spezifischen Volumens von Temperatur und Druck ab. Die mechanischen Daten enthalten den E-Modul in erster und zweiter Hauptrichtung, die entsprechenden Querkontraktionszahlen, den Schubmodul und die Wärmeausdehnungskoeffizienten in erster und zweiter Hauptrichtung. Wenn der Kunststoff mit Füllstoffen, wie Glasfasern oder Kohlefasern, gefüllt ist, wird das in den Füllstoffen vermerkt.

Eine Auswahl und Anpassung der Werkstoffkennwerte des verwendeten Werkzeugwerkstoffes (Tabelle 2.22) und des verwendeten Kühlmittels (Tabelle 2.23) ist ebenfalls möglich.

Tabelle 2.22 Werkstoffkennwerte des Werkzeugwerkstoffes [MF13]

Parameter	Formelzeichen	Einheit
Dichte	ρ	[kg m^{-3}]
spezifische Wärmekapazität	c_p	[J kg^{-1} K^{-1}]
Wärmeleitfähigkeit	λ	[W m^{-1} K^{-1}]
Elastizitätsmodul	E	[MPa]
Querkontraktion	v	[-]
Wärmeausdehnungskoeffizient	α	[K^{-1}]

Tabelle 2.23 Werkstoffkennwerte des verwendeten Kühlmittels [MF13]

Parameter	Formelzeichen	Einheit
Dichte	ρ	[kg m^{-3}]
spezifische Wärmekapazität	c_p	[J kg^{-1} K^{-1}]
Wärmeleitfähigkeit	λ	[W m^{-1} K^{-1}]
Viskosität	c_1	[Pa s]
	c_2	[K]
	c_3	[K]

Zum Dritten müssen die Prozessparameter hinreichend genau abgebildet werden. Dabei ist auch der Umfang der Simulation wichtig, also ob beispielsweise nur das Füllen eines Formteiles simuliert werden soll oder ob dem Füllen eine Kühlsimulation vor- oder eine Nachdrucksimulation nachgeschaltet werden soll. Die notwendigen Parameter müssen dann vorgegeben werden (Tabelle 2.24). Aus Tabelle 2.24 muss jeweils ein Wert aus jeder Zeile vorgegeben werden. So kann der Kühlmittelvolumenstrom durch die Reynoldszahl, durch den zwischen Ein- und Austritt der Kühlkanalbohrung auftretenden Druckverlust oder durch den Volumenstrom des Kühlmittels selbst definiert werden. Des Weiteren hängt die Anzahl der notwendigen Prozessparameter von der Art der Kühlungssimulation ab. Wenn die Kühlung transient simuliert wird, sind die Werkzeugtemperatur zu Beginn der Produktion, die Zeit, die das Werkzeug in jedem Zyklus geöffnet ist, und die Zeit, die zwischen dem Schließen des Werkzeuges und dem Einspritzen vergeht, anzugeben. Wenn die Kühlung mit berechnet wird, muss für die Füllsimulation keine Werkzeugwandtemperatur vorgegeben werden. Wenn die Kühlung nicht mit berechnet wird, muss eine konstante Werkzeugwandtemperatur vorgegeben werden. In der Praxis wird hier häufig die Kühlmedientemperatur vorgegeben. Allerdings können Hotspots oder Coldspots im Werkzeug ohne eine Kühlsimulation nicht abgebildet werden, sodass ein nicht abschätzbarer Fehler in der Simulation besteht.

Tabelle 2.24 Notwendige Prozessparameter

Simulationsschritt	Parameter	Einstellbare Größen
Kühlung	Kühlmitteltemperatur	Θ_{KM}
	Kühlmittelvolumenstrom	$\dot{V}_{KM}$; Re; Δp
	Werkzeugtemperatur bei Produktionsbeginn	Θ_{WWB}
	Zeit, die das Werkzeug offen ist	t_{Mot}
	Zeit, bevor das Einspritzen startet	t_{bl}
	Zykluszeit	t_{IPC}
Füllen	Schmelzetemperatur	Θ_{M}
	(Werkzeugwandtemperatur)	Θ_{WW}
	Einspritzgeschwindigkeit	t_{In}; $\dot{V}_{In}$; v_{Schn}
Nachdruck	Nachdruckhöhe	p_{ND}
	Nachdruckzeit	t_{ND}
	Restkühlzeit	t_{RK}

In der Literatur finden sich zahlreiche Arbeiten, in denen der Spritzgießprozess für unterschiedlichste Formteilgeometrien (von dickwandigen optischen Linsen [DF13] bis zum Mikrospritzguss [LJB15]) simuliert wird. In [DF13] werden die thermischen Verhältnisse im Spritzgießwerkzeug mit der Software „Sigmasoft" für dickwandige optische Formteile simuliert. Im Rahmen der Untersuchungen konnte gezeigt werden, dass die Optimierung des Spritzgießprozesses und die Abbildung des Verzuges gut möglich ist. In [LJB15] wird auf die Anforderungen im Bereich der Spritzgießsimulation beim Mikrospritzgießen eingegangen. Als problematisch werden vor allem die thermischen Verhältnisse im Werkzeug, einhergehend mit einem dem Standardspritzgießen gegenüber veränderten Wärmeübergangskoeffizienten, angesehen. Dabei konnte gezeigt werden, dass der Wärmeübergangskoeffizient beim Mikrospritzgießen teilweise deutlich abweicht. Der Standardwert in der Spritzgießsimulation beträgt 5000 W/(m^2 K) während der Füllung. In [DF13] werden Werte zwischen 1700 W/(m^2 K) und 11 000 W/(m^2 K) für die Simulation gemessen und verwendet. Außerdem konnte gezeigt werden, dass der Wärmeübergangskoeffizient extrem von der Massetemperatur und der Einspritzgeschwindigkeit abhängt. Die Abhängigkeit des Wärmeübergangskoeffizienten von der Rauheit der Formteilkavität wurde in [Liu14] untersucht.

Problematisch ist außerdem die Tatsache, dass ein Überpacken der Kavität mit den derzeitigen Simulationsprogrammen nicht simuliert werden kann [Dan15, Pau15]. Die Steuerung des Einspritzvorgangs durch vorgegebene Schneckenpositionen und die Vorgabe des Schneckendurchmessers ist zwar möglich, das Umschalten auf den vorgegebenen Nachdruck erfolgt aber spätestens, wenn die Kavität zu 100 % volumetrisch gefüllt ist, unabhängig davon, ob die Schnecke ihre in der Füllsimulation vorgegebene Umschaltposition erreicht hat. Das hat zur Konsequenz, dass die Druckspitze, die vor dem Umschalten auf Nachdruck auftritt, nicht oder nur unvollständig abgebildet werden kann. Diese Druckspitze ist jedoch für die maximale Belastung des Spritzgießwerkzeuges und der Spritzgießmaschine verantwortlich, da der Spritzdruck durch das Spritzaggregat aufgebracht werden muss und die Spritzgießmaschine die notwendige Schließkraft aufbringen muss.

Durch die Annahmen und Vereinfachungen entstehen Abweichungen in den Ergebnissen der Simulation. Diese Abweichungen können über 100 % betragen, wenn sie mit den realen Gegebenheiten verglichen werden. Die rheologische Füllung eines Kunststoffformteils kann bis zu 99 % genau abgebildet werden. Die Ergebnisse aus den während der Füllung herrschenden Temperaturen und Drücken werden auf Grundlage der rheologischen Füllung berechnet. Abweichungen von 20 % der Ergebnisse aus der Simulation in Bezug auf real durchgeführte Messungen sind dabei als gut zu bewerten [Liu12, Vog12]. Die Ergebnisse können qualitativ und quantitativ aus den Grafiken ausgewertet werden. Grundsätzlich werden dabei alle zur Verfügung stehenden Kommastellen angegeben, sodass eine Genauigkeit der Simulation suggeriert wird, die praktisch nie erreicht werden kann.

■ 2.8 Die Ergebnisinterpretation

Die schwierigste Aufgabe bei der Simulation ist die Interpretation der Ergebnisse, da hierfür viel Erfahrung mit der Simulationssoftware, dem Material und den getroffenen Annahmen und Randbedingungen erforderlich ist. So kann es sein, dass die Ergebnisse der Füllsimulation keine Probleme mit dem in der Simulation verwendeten Material zeigen, in der Realität aber Probleme auftreten. Dies kann z. B. durch Additive, wie Farbstoffe oder Ruß, passieren. Es ist deshalb wichtig, dass bei Abschluss des Projektes die Simulationsergebnisse mit dem realen Prozess und den Formteilen verglichen werden, da das so erworbene Wissen in die nächsten Simulationen einfließen kann.

Bei einer Füllsimulation handelt es sich immer um eine Abbildung der Realität auf Grundlage eines Modells, getroffener Vereinfachungen und vereinbarter Randbedingungen. Alle diese Punkte müssen bekannt sein, um die Ergebnisse korrekt interpretieren zu können. Wenn z. B. ohne Kühlkanäle simuliert wurde, ist es unmöglich, den Verzug aufgrund ungleichmäßiger Kühlung und Werkzeugwandtemperaturen zu berechnen und abzubilden. Genauso ist die Berücksichtigung von Trägheitseffekten in einer 3D-Simulation notwendig, um eine Freistrahlbildung zu sehen. Die Grundlage der Ergebnisinterpretation ist also die Kenntnis der Modellbildung und der Randbedingungen. Das meistgenutzte Ergebnis aus der Füllsimulation ist das Füllbild. In einem Füllbild wird das zeitabhängige Füllen der Schmelze dargestellt. Es beschreibt also, zu welchem Zeitpunkt die Schmelze an welchem Punkt im Werkzeug ist. Gleiche Farben bedeuten hier gleiche Zeiten. Aus dem Füllbild kann auf die Lage von Bindenähten und Lufteinschlüssen geschlossen werden. Außer dem Füllbild werden weitere Ergebnisse aus der Simulation ausgegeben, die Rückschlüsse auf die Qualität und die Eigenschaften des Formteils zulassen. Die wichtigsten Ergebnisse sind im Folgenden aufgeführt:

- Druckbedarf
- Fließfronttemperatur
- Scherung
- Einfrierzeit
- Faserorientierung
- Schwindung
- Verzug

Erläuterungen, wie diese Ergebnisse zu interpretieren sind, werden im Folgenden vorgestellt.

2.8.1 Das Füllbild

Das Füllbild ist das wichtigste Ergebnis aus einer Füllsimulation (Bild 2.177). Es stellt das zeitskalierte Füllen des Formteils dar. Gleiche Farben bedeuten den gleichen Füllstand zur gleichen Zeit (Skala in Bild 2.177 und Bild 2.181). Das Füllbild kann animiert werden, sodass die Füllung des Formteils als Film abläuft. Mithilfe der Animation kann erkannt werden, ob die Schmelze in verschiedenen Regionen vorauseilt oder zum Erliegen kommt. Genauso ist zu sehen, ob das Formteil vollständig gefüllt wird, wo Schmelzen zusammenfließen und Bindenähte entstehen oder wo Lufteinschlüsse entstehen können.

Aus Bild 2.177 geht hervor, dass die Füllung des Relaisgehäuses nicht gleichmäßig ist, da die rechte Seite später gefüllt wird. Dieser Effekt kann auch in der Füllstudie in Bild 2.178 beobachtet werden. Die unsymmetrische Füllung basiert auf der unsymmetrischen Kühlung, die sich durch die Verschaltung der einzelnen Kühlkreisläufe ergibt, sodass eine symmetrische Kühlung nicht gewährleistet ist.

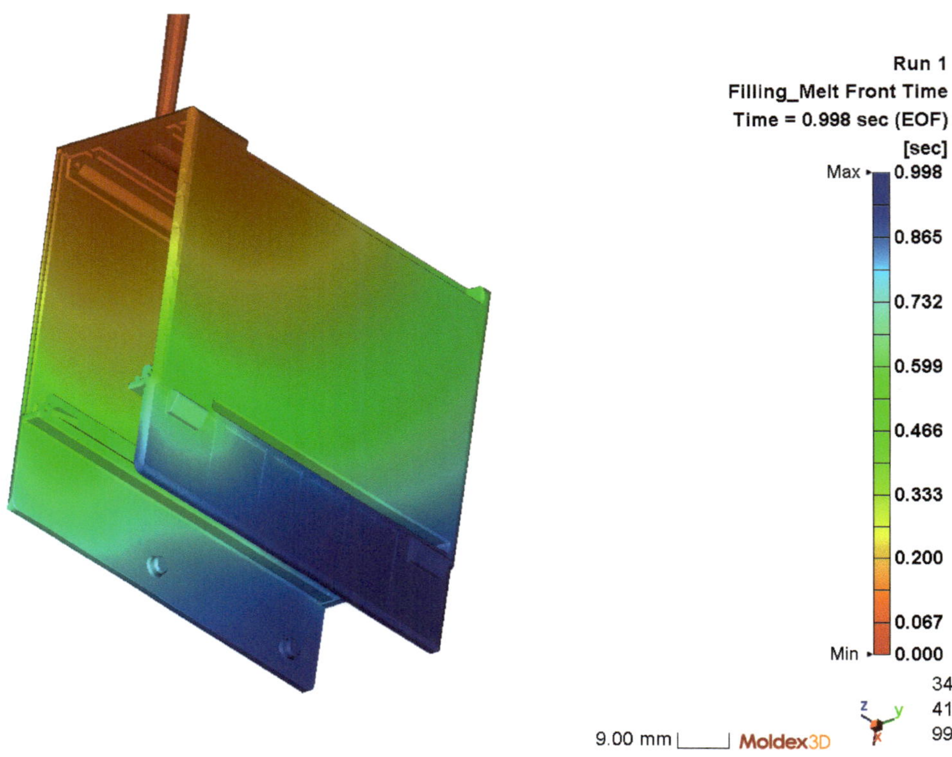

Bild 2.177 Füllbild des Relaisgehäuses (Formteil: KIMW; Software: Moldex3D)

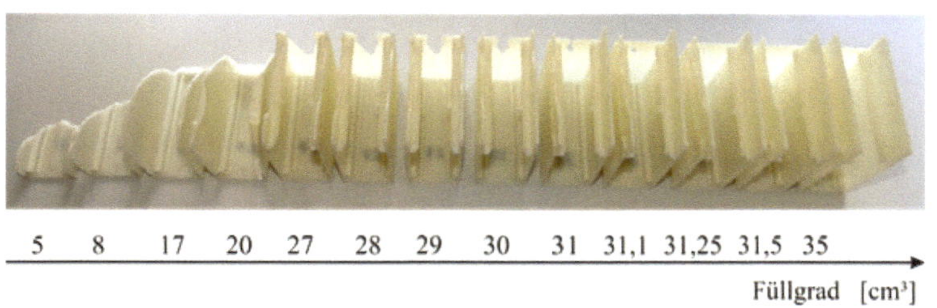

Bild 2.178 Füllstudie des Relaisgehäuses (Formteil: KIMW)

Bild 2.179 und Bild Bild 2.180 zeigen einen deutlichen Unterschied in der Füllung des Relaisgehäuses. In der Füllstudie entstehen eine Bindenaht und ein Lufteinschluss während der Füllung. Diese Füllung kann in der Simulation nicht abgebildet werden. Nach Bild 2.180 wird die Rückseite vollständig von oben nach unten gefüllt, ohne dass eine Bindenaht oder ein Lufteinschluss ausgebildet werden.

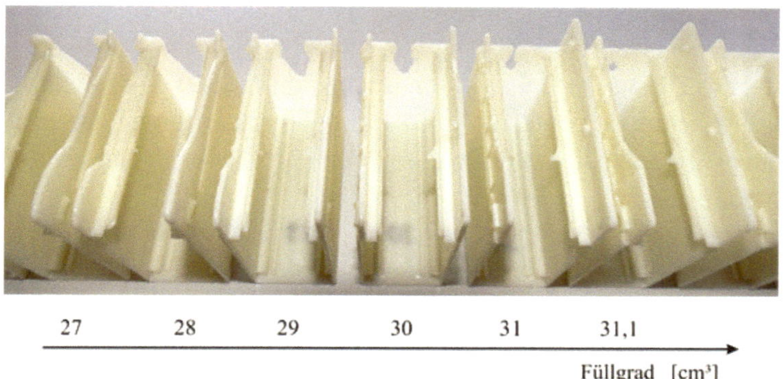

Bild 2.179 Bindenahtausbildung und Lufteinschluss am Relaisgehäuse (Formteil: KIMW

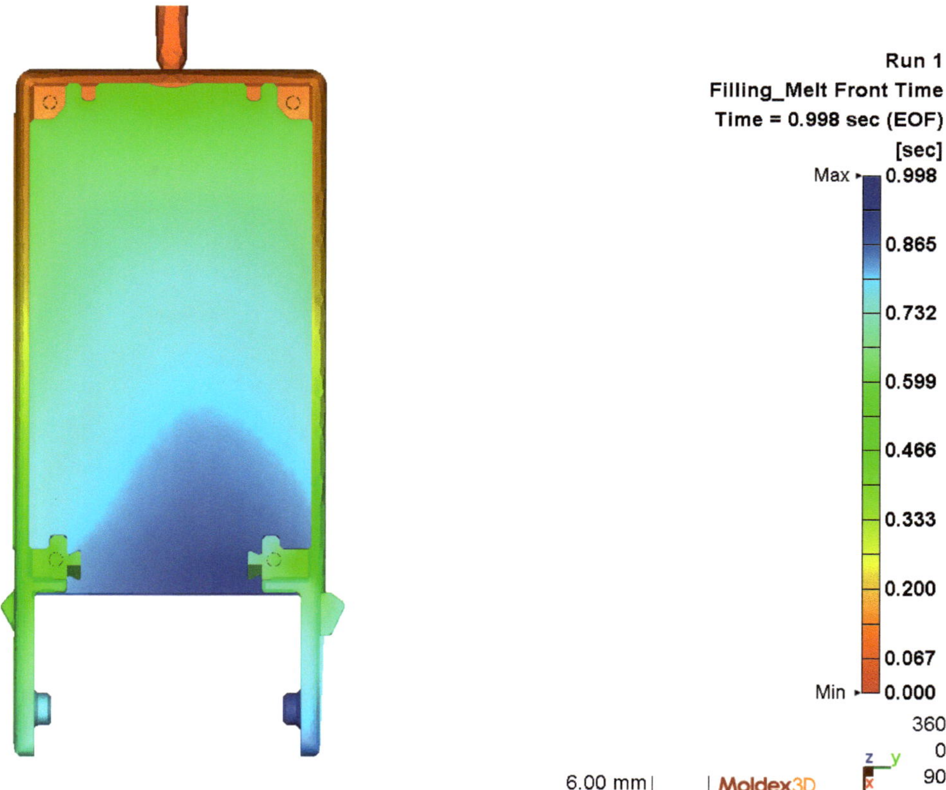

Bild 2.180 Füllung der Rückwand des Relaisgehäuses (Formteil: KIMW; Software: Moldex3D)

In Bild 2.181 ist das Füllbild des Relaisgehäuses mit der Ausbildung der Bindenähte an den Sacklöchern zu sehen. Dabei umströmt die Schmelze die Werkzeugkerne und fließt dahinter wieder zusammen. Füllungsbedingt bilden sich in der oberen linken und rechten Ecke sowie in der unteren linken Ecke Bindenähte aus. In der unteren rechten Ecke erfolgt die Füllung von hinten nach vorn, sodass hier keine Bindenaht entsteht. Dieses Verhalten kann auch während der Verwendung des Relaisgehäuses beobachtet werden, da das Relaisgehäuse an einer der drei Bindenahtpositionen versagt hat. Die untere rechte Ecke war nie der Grund für ein Versagen des Relaisgehäuses.

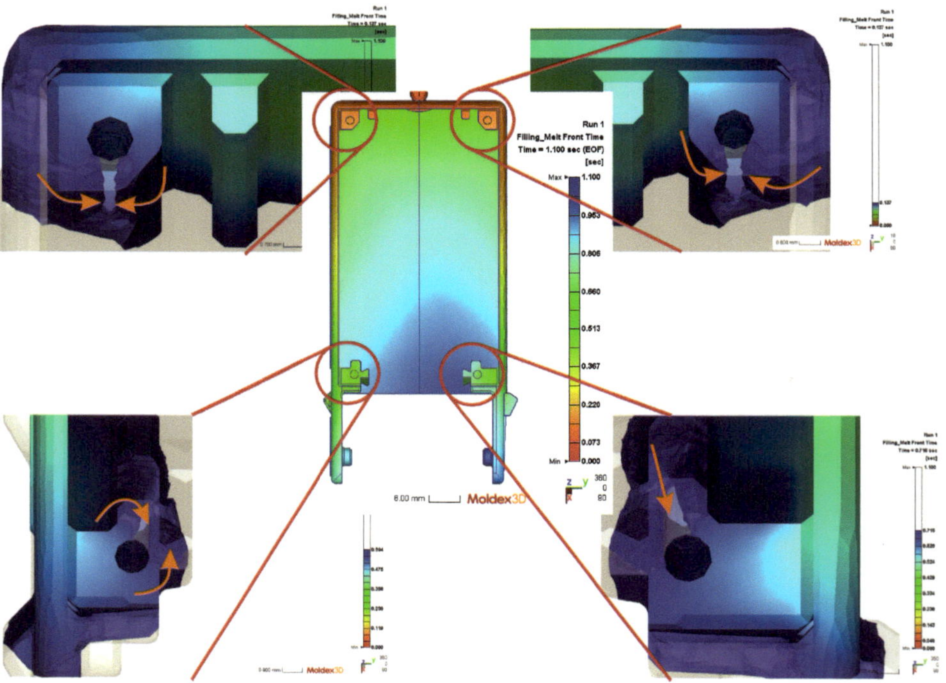

Bild 2.181 Ausbildung der Bindenähte im Relaisgehäuse (Formteil: KIMW; Software: Moldex3D)

Dem Füllbild kann außerdem entnommen werden, wie gut die Füllung balanciert ist, das bedeutet, dass alle Seiten des Formteils gleichzeitig gefüllt werden. Bei großen Formteilen ist eine balancierte Füllung besonders wichtig, da sonst der Druckbedarf und die Schließkraft steigen und das Werkzeug ungleichmäßig belastet wird. Die Druckverteilung im Werkzeug ist in Bild 2.182 dargestellt. Der Druckabfall ist symmetrisch zur Düse, solange die Schmelze in beide Richtungen frei fließen kann. Erwartungsgemäß ist der Druckbedarf an der Fließfront gleich null und der maximale Druckbedarf ist an der Düse. In der Realität ist der Druckbedarf an der Fließfront nicht null, da die Luft nicht schnell genug aus dem Werkzeug entweichen kann. Es bildet sich ein Gasgegendruck in der Kavität. Dieser Druck kann aber vernachlässigt werden, da er deutlich geringer ist als der Einspritzdruck. Die Schließkraft ist das Integral aus Druck und Fläche und ist in Bild 2.182 symmetrisch zur Düse.

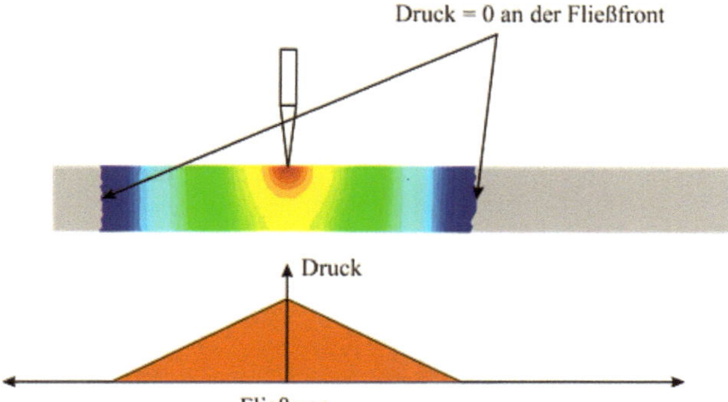

Bild 2.182
Druckverteilung im Werkzeug bei balancierter Füllung

In Bild 2.183 ist die Druckverteilung im Werkzeug dargestellt, nachdem die Schmelze das linke Ende der Kavität erreicht hat und nur noch nach rechts strömt. An der Düse liegt wieder der maximale Einspritzdruck an und an der rechten Fließfront ist der Druck null. Da auf der linken Seite aber keine Schmelze mehr fließt, liegt dort ein hydrostatischer Druck an. Dieser ist per Definition überall gleich, sodass auf der linken Seite überall der Einspritzdruck vorliegt. Dieser höhere Druck wirkt sich sehr stark auf die Schließkraft aus. Diese ist erheblich höher und das Werkzeug wird einseitig belastet. Im Extremfall kann diese einseitige Belastung zum einseitigen Öffnen des Werkzeuges führen. Wenn außerdem die Einspritzgeschwindigkeit konstant bleibt, beschleunigt sich die Fließfront auf der rechten Seite, was einen höheren Einspritzdruck erfordert. Die steigende Scherung führt außerdem zu einer höheren Orientierung der Molekülketten.

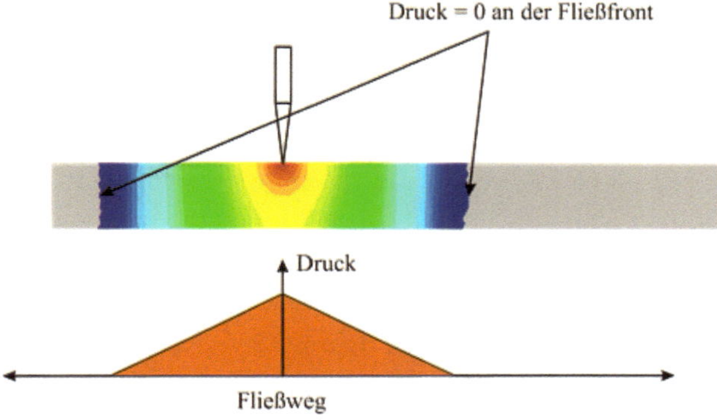

Bild 2.183
Druckverteilung im Werkzeug bei unbalancierter Füllung

Die Eigenschaften im Formteil werden hier ebenfalls unterschiedlich. Auf der linken Seite kann der Nachdruck aufgrund des hydrostatischen Drucks länger wirken, sodass die Schwindung auf der linken Seite besser ausgeglichen wird. Zusätzlich sind die Moleküle auf der rechten Seite stärker orientiert, sodass im Formteil mit erhöhtem Verzug zu rechnen ist.

Eine balancierte Füllung des Formteils und des Angusssystems ist wichtig, da sie dazu beiträgt, dass die Formteilqualität erhöht wird und der Druckbedarf und die Schließkraft gesenkt werden.

Bild 2.184 zeigt das Gehäuse eines Kartenlesegerätes. Zu Beginn der Produktentwicklung wurde der Anguss mittig auf der oberen Seite des Formteils platziert.

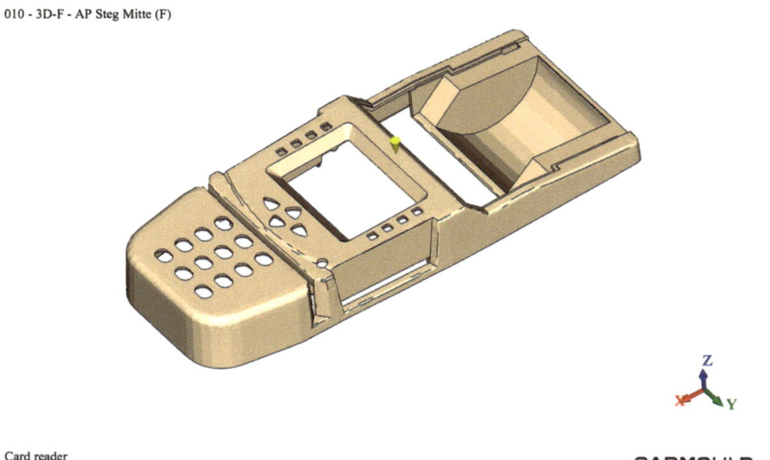

Bild 2.184 Kartenlesergehäuse mit ursprünglichem Anguss (Bildquelle: Simcon GmbH)

Bild 2.185 zeigt die zeitliche Füllung (links) und den Druckverlauf (rechts) des Kartenlesergehäuses. Es ist zu sehen, dass die Füllung unbalanciert ist. Im Füllbild ist zu sehen, dass der rechte Bereich, der die Papierrolle aufnehmen soll, deutlich eher gefüllt ist als der linke Bereich, der das Bedienfeld enthält. In der Druckverlaufskurve ist die schlechte Balancierung ebenfalls deutlich zu sehen. Bei 1,35 s ist ein Sprung im Fülldruck zu sehen. Dieser resultiert daher, dass der gesamte Volumenstrom der Schmelze ab diesem Zeitpunkt in den linken Teil fließen muss, was die Fließfrontgeschwindigkeit deutlich erhöht. Im rechten Bereich ist außerdem die Ausbildung eines Lufteinschlusses zu sehen. Die Optimierung der Geometrie zur Vermeidung des Lufteinschlusses wird im Anschluss an die Optimierung des Angusssystems diskutiert [Sim22b], Die Optimierungen können entweder händisch durchgeführt werden oder mithilfe einer VARIMOS-Variantenanalyse. Dabei werden die Zielgrößen, wie beispielsweise eine balancierte Füllung, definiert und die Stellgrößen, wie Prozessparameter oder geometrische Merkmale, die gezielt verändert werden können (vgl. Abschnitt 2.8.10).

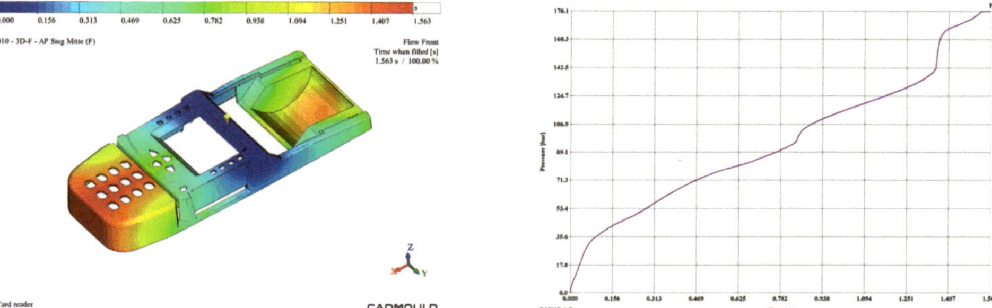

Bild 2.185 Füllbild und Fülldruck des Kartenlesergehäuses mit ursprünglichem Anguss (Bildquelle: Simcon GmbH)

Bild 2.186 zeigt einen Vergleich der Fließfrontgeschwindigkeiten während der balancierten Füllung (links) und der unbalancierten Füllung (rechts). Es ist zu sehen, dass sich die Fließfrontgeschwindigkeit im Übergang zum Bedienfeld verdoppelt. Aus Gründen der Übersichtlichkeit wurde die Fließfrontgeschwindigkeit auf einen maximalen Wert von 3000 mm/s begrenzt. Im Bereich des Anschnittes beträgt die Geschwindigkeit der Fließfront ca. 9600 mm/s.

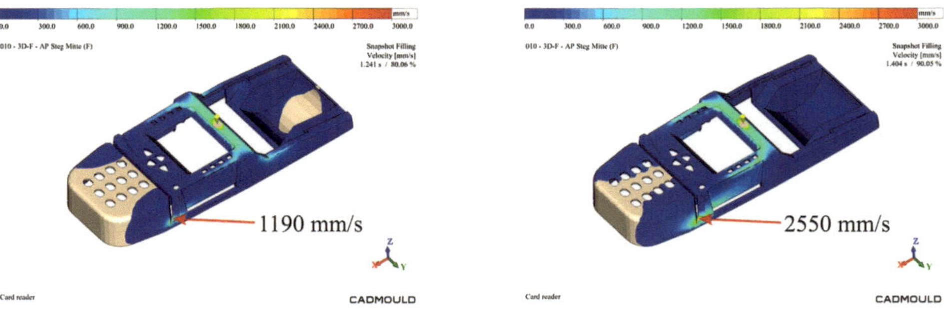

Bild 2.186 Erhöhung der Fließfrontgeschwindigkeit zwischen 80 % und 90 % volumetrischer Füllung (Bildquelle: Simcon GmbH)

Bild 2.187 zeigt einen Vergleich der Fülldrücke während der Füllung des Formteils bei 80 % und 99 % volumetrischer Füllung. Während der balancierten Füllung ist auf beiden Seiten ein Abfall des Fülldruckes vom Anschnitt bis zur Fließfront zu sehen. Erwartungsgemäß liegt an der Fließfront kein Gegendruck an.

In dem Moment, wenn die rechte Seite vollständig gefüllt ist, kommt die Fließfront dort zum Erliegen. Es bildet sich ein hydrostatischer Druck aus. Dieser steigt von ca. 110 bar bei 90% volumetrischer Füllung (1,4 s) bis auf ca. 130 bar bei 99% volumetrischer Füllung (1,55 s). Das bedeutet, dass der hydrostatische Druck während dieser Zeit als Nachdruck im Formteil mit allen Konsequenzen wirkt. Die Belastung des Spritzgießwerkzeugs wird unsymmetrisch, da auf der rechten Seite ein flächiger konstanter Druck vorliegt, der eine deutliche Zunahme der Schließkraft zur Folge hat. Darüber hinaus beschleunigt sich die Fließfront auf der linken Seite, was zu Rattermarken auf dem Formteil führen kann. Außerdem ist davon auszugehen, dass der rechte Teil eine höhere Dichte aufweist und weniger Schwindung haben wird, was wiederum zu einem Verzug des Formteils führen kann [Sim22b].

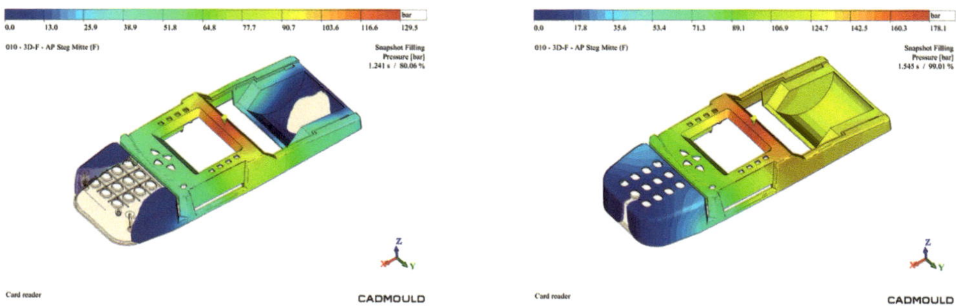

Bild 2.187 Druckprofil bei 80% und 99% volumetrischer Füllung (Bildquelle: Simcon GmbH)

Zur Verbesserung der Balancierung der Füllung wurde die Angussposition geändert. Bild 2.188 zeigt die Position der Angüsse nach der Optimierung. Die Anzahl der Angüsse wurde auf zwei erhöht [Sim22b].

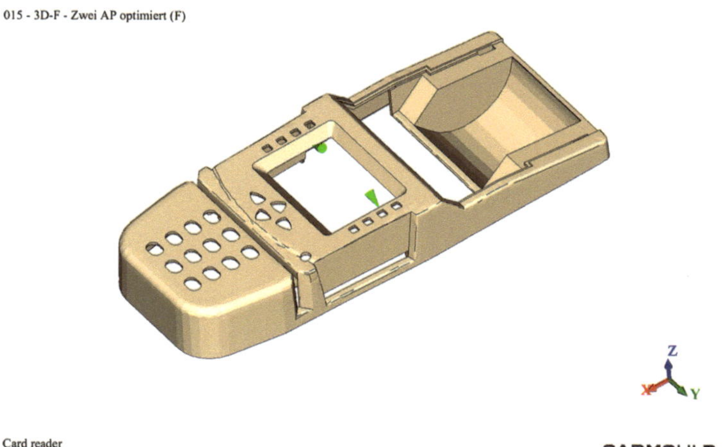

Bild 2.188 Kartenlesergehäuse mit optimiertem Anguss (Bildquelle: Simcon GmbH)

Bild 2.189 zeigt die zeitliche Füllung (links) und den Druckverlauf (rechts) des Kartenlesergehäuses mit dem optimierten Anguss. Es ist zu sehen, dass die Füllung balanciert ist, da die Fließfronten nahezu zeitlich den linken und den rechten Teil des Kartenlesergehäuses füllen. Der Fülldruck konnte gegenüber der unbalancierten Angussvariante um ca. 40 bar gesenkt werden (Bild 2.185 rechts und Bild 2.189 rechts). Auch der Sprung im Fülldruck ist nicht mehr vorhanden [Sim22b].

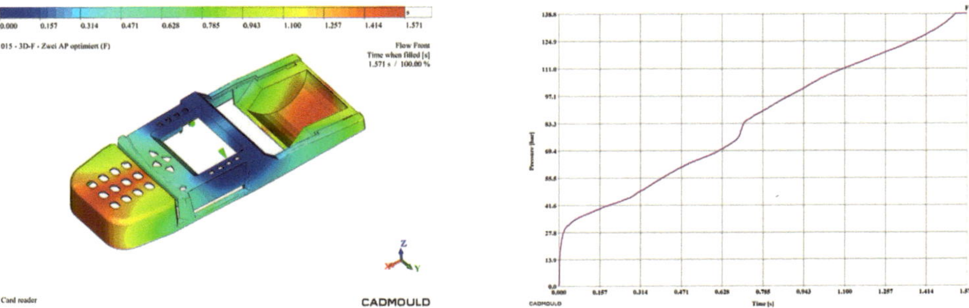

Bild 2.189 Füllbild und Fülldruck des Kartenlesergehäuses mit optimiertem Anguss (Bildquelle: Simcon GmbH)

Bild 2.190 zeigt den Fülldruck bei 98 % volumetrischer Füllung. Es ist zu sehen, dass die Füllung immer noch balanciert ist, da weder der linke Teil noch der rechte Teil vollständig gefüllt sind. Auf beiden Seiten bildet sich ein Druckprofil mit einer drucklosen Fließfront aus.

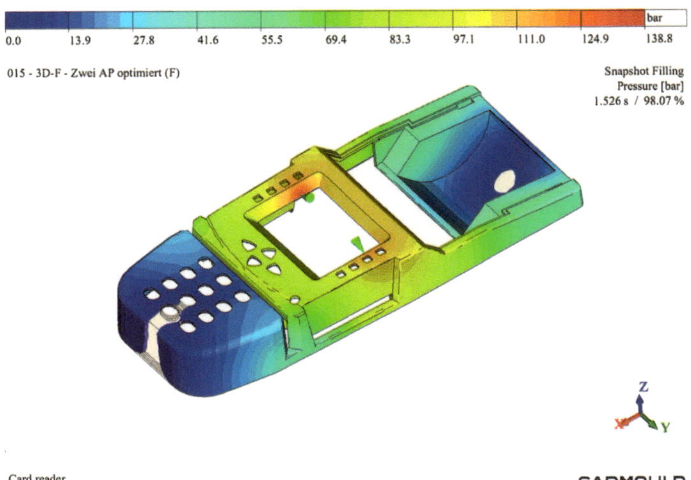

Bild 2.190 Fülldruck des Kartenlesergehäuses mit optimiertem Anguss bei 98 % volumetrischer Füllung (Bildquelle: Simcon GmbH)

Bild 2.191 zeigt einen Vergleich der Füllung bei 87 % volumetrischer Füllung. Auf der linken Seite ist die ursprüngliche unbalancierte Angussvariante zu sehen. Auf der rechten Seite des unbalancierten Füllbildes entsteht gerade ein Lufteinschluss, während das Bedienfeld noch gefüllt werden muss. Die balancierte Füllung auf der rechten Seite in Bild 2.191 ermöglicht eine bessere Füllung des Formteils ohne die bereits genannten Nachteile [Sim22b].

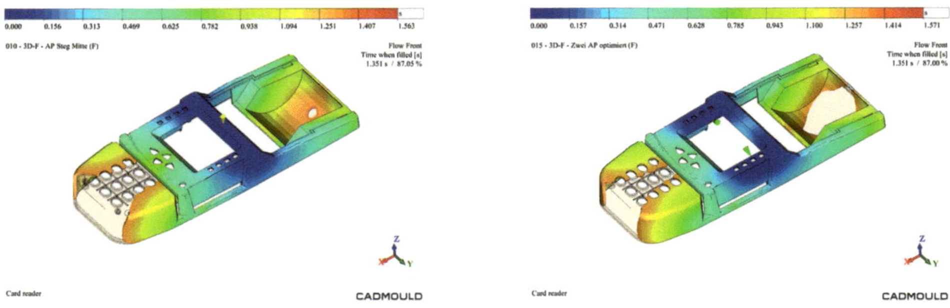

Bild 2.191 Vergleich der Füllung bei 87 % volumetrischer Füllung (links: unbalancierte Füllung, rechts: balancierte Füllung; Bildquelle: Simcon GmbH)

Bild 2.192 zeigt einen Vergleich des Fülldruckes bei 98 % volumetrischer Füllung. Bei der unbalancierten Angussvariante ist deutlich der hydrostatische Druck zu sehen. Dieser beträgt ca. 130 bar. Bei der balancierten Angussvariante ist zu sehen, dass die Ausbildung des hydrostatischen Druckes vermieden werden kann.

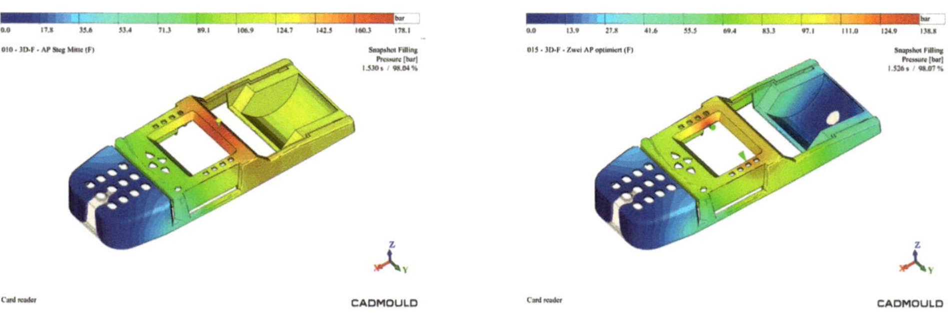

Bild 2.192 Vergleich der Druckbilder bei 98 % volumetrischer Füllung (links: unbalancierte Füllung, rechts: balancierte Füllung; Bildquelle: Simcon GmbH)

Bild 2.193 zeigt einen Vergleich der notwendigen Schließkraft. Bei der unbalancierten Angussvariante (Bild 2.193, links) ist der Sprung in der Schließkraft bei 1,35 s zu sehen, der aus der unbalancierten Füllung und dem daraus entstehenden hydrostatischen Druck resultiert. Das Maximum der Schließkraft beträgt 225 kN. Der Sprung in der Schließkraft kann durch die balancierte Füllung vermieden werden (vgl. Bild 2.193, rechts). Dadurch sinkt auch die erforderliche Schließkraft auf ca. 172 kN.

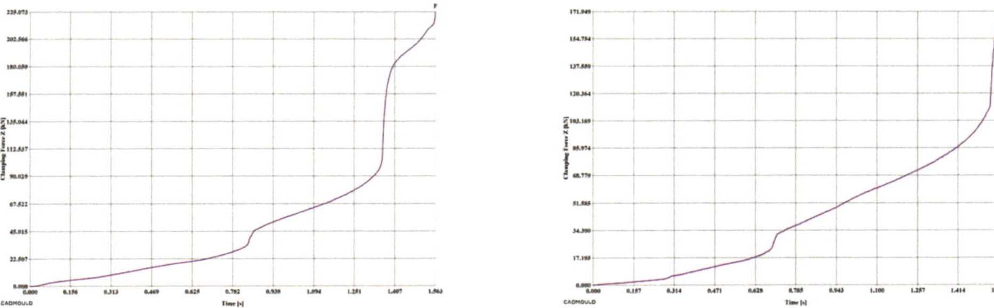

Bild 2.193 Vergleich der Schließkraft (links: unbalancierte Füllung, rechts: balancierte Füllung; Bildquelle: Simcon GmbH)

Da sich sowohl bei der unbalancierten Angussvariante als auch bei der balancierten Angussvariante ein Lufteinschluss im rechten Bereich des Formteils ausbildet (vgl. Bild 2.191), wurde die Geometrie angepasst, um die Luft in der rechten Seite der Formteilkavität in Richtung der Trennebene zu schieben. Dafür wurde die Wanddicke im rechten Bereich des Formteils von 2 mm auf 3 mm erhöht (vgl. Bild 2.194) [Sim22b].

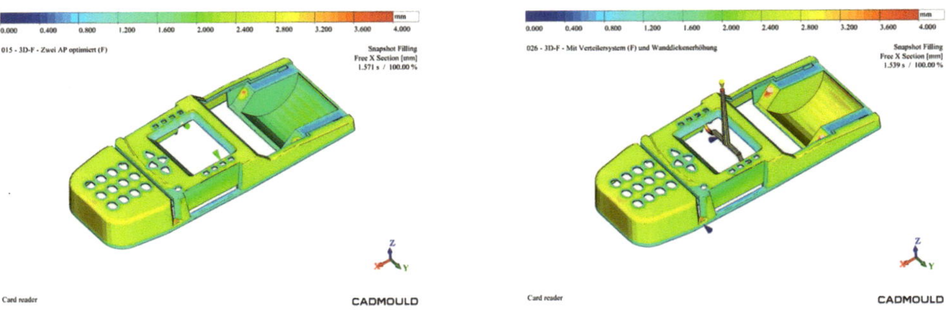

Bild 2.194 Vergleich der Wanddickenverteilung (links: ursprüngliche Geometrie, rechts: angepasste Geometrie; Bildquelle: Simcon GmbH)

Bild 2.195 zeigt die Füllung des nach Bild 2.194 angepassten Kartenlesergehäuses. Die Füllung ist immer noch balanciert. Zusätzlich wird die Luft durch die Fließfronten in Richtung der Trennebene gedrückt, sodass sie durch den Spalt in der Trennebene entweichen kann [Sim22b].

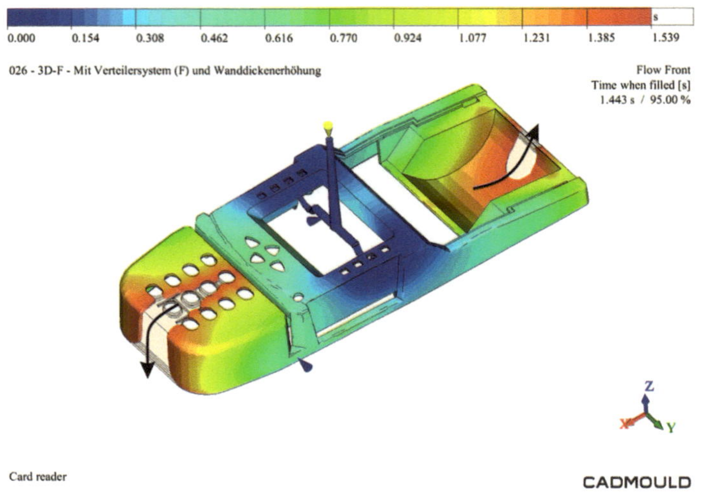

Bild 2.195 Füllung des angepassten Kartenlesergehäuses bei 95 % volumetrischer Füllung (Bildquelle: Simcon GmbH)

2.8.2 Die Fließfronttemperatur

Dieses Ergebnis gibt an, welche Temperatur die Fließfront hatte, als sich die Schmelze an der entsprechenden Stelle im Werkzeug befunden hat. Mithilfe der Fließfronttemperatur kann z. B. beurteilt werden, wie gut eine Bindenaht ist, da die Qualität einer Bindenaht mit sinkender Fließfronttemperatur abnimmt.

Die Fließfronttemperatur erlaubt auch Rückschlüsse auf die Qualität und die Eigenschaften des gesamten Formteils. Die Unterschiede in der Fließfronttemperatur sollten nicht größer als 10 K im gesamten Formteil sein, damit die mechanischen Eigenschaften keine großen Unterschiede aufweisen.

An Dünnstellen kann die Schmelze ins Stocken kommen und die Fließfronttemperatur sinkt. Ist die Einspritzgeschwindigkeit zu hoch, kommt es im Speziellen zum Ende der Füllung zur Erwärmung des Materials durch Scherung und die Fließfronttemperatur steigt in diesen Bereichen.

Im Bereich von Bindenähten sollten die Schmelzfronten mit einer hohen Temperatur zusammentreffen, sodass von einer guten Durchmischung und guten mechanischen Eigenschaften ausgegangen werden kann.

In Bild 2.196 ist die Fließfronttemperatur für das Relaisgehäuse zu sehen. Die Fließfronttemperatur ist um ca. 11 K gestiegen, was vor allem an der Schererwärmung durch eine vergleichsweise hohe Einspritzgeschwindigkeit liegt.

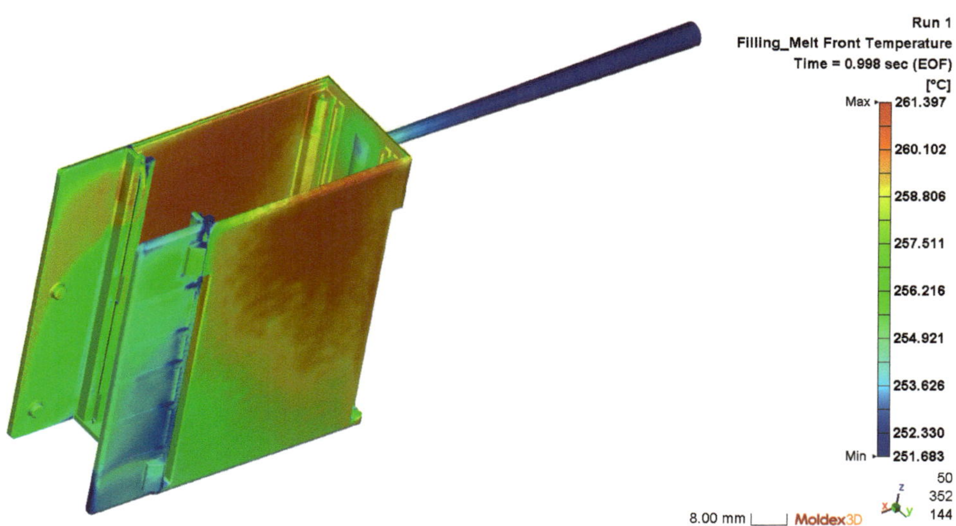

Bild 2.196 Die Temperatur an der Fließfront (Formteil: KIMW; Software: Moldex3D)

2.8.3 Die Temperaturverteilung im Formteil

In Bild 2.197 ist die Temperaturverteilung im Formteil zum Ende der Füllung dargestellt. Bei einer 3D-Simulation kann die Temperatur für jedes einzelne Element mithilfe von Schnitten dargestellt werden. Wenn bei der Simulation ein Oberflächenmodell verwendet wird, wird die Temperatur über der Wanddicke gemittelt. Zur Darstellung der Temperaturverteilung im Inneren des Formteils wurde ein Schnitt in der X-Y-Ebene durch den Anschnitt gelegt. Bild 2.197 zeigt, dass der Kunststoff, der mit der Werkzeugwand in Berührung kommt, zum Ende der Füllung nahezu vollständig erstarrt ist. Nur in den dickwandigen Ecken am hinteren Ende (grün in Bild 2.197) ist der Kunststoff gerade noch nicht erstarrt. Außerdem ist ersichtlich, dass eine ausreichende flüssige Seele (rot in Bild 2.197) vorhanden ist, sodass der Nachdruck wirken kann.

Dieses Ergebnis hilft bei der Abschätzung, ob Teilbereiche des Formteils schon eingefroren sind und ob der Nachdruck wirken kann. Die Temperaturverteilung liegt auch für andere Zeitpunkte vor, sodass diese auch zeitabhängig animiert werden kann.

Aus der Temperaturverteilung sind auch höhere Temperaturbereiche ersichtlich, aus denen besonders viel Wärme abgeführt werden muss und die deshalb gut gekühlt werden müssen.

Bild 2.197 Die Temperaturverteilung zum Ende der Füllung (Formteil: KIMW; Software: Moldex3D)

Bild 2.198 zeigt die flüssige Seele zum Ende der Füllung. Dafür werden alle Elemente dargestellt, deren Temperatur höher ist als die Erstarrungstemperatur. Diese beträgt 130 °C für das verwendete ABS. Bild 2.198 steht im Einklang mit Bild 2.197. Beide Bilder verdeutlichen, dass eine flüssige Seele zum Ende der Füllung vorhanden ist und der Nachdruck wirken kann.

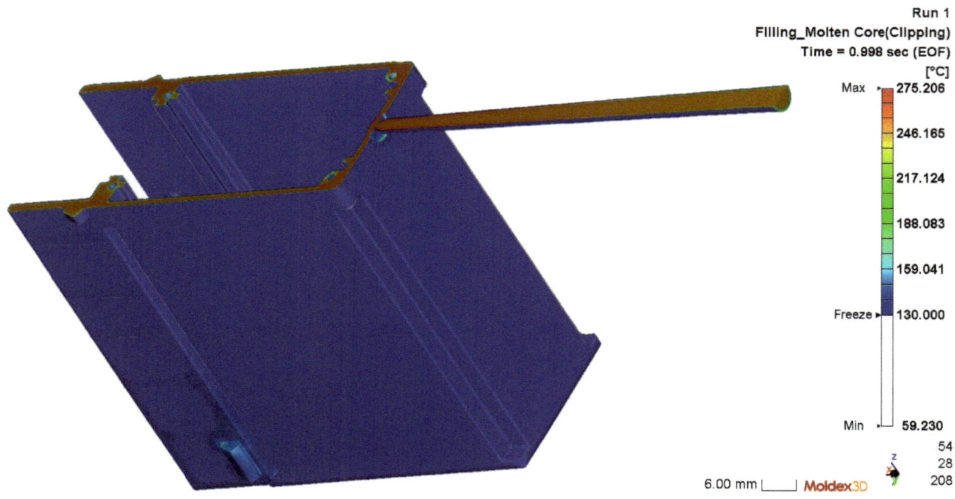

Bild 2.198 Die flüssige Seele zum Ende der Füllung (Formteil: KIMW; Software: Moldex3D)

Bild 2.199 zeigt die flüssige Seele zum Ende des Nachdrucks. Es ist zu sehen, dass die Rückwand und die vordere Seitenwand bereits erstarrt sind und die hintere Seitenwand gerade erstarrt, da die flüssige Seele in diesem Bereich eine Temperatur von 130 °C, also die Erstarrungstemperatur, aufweist. Außerdem ist zu sehen, dass die Angussstange und der Anschnitt noch nicht eingefroren sind. Die Dimensionierung der Angussstange und des Anschnittquerschnittes ist also ausreichend. Problematisch ist, dass eine flüssige Seele in den oberen Eckbereichen und den unteren Dickstellen vorhanden ist. Diese wird zu einer erhöhten Schwindung in diesen Bereichen und damit zu einem Verzug des Formteils führen.

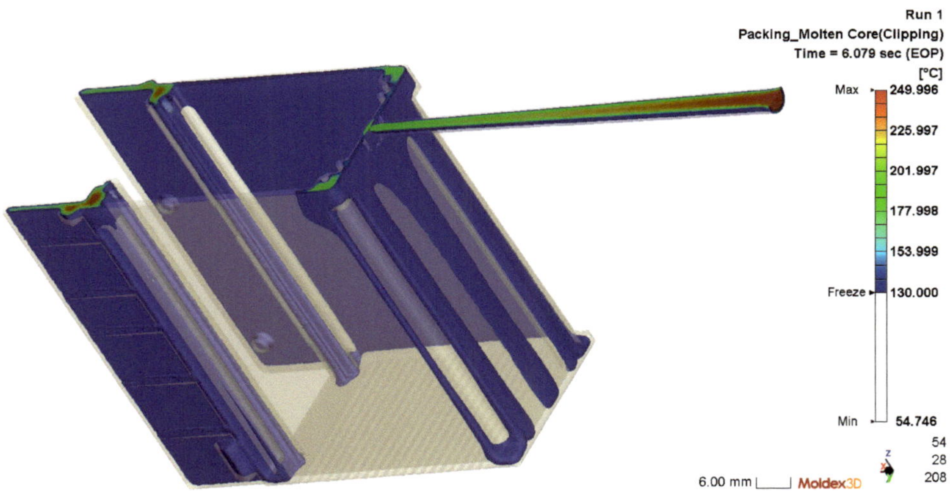

Bild 2.199 Die flüssige Seele zum Ende des Nachdrucks (Formteil: KIMW; Software: Moldex3D)

2.8.4 Die Druckverteilung im Formteil

Aus Bild 2.200 ist ersichtlich, wie viel Druck zum Füllen des Formteils benötigt wird. Bild 2.200 zeigt den Zeitpunkt, zu dem das Formteil vollständig gefüllt ist. An der Fließfront herrscht ein Druckbedarf von null bar. Das Druckschaubild in Bild 2.200 korreliert mit dem Füllbild in Bild 2.177, da beide Bilder aussagen, dass die rechte untere Ecke zum Ende der Füllung gefüllt wird und dass die Füllung der beiden Seitenwände nicht symmetrisch ist.

Der maximale Fülldruck beträgt in diesem Fall 442 bar und liegt am Anschnitt vor. Dieser Druck ist gleichzeitig der maximale Fülldruck, da der Nachdruck in der Regel geringer ist als der maximale Fülldruck. Diesem Ergebnis kann entnommen werden, ob das Formteil auf der dafür vorgesehenen Maschine gefertigt werden kann oder nicht. Außerdem wird das Druckprofil zur Ermittlung der Schließkraft verwendet.

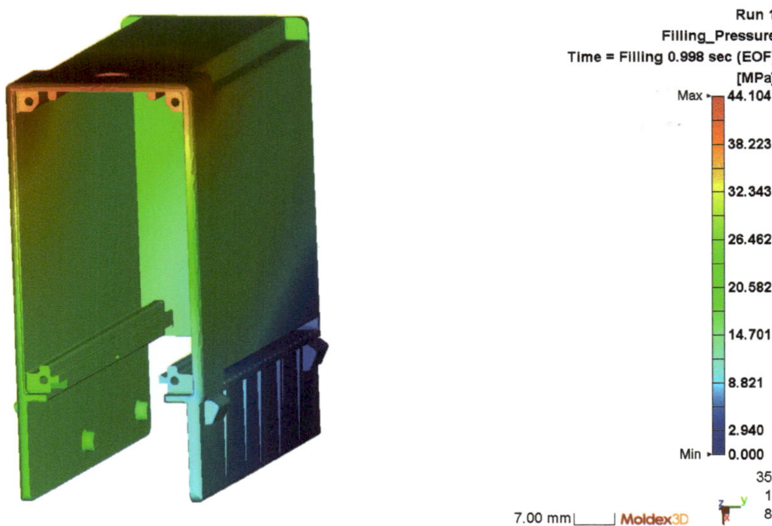

Bild 2.200 Die Druckverteilung im Relaisgehäuse zum Ende der Füllung (Formteil: KIMW; Software: Moldex3D)

Bild 2.201 berücksichtigt zusätzlich den Druckverlust des Kaltkanals. Es ist ersichtlich, dass dieser fast 230 bar beträgt.

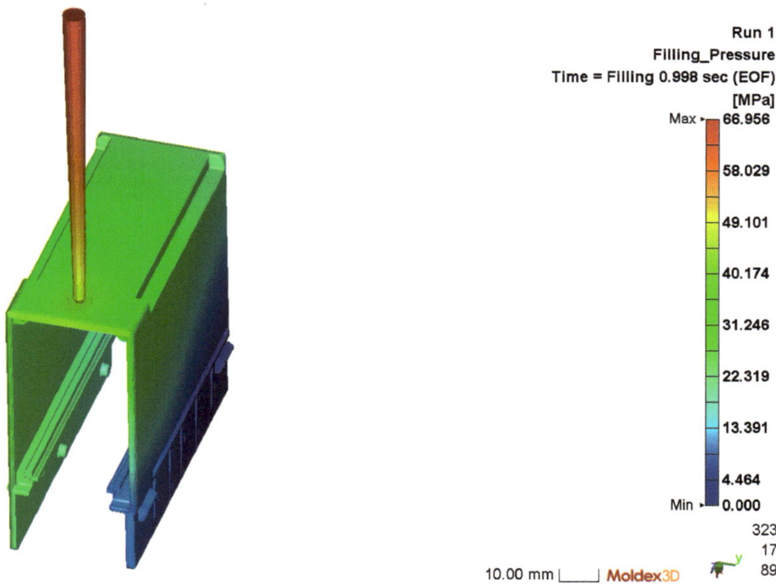

Bild 2.201 Die Druckverteilung im Relaisgehäuse und Anguss zum Ende der Füllung (Formteil: KIMW; Software: Moldex3D)

2.8.5 Die Scherung im Formteil

In diesem Ergebnis wird dargestellt, an welcher Stelle im Formteil welche Scherung vorliegt. Eine hohe Scherung deutet dabei auf eine hohe Orientierung der Molekülketten hin, die wiederum zu Schwindungsunterschieden führen kann. Außerdem sollte die maximale Scherung kleiner als der zulässige Grenzwert sein, um eine Schädigung des Materials während der Füllung zu verhindern, da diese zu Oberflächenfehlern und zu schlechteren mechanischen Eigenschaften führt. In der Regel ist die Scherung im Anschnitt am größten, da hier der gesamte Volumenstrom durch einen kleinen Querschnitt fließt. Bild 2.202 zeigt die Scherung im Anschnitt während der Füllung. Es ist zu sehen, dass die maximale Scherrate ca. 32 000/s beträgt, was für einen ungefüllten ABS-Werkstoff unkritisch ist. Die maximale Scherrate beträgt 50 000/s für das hier verwendete ABS Terluran GP-22. Sollte die Scherrate im Anschnitt größer sein als die maximale Scherrate, so muss mit einer Schädigung des verwendeten Kunststoffes während der Verarbeitung gerechnet werden. Zum einen wird der Kunststoff im Anschnitt sehr stark orientiert und zum anderen durch die hohe Scherrate stark erwärmt. Im Extremfall können die Polymerketten durch die hohe Scherrate auseinanderreißen, was zu einem Abbau der Polymerketten führt. Eine Verringerung der mechanischen Eigenschaften und eine Vergilbung können die Folgen des Polymerkettenabbaus sein.

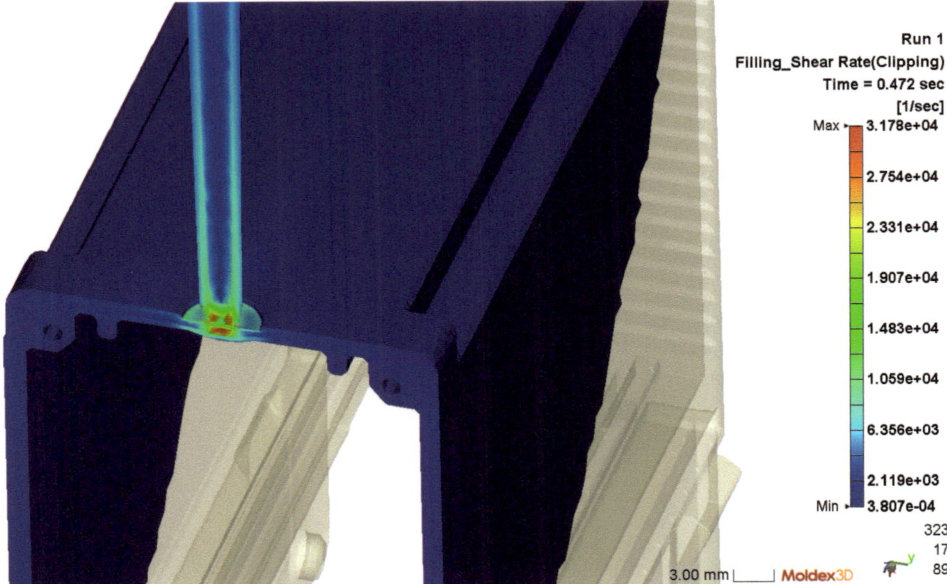

Bild 2.202 Die Scherung im Relaisgehäuse und Anguss während der Füllung (Formteil: KIMW; Software: Moldex3D)

2.8.6 Die Schwindung des Formteils

Schwindung tritt bei jedem Formteil auf. Die Schwindung, die nicht durch den Nachdruck ausgeglichen werden kann, muss als Aufmaß im Werkzeug vorgesehen werden. Die Darstellung der Schwindung ist ein sehr wichtiges Ergebnis, da ungleichmäßige Schwindung eine Ursache für den Verzug des Formteils ist und zu dessen Minimierung beitragen kann. In Bild 2.203 ist die Schwindung des Relaisgehäuses zu sehen. Die maximale volumetrische Schwindung beträgt ca. 10 %. Die Schwindung in eine Richtung beträgt ca. 1/3 dieses Wertes. Die Ergebnisse der Schwindung sind aber nicht so genau, dass daraus ein Werkzeug dimensioniert werden kann. Die Schwindung stellt eher ein qualitatives Ergebnis dar und lässt Rückschlüsse auf die Entstehung des Formteilverzugs zu und kann zu einer Optimierung des Formteils beitragen. Die maximale Schwindung befindet sich im unteren Teil des Relaisgehäuses an den Massenanhäufungen für die inneren Führungsschienen und die äußeren Nasen. An diesen Stellen ist in der Fertigung der Formteile mit Einfallstellen zu rechnen. Die erhöhte Schwindung in den oberen Eckbereichen ist ebenfalls kritisch, da daraus ein Eckenverzug entsteht, der zu einem Verzug der beiden Seitenwände führt, indem diese aufeinander zu schwinden.

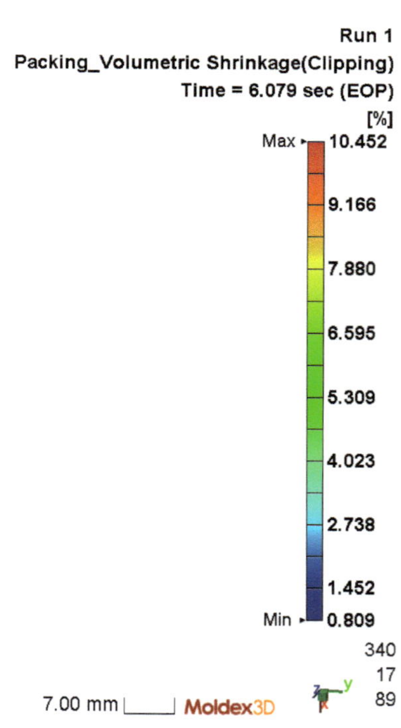

Bild 2.203 Die Schwindung des Relaisgehäuses zum Ende des Nachdrucks (Formteil: KIMW; Software: Moldex3D)

2.8.7 Die Faserorientierung im Formteil

Die Orientierung der Fasern bei fasergefüllten Materialien ist meistens die Hauptursache für die Schwindung und den Verzug des Formteils. Die Faserorientierung muss immer bei einer Schwindungs- und Verzugsanalyse mit berücksichtigt werden. Bei starken Verzügen von fasergefüllten Formteilen ist der Grund meistens die Faserorientierung. Diese muss zur Minimierung des Verzugs geändert werden, was allein durch eine Änderung des Verteilersystems und des Anspritzpunktes möglich ist.

2.8.8 Der Verzug des Formteils

Die letzte Berechnung in einer Füllsimulation ist der Verzug. Sie setzt auf alle vorangegangenen Berechnungen auf und ist somit aufgrund der Fehlerfortpflanzung das qualitativ schlechteste Ergebnis der Füllsimulation. Es sind jedoch Tendenzen erkennbar. Durch die Simulation verschiedener Varianten kann somit das Verzugsverhalten optimiert werden. In Bild 2.204 ist das Verzugsverhalten des Relaisgehäuses dargestellt.

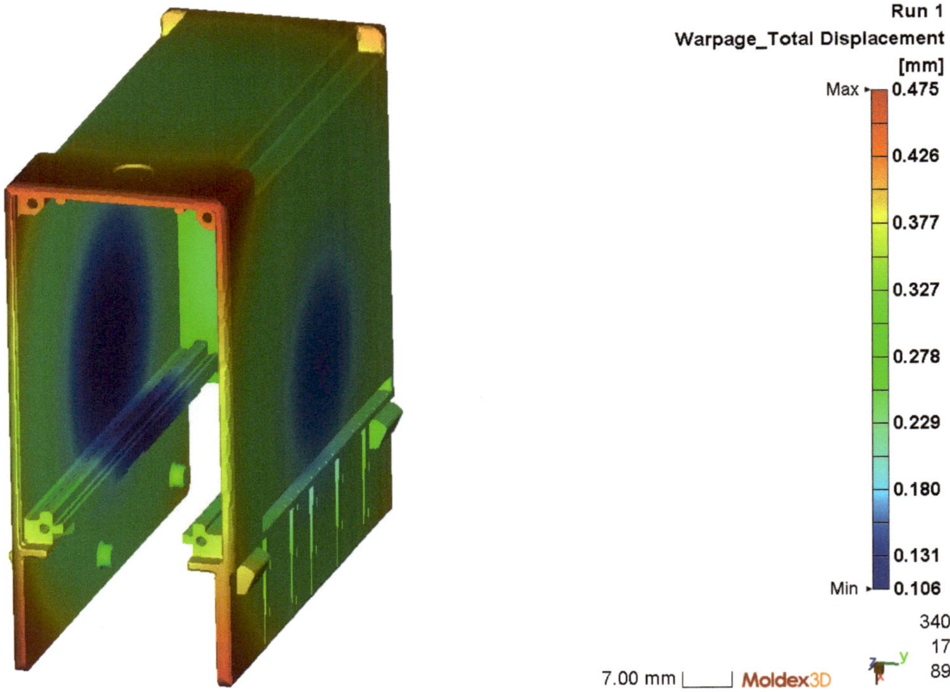

Bild 2.204 Der Verzug des Formteils (Formteil: KIMW; Software: Moldex3D)

Es ist zu erkennen, dass sich das Relaisgehäuse um ca. 0,5 mm verzieht. Dabei ist allerdings zu beachten, dass der Verzug immer vom gewählten Nullpunkt abhängt. Dieser liegt in Bild 2.204 mittig im Bild. Die Verschiebungen der Knoten können in Abhängigkeit der jeweiligen Koordinatenachsen ausgegeben und ausgewertet werden. Bild 2.205 zeigt den Verzug des Relaisgehäuses in Y-Richtung. Es wird deutlich, dass die beiden Seitenflächen aufeinander zu schwinden und dass der Verzug leicht unsymmetrisch ist. Die rechte Seitenfläche verzieht sich stärker nach links (0,18 mm) als die linke Seitenfläche nach rechts (0,16 mm).

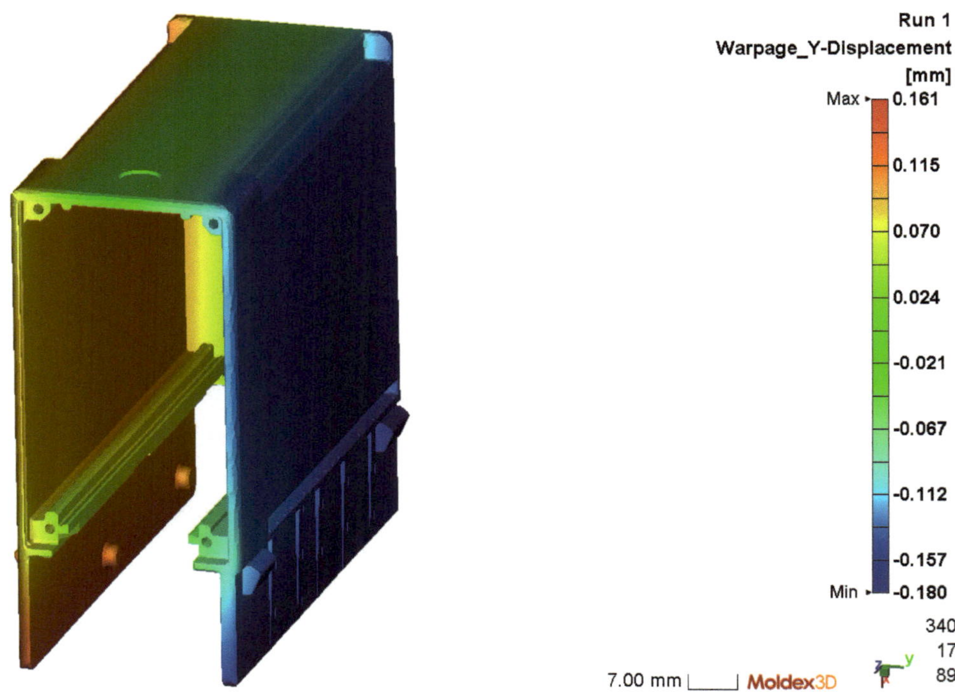

Bild 2.205 Der Verzug des Formteils in Y-Richtung (Formteil: KIMW; Software: Moldex3D)

Es ist auch möglich, die Ursachen des Verzugs zu bewerten. Als Ursache des Verzugs können die Schwindung aufgrund des p-v-T-Diagramms (vgl. Bild 2.206), der Verzug aufgrund der Faserorientierung und der Verzug aufgrund der Formteilkühlung (vgl. Bild 2.207) ausgewertet werden. Aus den einzelnen Verzugsanteilen kann auf die Hauptursache für den Verzug geschlossen werden und geeignete Maßnahmen zur Minderung des Verzugs getroffen werden. Teilweise können sich die einzelnen Verzugsanteile auch gegenseitig ausgleichen, wie zum Beispiel der Verzugsanteil aus der Schwindung und einer angepassten Kühlung zur Reduzierung eines Eckenverzuges.

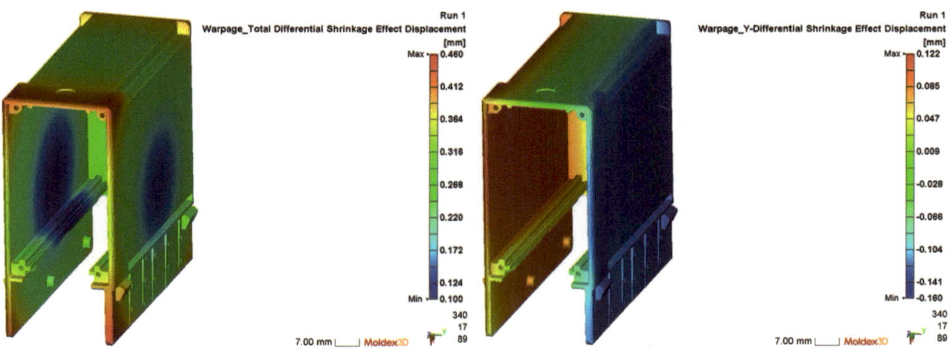

Bild 2.206 Der Verzug des Formteils durch die Schwindung (links: gesamt; rechts: Y-Richtung) (Formteil: KIMW; Software: Moldex3D)

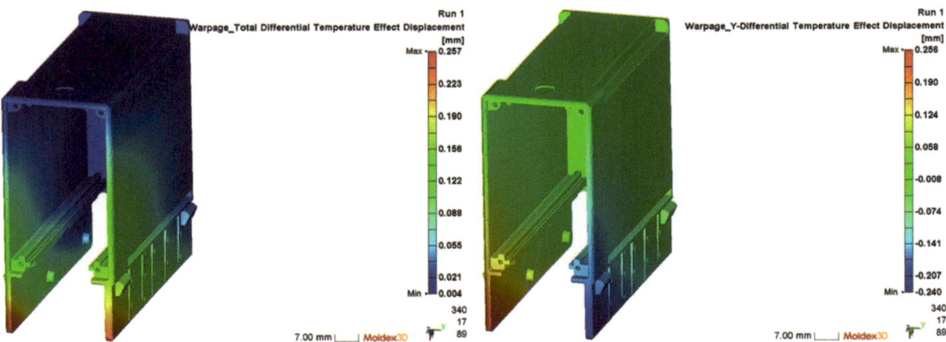

Bild 2.207 Der Verzug des Formteils durch die Formteilkühlung (links: gesamt; rechts: Y-Richtung) (Formteil: KIMW; Software: Moldex3D)

Wenn die Verzugsergebnisse mit Messungen verglichen werden sollen, so ist es wichtig, dass das Formteil an den gleichen Stellen aufliegt oder fixiert wird, da es ansonsten zu stark abweichenden Ergebnissen kommen kann, obwohl das eigentliche Verzugsverhalten identisch ist.

2.8.9 Die Kühlung des Formteils

Der eigentlichen Füllsimulation kann eine Kühlberechnung vorgeschaltet werden. Das ist abhängig davon, ob mit einer homogenen Temperaturverteilung an der Werkzeugwand gerechnet werden soll oder mit den Ergebnissen aus der Kühlberechnung.

Für die Kühlberechnung muss das Werkzeug mit dem Kühlkanalsystem nachgebildet werden. Die Verteilung der Werkzeugwandtemperatur wird dann mithilfe der thermischen Eigenschaften des Kühlmediums, dessen Temperatur und Durchflussmenge sowie der Zykluszeit bestimmt und der anschließenden Füllsimulation als Randbedingung vorgegeben. Mithilfe der Temperaturverteilung können Hotspots erkannt werden, aus denen die Wärme nur schlecht abgeführt werden kann. Darauf aufbauend kann das Kühlkanalsystem angepasst werden. Bild 2.208 zeigt das Temperaturfeld an der Formteilkavität zum Ende der Kühlung. Es ist zu sehen, dass die Temperatur in den inneren Eckbereichen und den äußeren seitlichen Hinterschnitten am größten ist. Abhilfe könnte eine Änderung des Werkzeugwerkstoffes in diesen Bereichen schaffen, indem ein Werkstoff mit einer höheren Wärmeleitfähigkeit verwendet wird.

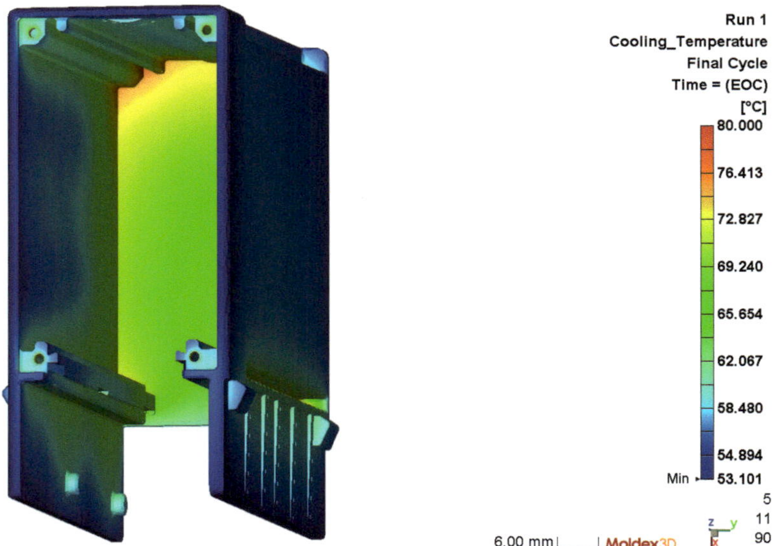

Bild 2.208 Die Temperatur an der Kavität zum Ende der Kühlung (Formteil: KIMW; Software: Moldex3D)

Außerdem wird ausgegeben, wie sehr sich das Kühlmedium in den einzelnen Kühlkanälen erwärmt. Ist ein Kühlkanal zu lang, so erwärmt sich das Kühlmedium zu sehr und der Kühlkanal muss gegebenenfalls verkürzt werden. In Bild 2.209 ist dieses Ergebnis für das Relaisgehäuse dargestellt. Es ist zu sehen, dass sich das Kühlmedium um fast 1 K erwärmt. Außerdem kann die Fließrichtung des Kühlmediums bewertet werden, da das Kühlmedium zu Beginn eine Temperatur von 50 °C aufweisen muss. Die blauen Enden der Kühlkanäle stellen daher die Kühlkanaleinlässe dar. Während das Kühlmedium durch die Kühlkanäle strömt, erwärmt es sich und tritt an den Kühlkanalauslässen wieder aus.

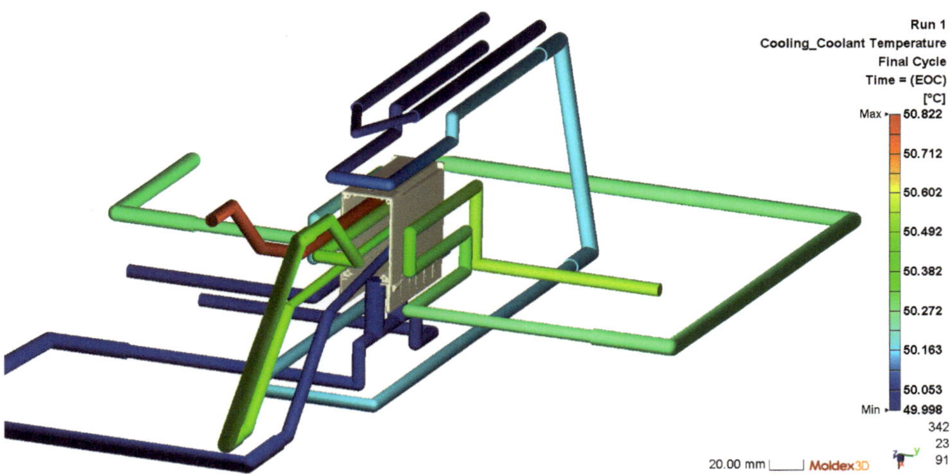

Bild 2.209 Die Temperatur des Kühlmittels (Formteil: KIMW; Software: Moldex3D)

2.8.10 Auswertung mittels automatisierter Variantenanalyse

Die weiterführende Auswertung der Ergebnisse der Spritzgießsimulation kann außerdem mithilfe der statistischen Versuchsplanung (Design of Experiments, DoE) erfolgen. Bild 2.210 zeigt die Einbindung der statistischen Versuchsplanung in den Entwicklungsprozess des Formteils und des Spritzgießwerkzeuges am Beispiel VARIMOS der Fa. Simcon. Gegenwärtig haben alle größeren Anbieter von Software für Spritzgießsimulationen Berechnungspakete zur Erstellung, Berechnung und Auswertung statistischer Versuchspläne in die jeweiligen Programme implementiert [MF22, MD22, Sim22a].

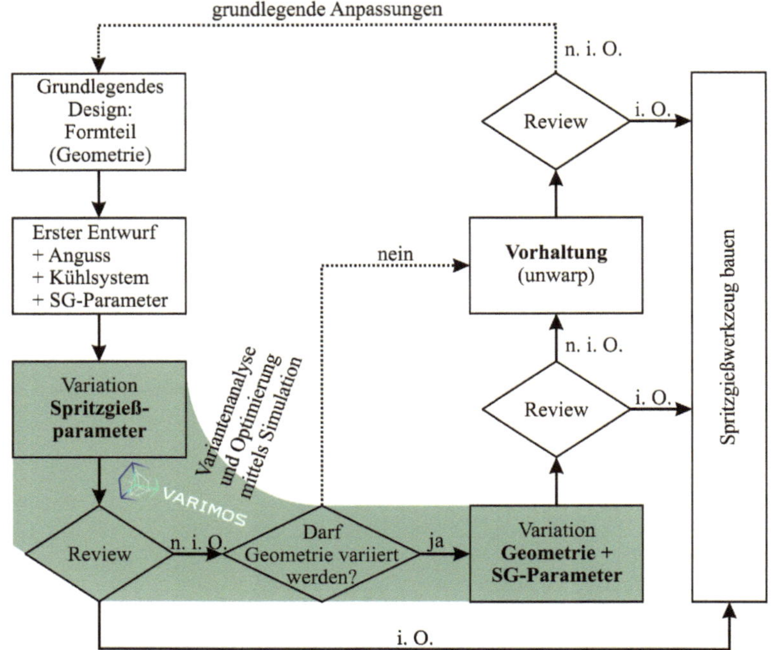

Bild 2.210 Potenziale der statistischen Versuchsplanung bei der Variantenanalyse bei der Werkzeugkonstruktion (eigene Abbildung in Anlehnung an [Sim22])

Bei der Versuchsplanung werden zu Beginn Zielgrößen [Kle09] definiert. Die Zielgrößen können dabei ihren Ursprung in der Formteilgeometrie, wie einem geringen Verzug, der Ebenheit einer Fläche oder einer minimalen Formteildicke, im Verarbeitungsprozess, wie in der Einspritzgeschwindigkeit, den Prozesstemperaturen, dem Fülldruck oder der Schließkraft, oder in den Randbedingungen, wie der Steuerung einer Kaskadenfüllung oder der Steuerung des Kühlsystems, haben. Zwischen den einzelnen Softwareanbietern sind hier große Unterschiede in der Möglichkeit der Zielgrößendefinition vorhanden. Teilweise sind diese auf verschiedene Prozessparameter beschränkt [MF22, MD22]. Teilweise können die Zielgrößen frei definiert aus Prozess- oder Geometrieparametern werden [Sim22a].

Durch die Einflussgrößen werden die Zielgrößen, also das Versuchsergebnis, beeinflusst. Die Einflussgrößen können in Steuergrößen und Störgrößen unterteilt werden. Wenn die Einflussgrößen im Rahmen der statistischen Versuchsplanung untersucht werden, handelt es sich um Faktoren, für die Werte oder Zustände, also die Faktorstufen, definiert werden, die die Faktoren während der Versuche annehmen können [Kle09]. Ebenso wie die Zielgrößen unterliegen auch die Faktoren softwareseitigen Restriktionen und können aus verschiedenen Prozess- und Geometrieparametern [MF22, MD22] oder weitestgehend frei [Sim22a] erstellt werden.

Abhängig von der Fragestellung, die mit den Methoden der statistischen Versuchsplanung beantwortet werden soll, können verschiedene Versuchspläne zur Anwendung kommen.

Im einfachsten Fall werden die Zielgrößen nur durch eine Variable beeinflusst. Im Ergebnis werden X-Y-Plots ausgegeben, die den Einfluss der Variable auf die jeweilige Zielgröße abbilden [MF22, MD22, Sim22a].

Werden die Zielgrößen durch mehrere Variable beeinflusst, werden Versuchspläne aufgestellt. Zur Bestimmung des relativen Einflusses der Variablen bietet sich eine Einflussanalyse nach Taguchi an. Dabei werden die in die Untersuchung einbezogenen Variablen nach ihrem Einfluss auf die Zielgrößen aufgelistet [MF22, MD22].

Die Versuchspläne können dann vollfaktoriell oder teilfaktoriell erstellt werden. Im Rahmen eines vollfaktoriellen Versuchsplans wird dann jede mögliche Kombination der einzelnen Faktoren berechnet. Auf diese Weise können die Abhängigkeiten der einzelnen Faktoren oder auch Faktorkombinationen und deren Sensitivität auf die Zielgrößen ermittelt werden. Vorteilhaft an diesem Vorgehen ist, dass die Abhängigkeiten klar voneinander getrennt ausgegeben werden können. Die Ausgabe erfolgt als 2D- oder 3D-Diagramm. Problematisch sind allerdings die hohe Anzahl an Simulationen und der damit verbundene hohe Zeitaufwand [Kle09, MF22, MD22].

Bei den teilfaktoriellen Versuchsplänen hat sich der Versuchsplan nach Taguchi bei den Anbietern von Spritzgießsimulationssoftware durchgesetzt [MF22, MD22, Sim22a].

Taguchi geht davon aus, dass die Streuung bzw. die Abweichung eines Sollwertes vom Zielwert möglichst gering sein soll. Das Ziel der Analyse ist daher die Minimierung der Streuung, was durch einen möglichst robusten Prozess erreicht werden soll. Während der Versuche wird ermittelt, welche Faktoren die Streuung beeinflussen. Die Werte dieser Faktoren werden dann so gesetzt, dass die Streuung minimal ist. Die restlichen Faktoren werden anschließend so verändert, dass der Zielwert korrekt ist. Aus der Prozessregelung ist bekannt, dass es leichter ist, den Mittelwert zu verändern, als die Streuung zu reduzieren [Kle09].

Wie bei allen teilfaktoriellen Versuchsplänen besteht auch bei Versuchsplänen nach Taguchi die Gefahr, dass signifikante Faktoren und Faktorwechselwirkungen miteinander vermengt sind. Aufgrund der geringeren Anzahl an Simulationen können diese Vermengungen nicht separiert werden. Es bleibt daher immer den technischen Überlegungen des Ingenieurs überlassen, ob weitere Simulationen zur eindeutigen Unterscheidung der vermengten Effekte notwendig sind [Kle09].

Mit den Versuchsplänen nach Taguchi können zwei Fragestellungen untersucht werden. Zum einen kann die Sensitivität untersucht werden, also wie verschiedene Faktoren die Zielgrößen beeinflussen. Zum anderen kann das Optimum zum Erreichen der Zielgrößen berechnet werden.

Dabei hat sich eine dreistufige Vorgehensweise etabliert. Im ersten Schritt wird das Formteil simuliert, um grobe Fehler zu identifizieren und zu eliminieren. Im zweiten Schritt wird der Einfluss der Variablen auf die Zielgrößen im zulässigen Versuchsraum der Faktoren untersucht. In diesem Schritt können verschiedene Fragestellungen analysiert werden. Zum einen können Probleme gelöst werden, die sich nicht durch einfache Geometrie- oder Prozessänderungen im ersten Schritt lösen ließen. Zum anderen kann der Einfluss der einzelnen Variablen auf die Zielgrößen abgebildet werden. Dadurch können im Regelfall bessere Lösungen für die Formteil- und Prozessanpassung gefunden werden. Außerdem kann die Robustheit des Prozesses abgeschätzt werden, indem die Variablen geringfügig verändert werden und der Einfluss auf die Zielgrößen direkt sichtbar ist. Das Identifizieren von Zielgrößenkonflikten ist ebenfalls möglich. Versuchspläne in diesem Stadium haben üblicherweise ca. 20 Versuchspunkte. Ziel des zweiten Schrittes ist die Definition eines ersten optimalen Prozesspunktes. Im dritten Schritt wird ein zweiter Versuchsplan im Umfeld des ersten optimalen Prozesspunktes berechnet, um die Ergebnisse zu verifizieren. Durch das explizite Berechnen von Zwischenschritten kann das Modell weiter optimiert und aktualisiert werden. Der dritte Schritt dient vor allem der Sicherheit, dass die Ergebnisse reproduzierbar sind und nicht das Resultat einer Interpolation zwischen berechneten Versuchspunkten des zweiten Schrittes.

Der Vorteil an dieser dreistufigen Vorgehensweise besteht darin, dass die einzelnen Versuchspunkte gut parallel berechnet werden können, wodurch ein größerer Wissenstransfer ermöglicht wird und Ergebnisse im Vergleich zu einer seriellen Optimierung deutlich schneller vorliegen. Durch die Möglichkeit, Ergebnisse im Kontext des Gesamtmodells zu präsentieren, kann der Berechnungsingenieur außerdem die Ermittlung des optimalen Ergebnisses begründen, indem der Einfluss der Faktoren auf die Zielgrößen direkt gezeigt werden kann (vgl. Bild 2.214).

In [AK22] werden die Potenziale der statistischen Versuchsplanung anhand eines Steckverbinders in einem Vierfachwerkzeug vorgestellt. Die Faktoren sind die Verarbeitungsparameter des vorgesehenen Kunststoffs. Die Mittelwerte und Spannen orientieren sich an den Empfehlungen des Werkstoffherstellers nach Bild 2.211, die in der Materialdatenbank hinterlegt sind

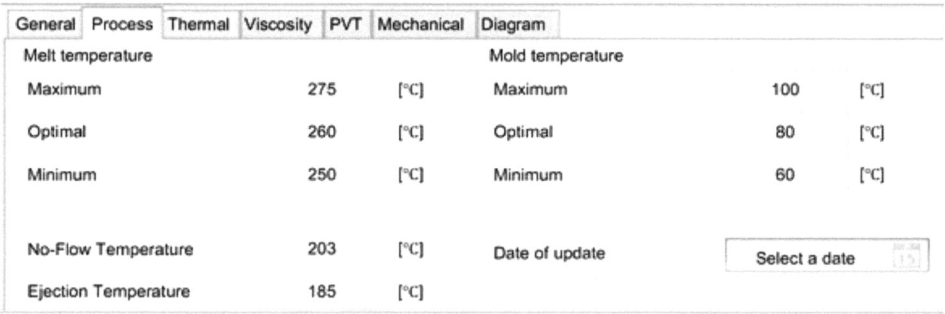

General | Process | Thermal | Viscosity | PVT | Mechanical | Diagram

Melt temperature			Mold temperature		
Maximum	275	[°C]	Maximum	100	[°C]
Optimal	260	[°C]	Optimal	80	[°C]
Minimum	250	[°C]	Minimum	60	[°C]
No-Flow Temperature	203	[°C]	Date of update	Select a date	
Ejection Temperature	185	[°C]			

Bild 2.211 Materialdatenbank in CADMOULD (Bildquelle: Simcon, [AK22])

Im Rahmen der Untersuchungen werden die Verarbeitungstemperatur, die Kühlmedientemperatur, die Einspritzgeschwindigkeit sowie die Nachdruckhöhe und die Nachdruckzeit nach Bild 2.212 variiert [AK22].

	Baseline		Span	
Description	Value	Unit	Value	Unit
▸ Melt Temperature	260.000	°C	10.000	°C
▸ Inlet Temperature H/C	80.000	°C	20.000	°C
Filling 1 – Flow Rate	30.764	cm³/s	10.000	cm³/s
Packing 1 – Pressure	500.000	bar	200.000	bar
Packing Time	5.000	s	3.000	s

Bild 2.212 Variation der Faktoren (Bildquelle: Simcon, [AK22])

Als Zielgrößen werden diverse Parameter, wie der maximale Fülldruck, die Schließkraft, die Schwindung und die notwendige Kühlzeit, definiert. Eine vollständige Zusammenfassung der Zielgrößen ist in Bild 2.214 dargestellt. Außerdem wird der Umfang des Versuchsplans vorgegeben. Während der Berechnung werden die einzelnen Varianten parallel berechnet, um die gesamte Rechenzeit zu senken (vgl. Bild 2.213). Auf diese Weise konnte der gesamte Versuchsplan, bestehend aus 23 Faktorkombinationen, auf einem Intel Core i7 3770 mit 32 GB RAM Arbeitsspeicher „über Nacht" berechnet werden. In der Regel bestehen entsprechende Versuchspläne aus 10 bis 20 Faktorkombinationen. Mit gängigen DoE-Lösungen würden mehrere Tage Rechenzeit für einen vergleichbaren Versuchsplan benötigt [AK22, Oud22].

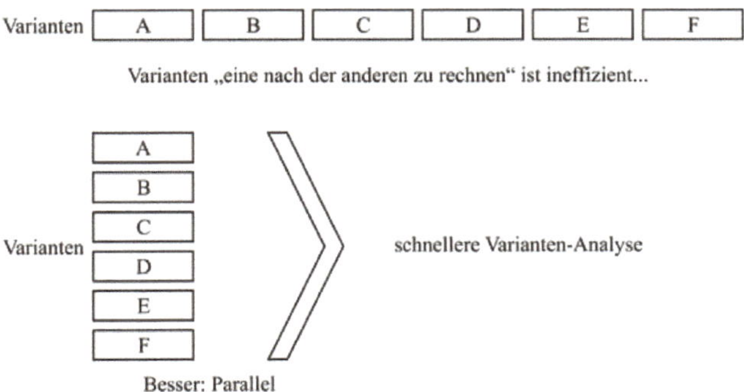

Bild 2.213 Berechnung der einzelnen Varianten (Bildquelle: Simcon)

Die Erstellung des Versuchsplans und die Berechnung der einzelnen Versuchspunkte erfolgt automatisch. Die Ergebnisse werden, wie in Bild 2.214 dargestellt, ausgegeben. Mithilfe der Ergebnisse des Versuchsplans können die zwei Fragestellungen des Taguchi-Versuchsplans beantwortet werden. Die Schieberegler der Faktoren (links in Bild 2.214) können verschoben werden, um die Sensitivität des Faktors auf die Zielgrößen bewerten zu können. Im zweiten Schritt kann die optimale Kombination der Faktoren mithilfe des „Optimize Buttons" berechnet werden. Wenn nicht alle Zielgrößen gleichzeitig zufriedenstellend erreicht werden können, so müssen diese gewichtet werden, um das Optimum unter den gegebenen Prozesspunkten zu definieren.

Der so ermittelte Spritzgießzyklus kann anschließend an der Spritzgießmaschine definiert werden. Während der Musterung können die Spritzgießparameter an der Spritzgießmaschine angepasst und weiter optimiert werden. Die Spritzgießparameter aus der Musterung können abschließend mit einer Spritzgießsimulation bestätigt werden, um deren Ergebnisse mit den Ergebnissen des realen Spritzgießprozesses vergleichen zu können.

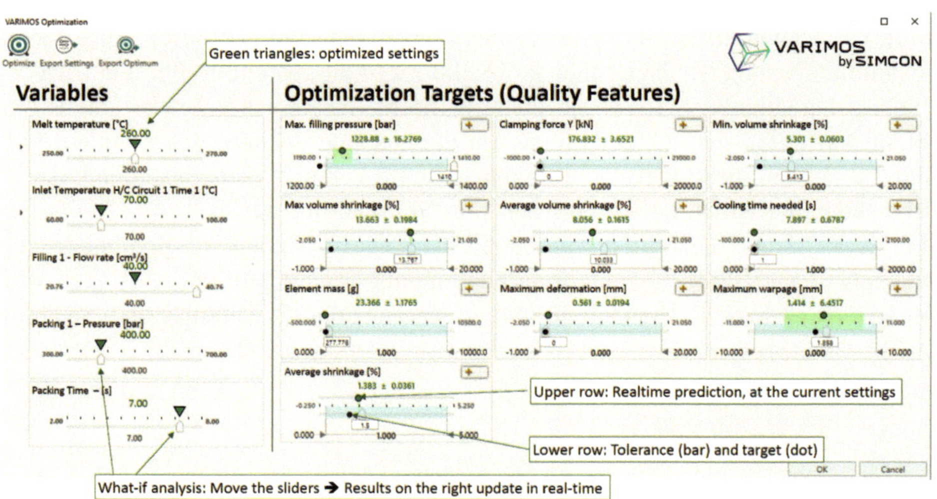

Bild 2.214 Ergebnisfenster des VARIMOS (Bildquelle: Simcon, [AK22])

Die Methoden der statistischen Versuchsplanung sind bereits mehrfach im Rahmen von Untersuchungen im Bereich des Spritzgießens angewendet worden. In [MSL08] werden die Kühlmedientemperatur und die Schmelzetemperatur um ± 10 K um einen Zentralpunkt variiert, um die Effekte auf das Bauteilgewicht erfassen und auswerten zu können. Im Rahmen der Untersuchungen in [MSL08] konnte gezeigt werden, dass der Einfluss der beiden Faktoren auf das Bauteilgewicht wesentlich größer ist, wenn ein konventioneller Spritzgießprozess gefahren wird (Umschalten auf Nachdruck bei einer bestimmten Schneckenposition) im Vergleich zu einem Spritzgießprozess auf Basis der Regelung des Werkzeuginnendruckes. In verschiedenen Arbeiten (u.a. in [Bou94, AK99, DG04, KKF10, Fir11]) konnte nachgewiesen werden, dass verschiedene Zweifaktorwechselwirkungen einen signifikanten Einfluss auf die betrachtete Zielgröße haben können. Als Zielgrößen dienen jedoch hauptsächlich Bauteilparameter, wie die Schwindung, oder Werkstoffkennwerte, wie die Zugfestigkeit oder der elektrische Oberflächenwiderstand. In [BHS14, Bou15] konnte gezeigt werden, dass reale Wechselwirkungen der statistischen Versuchsplanung in Bezug auf Schwindung und Verzug nicht mit den Wechselwirkungen aus der Spritzgießsimulation mit Autodesk Moldflow Insight (Version 2012) und Moldex 3D (Version R11.0) übereinstimmen und dass zum Teil deutliche Unterschiede zwischen dem Ergebnis der Spritzgießsimulation und den real gefertigten Bauteilen vorliegen. [BHS14] und [Bou15] empfehlen daher die Durchführung realer DoE-Versuche.

3 Druckverluste im Spritzgießprozess

3.1 Stand der Wissenschaft

Der plastifizierte (geschmolzene) Kunststoff fließt nicht von selbst in die Kavität, da dieser durch Fließwiderstände (beispielsweise die Viskosität) gebremst wird. Durch das Erzeugen eines meist hydraulischen Druckes werden die Fließwiderstände überwunden. Dabei treten an jedem hydraulischen Element (Leitungen, Ventile, Hydraulikpumpe) Druckverluste durch Reibung der viskosen Medien auf. Diese setzen sich im plastifizierten Kunststoff fort. Die entstehenden Druckprofile für einen Spritzgießzyklus sind in Bild 3.1 dargestellt [SK04]. Dabei muss die Spritzgießmaschine einen wesentlich höheren Druck erzeugen (Pos. H1, Bild 3.1), um die Formteilkavität vollständig zu füllen (Pos. W2, Bild 3.1). Die Drücke an den Positionen H1 und H2 wurden auf Massedrücke umgerechnet, indem der hydraulische Öldruck mit dem Verhältnis der Kolbenflächen multipliziert worden ist. An den Messpositionen, die sich zwischen den H1 und W2 befinden, ist der Druckverlust durch die hydraulischen Verbraucher zu sehen.

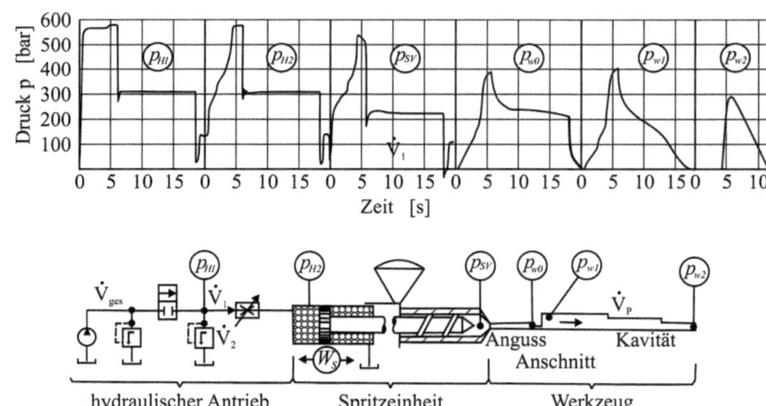

Bild 3.1 Druckfortpflanzung von der Hydraulik bis zum Fließwegende im Werkzeug (alle Drücke sind auf Massedrücke umgerechnet) (eigene Abbildung in Anlehnung an [SK04])

In Bild 3.2 ist der Druckaufbau entlang der Schnecke dargestellt. Im Bereich der Einzugszone wird das Granulat als Feststoff gefördert und leicht komprimiert. Dabei wird die Luft zwischen den Granulatkörnern in Richtung des Trichters verdrängt. Durch die Heizbänder bildet sich ein Schmelzefilm an der Zylinderwand, der durch die treibende Flanke der Schnecke abgeschabt wird, sodass sich vor der treibenden Flanke ein Schmelzewirbel bildet. Dieser vergrößert sich mit zunehmender Förderung durch die Schnecke. Parallel verringert sich das Gangvolumen der Schnecke, sodass der Druck weiter steigt [SK04]. Das Maximum des Druckes sollte in der Meteringzone liegen, um eine gute Aufschmelzung des Kunststoffes und eine gute Durchmischung der Kunststoffschmelze zu erreichen. Der Druck fällt in der Meteringzone auf den vorgegebenen Staudruck ab [Eff96].

Die Druckverluste entstehen hauptsächlich durch Reibung der viskosen Medien (Öl und plastifizierter Kunststoff). Einen zusätzlichen Druckverlust verursacht die Kompressibilität der Schmelze, da bei der Kompression Energie gespeichert wird [SK04].

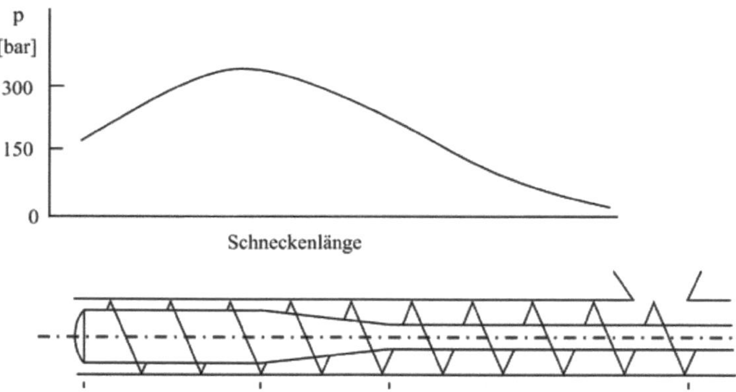

Bild 3.2 Druckaufbau längs der Schnecke (eigene Abbildung in Anlehnung an [SK04])

Vereinfacht kann der Druckaufbau während des Spritzgießprozesses durch Bild 3.3 dargestellt werden. Am Punkt 1 beginnt der Einspritzvorgang, indem das Signal zur Schneckenbewegung von der Maschinensteuerung erteilt wird. Das Wegeventil wird geöffnet und leitet Öl in den Schneckenantriebszylinder. Der Hydraulikdruck steigt, weil die träge Masse des Schneckenkolbens und gegebenenfalls ein kalter Massepfropfen, der die Düse verstopft, eine Bewegung der Schnecke verhindern. Zu Beginn des Füllens wird dann der Anguss gefüllt. Im Punkt 2 hat die Schmelze den angussnahen Drucksensor erreicht. Anschließend wird die Kavität gefüllt. Da die durchströmte Länge steigt, steigt auch der Druck am angussnahen Drucksensor. Der Anstieg ist dabei abhängig vom durchströmten Querschnitt und dessen Veränderungen und kann progressiv oder degressiv steigen.

Der Hydraulikdruck und der Fülldruck steigen in dieser Phase annähernd parallel (Punkt 3), sodass der Druckverlauf in der Hydraulik qualitativ den Forminnendruck abbildet.

Im Punkt 4 ist die gesamte Kavität gefüllt und damit die volumetrische Füllung erreicht. Durch den Widerstand des Werkzeuges steigt der Druck stark an. Die Druckübertragung ist quasi statisch und die Druckverluste gehen gegen null. Bei inkompressiblen Flüssigkeiten würde ein spontaner Druckausgleich stattfinden und der Forminnendruck auf den Hydraulikdruck ansteigen. Da die Schmelze aber komprimiert ist, baut sich der Druck zeitlich verzögert und annähernd exponentiell ab. Durch die parallel stattfindende Abkühlung der Schmelze bleibt der Druckausgleich unvollständig.

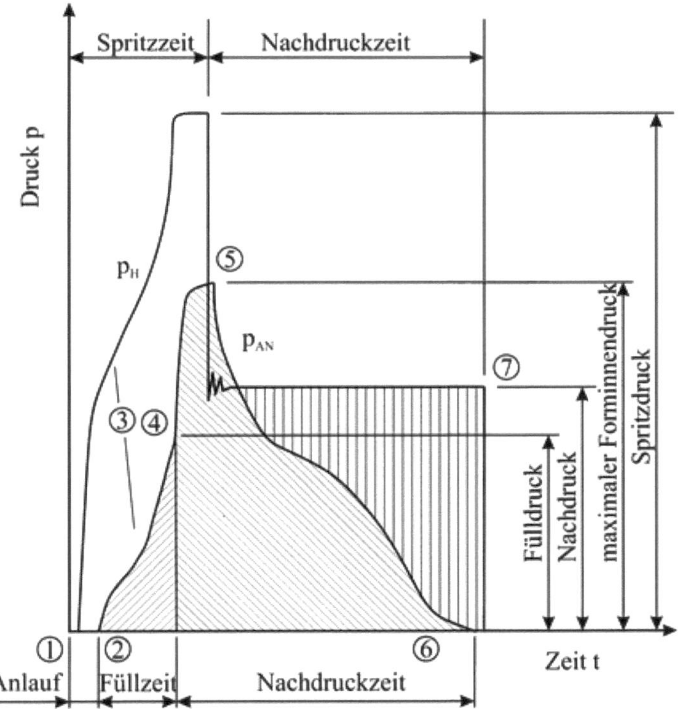

Bild 3.3 Vereinfachte Druckverläufe und Kenngrößen (eigene Abbildung in Anlehnung an [SK04])

Der Druckabfall am angussnahen Drucksensor im Punkt 5 hat zwei Ursachen. Zum einen wird der Hydraulikdruck durch das Umschalten auf den Nachdruck abgesenkt. Zum anderen kühlt die Schmelze ab. Dabei werden die Stöße auf den Drucksensor durch die abnehmende Mikrobraun'sche Bewegung weniger [SK04, Rud09]. Außerdem steigt die Viskosität durch die Abkühlung der Schmelze, sodass der Nachschub an Material aus der Schnecke zunehmend unterbunden wird. Am Siegelpunkt ist der Anschnitt eingefroren, da dieser in der Regel den kleinsten Querschnitt in der Kavität aufweist und das Formteil versiegelt. Die senkrechte Schraffur in Bild 3.3 zeigt den dadurch bedingten Unterschied zwischen dem an der Hydraulik eingestellten Nachdruck und dem am Drucksensor anliegenden Forminnendruck. Hier ist keine Aussage über die Vorgänge im Werkzeug über den Hydraulikdruck möglich [SK04].

In Bild 3.4 ist der qualitative Verlauf des Werkzeuginnendruckes über der Zeit abgebildet. Zwischen den Punkten A und B wird das Formteil gefüllt. Dabei werden die Oberflächeneigenschaften, die Orientierungen der Molekülketten und die Kristallinität der äußeren Randschichten beeinflusst. Die Fließfrontgeschwindigkeit ist in dieser Phase konstant, sodass der Werkzeuginnendruck linear ansteigt. Im Punkt B wird auf Nachdruck umgeschaltet. Die Kompressionsphase zwischen den Punkten B und C schließt sich an. In dieser Phase werden die Konturen des Werkzeuges ausgeformt. Bei zu hohen Drücken kann sich ein Grat bilden und das Spritzgießwerkzeug beschädigt werden. Zwischen den Punkten C und D wirkt der Nachdruck, bevor der Anguss im Punkt D versiegelt wird. Während der Nachdruckzeit wird die Schwindung kompensiert, aber auch die Kristallisation des Kunststoffes und die Orientierung der Makromoleküle beeinflusst. Zwischen den Punkten D und E erfolgt die isochore Abkühlung des Formteiles, bis es sich im Punkt E von der Werkzeugwand löst [HMM+18].

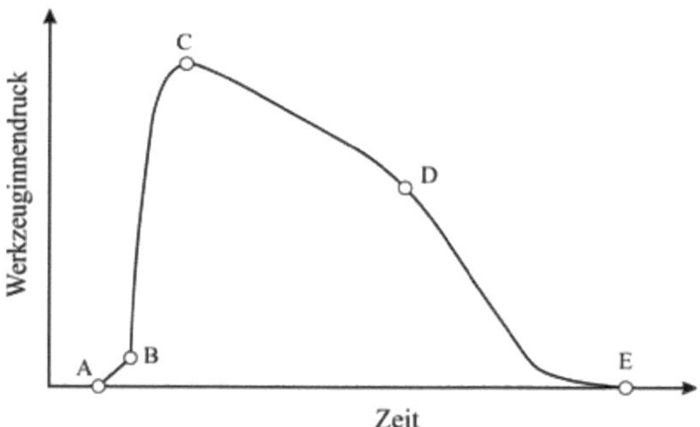

Bild 3.4 Qualitativer Verlauf des Werkzeuginnendruckes (eigene Abbildung in Anlehnung an [HMM+18])

Bild 3.5 und Bild 3.6 listen verschiedene Werkzeuginnendruckverläufe auf, von denen der optimale Werkzeuginnendruckverlauf während des Spritzgießzyklus angestrebt werden sollte (Bild 3.5-A). Der optimale Werkzeuginnendruckverlauf kann jedoch nicht statisch eingerichtet werden, da Schwankungen im Dosierhub oder in der Schmelzequalität, z. B. Temperaturschwankungen oder Fremdstoffe, zu einem unterschiedlichen Werkzeuginnendruckverlauf führen, der durch eine automatische Anpassung des Umschaltpunktes vermieden werden kann [PGS12]. Ein zu spätes Umschalten auf Nachdruck (Bild 3.5-C) bewirkt eine Druckspitze im Werkzeuginnendruckverlauf und damit einhergehend eine Gratbildung. Wenn der Nachdruck zu kurz gewählt wird, fließt Schmelze zurück in den Schneckenvorraum (Bild 3.5-E), es treten Einfallstellen oder Lunker und höhere Schwindung und Verzug auf [HMM+18].

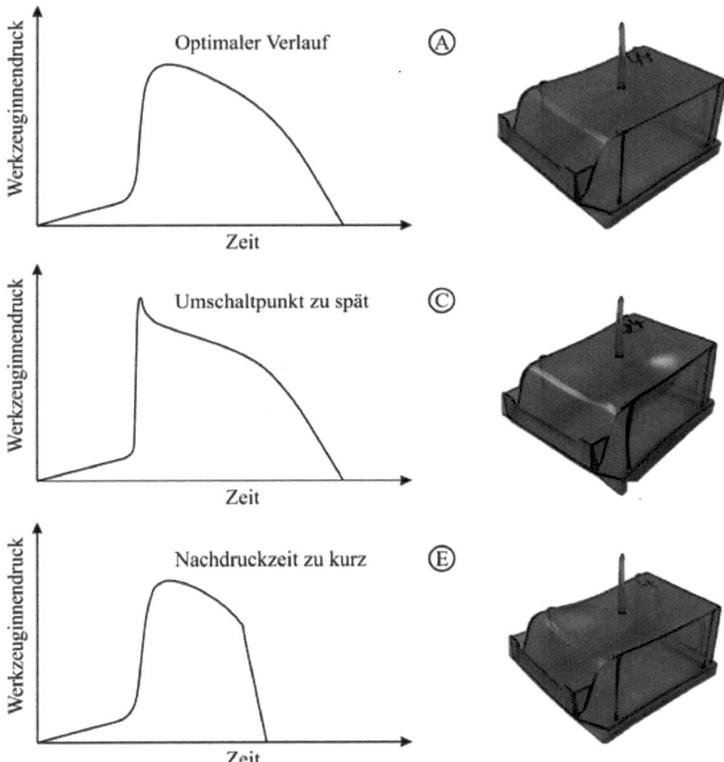

Bild 3.5 Unterschiedliche Werkzeuginnendruckverläufe (eigene Abbildung in Anlehnung an [HMM+18; KisXX])

Ein zu frühes Umschalten auf Nachdruck (Bild 3.6-B) führt zu einer Füllung des Spritzgießwerkzeuges unter Nachdruck, was zu optischen Fehlstellen führen kann. Bei einem zu niedrig eingestellten Nachdruck treten ebenfalls Einfallstellen auf (Bild 3.6-D). Erfolgt die Entformung unter Nachdruck, ist entweder das Werkzeug zu schwach ausgelegt oder die Kavität überladen (Bild 3.6-F) [HMM+18].

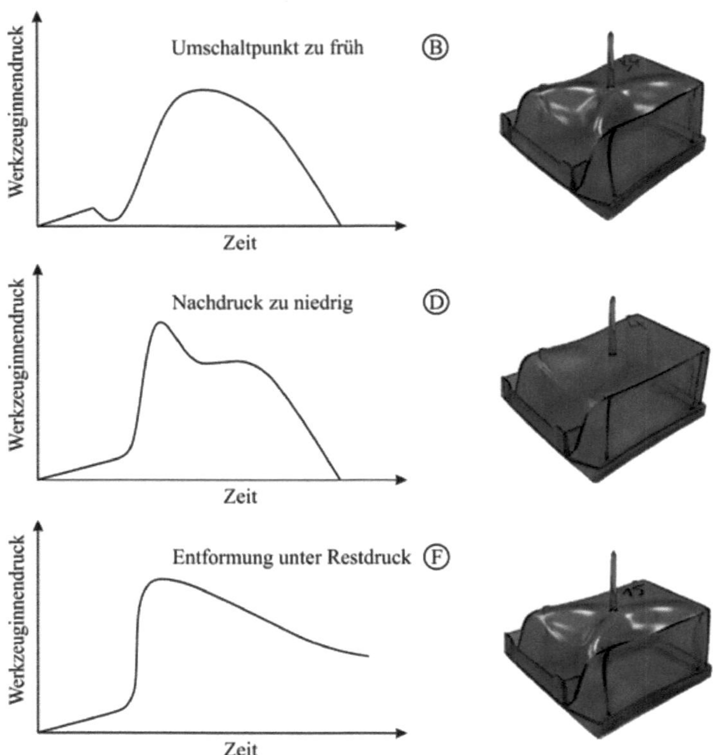

Bild 3.6 Unterschiedliche Werkzeuginnendruckverläufe (eigene Abbildung in Anlehnung an [HMM+18; KisXX])

Die Bestimmung des Druckverlustes wird bereits seit den Sechzigerjahren des vergangenen Jahrhunderts durchgeführt. In [Bau68] wird bereits der Druck im Schneckenvorraum und an verschiedenen Stellen in der Formteilkavität gemessen, um den Druckverlust abzubilden und um Rückschlüsse auf die Füllung und den Druckbedarf neuer Formteile ziehen zu können. Seitdem werden immer wieder Drucksensoren im Spritzgießwerkzeug eingesetzt [u. a. MSL08]. Dabei werden verschiedene Fragestellungen untersucht. In [MSL08], [MS08] und [BKS07] werden Lösungen zur Regelung des Spritzgießprozesses auf Basis des Werkzeuginnendruckes und des p-v-T-Diagrammes vorgestellt, wodurch die Formteilqualität und deren Konstanz deutlich verbessert werden können.

Ein weiteres Anwendungsfeld für Drucksensoren ist die Überwachung und Regelung des Spritzgießprozesses. Dabei wird meistens eine Kombination aus einem Drucksensor und einem in Fließrichtung dahinter platzierten Temperatursensor verwendet. Somit kann die Viskosität des Kunststoffes zwischen den beiden Sensorpositionen bestimmt werden, um Schwankungen der Kunststoffschmelze im Spritzgießprozess zu erkennen und gegebenenfalls nachzuregeln, um eine hohe

Formteilqualität sicherzustellen [BZ10, Kön07]. Weiterhin ist es möglich, Drucksensoren zur Bestimmung des Umschaltpunktes vom volumenstromgesteuerten Einspritzen auf Nachdruck zu verwenden, indem der Drucksensor beim Erreichen eines vorher definierten Grenzdruckes in den Spritzgießprozess eingreift und das Schneckenaggregat abbremst, um ein Überspritzen der Kavität zu verhindern [BEFD15].

In [PGS12] wird eine Möglichkeit vorgestellt, mit der das Umschalten auf Nachdruck über den Hydraulikdruck der Spritzgießmaschine geregelt werden kann. Dabei wird eine Masterdruckkurve über der Schneckenposition vorgegeben, bei der die Formteile optimal gefertigt werden können. Im Serienprozess werden Abweichungen zu der Masterdruckkurve nachgeregelt. Dabei wird davon ausgegangen, dass sich der Anstieg der aktuellen Druckkurve im Vergleich zur Masterdruckkurve bei Viskositätsschwankungen ändert und dass die aktuelle Druckkurve im Vergleich zur Masterdruckkurve verschoben ist, wenn Schwankungen in der Menge des plastifizierten Kunststoffes für den nächsten Spritzgießzyklus auftreten. Treten Abweichungen zur vorgegebenen Druckmasterkurve auf, so werden das Einspritzprofil (Einspritzvolumenstrom) und der Umschaltpunkt angepasst, sodass bei gleichem Füllgrad wie im Referenzzyklus auf Nachdruck umgeschaltet wird.

3.2 Prozessmesstechnik

Um die Ergebnisse aus der Füllsimulation richtig bewerten zu können, müssen diese mit den Ergebnissen aus dem realen Spritzgießprozess verglichen werden. Dafür muss ein geeignetes Versuchsumfeld aufgebaut werden. Drucksensoren werden an verschiedenen Stellen der Spritzgießmaschine und im verwendeten Spritzgießwerkzeug positioniert. Daneben muss das Kühlmittel überwacht werden, um dessen Erwärmung und Durchflussmenge zu dokumentieren und mit den Ergebnissen der Spritzgießsimulation zu vergleichen. Bild 3.7 zeigt die Spritzgießmaschine als „Blackbox". Das Modell der „Blackbox" stammt aus der Konstruktionssystematik [PBF+07, Ehr07] und wird zur abstrakten Darstellung von Ein- und Ausgangsgrößen in Systemen verwendet. Die Struktur des Systems ist dabei unerheblich. Als Ein- und Ausgangsgrößen werden Stoff, Energie und Signale verwendet, die im System der „Blackbox" gewandelt werden.

Die Spritzgießmaschine wandelt das Kunststoffgranulat mittels elektrischer Energie in Kunststoffformteile, wobei die verwendete Messtechnik Informationen über den jeweiligen Spritzgießprozess liefert. Dabei werden vier Drucksensoren verwendet, um den Druckaufwand und die Druckverluste während des Spritzgießzyklus zu bestimmen. Die Temperatur des Kühlmediums wird durch vier Temperatursensoren erfasst. Diese sind jeweils an den Ein- und Ausgängen der Kühlkreisläufe in der Auswerfer- und der Düsenseite positioniert. An den Eingängen der beiden Kühlkreisläufe wird zusätzlich jeweils ein Volumenstromsensor positioniert, um die Durchflussmenge des Kühlmediums zu bestimmen. Dieser Wert wird im Speziellen für die nachfolgende Spritzgießsimulation benötigt.

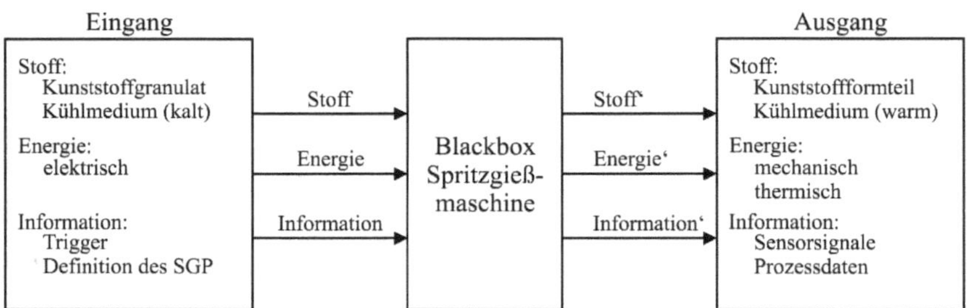

Bild 3.7 Spritzgießmaschine als „Blackbox“

In den folgenden Abschnitten wird auf die Arten und Messprinzipien der dafür notwendigen Sensoren eingegangen.

3.2.1 Drucksensoren

Die Messung von Drücken im Bereich des Spritzgießens erfolgt ausschließlich elektrisch, da die Drücke sehr groß (mehrere Tausend bar) werden können und sich zeitlich sehr schnell ändern. In diesem Bereich sind federelastische Manometer oder Flüssigkeitsmanometer ungeeignet. Weiterhin kann die Auswertung elektrischer Druckmessgeräte (Drucksensoren) leichter automatisiert werden, sodass die Auswertung computergestützt erfolgen kann. In der Regel beruht das Messprinzip auf der druckbedingten Form- oder Wegänderung eines Messgliedes (beispielsweise einer Membran oder eines Biegebalkens). Diese wird in eine elektrische Spannung umgewandelt und weitergeleitet [BE08].

Stand der Technik heute ist vor allem die Verwendung von piezoelektrischen [u.a. Url15a, Url15b, MSL08] und piezoresistiven [u.a. Url15a, Sch12, Wei10] Sensoren sowie Sensoren von Dehnmessstreifen [u.a. Ros11, NN13, SK06] zur Messung des Schmelzedruckes im Spritzgießprozess.

Ein ohmscher Widerstand wird im Allgemeinen durch (Formel 3.1) beschrieben. Die Widerstandsänderung dR ist dabei der Messeffekt des Drucksensors, der infolge einer Verformung des Widerstandes auftritt. Dieser Effekt wurde zuerst durch Bridgman beschrieben [Bri22, Bri25].

$$R = \rho \cdot \frac{l}{A} \tag{3.1}$$

R	ohmscher Widerstand	[Ω]
ρ	spezifischer Widerstand	[Ω m]
l	Länge des Widerstandes	[m]
A	Querschnitt des Widerstandes	[m^2]

Die Verformung des Querschnittes und der Länge wird bei Dehnmessstreifen angewendet. Der eigentliche piezoresistive Effekt beschreibt aber die Veränderung des spezifischen Widerstandes, der vor allem bei verschiedenen Halbleitern (Silizium, Germanium, Gallium) stark genug ausgeprägt ist, dass er messtechnisch erfasst werden kann [Url15c, Neb00]. Dieser verhält sich proportional zum Messdruck. Die entsprechenden Messelemente werden anschließend in Brücken verschaltet, um die Temperaturabhängigkeit zu eliminieren. Die verschalteten Messelemente können auf Membranen oder Biegebalken geklebt oder aufgedampft werden. Auf diese Art lassen sich kleine Drucksensoren mit einer hohen Langzeitstabilität und guter Messgenauigkeit herstellen [BE08]. Vor allem die hohe Langzeitstabilität und die robuste Bauweise prädestinieren piezoresistive Drucksensoren (vgl. Bild 3.8) zum Einsatz im Schneckenvorraum in der Maschinendüse.

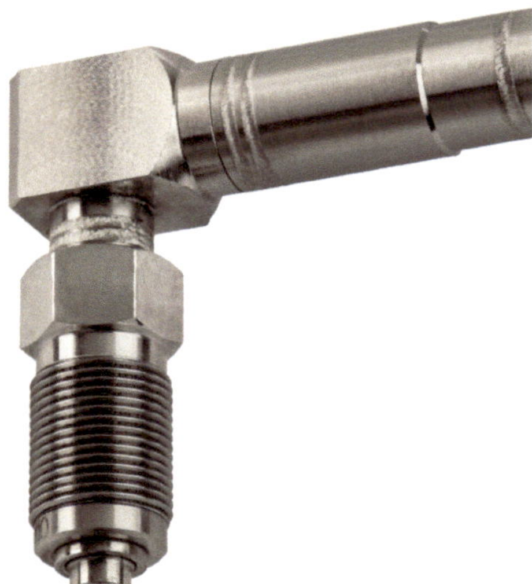

Bild 3.8
Piezoresistiver Druck- und Temperatursensor der Fa. Kistler [Bildquelle: Kistler]

Bei piezoelektrischen Sensoren (vgl. Bild 3.9) wird das elektrische Aufladen von Kristalloberflächen, der Piezoeffekt, genutzt. Dieses Messprinzip ist durch Paul Jaques und Pierre Curie beschrieben worden. Dabei bewirkt eine Kraft, die auf einen piezoelektrischen Kristall (beispielsweise aus Quarz, Turmalin oder Bariumnitrat) wirkt, eine Verschiebung der Atome im Kristallgitter, was zu einem Ladungsausgleich führt [Neb10]. Dieser wird mithilfe von Verstärkern in eine proportionale Spannung umgewandelt. Der piezoelektrische Kristall muss gut isoliert sein, damit die Ladung gemessen werden kann. Das Messprinzip ist vor allem zum Messen von schnellen Druckänderungen geeignet, da ein geringer Abfluss der theoretisch konstanten Ladung immer vorhanden ist [BE08]. Vorteilhaft ist der sehr geringe Bauraum. Darum werden piezoelektrische Sensoren meist im Spritzgießwerkzeug eingesetzt [Bad06].

Bild 3.9
Piezoelektrische Drucksensoren mit einem Frontdurchmesser von 1 mm (links) und 4 mm (rechts) der Fa. Kistler [Bildquelle: Kistler]

Möglich ist auch die indirekte Druckmessung, bei der die Verformung (Dehnung) einzelner Formteile, wie der Maschinendüse [BHH11], gemessen wird. Eine andere Möglichkeit besteht in der Verwendung von Messdübeln [BKS07]. Allerdings sind diese Messungen immer ungenauer als die direkte Messung des Schmelzedruckes, da bei der Übertragung des Druckes durch den Bereich der Maschinendüse oder des Messdübels, der als Membran fungiert, immer Verluste auftreten, deren Langzeitstabilität nicht abgeschätzt werden kann.

Selten erfolgt die Messung des Schmelzedruckes auch über faseroptische Sensoren [BSSD09]. Dabei wird das Licht einer LED mithilfe von Glasfasern auf einen Spiegel geleitet. Durch den Druck wird der Spiegel minimal verformt, sodass weniger Licht reflektiert wird. Der Abfall der Lichtreflexion wird durch eine optoelektronische Auswerteeinheit registriert und in einen Druck umgerechnet [Brö00]. Vorteilhaft ist, dass keine mechanische Übertragung des Druckes auf eine Messmembran notwendig ist und dass das Messprinzip nicht durch elektrische oder magnetische Felder beeinflusst wird [Url15d].

Andere Drucksensoren, wie kapazitive, induktive und frequenzanaloge Drucksensoren oder Drucksensoren mit einem Hall-Element, werden hingegen nicht verwendet, da sie den hohen Prozesstemperaturen nicht standhalten. Darüber hinaus benötigen induktive Drucksensoren einen relativ großen Bauraum. Kapazitive Drucksensoren benötigen konstante Umgebungsbedingungen, da sich beispielsweise die Dielektrizitätskonstante ändert, wenn Verschmutzungen auftreten [BHH11].

In den folgenden Spritzgießversuchen werden ein piezoresistiver Drucksensor und zwei piezoelektrische Drucksensoren genutzt. Der piezoresistive Drucksensor misst den Druck im Schneckenvorraum, da in diesem Bereich vor allem die Langzeitstabilität und die robuste Bauweise von Vorteil ist. Der Nachteil, dass piezoresistive Drucksensoren einen relativ großen Bauraum benötigen, kommt beim Schneckenvorraum (in der Düsenspitze) nicht zum Tragen, da der Drucksensor von außen durch eine Bohrung in die Zylinderwand des Schneckenvorraums eingebracht werden kann. Außerhalb der Düsenspitze muss darauf geachtet werden, dass der Drucksensor nicht mit der Spritzgießmaschine kollidiert, wenn die Schnecke an das Spritzgießwerkzeug fährt. In den verwendeten Spritzgießwerkzeugen werden zwei piezoelektrische Drucksensoren im Probekörperwerkzeug genutzt. Im Bereich der Spritzgießwerkzeuge ist vor allem die kompakte Bauweise der piezoelektrischen Drucksensoren von Vorteil. Dem Nachteil, dass die Ladungen über einen langen Zeitraum abfließen, kann durch die Verwendung gut isolierter Messverstärker entgegengewirkt werden.

3.2.2 Temperatursensoren

In der Regel werden zur Überwachung des Kühlmediums im Spritzgießprozess Thermoelemente oder Widerstandsthermometer verwendet [Hüf09].

Ein Widerstandsthermometer nutzt die Widerstandsänderung in Abhängigkeit von der Temperatur. Diese tritt vor allem bei Metallen und Halbleitern auf [Str04]. Ein häufig verwendetes Widerstandsthermometer besteht aus Platin und weist einen elektrischen Widerstand von 100 Ω bei 0 °C auf (Pt100). Die Widerstandsthermometer mit einem Platin-Messwiderstand weisen eine gute Langzeitstabilität auf und sind für Messungen von −250 °C bis 850 °C [Str04] geeignet. In diesem Bereich folgt die Funktion des Widerstandes über der Temperatur einer quadratischen Funktion (Formel 3.2). In anderen Widerstandsthermometern wird Nickel verwendet (z. B. Ni100).

Im Bereich der Messung der Temperatur des Kühlmediums Wasser kann Formel 3.2 linearisiert werden. Das Wasser kann dabei eine Temperatur zwischen 30 °C und 80 °C (obere Anwendungsgrenze des verwendeten Sensors, da dieser eine PVC-Dichtung hat [Wal15]) haben. Zusätzlich ist eine Messschaltung notwendig, um den Widerstand in eine messbare Spannung zu überführen [Ama14].

$$R(\Theta) = R_0 \cdot \left(1 + \alpha \cdot \Theta + \beta \cdot \Theta^2\right) \tag{3.2}$$

$R(\Theta)$	Istwiderstand	[Ω]
R_0	Nennwiderstand bei 0 °C	[Ω]
α	Koeffizient	[K^{-1}]
β	Koeffizient	[K^{-2}]
Θ	Temperatur	[°C]

Neben den Widerstandsthermometern haben sich Thermoelemente (vgl. Bild 3.10) etabliert. Diese nutzen den Effekt, dass kleine Ströme zwischen zwei Leitern aus unterschiedlichen Werkstoffen fließen, wenn deren eine Verbindungsstelle der zu messenden Temperatur und deren andere Verbindungsstelle einer bekannten Vergleichstemperatur ausgesetzt ist. Dieser Effekt wurde bereits 1821 durch Thomas Seebeck beschrieben. Der Messbereich von Thermoelementen liegt zwischen -200 °C und 2000 °C [Str04]. Aufgrund ihrer vergleichsweise kurzen Ansprechzeiten von wenigen Millisekunden, ihrer robusten und sehr kleinen Bauweise (teilweise sind Drahtdurchmesser von 0,25 mm möglich) werden Thermoelemente vor allem in der Kavität von Spritzgießwerkzeugen und in der Werkzeugwand in der Nähe der Kavität verwendet [Liu14].

Darüber hinaus gibt es viele weitere Prinzipien, um die Temperatur zu messen, wie Berührungsthermometer, Infrarotthermometer, Quarzthermometer und Rauschthermometer. Diese werden zur Temperaturmessung des Kühlmediums im Spritzgießprozess allerdings nicht verwendet [Huh06, Str04].

In den folgenden Spritzgießversuchen werden Widerstandsthermometer verwendet. Die Vorteile der Widerstandsthermometer, wie der Betrieb mittels Instrumentenkupferleitung, eine sehr hohe Genauigkeit, eine sehr gute Langzeitstabilität und die Tatsache, dass keine Vergleichsstelle zur Temperaturmessung erforderlich ist, gleichen die Nachteile, wie eine relativ große Sensoroberfläche, eine geringe Selbsterwärmung und einen im Vergleich zu Thermoelementen hohen Preis, mehr als aus [Str04, Huh06]. Das lange Ansprechverhalten der Widerstandsthermometer ist vernachlässigbar, da das Kühlmedium Wasser ist, was eine sehr hohe Wärmekapazität aufweist und sich somit nicht schlagartig erwärmt.

Bild 3.10
Temperatursensoren mit Thermoelementen als Messelement mit einem Frontdurchmesser von 1 mm (links) und 4 mm (rechts) der Fa. Kistler [Bildquelle: Kistler]

3.2.3 Volumenstromsensoren

Die Bestimmung des Durchflusses in Form eines Volumenstromes gehört zu den wichtigsten Aufgaben im Bereich der Verfahrenstechnik [Str04]. Die große Bedeutung spiegelt sich durch die vielen unterschiedlichen in der Praxis angewendeten Messverfahren wider [Ama14]. An dieser Stelle wird deshalb nur auf die für den Spritzgießprozess relevanten Messverfahren eingegangen. Im Spritzgießprozess kommen meistens Flügelradsensoren (Flügelradturbinen) zur Bestimmung des Kühlmedienvolumenstromes zum Einsatz. Wenn die Bestimmung des Kühlmedienvolumenstromes ohne bewegte Teile notwendig ist, wird auf magnetisch-induktive Sensoren oder Ultraschallsensoren zur Durchflussmessung zurückgegriffen [Hüf09].

Ultraschall-Durchflussmesser nutzen die Veränderung eines akustischen Signals in einem strömenden Fluid [BE08]. Dabei können verschiedene Messprinzipien zum Einsatz kommen, bei denen Sender und Empfänger meistens versetzt zueinander platziert werden, sodass der Ultraschall schräg durch das durchströmte Rohr läuft. Zum einen kann die Laufzeit gemessen werden, die der Ultraschall beim Durchlaufen des Rohres benötigt. Das Laufzeitverfahren nutzt den Effekt, dass die Strömungsgeschwindigkeit des Fluids die Schallgeschwindigkeit des Fluids erhöht, wenn die Schallwellen einen Geschwindigkeitsanteil in Fließrichtung haben, und die Schallgeschwindigkeit des Fluids vermindert, wenn die Schallwellen einen Geschwindigkeitsanteil entgegen der Fließrichtung haben. Aus den beiden Laufzeiten kann dann die Strömungsgeschwindigkeit berechnet werden. Zum anderen kann die Strömungsgeschwindigkeit mit gekreuzten Ultraschallpfaden durch sogenannte Knallfolgen bestimmt werden. Dabei löst ein Empfänger beim Empfangen eines Knalles einen Knall am gegenüberliegenden Sender aus. Da eine Knallfolge in Fließrichtung und eine entgegen der Fließrichtung läuft, entsteht ein Frequenzunterschied in den Knallfrequenzen der beiden Sender. Die Differenz der Knallfrequenzen ist proportional zur Strömungsgeschwindigkeit [BE08, Str04].

Da Ultraschall-Durchflussmesser die Strömungsgeschwindigkeit messen, haben Dichte, Druck, Temperatur und Viskosität keinen Einfluss auf das Messverfahren. Wenn die Viskosität 10 mPa s übersteigt, werden die Ultraschallwellen gedämpft. Sind zu viele Inhomogenitäten (Partikel oder Gasblasen, Anteil > 1 Vol.-%) vorhanden, werden die Ultraschallwellen gestreut, sodass die Messgenauigkeit sinkt oder das Signal abreißt [Str04].

Magnetisch-induktive Durchflussmesser werden vor allem verwendet, wenn größere Feststoffe im Kühlmedium (Verschmutzungen) enthalten sind, die eine Verengung des Strömungsquerschnittes verstopfen können. Darüber hinaus erzeugt die Messung nur einen geringen zusätzlichen Druckverlust. Die Trennung bewegter Ladungen in einem Magnetfeld wird als Messprinzip genutzt [BE08]. Das zu messende Fluid strömt dabei durch ein Rohr aus nichtmagnetischem Werkstoff, das elektrisch isoliert ist. Senkrecht zur Strömungsrichtung wird ein Magnetfeld angelegt, sodass die im Fluid vorhandenen geladenen Teilchen abgelenkt werden. Es entstehen hochohmige elektromotorische Kräfte, die eine elektrische Spannung an in den Strömungsquerschnitt eingebrachten Elektroden erzeugen. Diese Spannung ist proportional zur mittleren Strömungsgeschwindigkeit des Fluids. Die magnetisch-induktive Durchflussmessung ist unabhängig von der elektrischen Leitfähigkeit des Fluids. Voraussetzung ist, dass das Fluid eine elektrische Leitfähigkeit > 1 µS/cm aufweist [BE08, Str04]. Leitungswasser weist elektrische Leitfähigkeiten zwischen 50 ... 500 µS/cm auf [Url15f], sodass es zur magnetisch-induktiven Messung verwendet werden kann. Außerdem ist die Messung unabhängig von der Dichte oder der Viskosität des Fluids und stellt keine besonderen Anforderungen an den Ein- und Auslauf aus dem Messbereich. Nachteilig ist die Forderung, dass der Strömungsquerschnitt vollständig gefüllt sein muss und keine Gasblasen enthalten darf. In diesem Fall wird die Strömungsgeschwindigkeit korrekt gemessen, der Volumenstrom aber falsch berechnet. Weiterhin ist darauf zu achten, dass sich keine Ablagerungen im Bereich der Elektroden bilden, da diese das Messergebnis stark verfälschen können, indem sie den Stromkreis unterbrechen (isolierende Ablagerungen) oder kurzschließen (elektrisch gut leitende Ablagerungen) [Str04].

Flügelradsensoren setzen eine turbulente Strömung ($Re > 100\,000$ [Str04]) voraus, um eine genaue Messung zu gewährleisten. Das Fluid strömt eine konzentrisch gelagerte Turbine mit geringer Masse axial an und versetzt diese in Rotation. Die Turbinenschaufeln weisen eine ausreichende magnetische Leitfähigkeit auf, sodass sie einen elektrischen Impuls erzeugen, wenn sie am Impulsaufnehmer vorbeigehen [Str04]. Als Impulsaufnehmer dient ein Hallsensor, der die Impulse zählt. Diese werden anschließend einem definierten Volumen zugeordnet [PKP14]. Da das Magnetfeld durch die Rohrwand wirken muss, ist diese meistens aus rostfreiem, nicht magnetisch leitfähigen Stahl gefertigt. Zur Erhöhung der Lebensdauer werden die Turbinenschaufeln aus Wolframcarbid gefertigt. Als Lagerwerkstoff wird Saphir verwendet, um die Reibung zu minimeren. Da Einlaufstörungen die Messung verfälschen, ist vor und hinter dem Flügelradsensor eine Ein- und Auslaufstrecke (ca. 20 D [PKP14]) vorzusehen. Kleine Feststoffpartikel (< 0,5 mm [PKP14]) können im Durchflussmedium vorhanden sein. Aufgrund der robusten und sehr kompakten Bauweise und der sehr einfachen Integration in die bestehende Messtechnik erfolgte die Durchflussmessung durch Flügelradsensoren.

3.2.4 Aufbau eines messtechnischen Umfelds

Aus den beschriebenen Druck-, Temperatur- und Volumenstromsensoren wird das Versuchsumfeld aufgebaut. Die Sensoren werden in die Spritzgießmaschine und das verwendete Spritzgießwerkzeug eingebaut. Dabei werden die in Tabelle 3.1 aufgelisteten Sensoren verwendet.

Tabelle 3.1 Verwendete Sensoren

Messgröße	Hersteller	Sensorbezeichnung
Hydraulikdruck	KraussMaffei	120P065323
Schneckenvorraumdruck	Kistler	4021B30HAP1
Werkzeuginnendruck	Priamus	6003B
Kühlmedientemperatur	PKP Prozessmesstechnik	DR08-15.O.VT.O.O.P.2.A.0
Kühlmedienvolumenstrom	PKP Prozessmesstechnik	DR08-15.S.VT.H.N.P.2.A.A40

In Bild 3.11 sind die Sensorpositionen und die gemessenen Größen schematisch dargestellt. Die Signale der verwendeten piezoelektrischen Drucksensoren werden durch einen Verstärker (Typ 5039 A) in eine elektrische Spannung umgewandelt. Dabei entsprechen 20 000 pC einer Ausgangsspannung von 10 V [Kis14, Url14a].

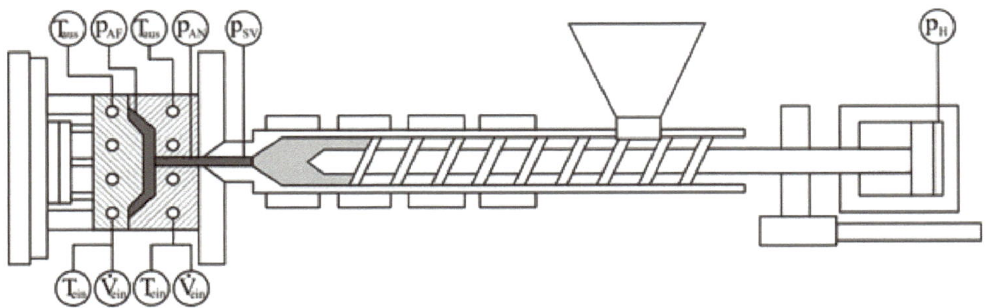

Bild 3.11 Sensorik an Werkzeug und Maschine

Bild 3.12 zeigt die Positionen der einzelnen Sensoren in den Wechseleinsätzen für die D2-Platte. Die D2-Platte ist dabei grün dargestellt. Der Fließweg des Kühlmediums ist blau dargestellt. Die roten Pfeile definieren nur die Position der angegebenen Messgrößen, aber nicht deren Fließrichtung, da das Kühlmedium an den Sensorpositionen T_1 und T_3 in die jeweilige Werkzeughälfte fließt und diese an den Sensorpositionen T_2 und T_4 wieder verlässt.

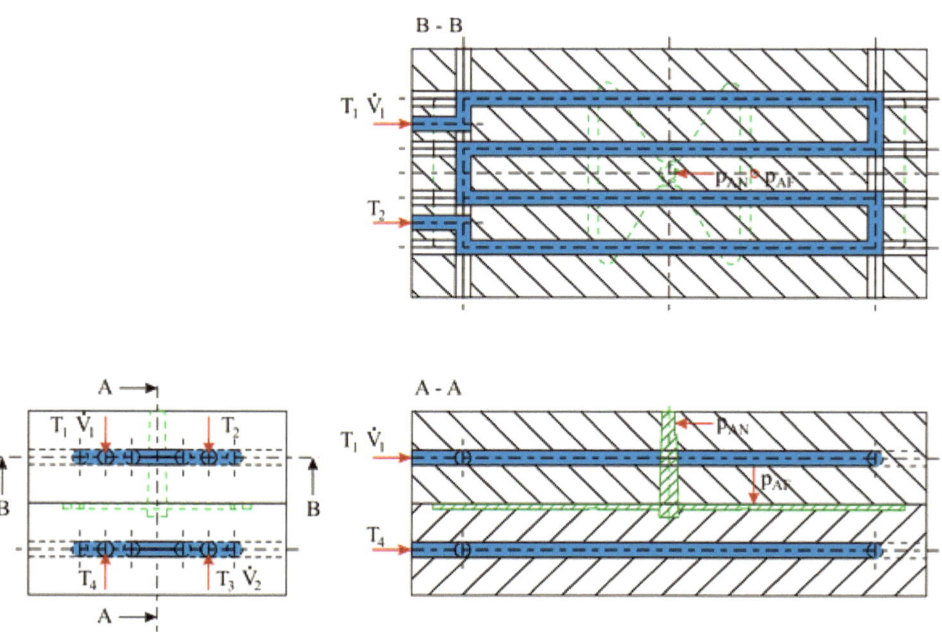

Bild 3.12 Positionen der einzelnen Sensoren im Probekörperwerkzeug

Als Formteilgeometrie wird eine kleine Platte nach DIN EN ISO 2943 verwendet. Diese weist eine Fläche von 60 mm × 60 mm und eine Dicke von 2 mm auf und ist in Bild 3.13 dargestellt.

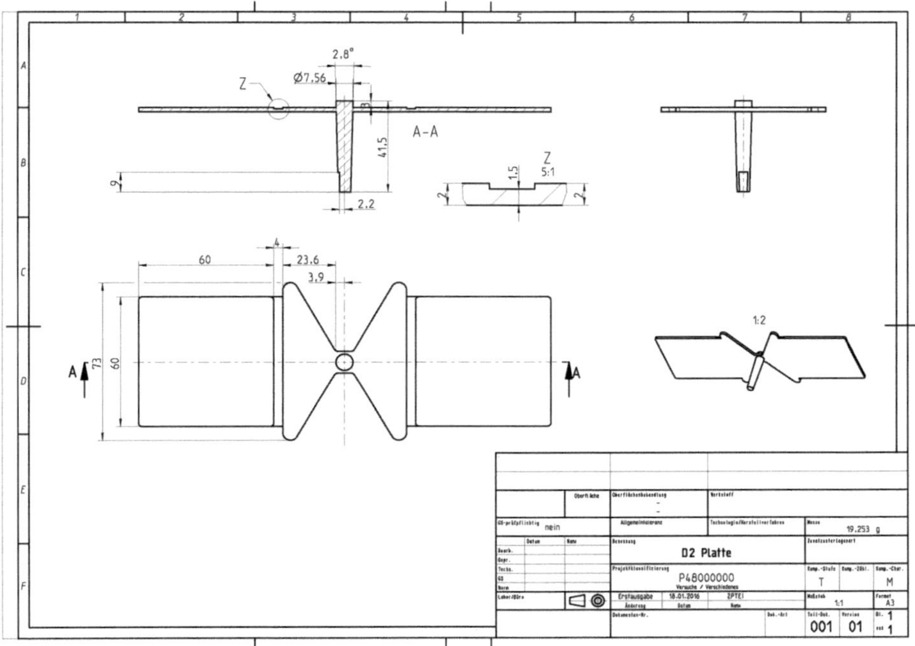

Bild 3.13 D2-Platte

■ 3.3 Durchführung der Spritzgießversuche

3.3.1 Verwendete Werkstoffe

Die zu untersuchenden Werkstoffe sind Standardkunststoffe und technische Kunststoffe, die häufig in der Produktentwicklung von Kunststoffformteilen verwendet werden. Als amorphe Thermoplaste werden Polycarbonat (PC), Acrylnitril-Butadien-Styrol (ABS) und PC/ABS-Blends untersucht. Weiterhin werden teilkristalline Werkstoffe, insbesondere Polypropylen (PP) und Polyamid 66 (PA66), untersucht. Aus jeder Werkstoffgruppe wird ein Vertreter gewählt, der bereits in der Datenbank der Spritzgießsimulationssoftware vorhanden ist. Dies ist notwendig, um einen Vergleich der vorhandenen Werkstoffkennwerte mit eigenen Messungen ziehen zu können. Die in Tabelle 3.2 aufgelisteten Werkstoffe werden näher untersucht. Da das gewählte Polyamid 66 nicht in der Datenbank der Spritzgießsimulationssoftware vorhanden ist, wird als Vergleichswerkstoff Leona 1300S der Fa. Asahi Kasei festgelegt, da das verwendete PreaMid A/A149 natur [WIS13] nahezu identische thermische und mechanische Parameter wie das Leona 1300S [Url15g] aufweist.

Tabelle 3.2 Verwendete Werkstoffe

Hersteller	Werkstofffamilie	Werkstoffbezeichnung	Datenblatt
Borealis	PP	HD 120 MO	[Url14, MF14]
Bayer Material Science	PC	Makrolon 2405	[Bay08]
Bayer Material Science	PC/ABS	Bayblend T 45 PG	[Url13]
KUMHO	ABS	ABS 750 N SW	[MF14a]
WIS Kunststoffe	PA66	PreaMid A/A149 natur	[WIS13]

3.3.2 Vorbereitung der Spritzgießversuche

Grundsätzlich lässt sich die Zykluszeit in die Kühlzeit und die Zeit, die das Spritzgießwerkzeug offen ist, aufteilen. Die Kühlzeit, die für die Spritzgießsimulation benötigt wird, ist als Summe aus Einspritzzeit (injection time), Nachdruckzeit (packing time) und Restkühlzeit (cooling time) definiert (Formel 3.3).

$$t_{ipc} = t_{in} + t_p + t_c \tag{3.3}$$

t_{ipc}	Kühlzeit (injection + packing + cooling)	[s]
t_{in}	Einspritzzeit	[s]
t_p	Nachdruckzeit	[s]
t_c	Restkühlzeit (= t_{rk})	[s]

Die Spritzgießversuche werden mit anliegender Düse durchgeführt, sodass die Zeiten „Aggregat vor“ und „Aggregat zurück“ zu null gesetzt werden können. In der Regel wird die Düse nach dem Dosieren abgehoben, um den Wärmeeintrag durch die heiße Düse in das Spritzgießwerkzeug zu vermeiden [JM04], wodurch die Kühlzeit verkürzt werden kann. Die im Rahmen der Versuche gefertigten Bauteile sind jedoch so klein, dass durch das Abheben der Düse keine deutliche Verbesserung der Kühlzeit erreicht werden kann.

Die Zeit, in der das Werkzeug geöffnet wird, das Bauteil ausgestoßen, gegebenenfalls auch eine Haltezeit eingehalten und das Werkzeug wieder geschlossen wird, wird als „Mold-open-time“ zusammengefasst (Formel 3.4).

$$t_{Mot} = t_{Wo} + t_{ej} + t_{halt} + t_{Ws} \tag{3.4}$$

t_{Wo}	Werkzeug öffnen	[s]
t_{ej}	Bauteil ausstoßen	[s]
t_{halt}	Haltezeit/Pausenzeit	[s]
t_{Ws}	Werkzeug schließen	[s]

Bei der verwendeten Spitzgießmaschine stehen ein zeitgesteuertes Umschalten, ein weggesteuertes Umschalten (Schneckenposition) und ein druckgesteuertes Umschalten (über den Massedruck oder den Werkzeuginnendruck) für den Umschaltpunkt vom volumenstromgesteuerten Einspritzen zum druckgesteuerten Einspritzen (Umschalten auf Nachdruck) zur Auswahl. Allerdings ist keine der genannten Möglichkeiten optimal, da Aussagen über die tatsächliche Füllung des Bauteiles nicht getroffen werden können. Aufgrund von Schwankungen in den Eigenschaften des plastifizierten Kunststoffes (vor allem Viskositäts- und Feuchteschwankungen [PGS12]) ist die Füllung der gefertigten Bauteile und damit der Druckbedarf zum Füllen in jedem Spritzgießzyklus anders, wodurch die druckgesteuerten Methoden zur Umschaltung auf Nachdruck ungeeignet sind, da hier ein konstanter Druck vorgegeben wird, bei dessen Erreichen auf Nachdruck umgeschaltet wird. Das zeitgesteuerte Umschalten ist ebenfalls nicht geeignet, da hier ein kalter Pfropfen (Verstopfung der Maschinendüse) nicht erkannt werden kann. Aufgrund der Tatsache, dass erkalteter Kunststoff am Anguss haftet, der mit aus der Maschinendüse gezogen wird, und dass in jedem Spritzgießzyklus ein anderer Druck zum Füllen notwendig ist, ist das Umschalten beim Erreichen einer vorgegebenen Schneckenposition ebenfalls kein sicheres Kriterium dafür, dass die Kavität gerade vollständig gefüllt ist. Wenn die Schmelze dekomprimiert wird, besteht die Gefahr, dass bereits plastifizierter Kunststoff aus den Schneckengängen in den drucklosen Schneckenvorraum gedrückt wird, sodass die im Schneckenvorraum befindliche Menge an plastifiziertem Kunststoff nicht konstant ist [PGS12]. Dieser Umstand kann jedoch weder an der Spritzgießmaschine noch mit der Spritzgießsimulation erfasst werden.

Als Umschaltpunkt vom volumenstromgesteuerten Einspritzen auf druckgesteuertes Einspritzen wird eine Schneckenposition von 9,20 mm (entspricht einem Restmassepolster beim Umschalten von 6,5 cm^3) eingerichtet. Diese Maßnahme ist notwendig, da die verwendeten Spritzgießwerkzeuge nicht mit einem Temperatursensor am Fließwegende ausgestattet sind, der das tatsächliche Erreichen des Fließwegendes durch die Kunststoffschmelze anzeigt [Kön07, BZ10].

Vor dem Beginn der Messungen werden zehn Bauteile als Anfahrausschuss gefertigt, um eine Stabilität des eingestellten Spritzgießprozesses zu erreichen. Während der Messungen wird der Prozess nicht unterbrochen. Im Rahmen der Versuche werden 15 Zyklen pro Einzelversuch mit einer Abtastrate von 1 kHz aufgezeichnet und ausgewertet. Für die Aufzeichnung der Messwerte wird eine Messbox der Fa. Data Translation (USB DT 9834 STP) verwendet.

Für die Schmelzetemperatur und die Kühlmedientemperatur werden die empfohlenen Temperaturbereiche aus dem Materialdatenblatt verwendet. Es wird jeweils eine mittlere Schmelzetemperatur und Kühlmedientemperatur verwendet. Die vorgegebenen Prozessparameter sind in Tabelle 3.3 zusammengefasst.

Tabelle 3.3 Vorgegebene Prozessparameter

	PP	PC	PC/ABS	ABS	PA 66
Schmelzetemperatur [°C]	240	300	260	225	283
Kühlmedientemperatur [°C]	45	88	70	50	60
Einspritzgeschwindigkeit [cm^3/s]	20	20	20	20	20
Restkühlzeit [s]	28,1	52,4	64,0	47,6	28,1

3.3.3 Auswertung der Spritzgießversuche

In Bild 3.14 ist der erste aufgezeichnete Spritzgießzyklus nach der Stabilisierung des Spritzgießprozesses dargestellt. Der Hydraulikdruck bezeichnet hier nicht den Druck des Hydrauliköls, sondern den Öldruck multipliziert mit den wirksamen Kolbenflächen. Zwischen den beiden Anstiegen des Hydraulikdruckes bei 1 s und 47 s wird die Zykluszeit definiert. Dazwischen ist das Einspritzen der Schmelze, das Umschalten auf Nachdruck, das Aufdosieren des plastifizierten Kunststoffes für den nächsten Spritzgießzyklus und die Restkühlzeit zu erkennen. In dem Moment, in dem das Werkzeug geöffnet wird, springen die beiden Drucksignale aus der Kavität auf 0 bar. Das liegt daran, dass der Anguss des Bauteiles während der Restkühlzeit am Sensor „zieht" und damit einen negativen Druck erzeugt. Der angussferne Drucksensor zeigt bis zur Werkzeugöffnung einen Druck von ca. 10 bar.

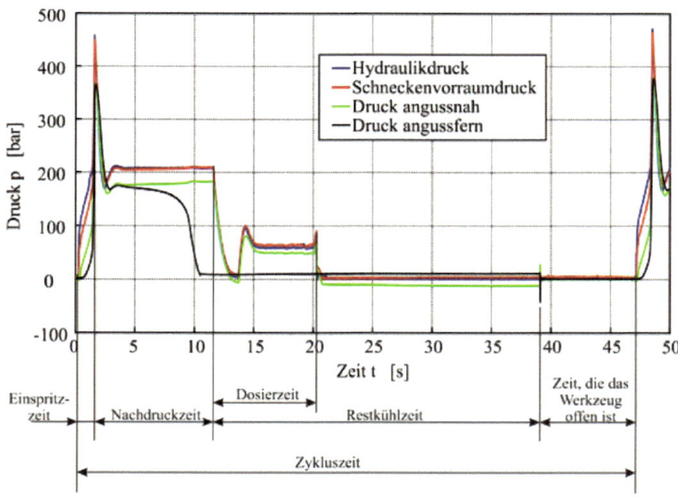

Bild 3.14 Gemessene Drucksignale während eines Spritzgießzyklus mit Ableitung der entsprechenden Prozesszeiten

Aufgrund eines fehlenden Triggers kann der Beginn eines neuen Zyklus nicht erfasst werden. Deshalb wird für jeden Spritzgießzyklus ein Offset (Bild 3.15) definiert. Dieser beschreibt den Zeitpunkt, an dem der jeweilige Spritzgießzyklus startet. Im Rahmen der Spritzgießversuche wird der Punkt festgelegt, an dem der Hydraulikdruck die Null-Bar-Isobare das erste Mal verlässt, was in einem Peak in der ersten Ableitung *dp/dt* resultiert. Um zu verhindern, dass zufällige Schwankungen im Signal des Hydraulikdruckes ein falsches Offset definieren, wird außerdem vorgegeben, dass das nächste Offset frühestens nach 95 % der aktuellen Zykluszeit auftreten darf. In Bild 3.15 beträgt das Offset 0,25 s.

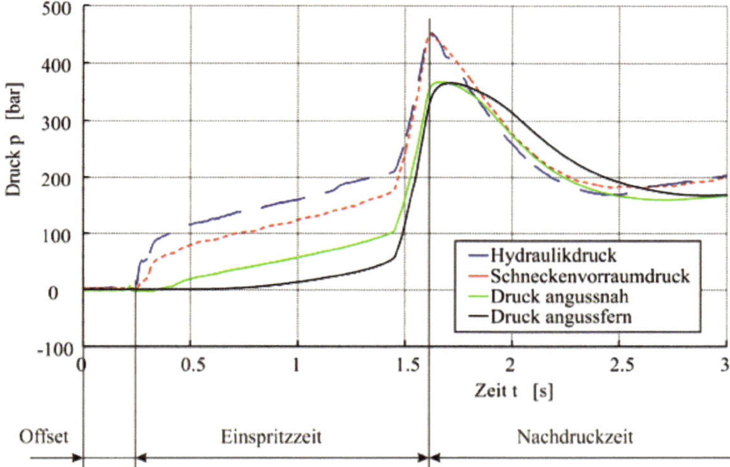

Bild 3.15 Bestimmung des Offset (Startpunkt), bevor die Einspritzzeit des Spritzgießzyklus beginnt (zwischen 0 s und 0,25 s)

Bild 3.16 zeigt den maximalen Druck während des Spritzgießzyklus an den verschiedenen Sensorpositionen. Dieser tritt während des Umschaltens auf den Nachdruck auf. Es ist zu sehen, dass sich ein Druckgefälle zwischen den einzelnen Messpunkten einstellt, sodass der hydrostatische Druckausgleich erwartungsgemäß unvollständig bleibt. Es ist zu sehen, dass ein nahezu vollständiger hydrostatischer Druckausgleich im Umschaltpunkt entlang der Schnecke, zwischen dem Hydraulikdruck und dem Schneckenvorraumdruck, und innerhalb des Bauteils, zwischen dem angussnahen Druck und dem angussfernen Druck, bei der D2-Platte möglich ist. Außerdem ist zu sehen, dass ein deutlicher Druckabfall innerhalb der Maschinendüse, zwischen dem Schneckenvorraumdruck und dem angussnahen Druck, auftritt.

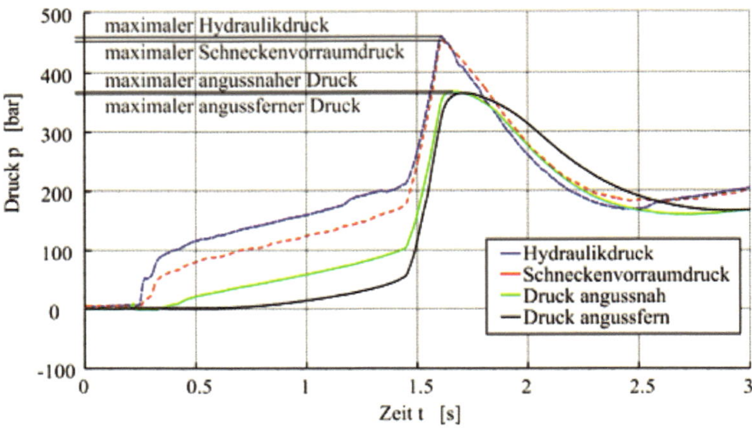

Bild 3.16 Maximale Drücke während des Spritzgießzyklus

Die Kühlmedientemperatur (Temperatur 1 = 45,3 °C in Bild 3.17) entspricht der eingestellten Temperatur. Es kann somit festgestellt werden, dass das Kühlmedium im Schlauch zwischen dem Temperiergerät und dem Kühlkanaleingang nicht abkühlt. Die Oszillation von Temperatur 1 ist bedingt durch das Temperiergerät, da dieses nur heizen kann. Wenn die obere Regelschwelle der eingestellten Temperatur überschritten wird, wird kaltes Leitungswasser in das Wasserbecken des Temperiergerätes gegeben, sodass die Temperatur des Wassers sichtbar sinkt und anschließend wieder erwärmt wird. Das Kühlmedium wird während des betrachteten Zyklus um ca. 0,7 °C erwärmt (Temperatur 4 = 46,0 °C). Die Temperatur am Ausgang des düsenseitigen Kühlkreislaufes (Temperatur 2 = 45,7 °C) ist minimal höher als die Temperatur am Eingang des auswerferseitigen Kühlkreislaufs (Temperatur 3 = 45,6 °C). Dieser Unterschied kann mit Messunsicherheiten begründet werden. Er beträgt bei 45 °C ca. 0,53 °C [EN09]. Der Anstieg der Temperatur am Ausgang des auswerferseitigen Kühlkreislaufes resultiert aus der abgeführten Wärme des aktuellen Zyklus. Dieser setzt im Vergleich zum Start der Einspritzphase um 10 s verzögert ein.

Die Volumenströme in Bild 3.18 zeigen mit Volumenstrom 1 = 4,73 l/min und Volumenstrom 2 = 4,71 l/min nahezu identische Werte. Der Unterschied kann mit der Messunsicherheit begründet werden. Für die Spritzgießsimulationen wird der arithmetische Mittelwert aus den beiden gemessenen Volumenströmen über einen Versuchsplan (36 Einzelversuche) verwendet.

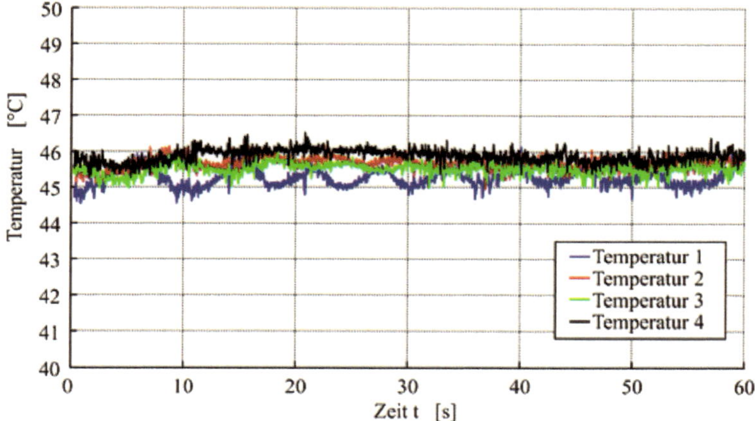

Bild 3.17 Bestimmung und Vergleich der Kühlmedientemperaturen an den vier Sensorpositionen

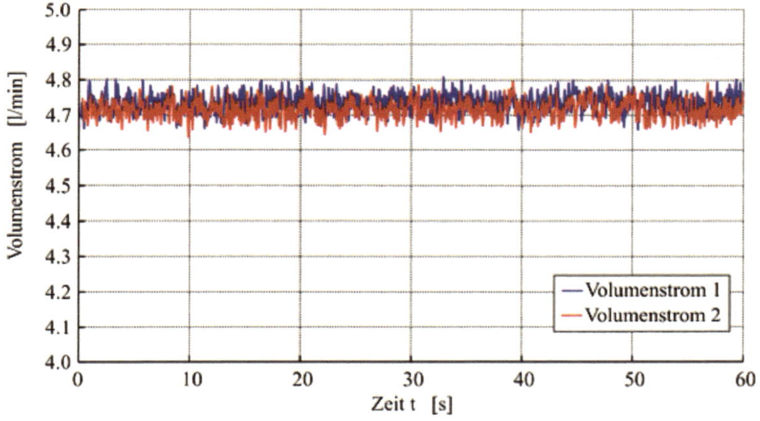

Bild 3.18 Bestimmung und Vergleich der Volumenströme des Kühlmediums

■ 3.4 Durchführung der Spritzgießsimulationen

3.4.1 Aufbau des Simulationsmodells

Der Aufbau des Simulationsmodells erfolgt aus den vorhandenen CAD-Daten. Als Übertragungsformat werden STEP-Dateien gewählt, da mit diesem Datentyp das Einlesen der CAD-Daten in die Simulationssoftware am besten funktioniert. Über die CAD-Daten wird zunächst ein Oberflächennetz (Dual Domain Netz) aus Dreiecken gelegt. Anschließend werden Netzfehler, wie offene Kanten (Free Edges, Elementkanten ohne entsprechende Gegenkante) oder überbestimmte Kanten (Non-Manifold Edges, Elementkanten mit mehr als einer Gegenkante), und Elemente mit einem großen Aspect Ratio (Verhältnis der größten Seite eines Dreiecks zur entsprechenden Höhe) identifiziert und repariert. Als maximaler Aspect Ratio wird der Wert 10 definiert. Nach der Reparatur des Oberflächennetzes wird der vernetzte Hohlkörper mittels 3D-Vernetzung erneut vernetzt, um die Ergebnisqualität weiter zu steigern.

Die Kühlbohrungen werden mithilfe von Linienelementen (Beams) vernetzt und die Durchflussrichtung mittels Kühleinlass (Cooling Inlet) definiert. Als Kühlmedium dient Wasser. Der Werkzeugblock wird ebenfalls in die Simulation integriert, um die Wärmeabfuhr von der Kavität zu den Kühlkanälen besser abbilden zu können. Der Werkzeugblock hat die Abmessungen 196 mm × 196 mm × 148 mm. Als Werkzeugwerkstoff wird Stahl mit den in Tabelle 3.4 gegebenen Werkstoffkennwerten verwendet.

Tabelle 3.4 Werkstoffkennwerte des verwendeten Werkzeugwerkstoffes [MF14]

Parameter	Wert		Einheit
Dichte	ρ	7,8	[kg m^{-3}]
spezifische Wärmekapazität	c_p	460	[J kg^{-1} K^{-1}]
Wärmeleitfähigkeit	λ	29	[W m^{-1} K^{-1}]
Elastizitätsmodul	E	200 000	[MPa]
Querkontraktion	v	0,33	[-]
Wärmeausdehnungskoeffizient	α	1,2 e^{-5}	[K^{-1}]

Als verwendete Spritzgießmaschine wird die vorhandene CX 80-380 der Firma KraussMaffei gewählt. Die in Tabelle 3.5 verwendeten Daten werden in die Simulationsmodelle implementiert.

Tabelle 3.5 Daten der verwendeten Spritzgießmaschine [KM11, Eul14]

Parameter	Wert	Einheit
maximaler Schneckenrückzug (Einspritzbewegung)	160,0	[mm]
maximaler Einspritzvolumenstrom	70,7	[cm^3/s]
Schneckendurchmesser	30,0	[mm]
hydraulischer Durchmesser	114,1	[mm]
maximaler Einspritzdruck	250,0	[MPa]
Verstärkungsfaktor	14,465	
hydraulische Antwortzeit	0,2	[s]
Schließkraft	80,0	[Tonnen]

In Bild 3.19 ist das fertige, mit Tetraedern vernetzte Simulationsmodell der D2-Platte inklusive der Kühlkanäle dargestellt. Der gelbe Kegel symbolisiert den Anspritzpunkt (injection location). Der blaue Pfeil symbolisiert den Einlass des Kühlmediums. Der Verlauf der Kühlkanäle entspricht der tatsächlichen Verschaltung der Kühlkanäle an der Spritzgießmaschine. Auf die Darstellung des Werkzeugblockes wird aus Gründen der Übersichtlichkeit verzichtet.

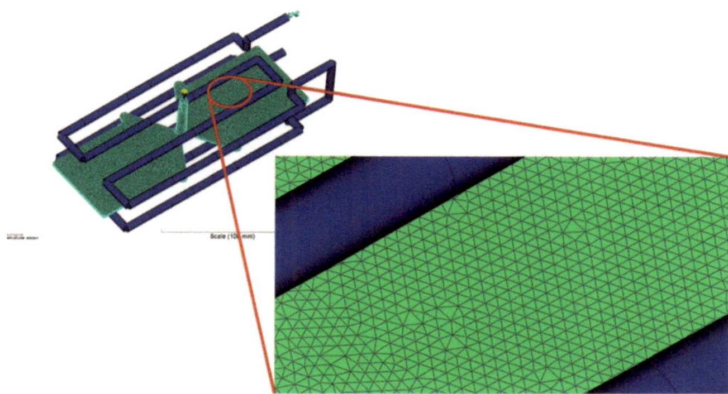

Bild 3.19 Vernetzte D2-Platte mit Kühlung

Als Simulationsart wird Kompaktspritzgießen (Thermoplastics Injection Moulding) gewählt. Der Spritzgießprozess wird durch transientes Kühlen, Füllen und Nachdruck (Cool(FEM) + Fill + Pack) abgebildet. Eine Bestimmung und Anpassung der Wärmedurchgangskoeffizienten [Liu14] ist nicht erfolgt. Die folgenden Standardwerte werden in den einzelnen Phasen der Simulation verwendet [MF15]:

Füllphase:	5000 W/(m^2 K)
Nachdruckphase:	2500 W/(m^2 K)
ausgestoßenes Bauteil:	1250 W/(m^2 K)
Umgebungstemperatur:	25 °C

Zur Definition der Werkstoffe werden zum einen die Werkstoffdaten aus der Werkstoffdatenbank verwendet.

Zur Abbildung der Kühlung werden die gemessenen Kühlmedientemperaturen und volumenströme verwendet, um eine Füllsimulation mit dem Temperaturfeld an der Werkzeugwand anstelle einer konstanten Werkzeugwandtemperatur durchführen zu können.

Zur Nachbildung der Füllung werden die Werte aus den Maschinendaten aus Tabelle 3.3 verwendet. Die Mold-open-time wird nach Formel 3.4 berechnet und eingegeben. Die Kühlzeit wird vorgegeben. Die Füllung erfolgt durch die Abbildung des Einspritzvolumenstromes über der Schneckenposition. Dabei werden der Dosierhub, inklusive der Schmelzedekompression, als hintere Schneckenposition und der Anschlag der Schnecke an die Schneckenvorraumwand als maximale vordere Schneckenposition definiert. Zwischen diesen Positionen wird der Einspritzvolumenstrom konstant gehalten. Dieses Vorgehen ist notwendig, um den Umschaltpunkt zu definieren. Die Bestimmung des Umschaltpunktes, bei dem von volumenstromgesteuertem Einspritzen auf druckgesteuertes Einspritzen umgeschaltet wird, kann auf verschiedene Arten abgebildet werden. Da der Schneckenhub und die Schneckenposition bekannt sind, bei der umgeschaltet wird, wird diese Information mit Autodesk Moldflow Insight verarbeitet. Daneben kann bei Erreichen eines definierten volumetrischen Füllgrades (Standardwert: 99 %) auf Nachdruck umgeschaltet werden. Dieses Vorgehen wird häufig während der Produktenwicklung gewählt, wenn die Parameter der Spritzgießmaschine noch nicht vorliegen. Wenn ein Temperatursensor am Fließwegende platziert ist, kann dieser ebenfalls zum Umschalten auf Nachdruck verwendet werden, indem definiert wird, dass auf Nachdruck umgeschaltet wird, wenn die Fließfront den Knoten, der die Position des Temperatursensors definiert, erreicht. Das Erreichen eines definierten Hydraulikdruckes oder Schmelzedruckes kann auch zum Umschalten auf Nachdruck definiert werden. Wichtig dabei ist, dass sich beide Drücke nur durch den Verstärkungsfaktor der Spritzgießmaschine unterscheiden. Die Druckverluste entlang der Schnecke werden in der Spritzgießsimulation nicht mit abgebildet. Dieses Vorgehen kann bei sehr dünnwandigen Bauteilen verwendet werden, indem ein maximaler Maschinendruck definiert wird. Wenn dieser erreicht wird, wird auf Nachdruck umgeschaltet, um die prinzipielle Füllbarkeit der Kavität sicherzustellen. Das Gleiche gilt für die Schließkraft. Dabei wird der Werkzeuginnendruck über der projizierten Fläche integriert. Die Summe ist die Schließkraft, die kleiner sein muss als die maximale Schließkraft der verwendeten Spritzgießmaschine, damit das Spritzgießwerkzeug während der Fertigung nicht aufgedrückt wird. Die Zeit als Kriterium für das Umschalten auf Nachdruck wird seltener verwendet, da dieses Umschaltkriterium aufgrund seiner Fehleranfälligkeit nicht mehr in der Praxis angewendet wird.

Das Überpacken einer Kavität kann generell nicht abgebildet werden [Dan15]. Praktisch ist dies aber notwendig, um eine vollständige Füllung zu garantieren [MMM07]. Speziell dickwandige Bauteile neigen zum Bilden von Vakuolen oder Rissen, wenn zu früh auf Nachdruck umgeschaltet wird und der Nachdruck nicht hoch genug eingestellt wird. Auch dieser Effekt kann mit der Spritzgießsimulation nicht abgebildet werden. Bei dünnwandigen Bauteilen kann auch eine unvollständige Formfüllung auftreten, wenn zu früh auf Nachdruck umgeschaltet wird, da der Nachdruck die ungefüllten Bereiche nicht mehr füllen kann.

Die Nachdruckhöhe und die Nachdruckzeit werden ebenfalls aus den Maschinendaten übernommen und als absolute Nachdruckhöhe über der Zeit vorgegeben. Des Weiteren wird die Summe aus Einspritzzeit, Nachdruckzeit und Restkühlzeit nach Formel 3.3 vorgegeben.

3.4.2 Auswertung der Spritzgießsimulationen

Die Auswertung der Spritzgießsimulationen wird exemplarisch am Zentralpunkt der D2-Platte mit dem Werkstoff PP durchgeführt. Die Auswertung der anderen Spritzgießsimulationen erfolgt analog.

Die Einspritzzeit der Füllsimulation (Fill time, Bild 3.20) korreliert mit der real gemessenen Einspritzzeit. Sie ist in der Regel niedriger (ca. 10%...20%) als die real gemessene Einspritzzeit. Für den Zentralpunkt der D2-Platte aus PP beträgt die reale Einspritzzeit 1,36 s. Dieser Umstand ist unter anderem darin begründet, dass das hydraulische Ansprechverhalten der verwendeten Spritzgießmaschine nicht bestimmt werden konnte. Somit ist unklar, wie schnell die Schnecke den vorgegebenen Einspritzvolumenstrom erreicht und wie genau sie diesen halten kann. Da die Versuche mit einer offenen Düse ohne Schneckenabhub durchgeführt wurden, kommt es vor, dass die gefertigten Bauteile Schmelzefäden aus dem Schneckenvorraum ziehen oder bereits wieder erstarrten Kunststoff aus der Schneckenspitze ziehen, sodass diese Schmelze für den nächsten Schuss fehlt.

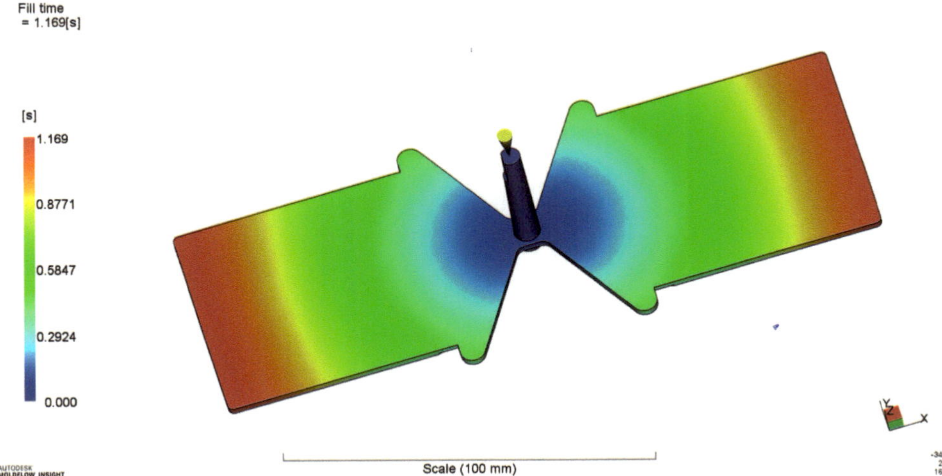

Bild 3.20 Einspritzzeit der D2-Platte

Aus der Druckverteilung am Umschaltpunkt (Bild 3.21) geht hervor, dass die D2-Platte unsymmetrisch gefüllt wird. Die rechte Hälfte ist minimal schneller gefüllt als die linke Hälfte, was an der unsymmetrischen Kühlung des Probekörperwerkzeuges liegt. Das Kühlmedium, das an der rechten Hälfte in der Düsenseite in das Probekörperwerkzeug fließt, wird durch die Kühlkanäle erwärmt und verlässt das Probekörperwerkzeug auf der Düsenseite auf der rechten Seite. In den Vorversuchen konnte in den Ecken der rechten Hälfte der jeweiligen Kavität eine unvollständige Formfüllung beobachtet werden, wenn zu früh auf Nachdruck umgeschaltet wird. Darüber hinaus wird die Schmelze unmittelbar vor dem Erreichen der Werkzeugwand stark beschleunigt, da die Fließfront in der linken Werkzeughälfte bereits zum Stillstand gekommen ist und der gesamte Volumenstrom in die rechte Werkzeughälfte fließt. Dadurch kann die Luft nicht mehr schnell genug aus der Kavität entweichen. Durch den Dieseleffekt entsteht ein „Brenner", der auf den Bauteilen sichtbar ist. Der in Bild 3.21 abgebildete Druck stellt den maximalen Druck während des Spritzgießprozesses dar und sollte somit mit dem gemessenen maximalen Druck korrelieren.

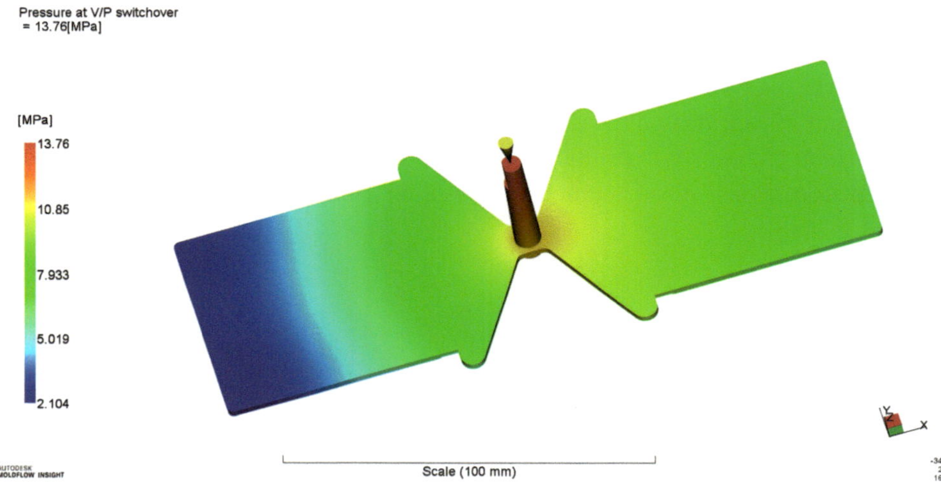

Bild 3.21 Druckverteilung zum Umschaltzeitpunkt

In Bild 3.22 und Bild 3.23 sind die Positionen der beiden im Werkzeug platzierten Drucksensoren abgebildet. Diese Positionen werden verwendet, um den Druck am Umschaltpunkt für die Einzelversuche zu ermitteln. Für die Drücke wird als Einheit „bar" verwendet, um eine Vereinheitlichung mit den real gemessenen Drücken zu erreichen. Weiterhin werden die Drücke mathematisch auf volle bar gerundet. Dieses Vorgehen ist einerseits notwendig, da die Drucksensoren selbst nicht unendlich klein sind und sich damit ein Druckgefälle entlang der Sensorposition einstellt. Andererseits wird so eine Genauigkeit suggeriert, die weder mit der Simulation noch mit realen Drucksensoren erreicht werden kann.

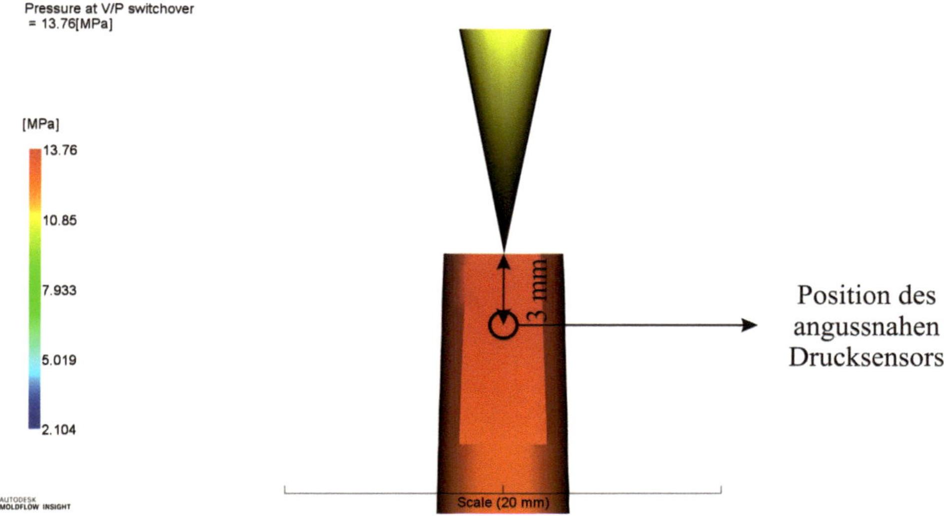

Bild 3.22 Bestimmung des angussnahen Druckes

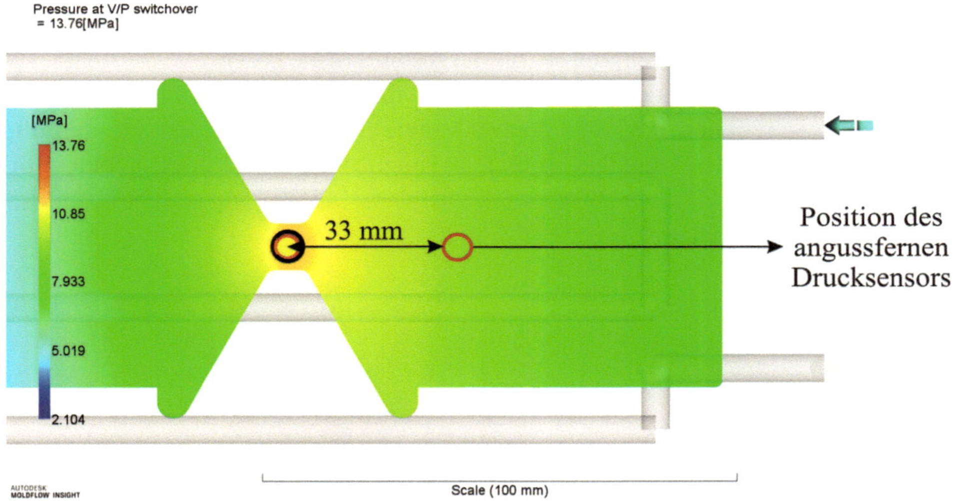

Bild 3.23 Bestimmung des angussfernen Druckes

In Bild 3.24 ist das Druckprofil am Einspritzpunkt dargestellt. Es ist ersichtlich, dass der Druck zu Beginn degressiv ansteigt, was in der hydraulischen Antwortzeit der Spritzgießmaschine begründet ist. Diese beträgt 0,2 s. Während dieser Zeit beschleunigt die Schnecke, um den vorgegebenen Volumenstrom zu erreichen. Nach 1,164 s (schwarze vertikale Linie in Bild 3.24) wird auf Nachdruck umgeschaltet. Es dauert wieder ca. 0,2 s, bis der Nachdruck erreicht wird. Dieser beträgt 20 MPa (200 bar entsprechend den vorgegebenen Parametern).

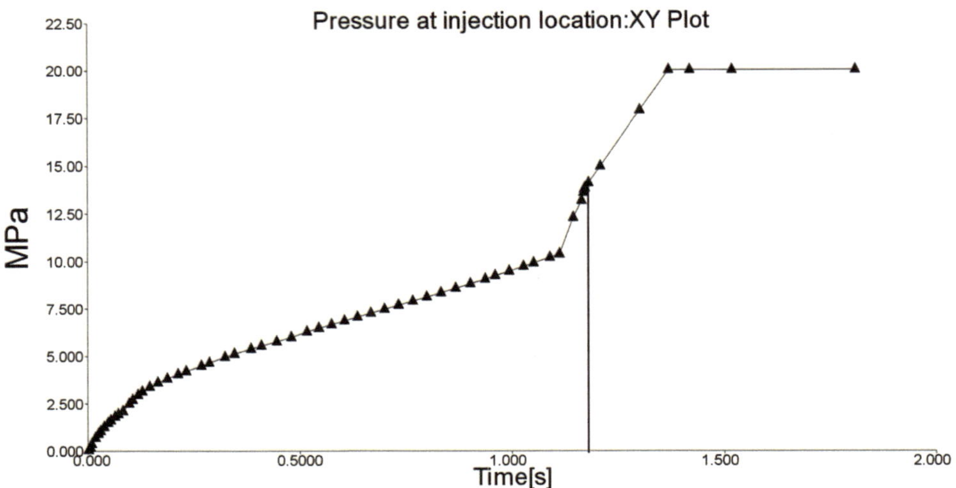

Bild 3.24 Druckprofil am Einspritzpunkt

In Bild 3.25 ist die Fließfronttemperatur dargestellt. Diese beschreibt die Temperatur, die die Fließfront in dem Moment hat, wenn das entsprechende Element gefüllt wird. Es ist zu erkennen, dass die Fließfronttemperatur sich nicht deutlich abkühlt, sodass die Füllung des Bauteiles problemlos möglich ist. Die Schmelzetemperatur sollte während der Füllung nicht über 5 K absinken [MF15a], um eine problemlose Füllung zu gewährleisten.

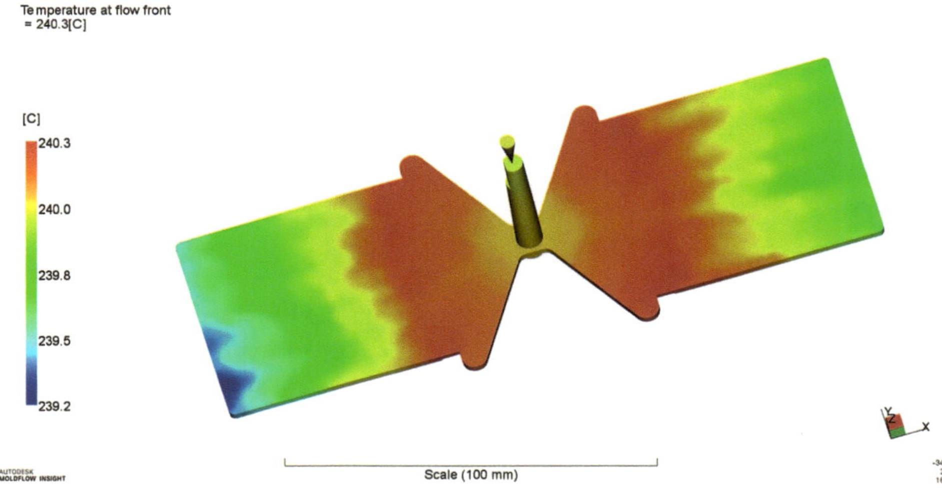

Bild 3.25 Darstellung der Fließfronttemperatur

In Bild 3.26 ist die Schneckenposition während der Einspritzphase dargestellt. Es ist ersichtlich, dass die Geschwindigkeit während der Einspritzphase konstant ist. Der vorgegebene Umschaltpunkt (9,2 mm) wird nicht erreicht. Das liegt zum einen daran, dass das Überpacken der Kavität nicht möglich ist und bei 100 % volumetrischer Füllung automatisch auf Nachdruck umgeschaltet wird. Zum anderen ist das tatsächliche Dosiervolumen unbekannt, da Schmelze aus der Maschinendüse gezogen wird, wenn das Spritzgießwerkzeug auffährt und das Bauteil ausgestoßen wird. Dabei kann es zur Bildung von Fäden (besonders bei ABS und PC/ABS) und dem Herausziehen des kalten Pfropfens kommen, wenn dieser am Anguss hängen bleibt (besonders bei PA 66). Außerdem kann der Druck im Schneckenvorraum größer als der Normdruck sein, da gegen den Staudruck dosiert wird. Dieser Effekt sollte durch die Schmelzedekompression ausgeglichen werden. Allerdings besteht dabei die Gefahr, dass Schmelze aus den Schneckengängen in den Schneckenvorraum gedrückt wird, sodass der Druck im Schneckenvorraum nur unwesentlich sinkt.

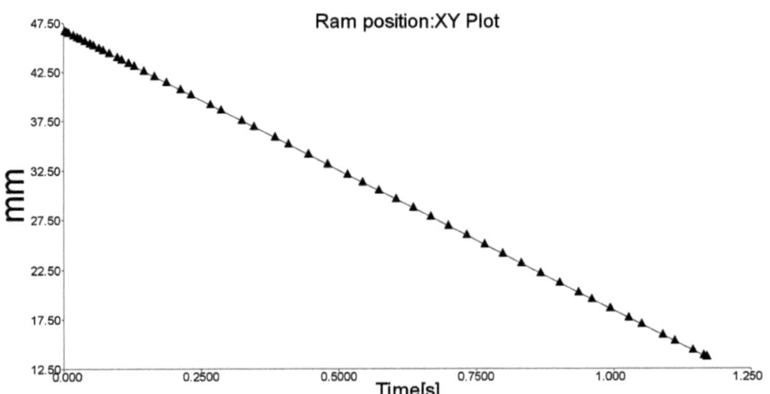

Bild 3.26 Schneckenposition während der Einspritzphase

In Bild 3.27 ist die Verteilung der Kühlmedientemperatur zum Start des Spritzgießzyklus dargestellt. Es ist zu sehen, dass das Kühlmedium um ca. 0,4 K erwärmt wird. Aus der Skala in Bild 3.27 und Bild 3.28 geht hervor, dass das Kühlmedium während des gesamten Spritzgießzyklus um 0,76 K erwärmt wird, was nach 10,14 s (Bild 3.28) eintritt. Es zeigt sich in diesem Bereich eine gute Übereinstimmung mit den gemessenen Temperaturen des Kühlmediums (Temperatur 1 = 45,3 °C und Temperatur 4 = 46,0 °C, Bild 3.17). Die empfohlene Erwärmung des Kühlmediums sollte 2 K beim Präzisionsspritzgießen [Zöl99] und 3 K [MMM07] bis 5 K [JM04] beim Spritzgießen nicht überschreiten. Die Erwärmung des Kühlmediums ist als unkritisch zu bewerten.

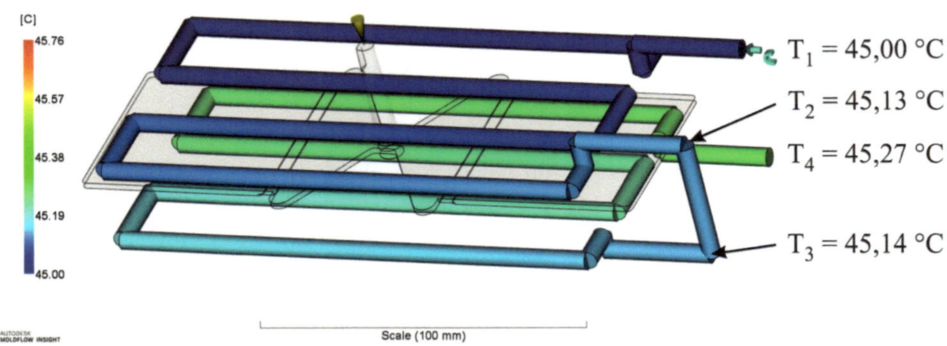

Bild 3.27 Erwärmung des Kühlmediums zum Start der Einspritzphase um ca. 0,3 °C

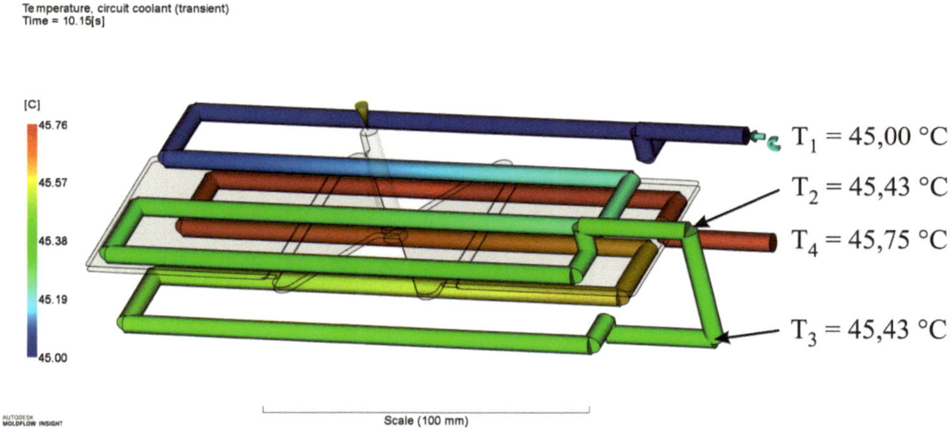

Temperature, circuit coolant (transient)
Time = 10.15[s]
[C]
45.76
45.57
45.38
45.19
45.00
T_1 = 45,00 °C
T_2 = 45,43 °C
T_4 = 45,75 °C
T_3 = 45,43 °C
AUTODESK MOLDFLOW INSIGHT
Scale (100 mm)

Bild 3.28 Erwärmung des Kühlmediums nach 10,14 s um ca. 0,8 °C

■ 3.5 Unterschiede zwischen dem realen Spritzgießprozess und der Spritzgießsimulation

Bild 3.29 zeigt die real gemessenen Druckprofile aus Bild 3.16 und das simulierte Druckprofil aus Bild 3.24 der D2-Platte aus PP im selben Maßstab. Es ist ersichtlich, dass das Druckverhalten nicht mit dem realen Spritzgießprozess (Bild 3.16) korreliert, da der maximale Fülldruck von ca. 460 bar in der Spritzgießsimulation nicht annähernd erreicht wird. Wenn der Beginn des progressiven Anstieges zum Ende der Formfüllung (real ca. 100 bar, in der Simulation ca. 100 bar), verdeutlicht durch den roten Kreis in Bild 3.29, betrachtet wird, wird deutlich, dass die Werte nahezu identisch sind. Diese Übereinstimmung ist allerdings ein Zufall. In allen anderen Messreihen bestehen Unterschiede bis zu 200 %.

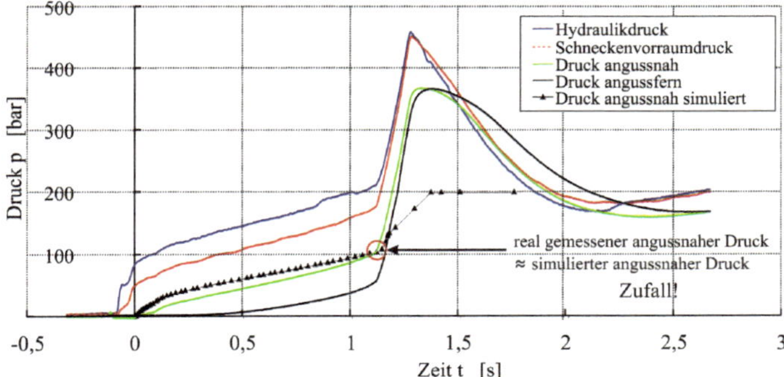

Bild 3.29
Druckprofil am Einspritzpunkt der D2-Platte aus PP

Die Füllsimulation ist außerdem nach dem Erreichen der volumetrischen Füllung der Kavität beendet, sodass der Druck auf den definierten Nachdruck von 200 bar erhöht wird. Die Zeit, in der der Einspritzdruck aus der Füllsimulation vom Maximum der Formfüllung auf den Nachdruck von 200 bar steigt, entspricht der vorgegebenen hydraulischen Reaktionszeit (hydraulic response time = 0,2 s). Die real auftretende Druckspitze ist nicht zu erkennen. Die Druckspitze ist für die Bauteilqualität jedoch essenziell, da das Bauteil sonst nicht vollständig gefüllt wird und der Nachdruck zu niedrig gewählt würde, was zu Einfallstellen und Vakuolen im Bauteil führen würde. Die Druckspitze stellt außerdem den höchsten Druck im Spritzgießzyklus dar und ist somit zur Auswahl einer geeigneten Spritzgießmaschine zur Fertigung der entsprechenden Bauteile notwendig. Die Druckspitze wirkt außerdem im gesamten Spritzgießwerkzeug, da das Maximum der angussnahen grünen Kurve und der angussfernen schwarzen Kurve gleich ist. Das bedeutet, dass der Filmanguss zu diesem Zeitpunkt noch nicht eingefroren ist. Ohne die Kenntnis der Druckspitze besteht die Gefahr, dass eine zu kleine Spritzgießmaschine ausgewählt wird, die die aus dem maximalen Einspritzdruck resultierende Schließkraft nicht aufrechterhalten kann, sodass das Spritzgießwerkzeug aufgedrückt wird.

Weiterhin ist es nicht möglich, aus dem maximalen Einspritzdruck an der angussnahen Sensorposition auf den notwendigen Hydraulikdruck zu schließen, sodass ein zu kleines Spritzaggregat gewählt werden würde. Bezogen auf den in Bild 3.29 dargestellten Zentralpunkt der D2-Platte aus PP wird ein maximaler Fülldruck von 121 bar (≈ 12 MPa) aus der Füllsimulation ermittelt. Der Nachdruck würde entsprechend ca. mit der Hälfte des maximalen Fülldruckes gewählt werden [Jar08].

Tatsächlich liegt der maximale Fülldruck an der angussnahen Sensorposition bei 370 bar und der Hydraulikdruck bei 460 bar. Dieser Fülldruck ist auch notwendig, um eine Ausformung der Werkzeugkonturen zu erreichen. Entsprechend diesem maximalen Fülldruck muss außerdem der Nachdruck gewählt werden, um die volumetrische Schwindung während der Nachdruckphase zu minimieren [MMM07]. Ein ähnliches Verhalten kann für den betrachteten ABS-Werkstoff in Bild 3.30 beobachtet werden.

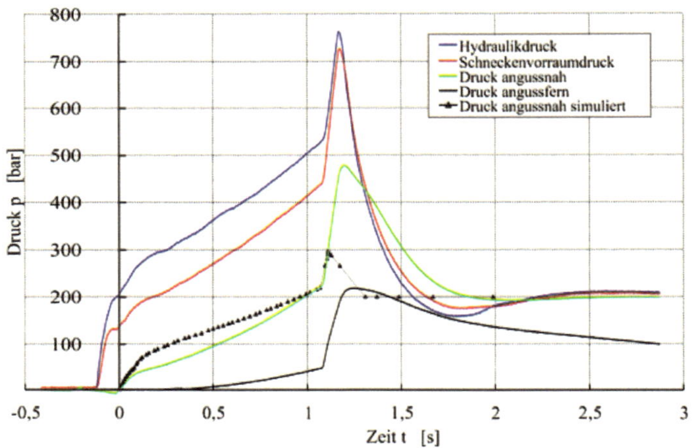

Bild 3.30 Druckprofil am Einspritzpunkt der D2-Platte aus ABS

Bild 3.31 zeigt den Vergleich der real gemessenen Druckprofile und das simulierte Druckprofil für die D2-Platte aus PC. Es ist zu sehen, dass der real gemessene angussnahe Druck (grüne Kurve) steiler ansteigt als der angussnahe Druck aus der Füllsimulation. Es ist anzunehmen, dass das PC in der Füllsimulation langsamer abkühlt als im realen Spritzgießzyklus, sodass die Viskosität des PC in der Füllsimulation langsamer steigt als im realen Spritzgießzyklus, sodass der Fülldruck in der Füllsimulation geringer ausfällt als im realen Spritzgießzyklus. Zum Ende der Füllung beträgt der Unterschied ca. 150 bar. Darüber hinaus wird die real auftretende Druckspitze in der Füllsimulation nicht abgebildet, sodass die Maschinenauswahl mit dem maximalen Fülldruck der Spritzgießsimulation (Peak der schwarzen Kurve mit dreieckigen Piktogrammen; ca. 320 bar) erfolgt. Tatsächlich tritt aber ein maximaler Fülldruck (Peak der grünen Kurve) von 570 bar auf. Zusätzlich dazu weist die Schnecke einen Druckverlust auf, sodass die Hydraulik einen Massedruck von ca. 800 bar aufbringen muss, was 250 % des maximalen Fülldruckes der Spritzgießsimulation bedeutet. Ein ähnliches Verhalten kann auch für das verwendete PA beobachtet werden, auch wenn der Unterschied mit ca. 30 bar geringer ausfällt (vgl. Bild 3.32).

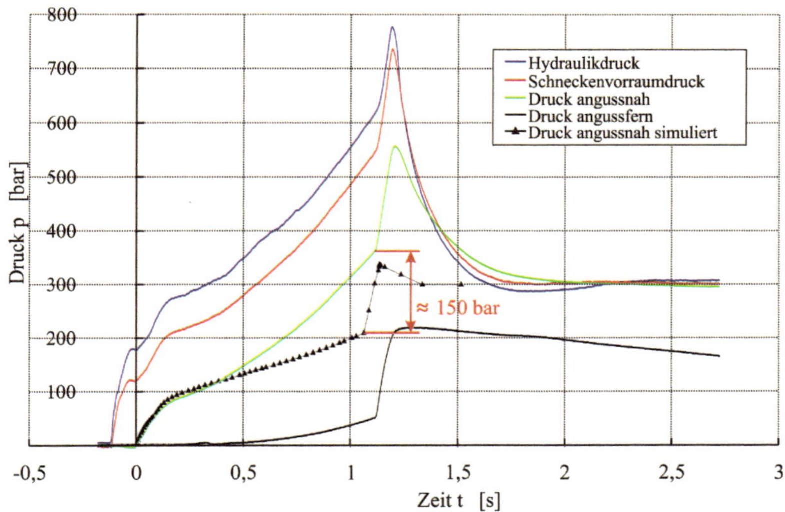

Bild 3.31 Druckprofil am Einspritzpunkt des Zentralpunktes der D2-Platte aus PC

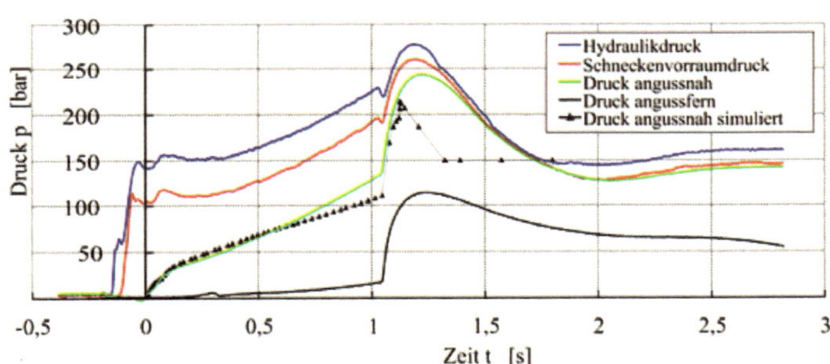

Bild 3.32 Druckprofil am Einspritzpunkt der D2-Platte aus PA 66

Bild 3.31 zeigt den Vergleich der real gemessenen Druckprofile und das simulierte Druckprofil für die D2-Platte aus dem PC/ABS-Blend. Es ist zu sehen, dass der real gemessene angussnahe Druck (grüne Kurve) einen ähnlichen Anstieg während der Füllung aufweist wie der angussnahe Druck aus der Füllsimulation. Zu Beginn der Füllung zeigt sich ein stärkerer Druckanstieg in der Füllsimulation im Vergleich zum realen Spritzgießprozess. Auch die Kompressionsphase weist jeweils einen ähnlich hohen Druckanstieg auf. Dies ist allerdings eher ein Zufall, da unklar ist, wie viel Material beim Ausstoßen des vorher gefertigten Bauteils aus der Maschinendüse gezogen worden ist. Dadurch ist unklar, wie viel Material tatsächlich in die Formteilkavität eingespritzt worden ist.

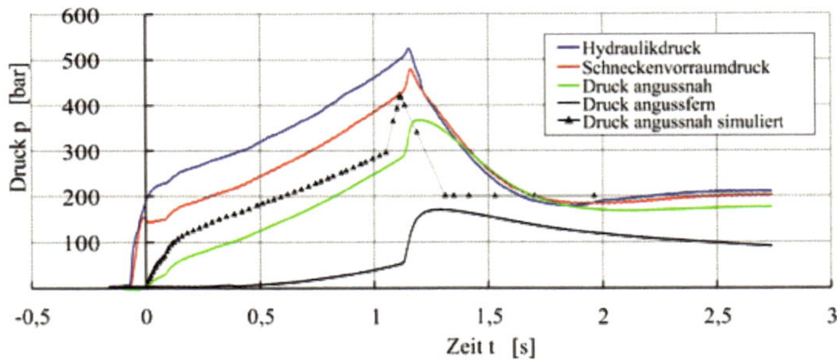

Bild 3.33 Druckprofil am Einspritzpunkt der D2-Platte aus PC/ABS

Darüber hinaus kann die Spritzgießsimulation das Aufschmelzen des Kunststoffes in der Schnecke der Spritzgießmaschine noch nicht adäquat abbilden. Die für die Füllsimulation notwendigen Parameter, wie die Schmelzetemperatur, werden vorgegeben. Dabei wird in der Regel die Temperatur des Schneckenvorraumes verwendet, ohne dass sichergestellt wird, dass die Kunststoffschmelze die tatsächliche Temperatur auch erreicht hat. Es wird von einer perfekt aufbereiteten isothermen Kunststoffschmelze ausgegangen. Bei der Verwendung ungefüllter, nicht eingefärbter Kunststoffe ist diese Annahme zutreffend. Allerdings kann beim Vorhandensein von Füll- und Verstärkungsstoffen oder der Zugabe von Additiven eine Entmischung nicht ausgeschlossen werden, sodass die werkstofflichen Eigenschaften der Kunststoffschmelze nicht mehr gleichmäßig verteilt sind.

Das Abkühlen der Kunststoffschmelze in der nicht beheizten Maschinendüse wird in der Simulation ebenfalls nicht berücksichtigt. Daraus resultiert aber, dass die Schmelzetemperatur zu Beginn der Füllung niedriger ist und erst während der Füllphase steigt, wenn die Kunststoffschmelze aus dem Schneckenvorraum in das Spritzgießwerkzeug fließt. Bei kleinen Bauteilen kann dies zu Ungenauigkeiten in der Spritzgießsimulation führen, wenn nicht genügend Kunststoffschmelze aus dem Schneckenvorraum in das Spritzgießwerkzeug gedrückt wird. In diesem Fall sollte ein kleineres Spritzaggregat verwendet werden.

Außerdem kann sich ein kalter Pfropfen ausbilden, der zu Beginn der Füllphase eine Druckspitze erzeugt. Es besteht die Möglichkeit, dass der kalte Pfropfen am Anguss hängen bleibt und mit dem Bauteil ausgestoßen wird. Das Volumen des kalten Pfropfens fehlt dann für den folgenden Spritzgießzyklus, sodass unklar ist, zu wie viel Prozent die Kavität gefüllt ist. Daher ist es sinnvoller, den Umschaltpunkt in der Spritzgießsimulation durch die volumetrische Füllung der Kavität zu definieren. Hier hat sich der Standardwert von 99 % volumetrischer Füllung als sinnvoll erwiesen. Bei Bauteilen, die nur schwer gefüllt werden können, bietet sich ein Umschalten bei 100 % volumetrischer Füllung an, um eine vollständige Füllung der Kavität sicherzustellen.

In den durchgeführten Versuchen wird aus Vereinfachungsgründen auch auf ein Abbremsen der Fließfront durch einen niedrigeren Volumenstrom zum Ende der Füllung verzichtet. In der Spritzgießsimulation kann das Abbremsen der Fließfront berücksichtigt werden. Allerdings werden dafür die Schneckenpositionen zum Ende des Aufdosierens und zum Umschalten der Volumenströme benötigt. Da eine vollständige Füllung der Maschinendüse (kalter Pfropfen) zu Beginn des Spritzgießzyklus aber nicht in jedem Fall sichergestellt werden kann, ist unklar, wie viel Kunststoffschmelze bereits in die Kavität eingespritzt worden ist, wenn die Fließfront abgebremst wird, was ebenfalls zu Unsicherheiten in der Abbildung des notwendigen Fülldruckes führt.

Literatur

[AK22] ANGERER, A.; KRIESCHER, A.: *A Link to the Future.* Firmenschrift, Simcon GmbH, 2022

[AK99] ANDERSON, M.; KRABER, S.: *Keys to successful designed experiments.* Stat-Ease, Inc., American Society for Quality Conference, Charlotte, North Carolina, USA, 1999, Vol. 11

[Alt18] ALTENBACH, H.: *Kontinuumsmechanik.* Berlin, Heidelberg: Springer Verlag, 2018, 4. Auflage

[Ama14] AMANN, A.: *Konstruktion und Inbetriebnahme einer Messvorrichtung zur Bestimmung von Kühl- und Durchflussparametern im Spritzgießprozess.* Fachhochschule Schmalkalden, Bachelorarbeit, 2014

[Avr39] AVRAMI, M.: *Kinetics of Phase Change. I General Theory.* In: The Journal of Chemical Physics. 7 (1939), S. 1103–1112

[Avr40] AVRAMI, M.: *Kinetics of Phase Change. II Transformation-Time Relations for Random Distribution of Nuclei.* In: The Journal of Chemical Physics. 8 (1940), S. 212–224

[Avr41] AVRAMI, M.: *Granulation, Phase Change, and Microstructure. Kinetics of Phase Change. III.* In: The Journal of Chemical Physics. 9 (1941), S. 177–184

[AW11] ANHALT, M.; WEIDENFELLER, B.: *Wirtschaftlicher Produzieren.* In: Kunststoffe 101 (2011) 1, S. 62–65

[Bad06] BADER, C.: *Das kleine Einmaleins der Werkzeugsensorik.* In: Kunststoffe, 96 (2006) 6, S. 114–117

[BAH87] BIRD, R. B.; ARMSTRONG, R. C.; HASSAGER, O.: *Dynamics of Polymeric Fluids – Volume 1 Fluid Mechanics.* York, Chichester, Brisbane: John Wiley & Sons, 1987, 2. Auflage

[Bau68] BAUER, W.: *Druckabfall in der Spritzgießform.* In: Kunststoffe, 58 (1968) 9, S. 656–657

[Bay08] N. N.: *Makrolon® 2405 und 2407*, technisches Datenblatt, Bayer MaterialScience, 19. 03. 2008

[BBB+98] BECKER, G.-W.; BOTTENBUCH, L.; BINSACK, R.; BRAUN, D.: *Technische Thermoplaste. 4. Polyamide.* 1. Auflage, München, Wien: Carl Hanser Verlag, 1998

[BBO+07] BAUR, E.; BRINKMANN, S.; OSSWALD, T. ET AL.: *Saechtling Kunststoff Taschenbuch.* München, Wien: Carl Hanser Verlag, 2007, 30. Auflage

[BE08] BOHL, W.; ELMENDORF, W.: *Technische Strömungslehre.* Würzburg: Vogel Buchverlag, 2008, 14. Auflage

[Bea20] BEAUMONT, J.: *Auslegung von Anguss und Angusskanal.* München, Wien: Carl Hanser Verlag, 2020, 2. Auflage

[BEFD15] BERNHARD, H.; ELLINGER, A.; FRITZ, H.; DIMMLER, G.: *Druckgrenzen zuverlässig einhalten.* In: Kunststoffe, 105 (2015) 2, S. 53–55

[BHH11] BASTIAN, M.; HEIDEMEYER, P.; HENNRICH, B.: *Druckmessung auf indirektem Weg.* In: Kunststoffe 101 (2011) 2, S. 46–49

[BHS14] BOURDON, R.; Hellmann, J.-B.; Schwegmann, R.: *Sind Wechselwirkungen simulierbar?* In: Kunststoffe, 104 (2014) 10, S. 164–168

[BKS07] Bürkle, E.; Klotz, B.; Schnerr, O.: *Der gläserne Innendruck.* In: Kunststoffe, 97 (2007) 5, S. 26–31

[Bon16] Bonten, C.: *Kunststofftechnik.* München, Wien: Carl Hanser Verlag, 2016, 2. Auflage

[Bou15] Bourdon, R.: *Simulation von Wechselwirkungen beim Spritzgießen und Folgerungen für Musterungen.* In: Fachtagung „Fortschritte in der Kunststofftechnik“, Hochschule Osnabrück, 25.06.2015

[Bou94] Bourdon, R.: *Zur Optimierung der Prozessrobustheit beim Spritzgießen.* Universität Erlangen-Nürnberg, Dissertation, 1994

[Bri11] Brinkmann, T.: *Handbuch Produktentwicklung mit Kunststoffen.* München, Wien: Carl Hanser Verlag, 2011, 1. Auflage

[Bri22] Bridgman, P. W.: *The Effect of Tension on the Electrical Resistance of Certain Abnormal Metals.* In: Proceedings of the American Academy of Arts and Sciences, 57 (1922) 3, S. 41–66

[Bri25] Bridgman, P. W.: *The Effect of Tension on the Transverse and Longitudinal Resistance of Metals.* In: Proceedings of the American Academy of Arts and Sciences, 60 (1925) 8, S. 423–449

[Brö00] Bröchler, B.: *Faseroptische Sensoren zur Prozessüberwachung in der Mikrosystemtechnik.* Rheinisch-Westfälische Technische Hochschule Aachen, Dissertation, 2000

[BS11] Beneke, F.; Seul, T.: *Konstruktion, Gestaltung und Berechnung von Kunststoffteilen.* Lehrbrief im Weiterbildenden Studiengang „Angewandte Kunststofftechnik“, Hochschule Schmalkalden, 2011

[BS99] Bonten, C.; Schmachtenberg, E.: *Trends und Hilfsmittel in der Produktentwicklung.* In: Kunststoffe 89 (1999) 1, S. 22–30

[BSSD09] Bastian, M.; Stitz, S.; Schink, K.; Deubel, C.: *Qualitätsprobleme beim Anfahren von Werkzeugen?* In: Kunststoffe 99 (2009) 6, S. 30–34

[Bus08] Bussmann, M.: *Simulation des Kristallisationsverhaltens teilkristalliner Thermoplaste.* Rheinisch-Westfälische Technische Hochschule Aachen, Dissertation, 2008

[BZ10] Bader, C.; Zeller, S.: *Die Entdeckung der Schmelzefront.* In: Kunststoffe 100 (2010) 6, S. 46–50

[Con08] Conrad, K.-J.: *Grundlagen der Konstruktionslehre.* München, Wien: Carl Hanser Verlag, 2008, 4. Auflage

[Cro65] Cross, M. M.: *Rheology of non-Newtonian fluids: A new flow equation for pseudoplastic systems.* In: Journal of Colloid Science, 20 (1965) 5, S. 417–437

[DA95] Duffy, A. H. B.; Andreasen, M. M.: *Enhancing the evolution of design science.* In: Hubka, V. (Hrsg.) International Conference on Engineering Design (ICED), 1995, S. 29–35

[Dan15] Daniel, B.: *Persönliche Mitteilung.* Autodesk Support Team, 08.05.2015

[Dan17] Dangel, R.: *Spritzgießwerkzeuge für Einsteiger.* München, Wien: Carl Hanser Verlag, 2017, 2. Auflage

[Deg02] Deger, Y.: *Die Methode der Finiten Elemente – Grundlagen und Einsatz in der Praxis.* Renningen: Expert-Verlag, 2002, 2. Auflage

[DF13] Dick, L.; Florez, L.: *Abkürzung auf dem Weg zu Freiformoptiken.* In: Kunststoffe, 103 (2013) 12, S. 76–80

[DG04] O'Dowd, F.; Gilchrist, M.: *Optimizing Molding Conditions to improve the Quality of Injection-Molded Parts.* Plastics Insights Magazine, 3 (2004) 4

[DH02] Daenzer, W. F., Huber, F.: *Systems Engineering, Methodik und Praxis.* Zürich: Industrielle Organisation, 2002

[DM88] Dymond, J. H.; Malhotra, R.: *The Tait Equation: 100 Years On.* In: International Journal of Thermophysics, 9 (1988) 6, S. 941–951

[DRN06] Dawson, A; Rydes, M.; Nottay, J.: *The effect of pressure on the thermal conductivity of polymer melts.* In: Polymer Testing, 25 (2006) 2, S. 268–275

[Eff96] Effen, N.: *Theoretische und experimentelle Untersuchung zur rechnergestützten Auslegung und Optimierung von Spritzgießplastifiziereinheiten.* Universität Paderborn, Dissertation, 1996

[Ehr07] Ehrlenspiel, K.: *Integrierte Produktentwicklung.* München, Wien: Carl Hanser Verlag, 2007, 3. Auflage

[Ehr20] Ehrenstein, G.: *Mit Kunststoffen konstruieren.* München, Wien: Carl Hanser Verlag, 2020

[Erh08] Erhard, G.: *Konstruieren mit Kunststoffen.* München, Wien: Carl Hanser Verlag, 1999, 4. Auflage

[ERT03] Ehrenstein, G.-W.; Riedel, G.; Trawiel, P.: *Praxis der thermischen Analyse.* München, Wien: Carl Hanser Verlag, 2003, 2. Auflage

[Eul14] Eulitz, T.: *Persönliche Mitteilung.* KraussMaffei Technologies GmbH, 24. 03. 2014

[FDR10] Friesenbichler, W.; Duretek, I.; Rajganesh, J.: *Praxisnahe Viskositäten für die Simulation.* In: Kunststoffe, 100 (2010) 3, S. 37–40

[Fir11] Fireman, J.: *Design of Experiments helps optimize injection molding of conductive compounds.* Plastics Today Magazine, März 2011

[Fri12] Friedrichs, C.: *Festkörper-NMR an polymeren Kompositmaterialien: Dynamische, kinetische und strukturelle Aspekte.* Universität Mainz, Dissertation, 2012

[Gei10] Geiser, P.: *Temperiertechnik.* Firmenschrift der HB-Therm AG, St. Gallen, 2010

[Gor05] Gornik, C.: *Rheologische Daten direkt an der Maschine bestimmen.* In: Kunststoffe, 95 (2005) 4, S. 88–92

[GS11] Grellmann, W.; Seidler, S.: *Kunststoffprüfung.* München, Wien: Carl Hanser Verlag, 2011, 2. Auflage

[Hah91] Hahne, E.: *Technische Thermodynamik.* Bonn, München, Reading: Addison-Wesley, 1991, 1. Auflage

[HC92] Hieber, C. A.; Chiang, H. H.: *Shear rate dependence modeling of polymer melt viscosity.* In: Polymer Engineering and Science, 32 (1992) 14, S. 931–938

[HG13] Hopmann, C.; Grammel, S.: *Plastifizierzone virtuell auslegen.* In: Kunststoffe, 103 (2013) 10, S. 220–224

[HGP07] Heimann, B., Gerth, W., Popp, K.: *Mechatronik, Komponenten – Methoden – Beispiele.* München, Wien: Carl Hanser Verlag, 2007, 3. Auflage

[HHB10] Hellerelich, W.; Harsch, G.; Baur, E.: *Werkstoffführer Kunststoffe.* München, Wien: Carl Hanser Verlag, 2010, 10. Auflage

[HK76] Halpin, J.; Kardos J.: *The Halpin-Tsai Equations: A review.* In: Polymer Engineering Sciences. 16 (1976) 05, S. 345–352

[HL61] Hoffmann, J.; Lauritzen, J.: *Crystallization of Bulk Polymers with Chain Folding: Theory of Growth of Lamellar Spherulites.* In: Journal of Research of the National Bureau of Standards – A. Physics and Chemistry 65 A (1961) 04, S. 297–336

[HM17] Hopmann, C.; Michaeli, W.: *Einführung in die Kunststoffverarbeitung.* München, Wien: Carl Hanser Verlag, 2017.

[HMM+18] Hopmann, C.; Menges, G.; Michaeli, W. et al.: *Spritzgießwerkzeuge.* München: Carl Hanser Verlag, 2018, 7. Auflage

[HP85] Hartmann, F.; Pickard, S.: *Der Fehler bei finiten Elementen.* In: Bauingenieur 60 (1985), S. 463–468

[HS80] Hieber, C.; Shen, S.: *A finite-element/finite-difference simulation of the injection molding filling process.* In: Journal of Non-Newtonian Fluid Mechanics 7 (1980), S. 1–32

[Hüf09] Hüfner, E.: *Formteilqualität zum Nachrüsten.* In: Kunststoffe, 99 (2009) 5, S. 30–32

[Huh07] Huhnke, D.: *Temperaturmesstechnik.* München: Oldenbourg Industrieverlag, 2006, 1. Auflage

[HVM+13] Huang, C.-T.; Vlcek, J.; Miller, L.; Chen, M.-C.; Wang, Y.-J.: , et al.: *The Investigation of the Screw Design and Its Performance for Injection Molding Product Development.* SPE Plastics Conference, 11.12.–12.12.2013, Shanghai, China

[HW90] Hsieh, K. H.; Wang, Y. Z.: *Heat Capacity of Polypropylene Composite at high pressure and temperature.* In: Polymer Engineering and Science, 30 (1990) 8, S. 476–479

[Ise99] Isermann, R.: *Mechatronische Systeme.* Berlin, Heidelberg, New York: Springer Verlag, 1999

[Jar08] Jaroschek, C.: *Spritzgießen für Praktiker.* München, Wien: Carl Hanser Verlag, 2008

[JM04] Johannaber, F.; Michaeli, W.: *Handbuch Spritzgießen.* München, Wien: Carl Hanser Verlag, 2004, 2. Auflage

[Kai06] Kaiser, W.: *Kunststoffchemie für Ingenieure.* 1. Auflage, München, Wien: Carl Hanser Verlag, 2006

[KF02] Koscher, E.; Fulchiron, R.: *Influence of shear on polypropylene crystallization: morphology development and kinetics.* In: Polymer. 43 (2002), S. 6931–6942

[KI14] KIMW: *Praxisratgeber zur Einstellung von Spritzgießmaschinen.* Unna: Horschler Verlagsgesellschaft mbH, 2014, 4. Auflage

[KI22] KIMW: *Checkliste zur Werkstoffauswahl.* Firmenschrift der Kunststoff-Institut für die mittelständische Wirtschaft NRW GmbH, online: *https://kunststoff-institut-luedenscheid.de/wp-content/uploads/2016/09/Checkliste_zur_Werkstoffwahl_deutsch_KIMW.pdf*, abgerufen am 19. 07. 2022

[KKF10] Kamaruddin, S.; Khan, Z.; Foong, S.: *Application of Taguchi Method in the optimization of Injection Moulding Parameters for Manufacturing Products from Plastic Blend.* In: International Journal of Engineering and Technology, 2 (2010) 6, S. 574–580

[Kle07] Klein, B.: *FEM.* Wiesbaden: Vieweg Verlag, 2007, 7. Auflage

[Kle09] Kleppmann, W.: *Taschenbuch Versuchsplanung.* München, Wien: Carl Hanser Verlag, 2009, 6. Auflage

[Kna04] Knappe, S.: *Wärmeleitfähigkeit von Polymerschmelze als Basis.* In: Kunststoffe 94 (2004) 10, S. 235–237

[Koc87] Koch, M.: *Berechnung und Auslegung von Nutbuchsenextrudern.* Universität Paderborn, Dissertation, 1987

[Kön07] König, E.: *Dynamische Temperaturmessung als Ausschussprophylaxe.* In: Kunststoffe 97 (2007) 6, S. 56–60

[Kre85] Kretschmar, O.: *Rechnergestützte Auslegung von Spritzgießwerkzeugen mit segmentbezogenen Berechnungsverfahren.* Rheinisch-Westfälische Technische Hochschule Aachen, Dissertation, 1985

[Kri22] Kriescher, A.: *Persönliche Mitteilung.* Simcon GmbH, Würselen, 21. 12. 2022

[KW13] Karrenberg, G.; Wortberg, J.: *3D-CFD-Simulation of polymer plastification in a single screw-extruder under high-speed Conditions.* ANTEC 2013, 21.–24. April 2013, Cincinnati, Ohio, USA

[KW14] Karrenberg, G.; Wortberg, J.: *Development of a custom material model for 3D-CFD-Simulation of melting processes in polymer processing.* ANTEC 2014, 28.–30. April 2014, Las Vegas, Nevada, USA; S. 1042–1047

[KZ13] Kennedy, P.; Zheng, R.: *Flow Analysis of Injection Molds.* München, Wien: Carl Hanser Verlag, 2013, 2. Auflage

[Lek77] Lekhnitski, S.: *Theory of Elasticity of an Anisotropic Body.* Moskau: MIR Publisher, 1977, 1. Auflage

[LH60] Lauritzen, J.; Hoffmann, J.: *Theory of Formation of Polymer Crystals with Folded Chains in Dilute Solutions.* In: Journal of Research of the National Bureau of Standards – A. Physics and Chemistry 64 A (1960) 01, S.73–102

[Liu12] Liu, Y.: *Persönliche Mitteilung.* Technische Universität Chemnitz, Chemnitz, 28.03.2012

[Liu14] Liu, Y.: *Heat transfer process between polymer and cavity wall during injection molding.* Technische Universität Chemnitz, Dissertation, 2014

[LJB15] Löser, C.; Jüttner, G.; Bloss, P.: *Hier gelten andere Regeln.* In: Kunststoffe, 105 (2015) 5, S.42–45

[Mad59] Maddock, B.: *A Visual Analysis of Flow and Mixing in Extruder in Extruder Screws.* In: SPE Journal, 5 (1959) 9, S.383–389

[MD14] N.N.: *Moldex3D-Hilfe.* http://help.plastics-u.com/online-help/molding-knowledge/solution-add-ons/screwplus/, aufgerufen am 13.08.2014

[MD22] N.N.: *Design-of-Experiments.* Online: *https://help.autodesk.com/view/MFIA/2019/ENU/?guid=GUID-2ED35719-4C81-4CFC-AF24-952CAFD2CC30*, aufgerufen am 08.11.2022

[MF13] N.N.: *Molflow-Onlinehilfe.* *http://wikihelp.autodesk.com/Simulation_Moldflow/enu/2012*, aufgerufen am 02.01.2013

[MF14] N.N.: *Molflow-Werkstoffdatenbank „Borealis HD 120 MO“.* Aufgerufen am 20.08.2014

[MF14a] N.N.: *Molflow-Werkstoffdatenbank „Kumho ABS 750“.* Aufgerufen am 20.08.2014

[MF22] N.N.: *Design-of-Experiments analysis.* Online: *http://support.moldex3d.com/2022/en/6-3-1_designofexperimentanalysisinstudio.html*, aufgerufen am 08.11.2022

[MHG12] Michaeli, W.; Hopmann, C.; Grammel, S.: *A fully three dimensional approach simulating the melting zone in a single-screw extruder.* ANTEC 2012, 02.–04. April 2012 Orlando, Florida

[MHM+02] Menges, G.; Haberstroh, E.; Michaeli, W.: *Werkstoffkunde Kunststoffe.* München, Wien: Carl Hanser Verlag, 2002, 5. Auflage

[Mic09] Michaeli, W.: *Extrusionswerkzeuge für Kunststoffe und Kautschuk.* München, Wien: Carl Hanser Verlag, 2009, 3. Auflage

[MS08] Michaeli, W.; Schreiber, A.: *Aller guten Dinge sind drei.* In: Zeitschrift Kunststoffe, 98 (2008) 12, S 59–63

[MSL08] Michaeli, W.; Schreiber, A.; Lettowsky, C.: *Optimierte Prozessführung beim Spritzgießen von Thermoplasten auf der Basis von Prozessgrößen.* In: Zeitschrift Kunststofftechnik, 4 (2008) 1, S 1–17

[MTT77] Malmeisters, A.; Tamuzs, V.; Teters, G.: *Mechanik der Polymerwerkstoffe.* Berlin: Akademie Verlag, 1977, 1. Auflage

[Neb00] Neber, S.: *Piezoresistive Sensoren auf der Basis von III-V Halbleitern.* Universität Kassel, Dissertation, 2000

[Net09] Netzsch: *Operating Instructions LFA 447TM Nanoflash.* Firmenschrift der NETZSCH-Gerätebau GmbH, Selb, 2009

[Nie97] Niederstadt, G.: *Ökonomischer und Ökologischer Leichtbau mit faserverstärkten Polymeren.* Renningen-Mannheim: expert Verlag, 1997

[NKA73] Nakamura, K.; Katayama, K.; Amano, T.: *Some Aspects of Nonisothermal Crystallization of Polymers. II. Consideration of the Isokinetic Condition.* In: The Journal of Applied Polymer Science. 17 (1973), S.1031–1041

[NKW+72] Nakamura, K.; Watanabe, T.; Katayama, K.; Amano, T.: *Some Aspects of Nonisothermal Crystallization of Polymers. I. Relationship Between Crystallization Temperature, Crystallinity, and Cooling Conditions.* In: The Journal of Applied Polymer Science. 16 (1972), S.1077–1091

[NN10] N.N.: *ANSYS Meshing User's Guide.* ANSYS Inc., Release 13, 2010

[NN13] N.N.: *Sichere und nachhaltige Schmelzdruckmessung.* In: Kunststoffe 103 (2013) 2, S.24

[NN94] N. N.: *ABAQUS/Standard-Example Problems Manual.* Hibbitt: Karlsson & Sorensen, USA, 1994

[OO22] Oud, I.; Oud, B.: *Persönliche Mitteilung.* Simcon GmbH, Würselen, 14. 11. 2022

[Ost25] Ostwald, W.: *Ueber die Geschwindigkeitsfunktion der Viskosität disperser Systeme. I.* In: Kolloid-Zeitschrift 1925, 36 (2), S. 99–117

[Oud22] Oud, B.: *Persönliche Mitteilung.* Simcon GmbH, Würselen, 13. 12. 2022

[Pau15] Paul, S.: *Persönliche Mitteilung.* Simpatec, 25. 08. 2015

[PBF+07] Pahl, G.; Beitz, W.; Feldhusen, J.; Grote, K.-H.: *Pahl/Beitz Konstruktionslehre, Grundlagen.* Berlin, Heidelberg, New York: Springer Verlag, 2007, 7. Auflage

[PGS12] Pillwein, G.; Giessauf, J.; Steinbichler, G.: *Einfaches Umschalten auf konstante Qualität.* In: Kunststoffe 102 (2012) 9, S. 31–35

[PHT06] Potente, H.; Heim, H.-P.; Thümen, T.: *Werkzeuge für die Modellierung von Einschneckensystemen.* In: Kunststoffe 96 (2006) 6, S. 109–113

[PHTP06] Potente, H.; Heim, H.-P.; Thümen, T.; Pape, J.: *Werkzeuge für die Modellierung von Einschneckensystemen.* In: Kunststoffe 96 (2006) 7, S. 87–89

[PKP14] N. N.: *Bedienungsanleitung DR08-15 Miniatur-Turbinendurchflussmesser.* Firmenschrift, PKP Prozessmesstechnik GmbH, 2014

[Poh03] Pohl, T.: *Entwicklung schnelldrehender Einschneckensysteme für die Kunststoffverarbeitung auf Basis theoretischer Grundlagenuntersuchungen.* Universität Paderborn, Dissertation, 2003

[Pot83] Potente, H.: *Approximationsgleichungen für Schmelzeextruder.* In: Rheologica Acta 22 (1983) 4, S. 387–395

[PR15] Pokorny, P.; Raschke, F.: *Die Kühlung nicht vergessen.* In: Kunststoffe 103 (2015) 6, S. 52–55

[QS71] Quach, A.; Simha, R.: *Pressure-Volume-Temperature Properties and Transition of Amorphous Polymers.* In: Journal of Applied Physics, 42 (1971) 12, S. 4592–4606

[Rau06] Rauwendaal, C.: *Polymer Extrusion.* München, Wien: Carl Hanser Verlag, 2006

[Rod06] Roddeck, W.: *Einführung in die Mechatronik.* Stuttgart: B. G. Teubner Verlag, 2006

[Ros11] Rosendahl, P.: *Kontrollierte Kontrolle.* In: Kunststoffe, 101 (2011) 4, S. 63–64

[Rud09] Rudolph, N.: *Druckverfestigung amorpher Thermoplaste.* Universität Nürnberg-Erlangen, Dissertation, 2009

[Sch03] Schiwietz, T.: *Echtzeitfähige Simulation von Wasser auf Grafikhardware.* Technische Universität München, Diplomarbeit, 2003

[Sch07] Schürmann, H.: *Konstruieren mit Faser-Kunststoff-Verbunden.* Berlin, Heidelberg, New York: Springer Verlag, 2007, 2. Auflage

[Sch12] Schroers, I.: *Sicheres Abschalten.* In: Kunststoffe 102 (2012) 10, S. 166–168

[Sch18] Schröder, T.: *Rheologie der Kunststoffe.* München, Wien: Carl Hanser Verlag, 2018

[Sch90] Schwarzl, F. R.: *Polymermechanik.* Berlin, Heidelberg: Springer Verlag, 1990, 1. Auflage

[Sch90a] Schulte, H.: *Grundlagen zur verfahrenstechnischen Auslegung von Spritzgießplastifiziereinheiten.* Universität Paderborn, Dissertation, 1990

[Sho06] Shoemaker, J.: *Moldflow Design Guide.* München, Wien: Hanser Verlag, 2006, 1. Auflage

[Sim07] N. N.: *Simulation einer Flüssigkeitsströmung und Strukturanalyse in dünnwandigen Geometrien.* Patent DE 602 17 696 T2 der Simcon kunststofftechnische Software GmbH, 06. 09. 2007

[Sim22] N. N.: *Firmenpräsentation der Fa. Simcon.* Firmenschrift der Simcon kunststofftechnische Software GmbH, 03/2022

[Sim22a] N. N.: *CADMOULD & VARIMOS by SIMCON an introduction.* Firmenschrift der Simcon kunststofftechnische Software GmbH, 03/2022

[Sim22b] N. N.: *CADMOULD Bootcamp V16*. Firmenschrift der Simcon kunststofftechnische Software GmbH, 2022

[SK04] Stitz, S.; Keller, W.: *Spritzgießtechnik*. München, Wien: Carl Hanser Verlag, 2004, 2. Auflage

[SK06] Schlaepper, B.; Keitel, R.: *Kraftmessung an vollelektrischen Maschinen*. In: Kunststoffe, 96 (2006) 9, S. 136–141

[Spu04] Spurk, J.: *Strömungslehre*. Berlin, Heidelberg, New York: Springer Verlag, 2004, 5. Auflage

[SSK98] Stojek, M.; Stommel, M.; Korte, W.: *Finite Elemente-Methode für die mechanische Auslegung von Kunststoff- und Elastomerbauteilen*. Düsseldorf: Springer VDI Verlag, 1998, 1. Auflage

[Ste08] Steinko, W.: *Optimierung von Spritzgießprozessen*. München, Wien: Carl Hanser Verlag, 2008, 1. Auflage

[Ste96] Stellbrink, K.: *Micromechanics of Composites*. München, Wien: Carl Hanser Verlag, 1996

[Str04] Strohrmann, G.: *Messtechnik im Chemiebetrieb*. München: Oldenbourg Industrieverlag, 2004, 10. Auflage

[TB99] Throne, J.; Beine, J.: *Thermoformen*. 1. Auflage, München, Wien: Carl Hanser Verlag, 1999

[Thü09] Thümen, T.: *Analyse der Rückstromsperre für den Spritzgießprozess*. Universität Paderborn, Dissertation, 2009

[TK70] Tadmor, Z.; Klein, I.: *Engineering Principles of Plasticating Extrusion*. Polymer Science and Engineering Series, 1970

[TW84] Tandon, G.; Weng, G.: *The Effect of Aspect Ratio of Inclusions on the Elastic properties of Unidirectionally Aligned Composites*. In: Polymer Composites. 5 (1984) 04, S. 327–333

[Url13] N. N.: *CAMPUS® Datasheet: Bayblend® T45 PG. www.campusplastics.com*, aufgerufen am 19. 11. 2013

[Url14] N. N.: *Borealis PP HD120MO. www.ulprostector.com*, aufgerufen am 05. 06. 2014

[Url14a] N. N.: *Typ 5039 A Industrie-Ladungsverstärker. http://www.kistler.com/de/de/product/verst%E4rker/5039A222*, aufgerufen am 01. 09. 2014

[Url15a] N. N.: *http://www.kistler.com/de/de/anwendungen/industrial-process-control/kunststoffverarbeitung/prozessueberwachung-beim-spritzgiessen/*, aufgerufen am 27. 06. 2015

[Url15b] N. N.: *http://www.priamus.com/index.php?option=com_content&view=article&id=86&Itemid=279&lang=de*, aufgerufen am 27. 06. 2015

[Url15c] N. N.: *NTB Sensordatenbank – DMS. http://mb-s1.upb.de/LTM/EMM/Themen%20und%20Inhalte%20der%20Experimentellen%20Mechanik/Elektrische%20Methoden/Dehnungsmessung%20mittels%20DMS/NTB_Sensordatentechnik_DMS.pdf*, aufgerufen am 27. 06. 2015

[Url15d] N. N.: *Measuring Principle of the fiberoptic pressure sensors. http://www.fos-messtechnik.de/Messprinzip_2006.pdf*, aufgerufen am 28. 06. 2015

[Url15e] N. N.: *PSI – Paderborner Spritzgießsimulation. https://ktp.uni-paderborn.de/foerderverein/software/psi/*, aufgerufen am 05. 07. 2015

[Url15f] N. N.: *Elektrische Leitfähigkeit des Wassers. http://www.lenntech.de/anwendungen/reinstwasserleitfaehigkeitsmessung/leitfahigkeit.htm*, aufgerufen am 11. 07. 2015

[Url15g] N. N.: *Datenblatt für Leona 1300S – PA66 – Asahi Kasei. http://www.materialdatacenter.com/ms/de/Leona/Asahi+Kasei+Corporation/Leona+1300S/b4a8ee27/209*, aufgerufen am 12. 02. 2015

[VDI03] VDI-Richtlinie 2206: *Entwicklungsmethodik für mechatronische Systeme*. Düsseldorf: VDI-Verlag, 2003

[VDI77] VDI-Richtlinie 2546: *Kapillar-Rheometrie der Kunststoffschmelzen – Darstellung der Fließ- und Viskositätskurven und von Einlaufdruckverlusten*. Berlin, Köln: Beuth Verlag, 1977

[VDI99] VDI-RICHTLINIE 2211: *Datenverarbeitung in der Konstruktion, Berechnungen in der Konstruktion.* Düsseldorf: VDI-Verlag, 1999

[Vog12] VOGLER, S.: *Persönliche Mitteilung.* Fachhochschule Schmalkalden, Schmalkalden, 26. 03. 2012

[VWZ+18] VAJNA, S.; WEBER, C.; ZEMANN, K. ET AL.: *CAx für Ingenieure.* Berlin: Springer Vieweg Verlag, 2018, 3. Auflage

[Wae23] DE WAELE, A.: *Viscometry and plastometry.* In: Journal Oil Color Chemical Association 1923, 6, S. 33–69

[Wal15] WALTER, V.: *Persönliche Mitteilung.* PKP Prozessmesstechnik GmbH, Wiesbaden, 26. 02. 2015

[Wei10] WAIGAND, K.: *Schmelzedruckmessung mit neuem Impuls.* In: Kunststoffe 100 (2010) 12, S. 121–123

[WIS13] N. N.: *Technisches Datenblatt PreaMid A/A/149 natur.* WIS Kunststoffe GmbH, 16. 09. 2013

[WLF55] WILLIAMS, M.; LANDEL, R.; FERRY, J.: *The Temperature Dependence of Relaxation Mechanisms in Amorphous Polymers and Other Glass-forming Liquids.* In: Journal of the American Chemical Society (1955), S. 3701–3707

[YHT+04] YANG, C.-T.; HUANG, C.-T.; TSAI, P.-C.; PERDIKOULIAS, J.; VLCEK J.: , ET AL.: *Simulating the Melting Behavior and Melt Temperature Inhomogeneity in the Injection Molding Processes.* ANTEC 16. 05.–20. 05. 2004, Chicago, USA, S. 515–518

[Zie05] ZIEGLER, S.: *Rekristallisationskinetik von Phasenwechselmedien.* Rheinisch-Westfälische Technische Hochschule Aachen, Dissertation 2005

[ZK04] ZHENG, R.; KENNEDY, P.: *A model for post-flow induced crystallization: General equations and predictions.* In: Journal of Rheology. 48 (2004) 4, S. 823–842

[Zöl99] ZÖLLNER, O.: *Optimierte Werkzeugtemperierung.* ATI Anwendungstechnische Information 1104 d, e, Leverkusen: Bayer AG, 1999

Index

H

I

K

L

M

N

O

P

Q

R

S

Z